U0807287

制造业先进技术系列

轻量化成形与精密锻造

主　编　蒋　鹏　夏汉关
副主编　姜　超　孙　勇　翟月雯　凌云汉

机械工业出版社

本书分为 5 章，第 1 章为绪论，主要介绍了近年来国内精密锻造技术的动向及近期若干值得关注的体积成形工艺问题；第 2 章为轻量化成形，介绍了铝合金锻件工艺设计、基于有限元和正交试验的工艺优化方法以及铝合金锻件新工艺的设计；第 3 章为精密锻造工艺技术，介绍了典型复杂零件精密成形技术、精锻成形工艺及工艺参数优化等；第 4 章为材料与锻件组织性能研究，根据材料的热处理强化工艺和高温合金工艺，研究其对材料组织和性能的影响；第 5 章为成形装备与生产线相关技术。

本书可以作为金属塑性加工领域工程技术人员的参考资料，也可以作为对金属塑性成形有兴趣人士的阅读书籍。

图书在版编目（CIP）数据

轻量化成形与精密锻造 / 蒋鹏，夏汉关主编. 北京 : 机械工业出版社，2025. 5. -- (制造业先进技术系列). -- ISBN 978-7-111-78454-8

Ⅰ. TB3

中国国家版本馆CIP数据核字第20254EQ473号

机械工业出版社（北京市百万庄大街22号　邮政编码100037）
策划编辑：孔　劲　　　　责任编辑：孔　劲
责任校对：韩佳欣　李小宝　　封面设计：马精明
责任印制：刘　媛
北京富资园科技发展有限公司印刷
2025年8月第1版第1次印刷
184mm × 260mm · 16.5印张 · 407千字
标准书号：ISBN 978-7-111-78454-8
定价：89.00 元

电话服务　　　　网络服务
客服电话：010-88361066　　机　工　官　网：www.cmpbook.com
010-88379833　　机　工　官　博：weibo.com/cmp1952
010-68326294　　金　书　网：www.golden-book.com
封底无防伪标均为盗版　　机工教育服务网：www.cmpedu.com

前言 / Preface

中国机械工程学会塑性工程分会精密锻造论坛学术委员会是2000年由原来的中国锻压学会热锻和冷锻学两个学术委员会合并成立的，2020年起改称精密锻造论坛学术委员会，简称精锻委员会。

全国精密锻造学术研讨会到目前为止已经举办过8届，第1届于2001年11月25~26日在江苏南京召开，第2届于2005年7月24~29日在山西太原与第9届全国锻压学术年会同时以单设分会场的形式召开，第3届于2008年12月3~5日在江苏盐城召开，第4届于2010年6月26~28日在湖北武汉召开，第5届于2013年3月23~25日在山东济南召开，第6届于2016年6月在江苏泰州召开，第7届于2018年6月27~29日在安徽合肥召开。

受疫情影响，第8届全国精密锻造学术研讨会的召开屡次延期。经过各方努力，特别在海安市经济技术开发区的大力支持下，会议于2024年7月18~20日在江苏海安召开。会议主题为轻量化成形与精密锻造，来自全国各地的代表参加了会议，大家一起研讨了轻量化成形和精密锻造技术的近期发展及应用情况。

这次会议征集了国内132位作者的41篇论文。因为时间关系会议论文集没有在会前出版。会后，根据机械工业出版社编辑孔劲博士的建议，为了便于读者阅读，和第6届、第7届会议论文集按论文分类编辑的方式不同，将本书按章节编辑出版，希望这种新的尝试能够达到便于读者阅读的预期目的。

本书内容较为丰富，包括精密锻造技术的一些综合评述；铝合金锻件工艺设计、基于有限元和正交试验的工艺优化方法以及铝合金锻件新工艺的设计；典型复杂零件精密成形技术，精锻成形工艺及工艺参数优化等；材料与锻件组织性能研究（根据材料的热处理强化工艺和高温合金工艺，研究其对材料组织和性能的影响）；成形装备与生产线相关技术，是我国近期轻量化成形精密锻造技术研究与应用成果的一次集中展示，也对该技术的发展方向进行了探讨。

本书由蒋鹏、夏汉关主编，姜超、孙勇、翟月雯、凌云汉为副主编。以精密锻造论坛学术委员会委员为主的编辑委员会是本书的主要撰稿者。

特别感谢江苏太平洋精锻科技股份有限公司为本书的出版提供经费支持。希望本书的出版能够对国内轻量化成形精密锻造技术的发展起到促进作用。

由于编写时间和水平所限，本书中也可能存在一些不足之处，敬请各位同行批评指正，我们会认真总结经验，吸取教训，接受批评，争取下次做得更好。对于本次出现的问题，也请各位读者给予理解和谅解。

中国机械工程学会塑性工程分会精密锻造论坛学术
主任委员　蒋　鹏

目录 / Contents

1

第1章 精密锻造技术动向及近期值得关注的体积成形工艺

蒋　鹏　姜　超　孙　勇　翟月雯　凌云汉　　中国机械总院集团北京机电研究所有限公司
夏汉关　　江苏太平洋精锻股份有限公司

1.1 引言

我国汽车工业的发展是锻造行业特别是模锻行业发展进步的主导性推动因素，我国锻件总产量已经多年位居世界第一。新能源汽车的快速崛起将引发锻造细分领域的比例变化，轻量化成形将获得较快的发展。锻造技术发展的总体趋势为更精、更巧、更节省，更轻、更快、更智能。闭塞锻造、多向模锻、液态模锻、径向锻造、强力旋压、高速镦锻、摆动辗压、真空等温锻等精密化和轻量化体积成形工艺值得关注。

1.2 汽车工业的发展及其对锻造行业的影响

1. 我国汽车工业的总体发展状况

汽车工业是锻造行业特别是模锻技术领域的主要用户，我国锻造行业的发展与我国汽车工业的发展密切相关。可以说，锻造特别是模锻行业的发展进步是由汽车工业的发展推动的。因此，研究分析我国汽车工业的发展动向可以在一定程度上预测我国锻造行业的未来发展趋势。

近二十余年，我国汽车工业的发展尤其突出，令世界瞩目。图 1-1 所示是 2001—2023 年我国汽车的销量变化及增长率，其中有三个里程碑式的关键年份：2009 年汽车销量突破 1000 万辆，首居世界第一，并在其后一直保持这一领先优势；2013 年突破 2000 万辆关口，其后一直保持在 2300 万辆以上；2023 年突破 3000 万辆大关，创造了新的纪录。这其中也有我国锻造技术装备及管理水平的迅速提高起到的强有力的支撑作用。

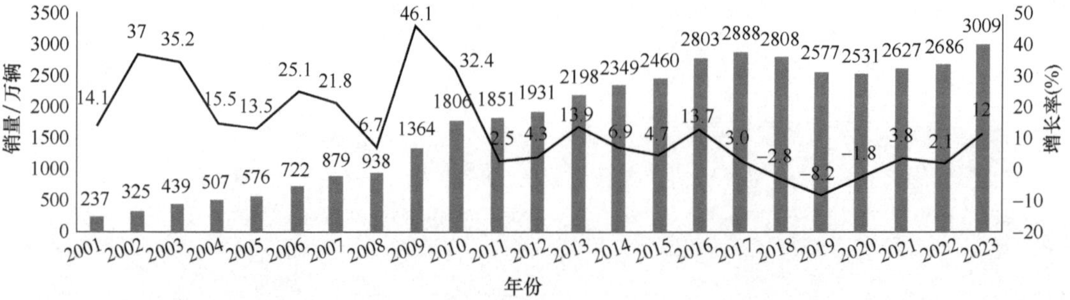

图 1-1　2001—2023 年我国汽车的销量变化及增长率

2. 我国汽车工业在世界的地位

2015—2023 年全球汽车产销量变化如图 1-2 所示，可以看出 2020—2022 年，新冠肺炎疫情对全球汽车产量有着较大的影响。2023 年全球汽车产量达到 9355 万辆，同比增长 10. 3%，恢复到了疫情前的水平。图 1-3 所示为 2023 年各国汽车产量，可以看出，中国汽车工业经过多年发展，产量已经遥遥领先，2023 年在全球汽车产量中的占比已经接近 1/3（见图 1-4）。

3. 我国汽车保有量及其和其他国家的对比

根据我国汽车保有量变化趋势可粗略推测内需发展趋势。图 1-4 所示为 2011—2023 年我国汽车产量占全球汽车产量的比例。

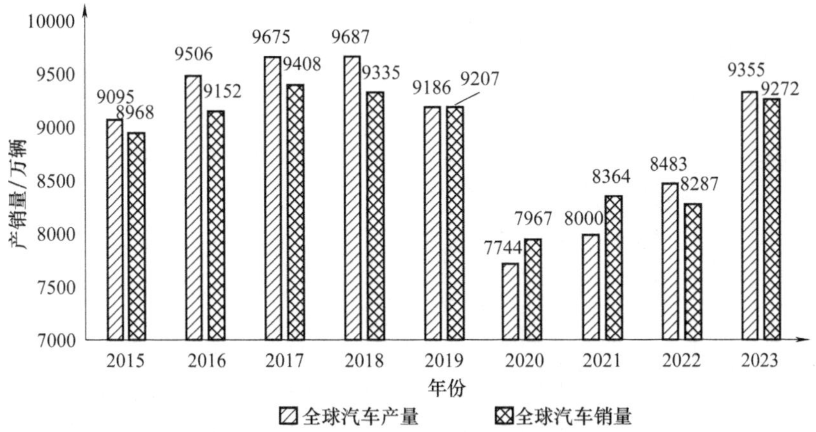

图 1-2　2015—2023 年全球汽车产销量变化

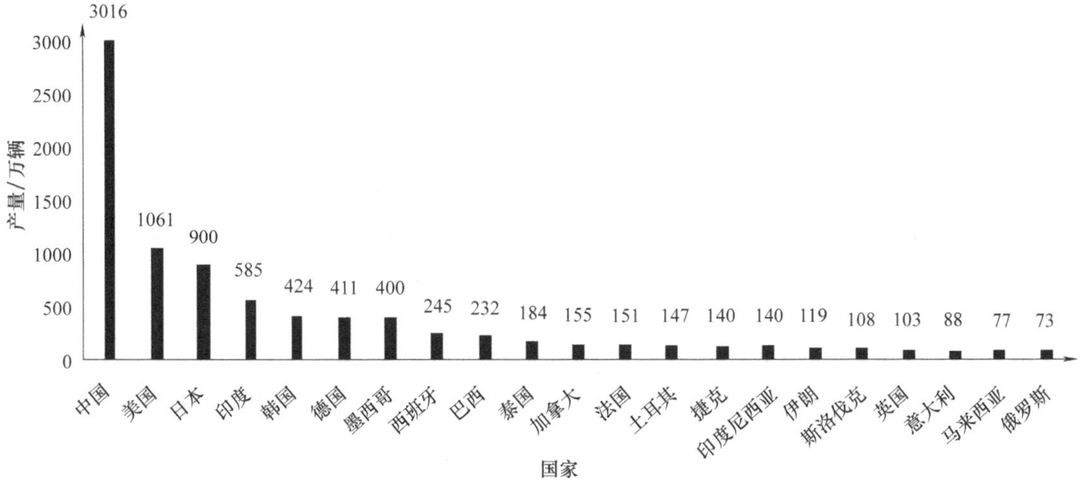

图 1-3　2023 年各国汽车产量

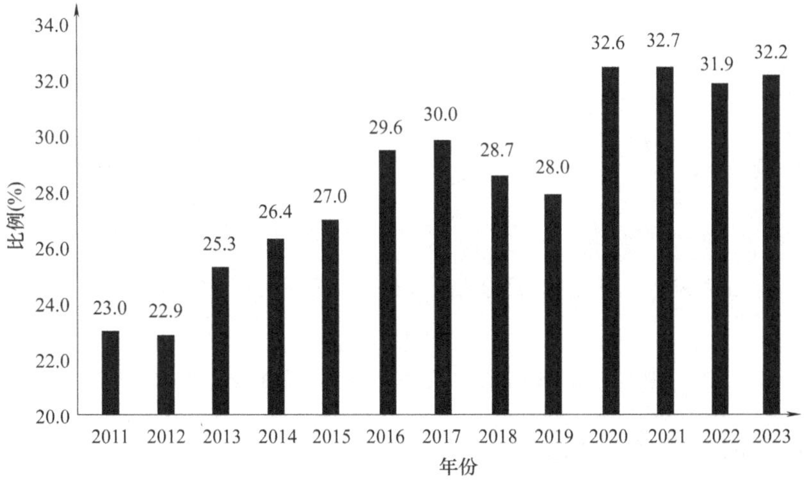

图 1-4　2011—2023 年我国汽车产量占全球汽车产量的比例

图 1-5 所示为全球主要汽车市场 2022 年千人拥车量比较，其中，我国汽车千人拥车量为 226 台，约为美国的 1/4，德国和日本的 1/3、韩国和马来西亚的 1/2、俄罗斯的 2/3、低于泰国，还有发展空间。

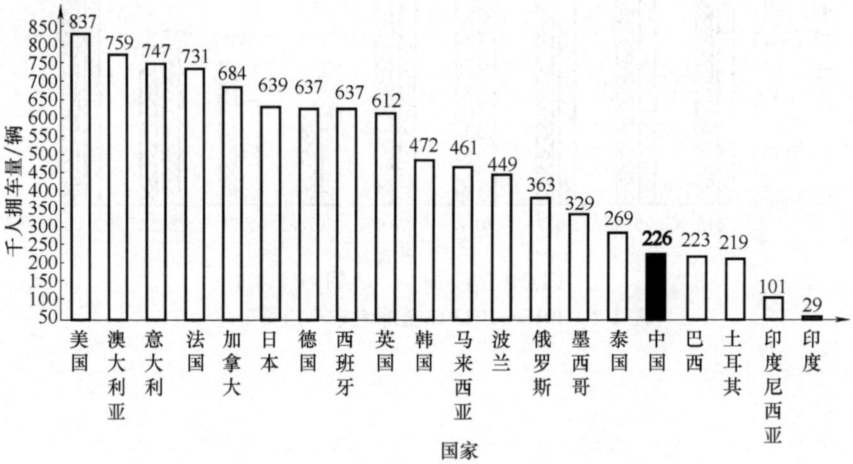

图 1-5 全球主要汽车市场 2022 年千人拥车量比较

在 2002—2022 年的 20 年间，我国汽车保有总量与千人拥车量均在快速上涨，汽车的更新换代也逐渐成为汽车消费市场的主要推动力之一，可以初步推断出内需还有一定的空间可以支撑中国汽车工业的高位运行，前提是国内经济发展稳定，人民收入同步增长。

4. 我国汽车出口量的变化

2023 年，我国汽车出口 522 万辆，同比增长 57.9%，超越了日本，成为世界上最大的汽车出口国。2023 年，我国汽车出口额 1016 亿美元，折合人民币约 7278 亿元，销往全球 200 多个国家和地区。出口目的地排名前 10 的为俄罗斯、墨西哥、比利时、澳大利亚、英国、沙特阿拉伯、菲律宾、泰国、阿联酋、西班牙。欧洲发达市场的占比明显增加，中东、东南亚、拉美等市场成为潜力股。图 1-6 所示为 2008—2023 年我国汽车出口量的变化情况。

图 1-6 2008—2023 年我国汽车出口量的变化情况

5. 新能源汽车的发展及其影响

我国新能源汽车产量连续 9 年位居全球第一。由图 1-7 可知，2023 年新能源汽车持续快速增长，生产 958.7 万辆，增长 35.8%，占有率 31.6%，高于上年同期 5.9 个百分点。

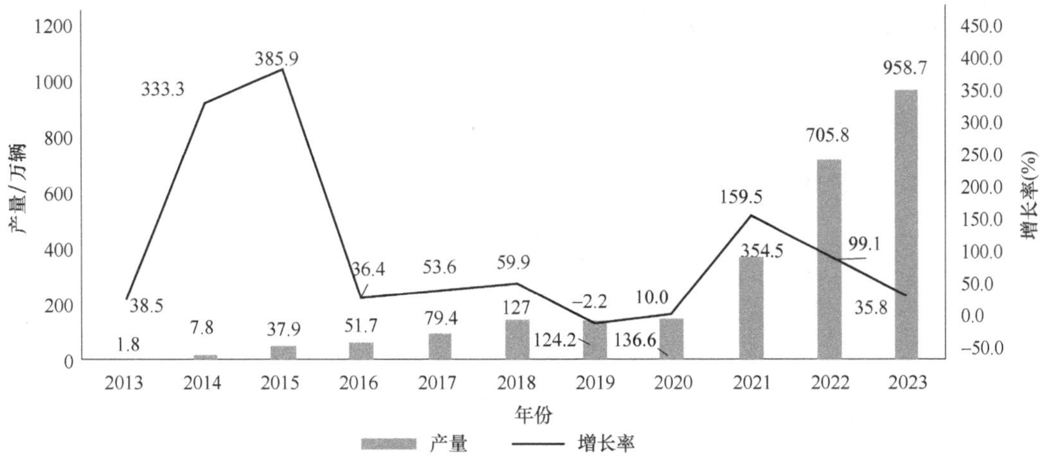

图 1-7　2013—2023 年新能源汽车产量及增长率

新能源汽车的发展对锻造行业的影响很大，可以说改变了锻件的版图。以前每辆汽车不可或缺的发动机改成了电动机，曲轴、连杆、凸轮轴、气门顶杆、钢活塞等传统发动机锻件需求受到影响。变速器大大简化甚至可以取消，其中涉及各种轴齿类精锻件。对轻量化提出了更高的要求，对铝合金锻件的需求增加，对空心零件的需求增加。

6. 我国锻造行业现状及锻件年产量变化趋势

中国锻造行业产量排名世界第一。根据中国锻压协会的统计数据（见图 1-8），2023 年我国锻件总产量 1370 万 t，其中模锻件总产量 860 万 t，汽车锻件 561 万 t，工业增加值约 500 多亿元。锻造行业有工厂（车间）7000 多家，其中规上企业 560 多家，骨干企业 460 家，从业人员 10 万人。

图 1-8　2008—2023 年我国锻造行业统计数据

中国汽车产量未来应仍在高位运行，可能会有小幅波动，这其中或受经济形势和出口状况影响。预测未来中国锻造行业总体将上升，或有小幅波动，锻件结构比例会有所变化，产量会向优势企业集中。

1.3 精密锻造技术近期发展趋势

1.3.1 更精——更高精度锻件

1. 生产高精度零件的主要技术途径

生产高精度锻件的精密锻造方法一般有以下几种：

1）热精锻成形技术：主要是通过工艺、模具、模架和设备的改进、改造和升级达到精化毛坯，提高精度，减少加工余量的效果。

2）冷精锻成形技术：可实现直接成形精度较高的零件。成形件可以不经机械加工或者仅需少量的机械加工就可以直接使用，主要工艺有冷挤、冷镦、冷摆辗等。

3）温锻成形技术：兼具冷锻和热锻的特点，可以实现较少氧化，较高精度。

4）复合塑性成形技术：一般指热（温）锻冷锻复合工艺，即以热锻、温锻作为预成形，结合冷精锻获得精度更高的精锻件，再采用冷精整工序，使锻件精度得以提升到冷锻工艺水平，又保留了热锻工艺可以得到较复杂形状零件的特点，因此，热（温）锻冷精整工艺已经替代了冷锻工艺，成为近年来被广泛应用的一种工艺。从广义上来说，还有其他种类的复合成形工艺，如将铸造和锻造结合的铸锻工艺、将冲压和冷锻结合的冲锻工艺、将粉末冶金和锻造结合的粉锻工艺等。

另外近期还有一些有特色的高精度锻造工艺值得关注，如：

1）闭塞锻造技术：在封闭凹模内通过一个或两个冲头单向或对向挤压金属一次成形，获得无飞边的近净形精锻件。

2）多向模锻技术：成形带孔锻件，且无飞边。

3）液态模锻工艺：成形复杂且有较高质量要求的铝合金零件等。

2. 成形高精度零件工艺实例

钢筋连接用锁片原来用机械加工成形，通过模锻成形的试验研究，探索了相关技术的可行性。模锻成形锁片的工作原理如图 1-9 所示，锁片（40Cr）三维造型如图 1-10 所示。

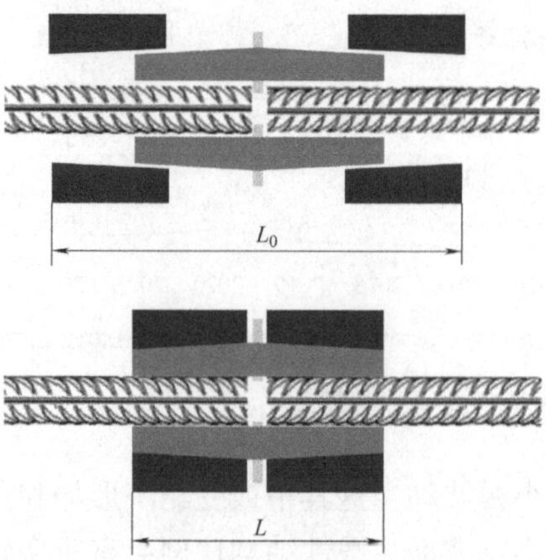

图 1-9　模锻成形锁片的工作原理

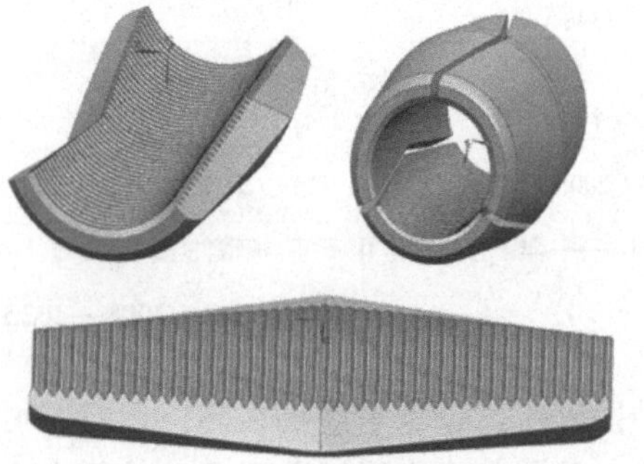

图 1-10　锁片三维造型

（1）采用机械加工的方式制造

1）圆棒料加工出外侧锥面。

2）加工出内部螺纹。

3）切割成 3 片锁片。

加工工序较多，效率较慢，且材料利用率低。

（2）采用模锻的方法成形

根据模锻的工艺特点优化锁片的外形：

1）减小锁片锻件的高度落差。

2）将内螺纹特征优化为平行的牙形结构。

经过多次优化模拟及生产试验，使用 630t 电动螺旋压力机成形出尺寸及内部组织均合格的产品。模锻成形的锁片产品实物照片如图 1-11 所示。

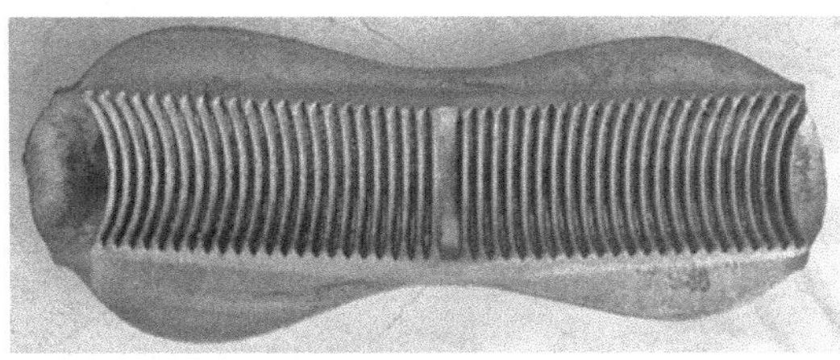

图 1-11　模锻成形的锁片产品实物照片

1.3.2　更巧——更具技术优势的工艺设计

1. 通过工艺设计变不可能为可能

图 1-12 所示为轨道交通用转向架支撑座，由于其为高筋零件，成形十分困难。如果采用两件合锻工艺，则零件成形变得简单，锻造成形后将锻件切割分离即可得到左右对称的两个零件，不仅实现了成形，还提高了生产率。

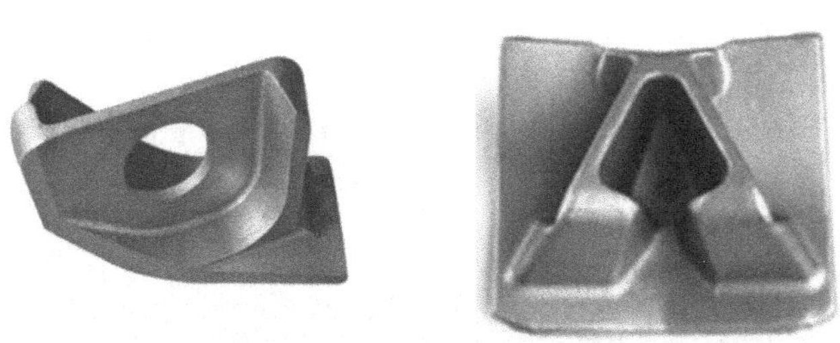

a) 转向架支撑座机械加工后成品图　　b) 两件合锻工艺的锻件图

图 1-12　轨道交通用转向架支撑座

铁路用铁座也是一种形状比较复杂的零件，因其两侧有沉孔，所以直接模锻无法锻出。若先锻成如图 1-13b 所示形状，再弯曲展直，则可以解决这一问题。

2. 工艺与装备结合创新

在 460 辊锻机上实现超长辊锻件的自动辊锻，其中，第 1、2 道辊锻先使辊锻件的后半部分成形，第 3、4 道辊锻再使前半部分成形，其工步图如图 1-14 所示。该工艺的实质是将原来需要两道次成形的超长零件分解成四道次辊锻成形。图 1-15 所示为数值模拟得到的超长辊锻件自动辊锻各道次的辊锻件。后续厂家购买 560 辊锻机，用两道次辊锻解决相关问题。

a) 铁座锻件三维造型

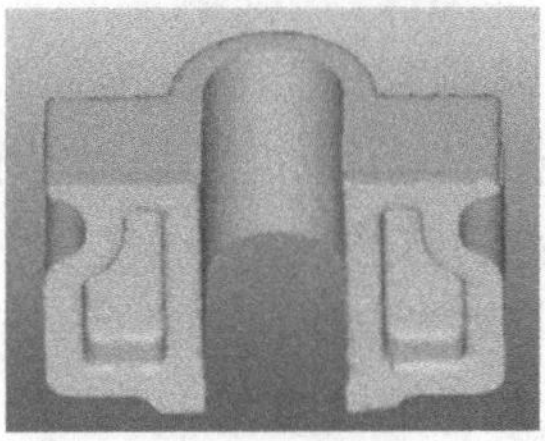

b) 工艺上弯曲后的锻件示意图

图 1-13　铁路用铁座

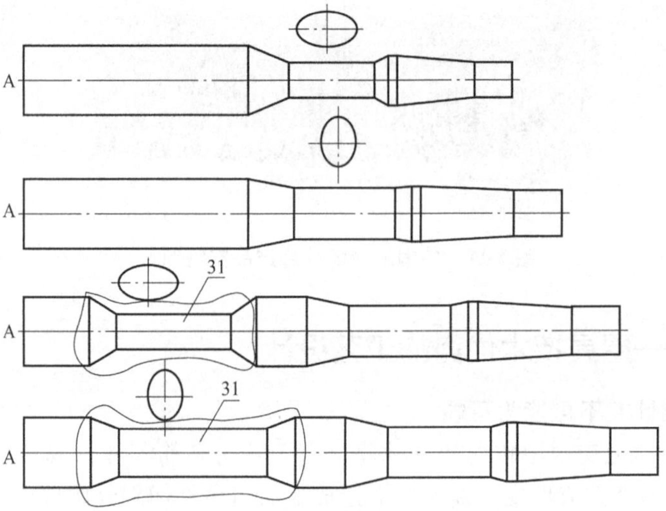

图 1-14　超长辊锻件的自动辊锻工步图

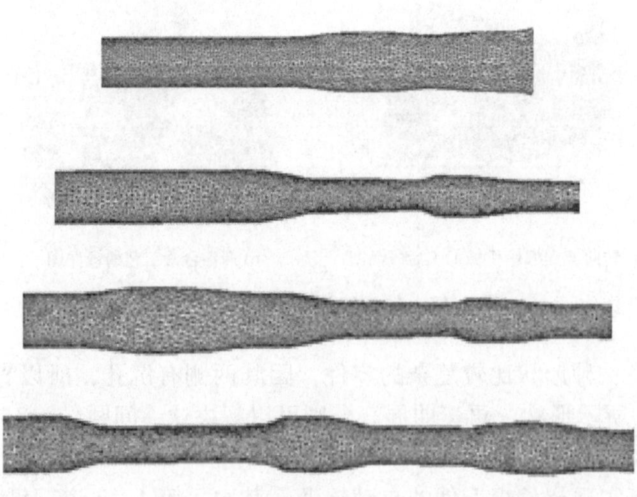

图 1-15　数值模拟得到的超长辊锻件自动辊锻各道次的辊锻件

此项技术由中国机械总院集团北京机电研究所有限公司（简称：北京机电所）、宁波蜗牛锻造有限公司联合申请并获授权发明专利：ZL2009 1 009037.7 一种辊锻件长度超过辊锻机允许最大长度的辊锻工艺。

3. 分步成形降低设备载荷

以 153 前轴精密辊锻整体模锻成形为例，其工艺原理为用精密辊锻成形部分锻件形状，如果用精密辊锻成形困难的，则采用辊锻初成形、模锻整形的方式成形，只有少部分用模锻直接成形，如图 1-16 所示。这样可以减少终锻打击力，减小终锻设备吨位，降低生产线投资。153 前轴精密辊锻整体模锻成形击力计算明细见表 1-1。

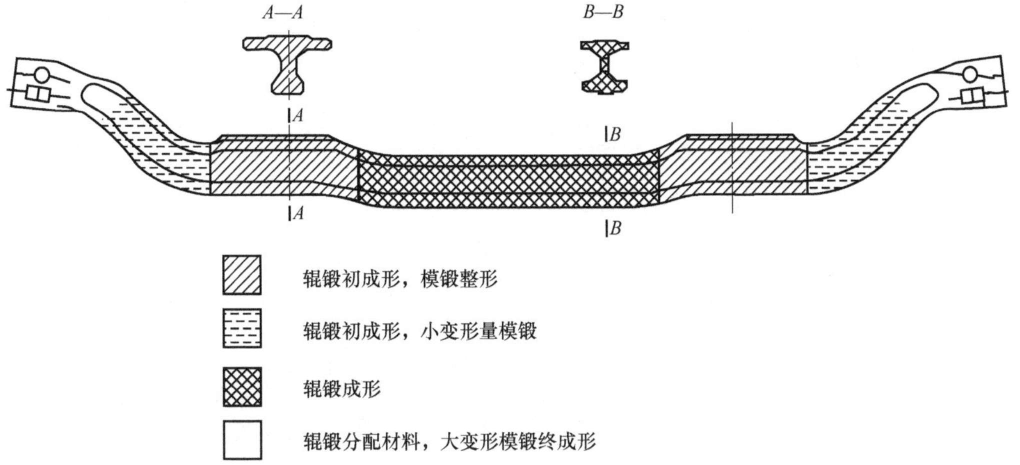

图 1-16　153 前轴精密辊锻整体模锻成形工艺示意图

表 1-1　153 前轴精密辊锻整体模锻成形击力计算明细

项目	部位				合计
	工字梁	弹簧座	臂部	头颈部	
锻件面积/mm^2	64976.6	34892.1	23730.6	20146.5	143745.8
带飞边锻件面积/mm^2	82076.7	43377.3	30747.7	38396.7	194598.4
普通模锻打击力/kN	52528.6	27761.3	19678.1	24573.4	124541.4
近净成形辊锻模锻变形方式	不变形	整形	小变形	大变形	
近净成形辊锻模锻打击力系数	0	0.1	0.3	1	
近净成形辊锻模锻打击力/kN	0	2776.1	5903.4	24573.4	33252.9

1.3.3　更节省——更具成本优势

更节省的含义是变革工艺、优化模具、提高材料利用率。提高零件材料利用率必须尽量减少工艺辅料。采用精密锻造工艺成形少（无）机械加工余量的锻件，采用闭式模锻工艺锻造无飞边的零件，采用闭塞锻造和多向模锻等工艺成形中空锻件和无飞边锻件等都是节省材料的方法。北京机电所与四川雅安某公司合作开发前轴精密辊锻与模锻复合工艺，其节材效果如图 1-17 所示。

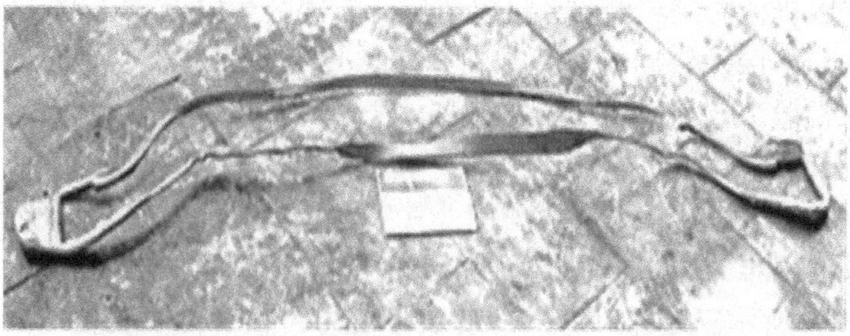

图 1-17　前轴精密辊锻与模锻复合工艺的节材效果

为提高锻件材料利用率，对于圆饼类锻件应优先采用无飞边锻造，如图 1-18a 所示；如由于设备等原因无法实现时，应尽量采用小飞边锻造，如图 1-18b 所示。

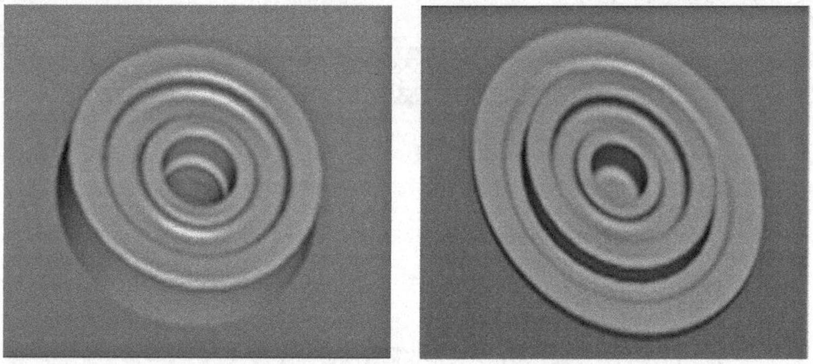

a) 圆饼件无飞边锻造　　b) 圆饼件小飞边锻造

图 1-18　无飞边及小飞边锻造示意图

1.3.4　更轻——更要求轻量化成形

新能源汽车的快速发展提出了轻量化成形的要求，促进了铝合金副车架、复合材料螺旋弹簧、高强钢/铝合金控制臂、锻铝/铸铝转向节、锻铝/碳纤维车轮等轻量化零件应用需求的增加。铝合金控制臂成形模拟结果与实际工序比较如图 1-19 所示。

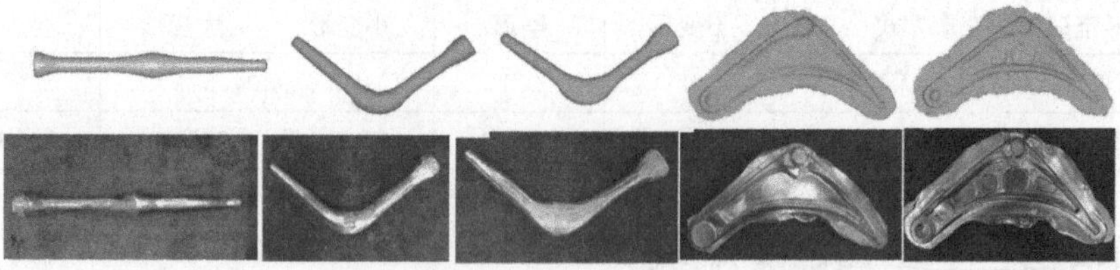

辊锻　弯曲　压扁　预锻　终锻

图 1-19　铝合金控制臂成形模拟结果与实际工序比较

除了用轻合金材料（如铝）制造轻量化零件，采用中空结构的钢质扭力轴类件也可以在保持其原有传力能力的前提下有效地减轻零件重量。径向锻造是目前比较常用的空心长轴类零件的成形工艺；短轴类带不通孔零件的成形可以用多向模锻方法成形。

1.3.5　更快——更需要提高生产率

以前轴精密辊锻模锻工艺技术改进为例，采用数值模拟的先进手段辅助设计，使设计精准化，减少辊锻道次，从四道次辊锻到三道次辊锻，再到两道次辊锻，缩短了工艺流程，提高了生产率。其孔型系统的改进如图 1-20 所示。

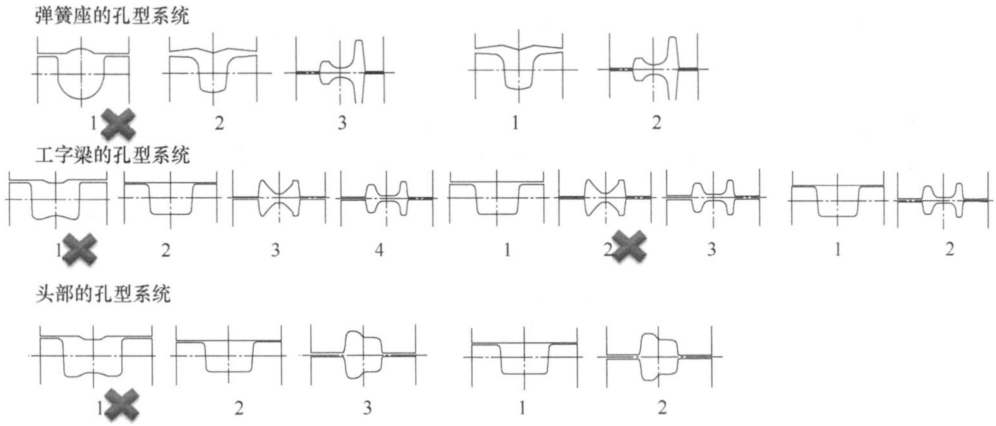

图 1-20　前轴精密辊锻模锻工艺孔型系统的改进

精密锻造技术的更快体现在：

1）适应高生产率：自动化生产对模锻工艺提出更高的生产过程稳定性要求；小件可考虑采用一模两件、一模三件、一模多件的方式生产。

2）缩短工艺流程（见图 1-21）：一模两件、错排坯料、有可能取消制坯工步；切边、冲孔、校正一体化。

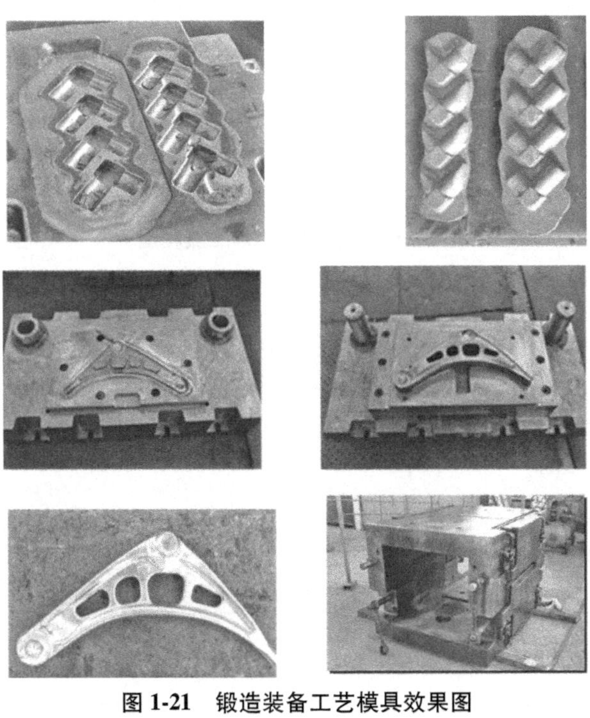

图 1-21　锻造装备工艺模具效果图

3）实现快速换模。快速换模及夹紧系统如图 1-22 所示。

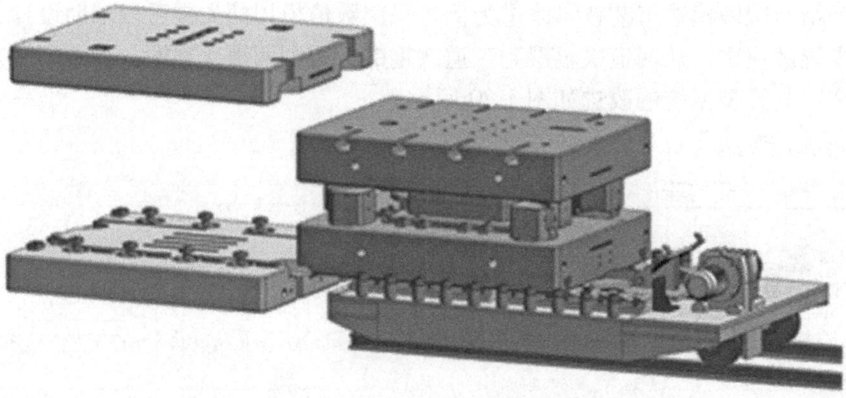

图 1-22　快速换模及夹紧系统示意图

1.3.6　更智能——应更重视数字化智能化和运用 AI 等前沿技术

材料成形智能化技术指综合利用人工智能、数值模拟、传感与数据处理等现代信息技术，实现加工过程产品几何形状与材料组织性能精确设计与控制。智能化材料加工流程图如图 1-23 所示。

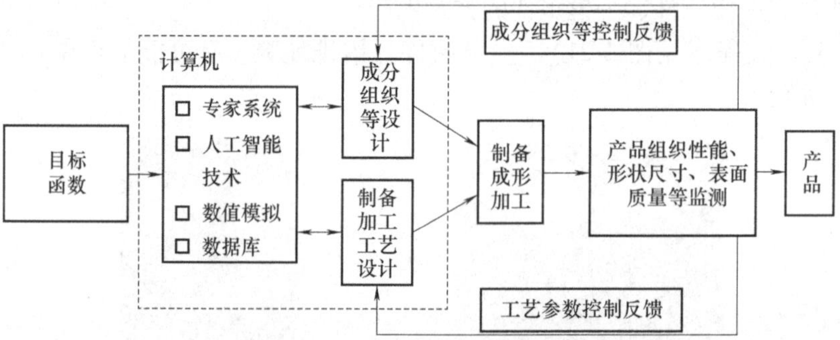

图 1-23　智能化材料加工流程图

智能模锻生产线的技术要点：

1）智能设计：指工艺与模具设计智能化，包括预锻模膛的智能设计，可提高成形过程模拟的准确性，提高仿真效率，对锻件组织性能进行模拟预测。

2）智能装备：可实现成形条件可控-伺服驱动、工艺与装备深度融合，包括工艺参数感知、储存、分析、智能调整。

3）智能生产：使成形装备与模具、辅机深度协同，完成智能化排产与调度，通过整线优化的节能技术，实现绿色生产。

4）智能服务：涉及生产过程与制件质量控制数据采集、产品质量回溯机制、基于大数据的质量分析技术。

1.4 若干值得关注的体积成形工艺

1.4.1 闭塞锻造工艺

闭塞锻造工艺是 20 世纪 80 年代开始实用化并发展迅速的一种新的精密锻造成形方法。该工艺是一种驱动多个冲头或模膛，让材料主要进行侧向挤压变形流动，进入设置在侧面的模具空间，生产出径向带凸出部分的锻件的锻造方法。闭塞锻造示意图如图 1-24 所示，采用该工艺坯料的变形过程示意图如图 1-25 所示。

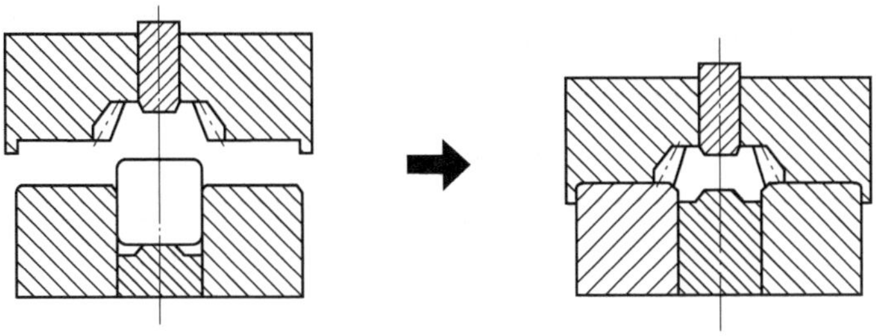

图 1-24　闭塞锻造示意图

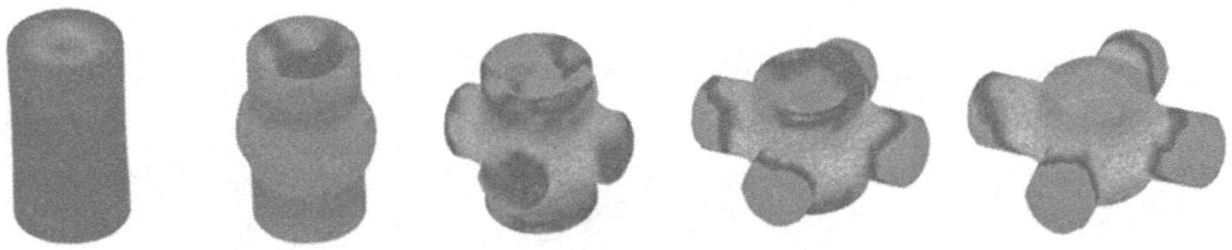

图 1-25　闭塞锻造工艺坯料变形过程示意图

闭塞锻造适于成形齿轮（如行星锥齿轮和螺旋锥齿轮等）、十字轴、内星轮、管接头、阀体和航空发动机的叶盘等径向带枝丫（凸起）的复杂精密锻件，如图 1-26 所示。采用该工艺生产上述复杂精密锻件可以降低生产成本，提高材料利用率和产品品质。

图 1-26　适合闭塞锻造成形的零件

闭塞锻造可以使用专用闭塞锻造压力机，也可以使用专用闭塞锻造模架进行生产，闭塞锻造模架的闭塞力可由碟簧、液压、氮气和氮气弹簧等实现。用闭塞锻造的工艺改进现有有飞边锻造工艺是一种技术革新思路，对于回转体或者是轴对称零件可能更容易实现。

1.4.2 多向模锻工艺

多向模锻工艺又称多柱塞模锻工艺，是于20世纪50年代美国Cameron公司提出并实现的锻造新技术。该技术利用可分模具，在多向模锻压力机一次行程作用下获得无毛边、无模锻斜度或小模锻斜度、多分枝或有内腔的形状复杂的锻件。它是一种集挤压、模锻于一体的综合工艺。与普通模锻相比，多向模锻能减少工序和节约能源，提高锻件的性能，在实现锻件精化、改善产品质量和提高劳动生产率等方面具有许多独特的优点。

汽车转向活塞传统锻造与多向模锻工艺流程图如图1-27所示。多向模锻设备与生产线如图1-28所示，产品实例如图1-29所示。

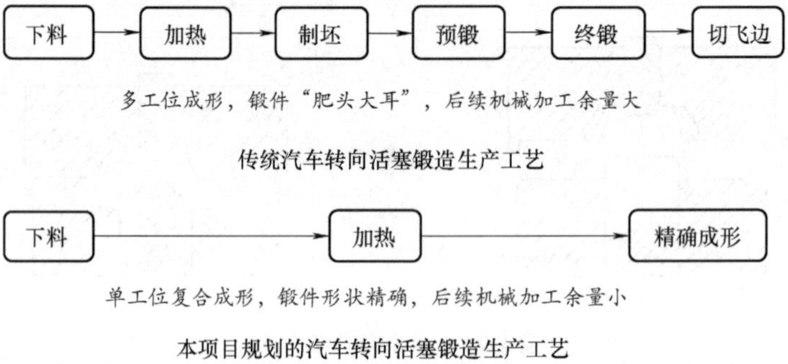

图1-27 汽车转向活塞传统锻造与多向模锻工艺流程图

图1-28 多向模锻设备及生产线

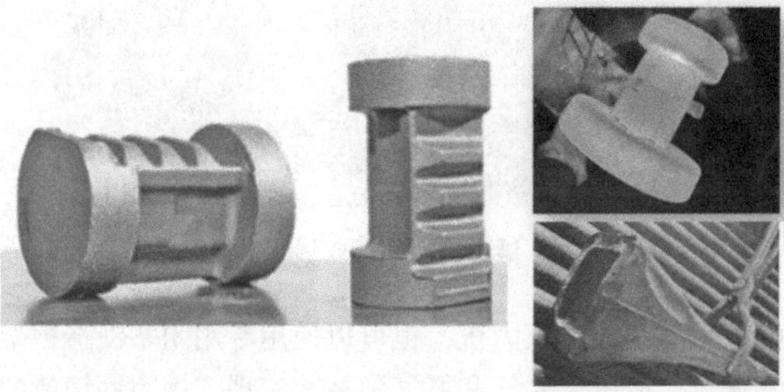

图1-29 多向模锻产品实例

1.4.3　液态模锻工艺

液态模锻工艺是一种既具有铸造特点，又类似模锻的金属成形工艺，其过程如图 1-30 所示。它是将一定量的金属液直接浇注入涂有润滑剂的模膛中，并持续施加机械静压力，利用金属铸造凝固成形时易流动的特点和锻造技术，使已凝固的硬壳产生塑性变形，使金属在压力下结晶凝固并强制消除因凝固收缩而形成的缩孔缩松，以获得无铸造缺陷的液态模锻制件。

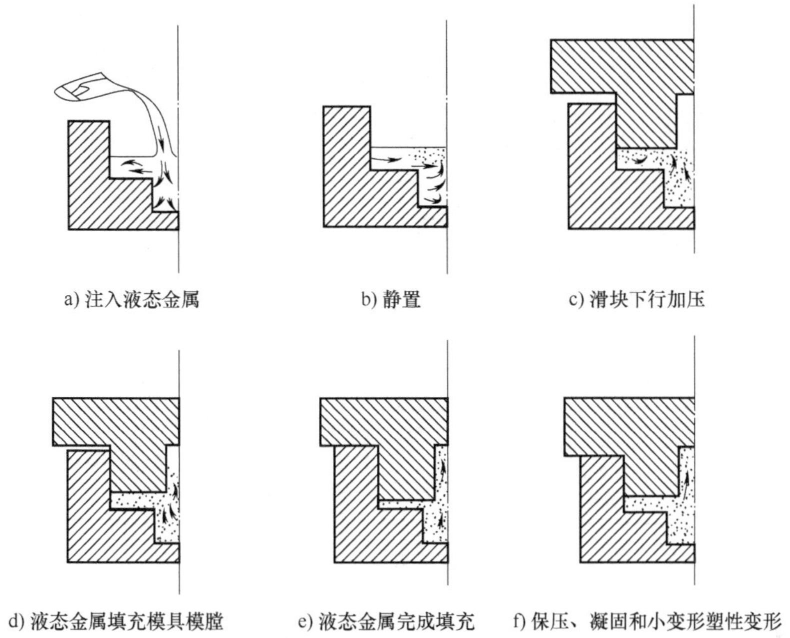

图 1-30　液态模锻的工艺过程

液态模锻是一种不同于压铸和半固态成形的具有发展潜力的成形技术。压铸件在压力下充型，半固态成形需特制球状晶原材料，液态模锻无须制备特殊材料，可以实现压力下结晶和一定量的塑性变形，在大型铝合金制件成形方面有望取得突破性的应用进展。

近期一些有可能采用液态模锻成形的零件如图 1-31 所示。

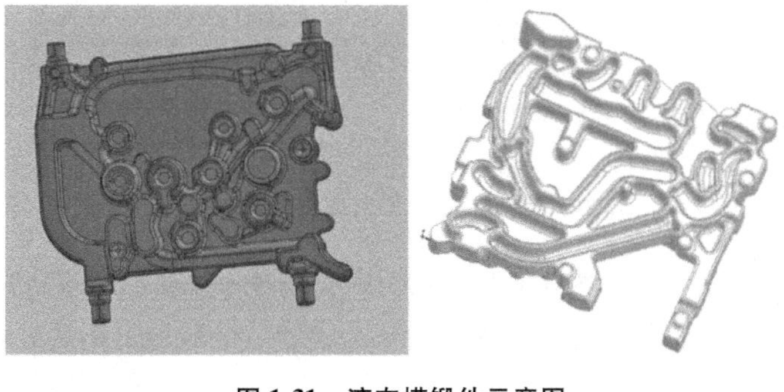

图 1-31　液态模锻件示意图

1.4.4 径向锻造工艺

径向锻造工艺通过锤头对坯料进行高频率锻打，同时坯料沿轴向边旋转边进给，从而使断面尺寸减小、轴向长度延伸。采用该工艺锻件精度高、材料利用率高、生产灵活。针对轻量化、可持续发展的要求，径向锻造汽车轴空心类零件不仅有效达到了减重的效果，还获得了比实心轴更加均匀的显微组织与力学性能。

径向锻造空心轴是实现轴类零件轻量化的有效途径，其锻造工艺原理和典型锻件如图 1-32 所示。

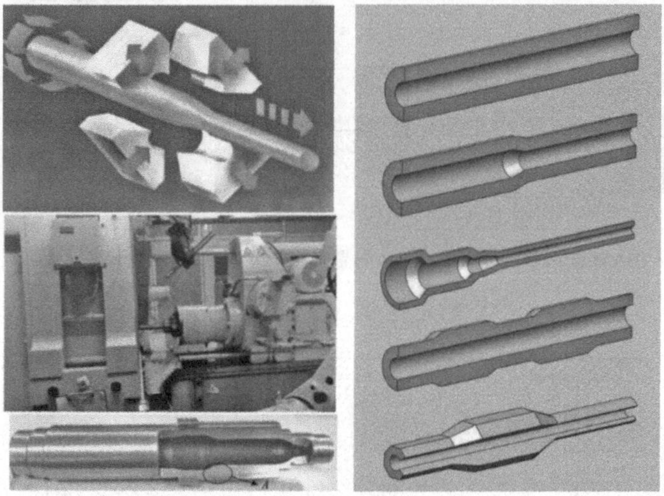

图 1-32　径向锻造工艺示意图

1.4.5 强力旋压工艺

强力旋压工艺是一种体积成形工艺，可以成形结构轻量化零件，实现回转体空心零件的体积成形。铲旋是近年来取得应用的一种新工艺，具有劈料功能，可以成形更多种类的零件，其典型锻件的示意图如图 1-33 所示。

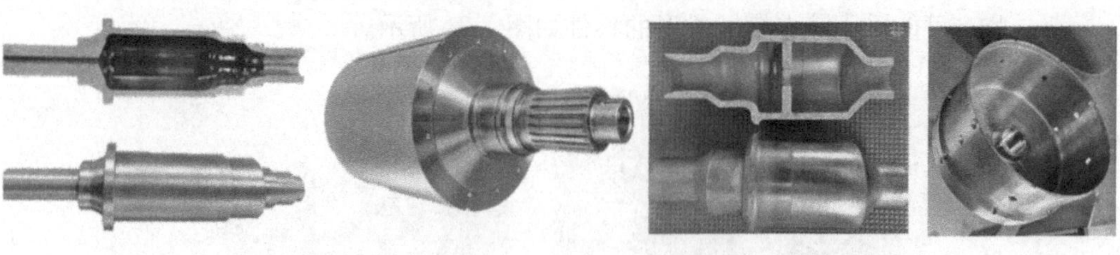

图 1-33　强力旋压（铲旋）工艺成形的典型锻件示意图

某种电动机空心轴原来采用挤压工艺成形，工艺路线为棒料切断→抛丸处理→退火处理→磷皂化处理→冷挤压预成形→退火处理→冷挤压成形→机械加工→热处理→热后精加工，工艺路线很长，采用铲旋工艺后，大大缩短了工艺流程。不同类型汽车的空心轴减重效果和机械性能数据对比见表 1-2。

表 1-2　不同类型汽车的空心轴数据对比

项目	实心轴质量/kg	空心轴质量/kg	减重比率（%）	静扭/N · m	壁厚/mm
大巴空心轴	66	14.2	78.48	2800	8
轿车空心轴	6.3	3.5	44.44	528	5

1.4.6　高速镦锻工艺

高速镦锻机上的热精锻工艺集成了棒料上料、感应加热、料段剪切、锻造成形和出料等作业流程，每分钟 50~200 件，采用自动化生产，特别适合大批量生产，其锻造工艺过程照片如图 1-34 所示。采用高速镦锻工艺生产的锻件如图 1-35 所示。

图 1-34　高速镦锻机上的热精锻工艺过程照片

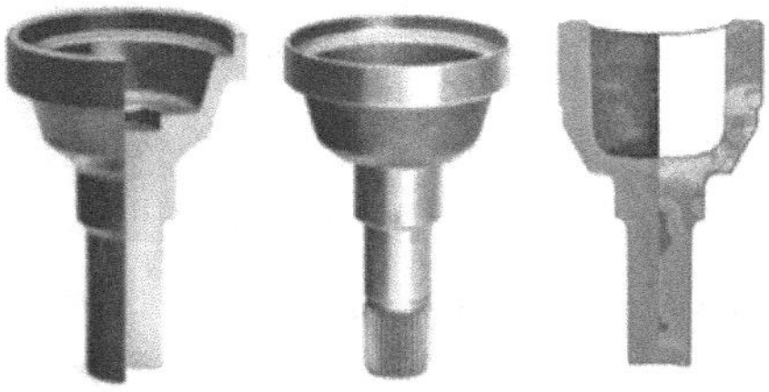

图 1-35　采用高速镦锻工艺生产的锻件

1.4.7　摆动辗压工艺

摆动辗压工艺是上模的轴线相对被辗压工件（放在下模）的轴线倾斜一个角度，模具一面绕轴心旋转，一面对坯料进行压缩（每一瞬时仅压缩坯料横截面的一部分）的工艺方法。

摆动辗压是通过连续局部成形对被加工件实现整体成形的回转成形加工。自 20 世纪 60 年代以来，该工艺受到不少国家的重视。摆动辗压可以实现绿色生产，实现近净成形加工，具有省力、冲击小、振动小、噪声低、金属容易充填模膛、设备小、投资少、占地面积少、模具寿命高、产品精度高等优点。它节能、节材、节省投资，扩大了塑性加工的范围，在机械制造、汽车等许多工业部门得到了广泛应用。与传统切削工艺方法相比，采用摆动辗压工艺生产的零件可节材 30%左右，降低制造成本 25%左右。

因为模具与坯料间的接触面积小，金属容易流动，加之模具与坯料表面间的摩擦可以由滑动摩擦变为滚动摩擦，摩擦系数大大降低，因而摆动辗压工艺最适宜齿形零件成形和带薄法兰件的轴类零件的薄法兰部位成形。

北京机电所对摆动辗压工艺与装备进行了系统深入的研究，包括冷摆辗和热摆辗工艺。冷摆辗试验件的变形过程与数值模拟如图 1-36 所示，设计制造的 2000kN 摆辗成形设备如图 1-37 所示。

图 1-36　冷摆辗试验件的变形过程与数值模拟

图 1-37　2000kN 摆辗成形设备

1.4.8　真空等温锻工艺

为满足航空工业用高温合金锻造的特殊需求，2019 年北京机电所新材料所设计并研制出我国首台套 20MN 全封闭真空等温锻造成套装备，解决了航空航天热端部件高温超塑成形装备与技术问题，建立了先进高温材料成形装备的制备、加工、应用基础技术体系，形成了具有自主知识产权的高温真空等温锻造设备，实现了我国高性能耐高温合金真空等温锻造成形设备及构件的自主化生产，为我国航空航天、核电和燃气涡轮等领域急需的热端耐高温锻件的研制与生产提供了技术支撑和条件保障。其技术参数见表 1-3，设备照片如图 1-38 所示。

表 1-3　真空等温锻装备主要技术参数

项目	参数
设备最大压力/MN	20~80
极限真空度（冷态、空炉）/Pa	1.6×10^{-4}
工作真空度（热态、带料）/Pa	1×10^{-3}
热态真空度（1200℃、带料）/Pa	4.4×10^{-4}
最高温度/℃	1300

图 1-38　我国首台套 20MN 全封闭真空等温锻造成套装备

1.5 总结与展望

在制造业全面走向智能化的大背景下，智能锻造一定也是未来精密锻造的发展趋势。在低碳和减排的要求不断提高的大环境中，实现绿色锻造是可持续发展的要求，也是锻造行业应该承担的历史责任。新能源汽车的快速发展对轻量化锻造技术提出了更高的需求，一些特殊工艺在生产结构轻量化零件时有其独特的优势，应该注意选用。锻模快速换模与自动夹紧技术可以缩短换摸时间，提高生产率，值得加快推广应用。AI、数字孪生技术+锻造技术值得关注，有望将设计人员从常规设计工作中解放出来，腾出精力去做创造性的技术工作。

致谢：本章成文过程中北京机电所元莎博士、陈浩工程师、北京信息科技大学与北京机电所联合培养的硕士研究生姚纪阳同学、陈程同学做出了贡献，在此一并感谢！

2

第2章 轻量化成形

2.1 基于DEFORM的铝合金典型构件热模锻工艺模拟研究

铝合金重量轻，具有较高的耐蚀性，良好的导热性，比强度、比刚度高，导热性能好等特点，已成为汽车、飞机和航天器轻量化的首选材料[1]。舷窗窗框是飞机上的关键零部件之一，由于其具有薄壁、带筋的结构特点[2]，铝合金能否通过锻造成形飞机舷窗窗框需要进一步验证。

铝合金飞机零部件常采用热精密塑性成形技术，利用铝合金在热态下塑性较好的特性来进行锻造成形，闭式热模锻是热精密塑性成形常用的工艺方法之一[3]，锻造过程中坯料在封闭的模膛中成形，不产生飞边，因此具有材料利用率高、尺寸精度高等优点。文献表明[4]，飞机锻造用铝合金的成形温度通常在400~480℃，此外，模具与坯料的温度差也是影响零部件成形性的重要因素之一。本节通过DEFORM有限元模拟软件对飞机舷窗窗框的闭式热模锻成形过程进行了模拟，并对成形工艺参数进行了优化，为铝合金在飞机零部件中的成形提供理论依据。

2.1.1 成形工艺研究

1. 零件结构特点

本节研究的铝合金典型构件为飞机用舷窗窗框，其零件如图2-1所示。舷窗窗框为中空结构，外形轮廓关于*ZOX*面和*ZOY*面对称，长度方向最大为438.64mm，宽度方向最大为341.68mm，高度方向最大为28.8mm。舷窗窗框外侧是高度差为3mm的凸台结构，外缘模锻斜度为15°，最薄位置厚度为3mm，内侧薄壁厚度均匀为3.5mm；舷窗窗框内侧带环形筋板，筋板高度为22.3mm，筋板模锻斜度为4.5°，最薄位置厚度为3mm，属于典型的薄壁较高筋的零部件。

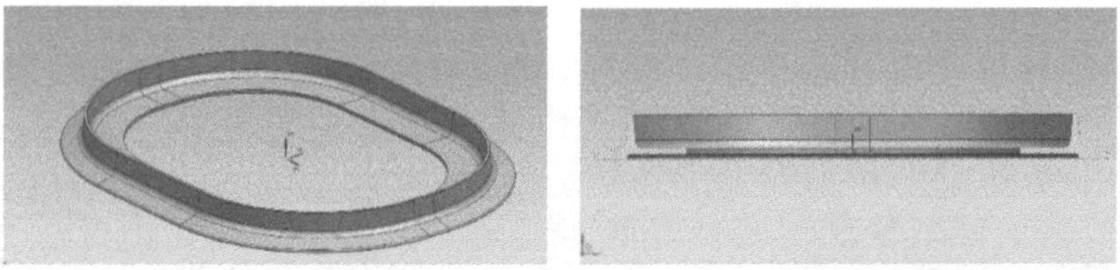

a) 正三轴测图　　b) 中轴线剪切截面图

图2-1　舷窗窗框零件图

2. 工艺方案的确定

铝合金舷窗窗框为轴对称环形部件，且由于其带有凸台、筋板等结构，因此，适合采用无飞边的闭式热模锻工艺进行生产，其工艺流程为：下料→中频感应加热→镦粗→预锻→终锻→热校正→后处理。镦粗的作用主要是去除毛坯表面的氧化皮，并使金属在锻造过程中能够更好地流入模膛，保证筋板以及边缘位置的充满。预锻工步中外缘部分及轮廓高度比终锻稍厚1~2mm，且预锻*R*角较终锻大，以保证终锻时镦粗成形。

由于零件为环行件且整体高度较低，因此采用环形坯料能更好地满足金属的流动与填充要求，且更易于定位。根据闭式模锻坯料体积V_m的计算公式[5]：

$$V_m = (V_D + V_t)(1+\delta) \tag{2-1}$$

式中，V_D是件本体体积（补单位）；V_t是连皮体积（补单位）；δ是火耗，采用中频加热时为1 %，考虑到外缘以及筋板位置的金属流动，因此将坯料尺寸设置为截面为20mm×20mm的正方形，沿筋板外侧轮廓线进行扫掠，得到最大长度为420mm、最大宽度为316mm的环形坯料，坯料的体积为426649mm^3，满足闭式模锻坯料体积需求。

2.1.2　数值模拟

1. 有限元模型的建立

在有限元软件DEFORM—3D中建立有限元模型。为简化模型，做出如下假设：忽略坯料的弹性变形，模具是刚性的；在模拟过程中摩擦为剪切摩擦，且摩擦系数始终恒定为0.3；确定材料模型为ALUMINUM-7075；坯料采用四面体单元，最小元素尺寸为1.1mm，单元数为94728；坯料与模具的温度范围为400~480℃，界面传热系数为5W/(m^2·℃)；凸模有效行程为16.5mm，开始运动速率15mm/s，与行程距离呈线性递减关系。有限元模型如图2-2所示。

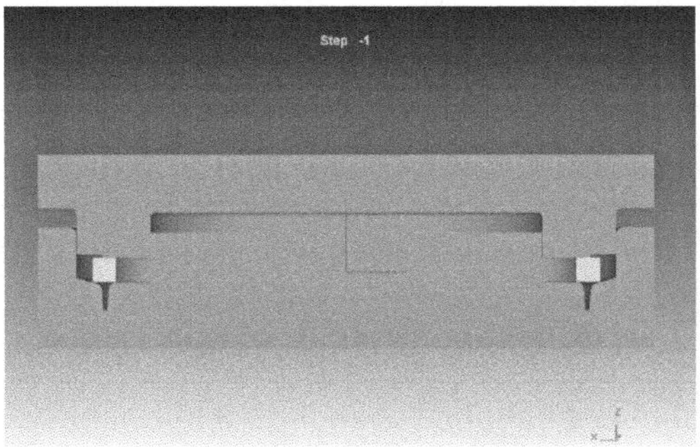

图2-2　DEFORM模锻模型轴线截面图

2. 成形过程分析

图2-3所示为工件不同阶段的成形图。图2-3a所示为开始步长，初始坯料未变形；图2-3b所示为步长为17时，筋板位置开始成形；图2-3c所示为步长为60时，内侧薄壁与外缘部位基本成形完成，筋板位置未填充完全；图2-3d所示为步长为103时，舷窗窗框最终完全成形，金属填充完整。

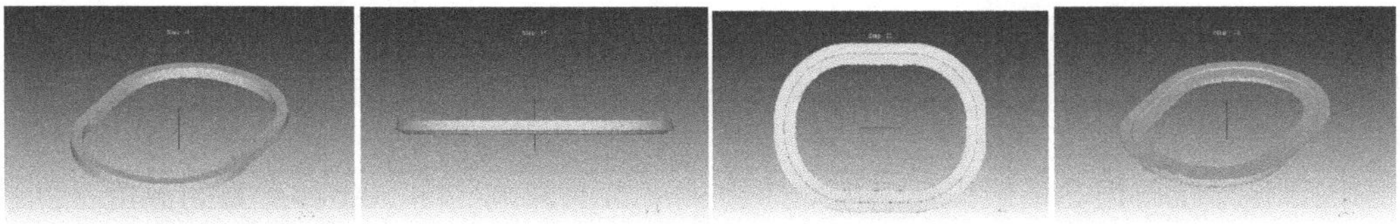

a) 开始步长　b) 步长=17　c) 步长=60　d) 步长=103

图2-3　工件不同阶段的成形图

图2-4所示为坯料截面网格流动变化图。结果表明，流线没有紊乱，且舷窗窗框的各个部位冲型完整，没有出现冲型不满的缺陷，说明热模锻方法成形窗框薄壁零件是可行的。

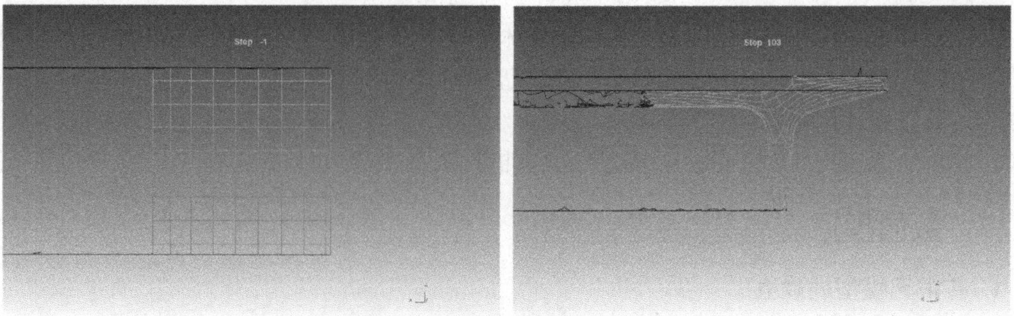

图 2-4 坯料截面网格流动变化图

3. 应力应变及金属流动速率分析

图 2-5~图 2-7 所示分别为步长为 103 步完全成形时的等效应力、等效应变和金属流动速率分布图。从等效应力分布图中可以看出应力集中的部位主要是凸模圆角过度的区域以及筋板的边缘处，舷窗窗框整体应力分布较均匀，为 50MPa 左右，整个变形过程的最大等效应力为 150MPa。从等效应变分布图上可以看出，舷窗窗框整体等效应变分布均匀，整个变形过程中的最大等效应变为 37.3%。对金属流动速率分布图进行分析后可以看出，初始主要变形部位为舷窗窗框外侧的薄壁位置，在筋板位置开始成形后，筋板材料的流动速率相对较大，但由于筋板较高，此处的变形程度较大，筋板的外边缘金属流动较为困难，导致其完全填充相对薄壁更慢。

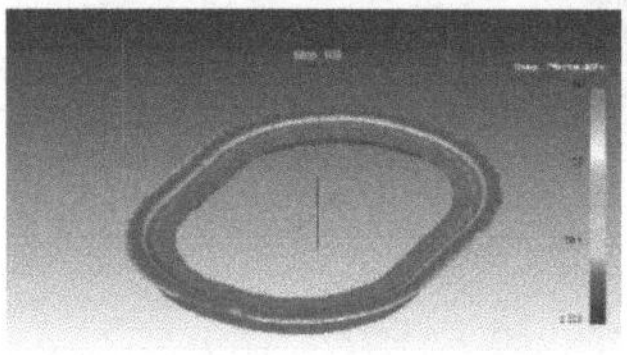

图 2-5 步长为 103 步完全成形时的等效应力分布图

图 2-6 步长为 103 步完全成形时的等效应变分布图

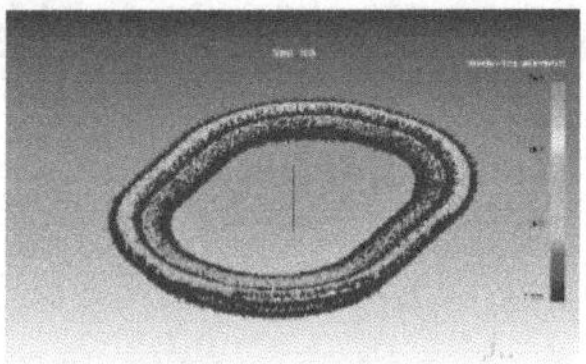

图 2-7 步长为 103 步完全成形时的金属流动速率分布图

4. 工艺参数分析

在铝合金热模锻工艺中，模具与坯料的温度是影响压力的主要工艺参数[6-7]。为了研究成形温度对于压力机压力的影响，本节分别探讨了在不同温度下等温热模锻与差温热模锻两种工艺的压力机主模方向最大压力与最大锁模力，等温热模锻的温度设定为 300℃、400℃、450℃、480℃；差温热模锻的温度设定为坯料温度为 480℃，模具温度为 300℃、400℃、450℃。

图 2-8 所示为等温热模锻成形温度对压力机压力的影响。在 300~480℃的温度区间内，随着等温锻温度的升高，压力机主模方向最大压力明显减小，最大锁模力在 300~400℃保持较为稳定的状态，在 400~480℃随温度升高明显降低。在等温热模锻温度为 480℃时，压力机主模方向最大压力达到最小值 7850kN，且最大锁模力达到最小值 71.2kN。

图 2-9 所示为差温热模锻成形温度对压力机压力的影响。在坯料温度为 480℃的情况下，在 300~450℃的温度区间内，随模具温度升高，压力机主模方向最大压力明显降低，最大锁

模力则变化幅度相对很小，在 102～105kN 的区间内。在差温热模锻模具温度为 450℃时，压力机主模方向最大压力达到最小值 8860kN。

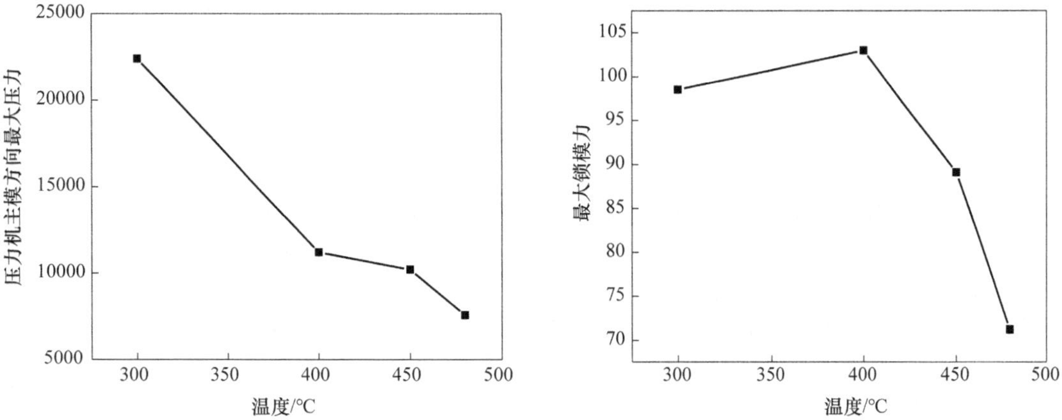

a) 对压力机主模方向最大压力的影响　　b) 对最大锁模力的影响

图 2-8　等温热模锻成形温度对压力机压力的影响

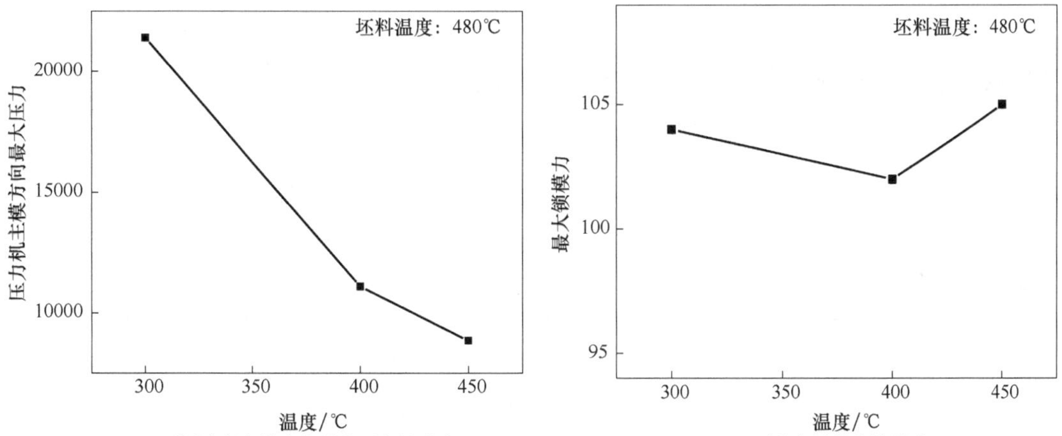

a) 对压力机主模方向最大压力的影响　　b) 对最大锁模力的影响

图 2-9　差温热模锻成形温度对压力机压力的影响

2.1.3　结论

1）运用有限元软件 DEFORM—3D 进行数值模拟仿真，分析飞机舷窗窗框在成形过程中金属的流动规律，结果表明金属流动顺利，舷窗窗框的薄壁和筋板冲型完整，没有出现明显缺陷，说明采用热模锻方法成形铝合金窗框薄壁构件是可行的。

2）坯料与模具的温度是闭式热模锻工艺的主要影响参数。由数值模拟确定工艺参数的选择原则为坯料与模具等温热模锻成形，且在较高的温度区间内，可以有效降低压力机吨位，但锻造温度过高容易出现粗大晶粒，影响工件性能[8]，应根据实际情况适当选取。

3）通过对飞机舷窗窗框这一典型零件的成形工艺研究，表明了铝合金锻压加工复杂零件的可行性，为铝合金锻造工艺在生产生活中的应用提供了理论基础。

参考文献

[1] 周瑞，沙奔，陈文琳. 铝合金典型结构件等温挤压工艺研究［C］. //第 5 届全国精密锻造学术研讨会论文集. 2013：166-169.

[2] 周杰，刘左发，屈志远，等. 大型航空关键构件整体精密模锻成形技术研究进展［J］. 航空制造技术，2023，66（5）：14-25.

[3] 蒋鹏，贺小毛，杨勇，等. 国内精密塑性成形技术的发展及其在工业生产中的应用［J］. 模具工业，2020，46（12）：11-16.

[4] 福井泉，张录泉. 飞机部件与铝的热锻造技术［J］. 轻合金加工技术，1982（Z4）：68-75.

[5] 中国机械工程学会塑性工程分会. 锻压手册：第 1 卷　锻造［M］. 4 版. 北京：机械工业出版社，2020.

[6] 宋丽. 深腔不规则铝合金端框等温模锻成形有限元模拟［D］. 哈尔滨：哈尔滨工业大学，2022.

[7] KONSTANTINOV I L，SIDELNIKOV S B，VOROSHILOV D S，et al. Use of computer simulation for modernization technology of aluminum alloys hot die forging［J］. The International Journal of Advanced Manufacturing Technology，2020，107（3）：1641-1647.

[8] EMIEZA N R，KAMILAH N Y，AMRI M L，et al. Effect of Direct Recycling Hot Press Forging Parameters on Mechanical Properties and Surface Integrity of AA7075 Aluminum Alloys［J］. Metals，2022，12（10）：1555.

2.2 基于 CAE 的铝合金航空吊钩锻造工艺设计

2.2.1 引言

航空吊钩作为降落伞的重要结构零件，在保障降落伞的安全中起着极其重要的作用。航空吊钩长时间处于恶劣的工作环境，承受着较大的交变应力。7×××系铝合金具有密度低、比强度高、韧性好、耐蚀性能优异、可回收利用等优点，已经成为航空航天、机械、车辆等工业领域最为重要的结构材料。随着铝合金力学性能的不断提高，一些牌号的铝合金强度已经接近合金钢的强度，因此选用 7055 铝合金作为航空吊钩的原材料。本节以某汽车铝合金航空吊钩作为研究对象，通过三维有限元软件 DEFORM，在一定的工艺参数下对航空吊钩成形过程进行了模拟，通过分析模拟结果寻找最佳的成形工艺方案。最后，结合实际生产进行了验证。

2.2.2 航空吊钩锻造工艺方案设计

通过分析航空吊钩的零件图发现，该零件与其他锻件有很大的差异。在锻造过程中，本产品在头部与尾部分别进行不同方向上的金属流动，且材料的流动和变形较大，因此，本节采用如下成形工艺路线：下料→加热→制坯→终锻→切边。

由于本节研究对象航空吊钩的锻造成形过程较为复杂，故设计出两种锻造工艺方案，方案一是将航空吊钩尾部进行垂直成形，方案二是将航空吊钩尾部进行水平成形，再通过 DEFORM—3D 软件对两种成形方案进行模拟分析，选择出最佳的成形方案。图 2-10a 所示为方案一的锻件分模面，图 2-10b 所示为方案二的锻件分模面。

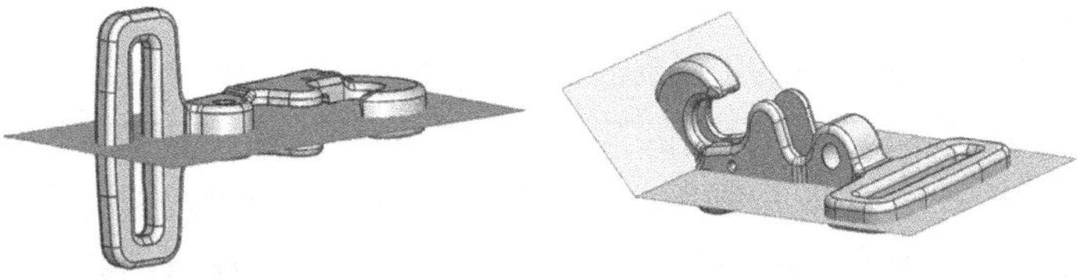

a) 方案一　　b) 方案二

图 2-10　航空吊钩两种锻造工艺方案下的锻件分模面

2. 2. 3　成形过程数值模拟

1. 制坯过程模拟与分析

航空吊钩采用圆柱形棒料，在两种锻造工艺方案中，首先需要对零件进行制坯。制坯的变形量必须得到精确的控制，如果变形量较小会造成材料的拥挤，让部分尺寸较小的部位充不满，而容易变形的位置材料过多；如果变形量较大，则会对后续终锻过程的成形造成一定影响，出现折叠、裂纹、穿流、锻造流线不够完整等缺陷，使最后得到的锻件无法满足产品设计要求。根据 7055 铝合金材料特点，设置坯料加热温度为 420℃，模具加热温度为 400℃。

图 2-11 所示为制坯过程温度场和等效应力场的模拟结果。从图 2-11a 中可以看出两种制坯方案温度变化不大，方案一制坯最低温度为 421℃，最高温度为 444℃；方案二最低温度为 421℃，最高温度为 442℃。方案一与方案二中的温度相差不大。从图 2-11b 中可以看出，方案一中坯料与模具接触部分等效应力为 80 ~ 122MPa，方案二中坯料与模具接触部分等效应力为 85 ~ 130MPa，方案一与方案二中的等效应力相差不大。

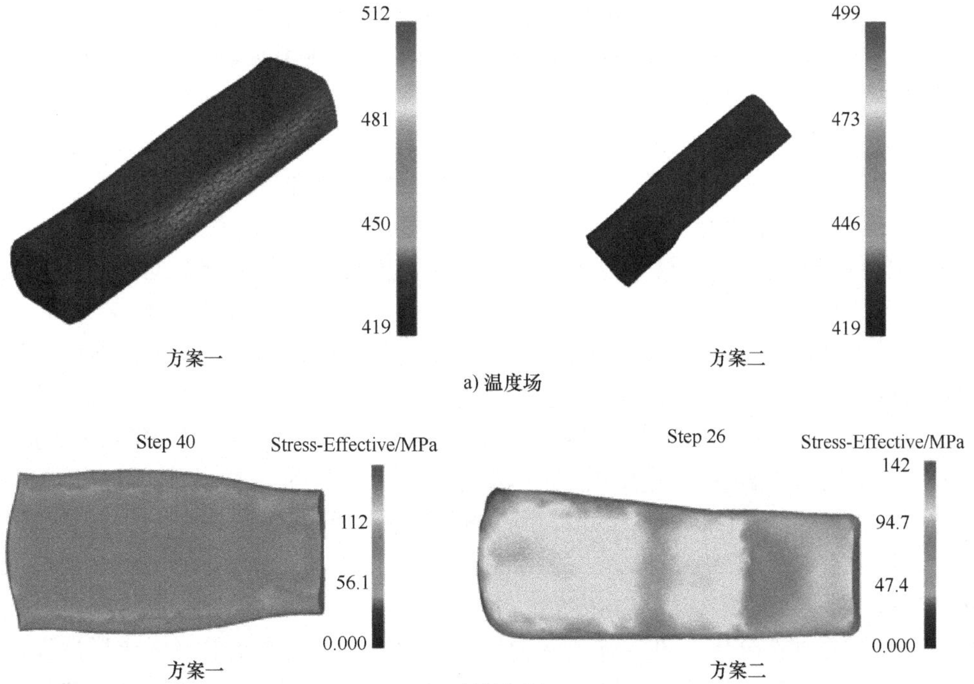

方案一　　方案二

a) 温度场

方案一　　方案二

b) 等效应力场

图 2-11　制坯过程温度场和等效应力场的模拟结果

2. 终锻过程模拟与分析

（1）锻件的充填情况分析　采用两种锻造工艺方案的终锻件的成形效果如图 2-12 所示。从图 2-12a 可以看出，采用方案一得到的锻件，锻件的头部成形完整，没有出现材料折叠、穿流等缺陷，但是在锻件的尾部，图中所示红色实线框中出现了严重的充不足现象，锻件飞边虽然完整，但是飞边槽中的材料较多，造成了材料的浪费，材料的利用率大大降低。由图 2-12b 可以看出，采用方案二得到的锻件，充填完整，成形效果较好。

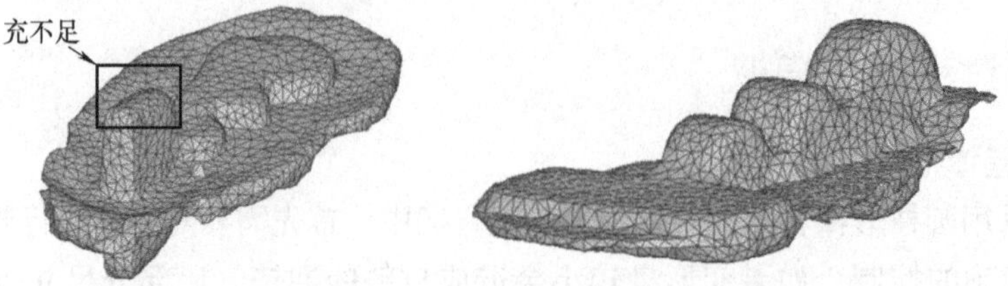

a) 方案一　　b) 方案二

图 2-12　采用两种锻造工艺方案的终锻件的成形效果

（2）锻件温度场分析　图 2-13 所示为采用两种锻造工艺方案的终锻件温度场分布。图 2-13a、2-13c 所示为采用方案一得到的终锻件温度场分布，从图 2-13a 中可以看出锻件的最高温度位于飞边桥部位置，温度为 511℃，锻件的飞边桥部位置厚度较薄，金属在流动过程中与模具间的摩擦力较大，因此提高了金属内能，温度较高，飞边的温度随着金属流动距离的增加，温度逐渐降低，在后续的处理中，桥部位置会进行切边处理，因此较高的金属温度不影响锻件的成形质量。最低温度在锻件的上表面等金属流动较少的位置，此处与模具的接触面较大，接触时间较长，与模具进行热传导的时间较长，温度为 444℃，由图 2-13c 可知，锻件在锻造结束后，金属的心部位置由于金属在变形过程中积累了较多热量，温度有一定程度的升高，达到了 475℃左右，锻件外表面温度此时较低，通过热传导，心部温度在之后将逐渐下降，对锻件的成形质量影响不大。由图 2-13b、2-13d 可知，采用方案二得到的终锻件的温度场分布与方案一近似，但总体上方案二中的温度较低，方案二的桥部最高温度为 499℃，锻件的心部温度相对于方案一更低，平均温度在 450℃左右。

（3）锻件的等效应力场分析　图 2-14 所示为采用两种锻造工艺方案的终锻件等效应力场分布。由图 2-14a 所示，方案一中的等效应力最大处位于锻件的心部以及飞边槽桥部外表面的位置，最大等效应力为 122MPa。在锻造过程中，桥部的高度较小，迫使金属在流动的时候受到的模具挤压力最大，因此等效应力较大。由图 2-14b 所示，方案二中的等效应力最大处位于飞边桥部，锻件尾部，以及锻件的心部，最大等效应力达到 129MPa。飞边桥部等效压力较大的原因与方案一中相同，尾部等效应力较大是因为此处在坯料受到挤压变形的过程中，金属的流动距离较长，模具尺寸较小。方案二相对于方案一的等效应力在整个锻件范围内较大，因为在终锻过程中，方案二的成形过程中的温度相对方案一较低，在锻造过程中金属的变形抗力也因此增大。

（4）金属成形载荷分析　图 2-15 所示为采用两种锻造工艺方案的终锻成形过程载荷曲线。由图可知，两种锻造成形工艺方案中，终锻成形过程中上模的载荷曲线变化趋势基本一致，随着上模的运动，坯料开始充填模具，模具与坯料之间的接触面逐渐增大，上模的成形

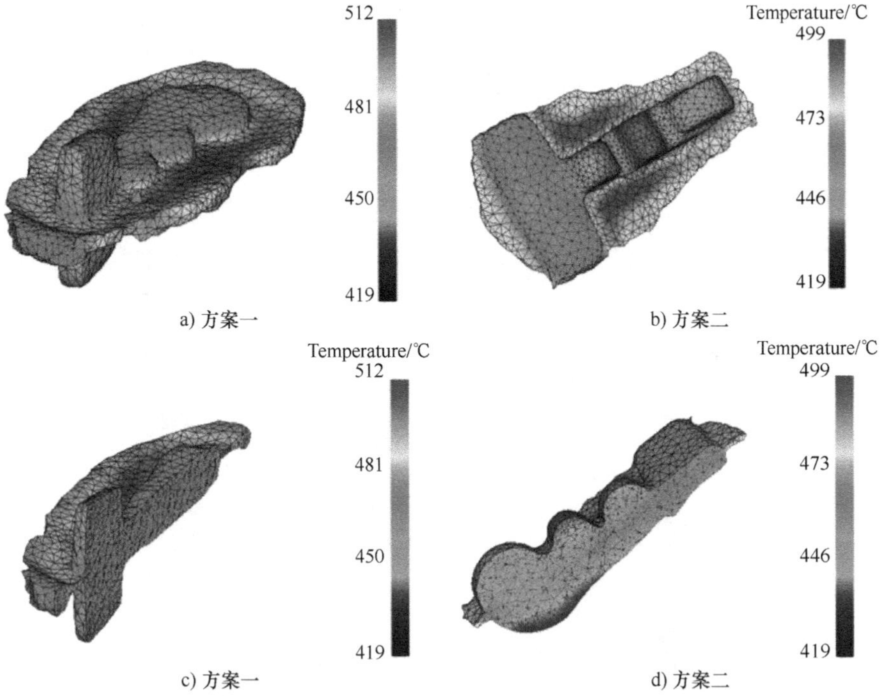

a) 方案一　b) 方案二　c) 方案一　d) 方案二

图 2-13　采用两种锻造工艺方案的终锻件温度场分布

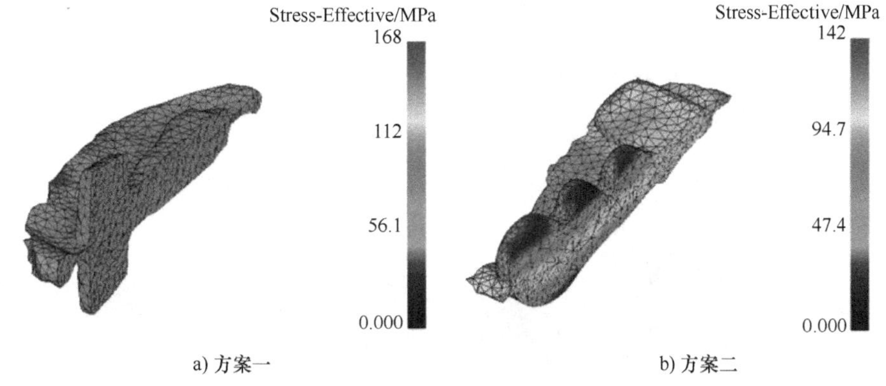

a) 方案一　b) 方案二

图 2-14　采用两种锻造工艺方案的终锻件等效应力场分布

载荷也逐渐增大，在金属充满模具模膛之后，金属向模具的飞边槽流动，由于飞边槽尺寸较小，金属流动阻力增大，成形载荷开始急剧增大，在上下模具合模之后，此时模具的成形载荷达到了最大。在数值模拟的过程中，方案一与方案二的最大成形载荷均为 1160kN。

2.2.4　生产验证

根据模拟结果分析，锻造方案二明显优于方案一，对方案二的模拟结果进行实际生产验证。实际生产中使用的坯料是直径为 28mm、长度为 80mm 的棒料，锻造前将坯料加热到 420℃、模具加热到 400℃，并且使用进口石墨乳进行润滑，以减小摩擦。终锻模具如图 2-16 所示。

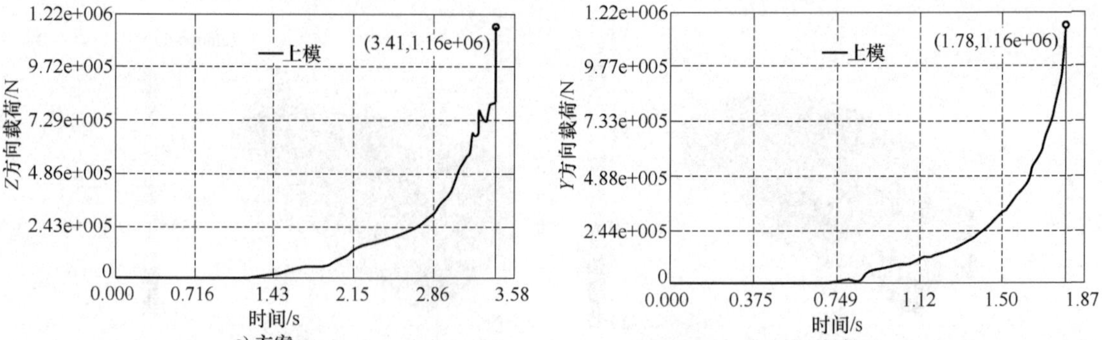

a) 方案一 b) 方案二

图 2-15 采用两种锻造工艺方案的终锻成形过程载荷曲线

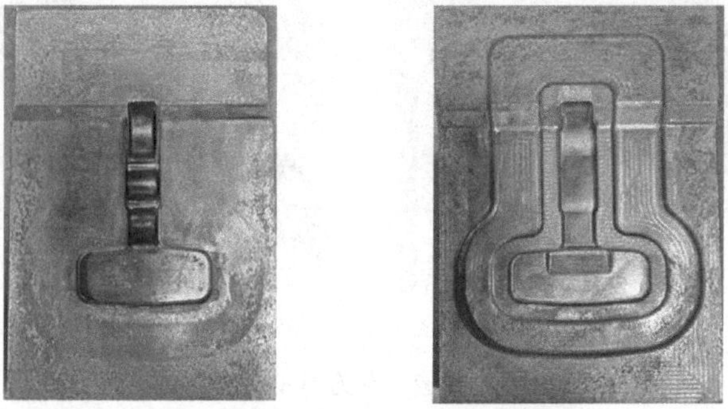

图 2-16 航空吊钩终锻模具

航空吊钩在经过锻造成形之后，成品锻件图如图 2-17 所示。由图中可以看出，锻件没有出现充填不足、开裂、折叠等缺陷，成形质量较高，满足锻件设计要求。

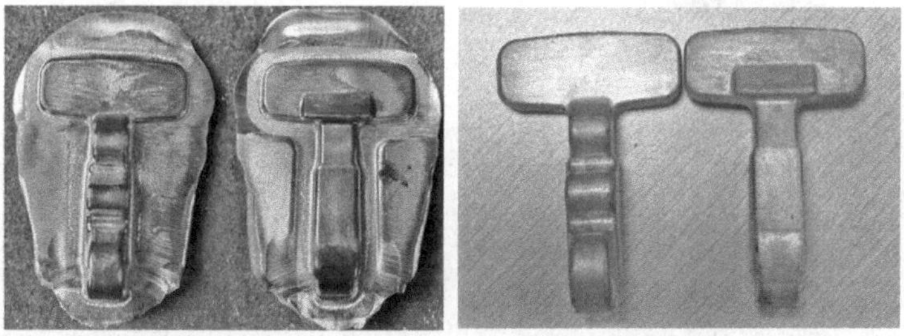

a) 切边前 b) 切边后

图 2-17 航空吊钩成品锻件图

2.2.5 结论

1）分析了航空吊钩的结构特征和成形难点，设计了两种锻造工艺方案，并采用 DEFORM—3D 有限元软件对两种成形工艺方案进行了模拟，分别分析了两种方案的制坯过程和终锻过程，从材料的流动、锻件的充填情况、锻件成形的温度场、等效应力场以及成形载荷等多个方面对两种锻造工艺方案进行了对比分析，确认了方案二为较佳的锻造工艺方案。

2）根据模拟结果进行实际生产验证，获得了充填良好、无明显外观缺陷的航空吊钩锻件。说明 CAE 模拟可以缩短锻件开发周期、降低锻件成本、提高锻件质量。

2.3 汽车轻量化中空齿轴的联合制造技术

2.3.1 引言

从汽车发展趋势看，未来汽车设计将更注重减轻车辆重量、改善燃料经济性、降低尾气排放、降低车辆制造成本。相比于传统汽车，新能源汽车对于轻量化技术的要求更为迫切。实现汽车轻量化目前主要有两个途径，一是新材料应用，主要是采用轻量化材料和轻量化材料连接与成形技术，以达到减轻零部件重量的目的；二是轻量化拓扑结构设计，使零部件薄壁化、中空化、小型化、复合化以及对车身零部件进行结构和工艺改进等。

我们除了研究材料本身的性能，还要利用材料做一些中空的结构，结合先进的制造技术，以达到进一步减重的目的。利用材料做一些中空的结构，不管是从材料的轻量化方面，还是材料的制造工艺和成本方面，均有很多优点。本节介绍的汽车空心轴就是涉及材料、装备和工艺技术创新应用的轻量化产品。

2.3.2 空心轴联合制造技术

空心轴联合制造技术主要分为温（热）锻及冷锻两大技术，即传统毛坯锻造技术+径向锻造技术，是管、杆（轴）类零件成形的先进工艺。主要应用于无屑制造，低重量、轴对称空心轴，复杂内部成形及高精度外形成形（比如，两侧密封的有槽的齿轮轴，等等），以及热锻空心驱动轴，特别是伴有镦锻（局部壁加厚），各种碳素钢、合金钢、工具钢、铜合金、镁合金、铝合金、高合金钢以及难变形金属，如钨、钼、铌、锆、钛及其高合金、特殊钢的开坯锻造。

1. 径向锻造设备及工艺

四锤头径向精锻机（见图 2-18）基本是一种短行程机械压力机。锻造连杆的行程是由曲轴驱动。曲柄支承在轴承座内，轴承座可以调节四锻造连杆的行程位置。一个或两个电动机通过传动齿轮驱动曲轴，它同时控制四曲轴的同步性。锻造连杆的行程位置能同时改变或成对改变，为的是能锻造圆形、方形或矩形横截面。

图 2-18　四锤头径向精锻机

四锤头径向精锻机的工艺与所有其他热成形方法的工艺都不同。普通压力机和锻锤，甚至是轧机，每种成形工序仅使用两个工具。然而，在径向锻造机中，同时用布置在同一平面内的四个锤头成形工件（见图 2-19）。在所有普通锻造方法中两接触工具间产生的自由扩展在径向锻造中被消除了。径向压缩均匀接触工件周边，且工件整个表面处于压应力下，压应力在锻造过程中可防止表面裂纹的形成，并改善原有的缺陷。

图 2-19　径向锻造成形示意图

2. 空心轴在汽车工业中的应用

空心轴目前在汽车中已陆续应用，具体应用见图 2-20~图 2-24。

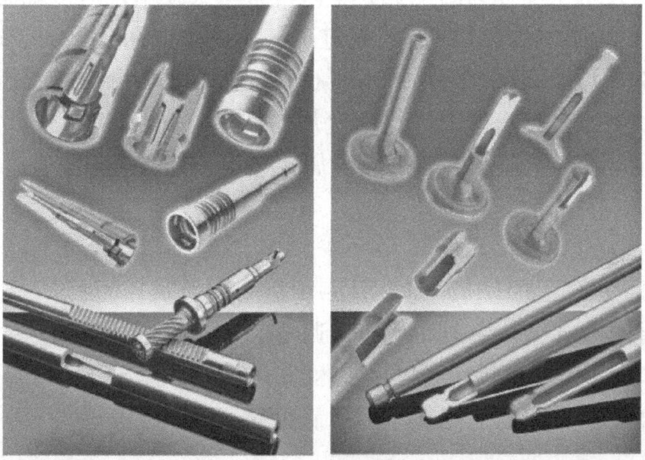

图 2-20　动力转向的控制轴套、阀体、中空的齿条、内外变径的空心稳定杆和用于赛车发动机的排气门（阀）

图 2-21　空心齿轮轴/温锻

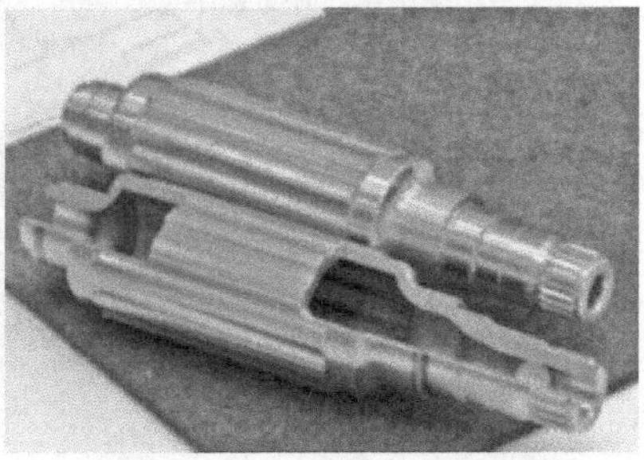

图 2-22　电动汽车空心电动机轴

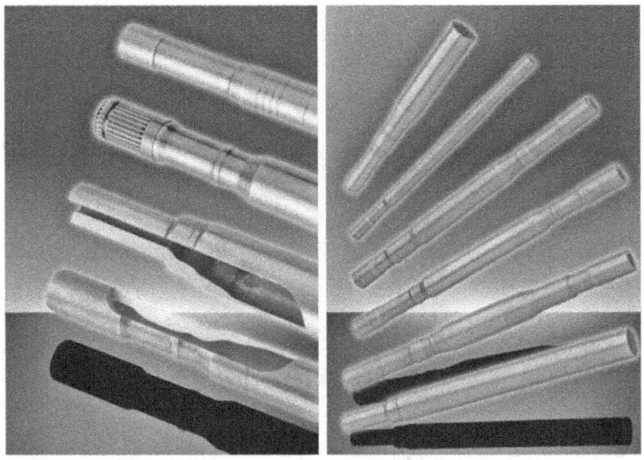

图 2-23 空心半轴或驱动轴（整体轴）

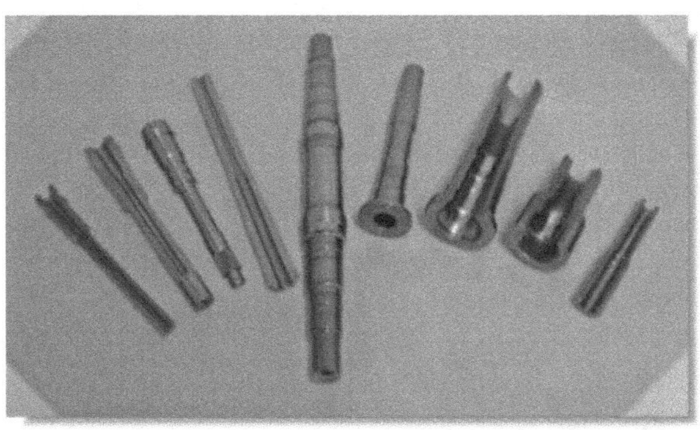

图 2-24 空心花键轴

2.3.3 空心轴不同制造工艺的应用情况

1. 传统实心轴挤压工艺

采用压力机冷挤压或热挤压工艺 +后续深孔钻，模具成本非常高，存在大量的材料浪费，复杂形状的零件需要多台设备多步挤压工序，从而导致成本更高。

2. 联合制造技术工艺

联合制造技术工艺是指先用挤压机生产简单的空心毛坯（利用挤压机的优势），再用径向精锻机进行冷或温锻造。以 45 钢为例，其材料的流动应力、可塑性应变、氧化物形成和温度之间的关系图如图 2-25 所示，从中可以看出，锻造温度在 600～800℃选取，此时材料的流动应力急剧减小，可塑性应变增大，可以实现大变形锻造，此时氧化物才开始轻微生成，可以保证复杂锻件的质量、精度和减少氧化皮。

该技术的优点在于：产品质量更高，生产灵活性非常高（可实现柔性生产），重复性非常好，可以生产具有复杂内部形状的轴，减少了材料的损失，径向精锻机设备换模时间非常短，从而提高了效率，降低了生产成本。零件制造的精度及后续机械加工余量如图 2-26 所示。

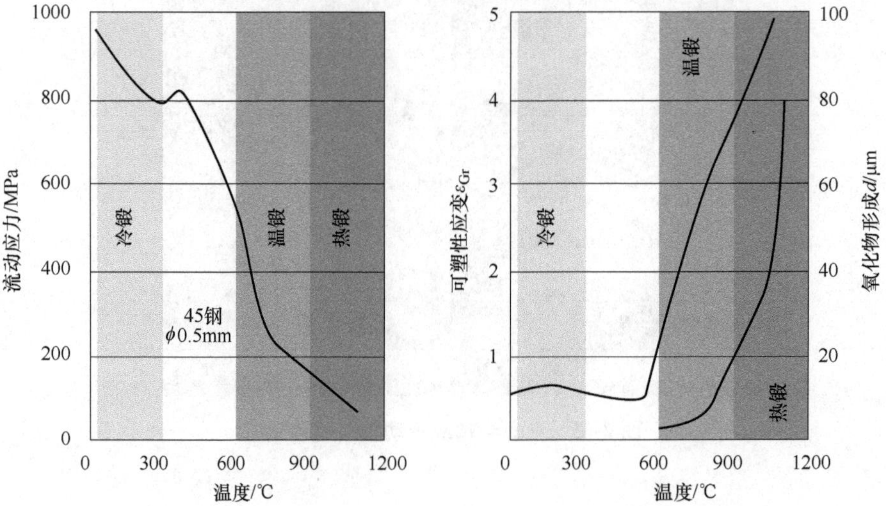

图 2-25　45 钢材料的流动应力、可塑性应变、氧化物形成和温度之间的关系

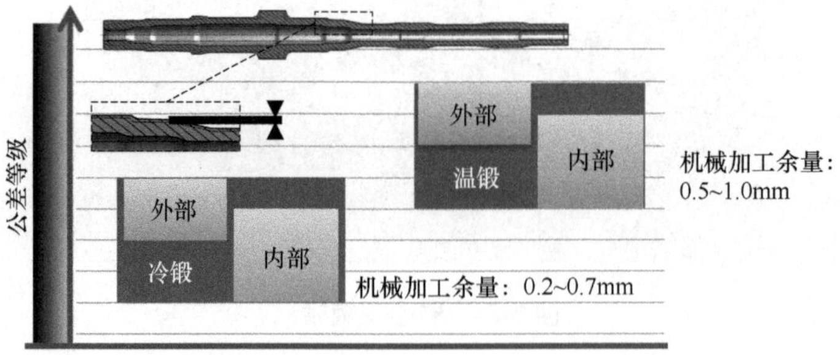

图 2-26　采用联合制造技术工艺生产的空心轴公差等级及机械加工余量

但是，由于联合制造技术工艺中挤压成形环节通常需要较多的步骤（见图 2-27 和图 2-28），还有中间退火、皂化等，因而会使这种技术的效率变低。更多的公司现在采用的方式是各种技术的整合。如先用挤压机生产一个简单的空心毛坯形状，然后后续具有更严格公差要求的复杂空心轴则用径向精锻机通过冷锻或者温锻获得（也就是联合制造技术的方案：简单挤压制坯，再径向精锻机锻造），这样可节省大量的材料和时间，同时可以制造复杂中空的轴类零件（见图 2-29 和图 2-30）。

世界使用挤压机的几家大厂 Hirschvogel、Metaldyne 和 Daimler-Schmiede 提出采用挤压工艺只有在以下几种情况下才经济。

1）只需要很少的挤压工序（通常认为 2~3 道挤压工序）。

2）采用的是高延展性的钢铁材料。

3）大批量（由于挤压机模具开发和制造成本都非常高）生产。

4）产品规格单一（因换模时间很长）。

5）实心零件。

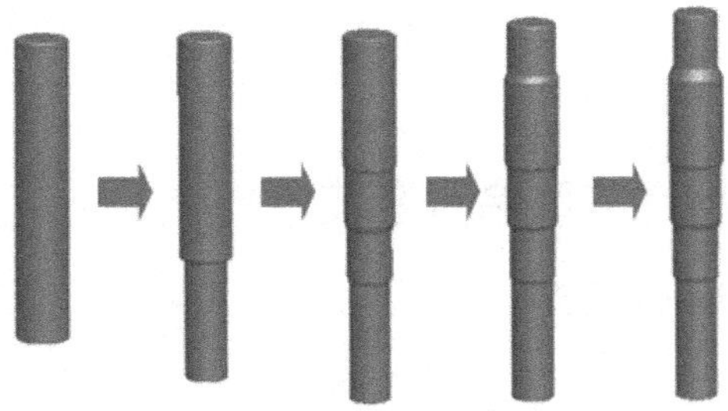

图 2-27　中间轴各工位挤压成形

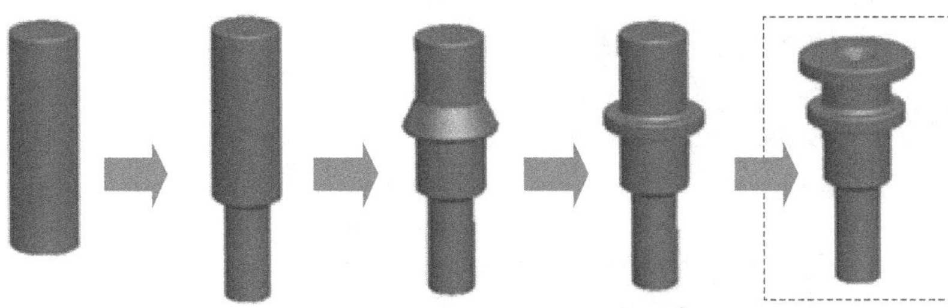

图 2-28　偶数档输入轴各工位挤压成形

图 2-29　复杂内孔的输入轴

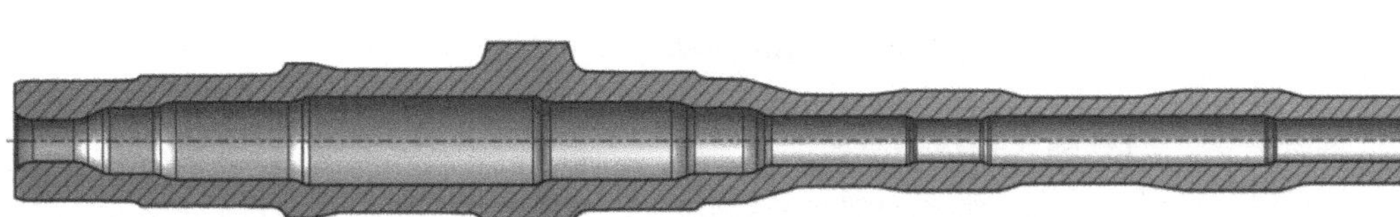

图 2-30　复杂内孔中间轴

任何有违上述使用条件的，无论部分或全部，都会极大地影响挤压生产线的效益。这样即使花费的投资看起来低，也无法达到当时的设计目的，特别是对未来的新设计，即大量的空心轴，更是如此。

如果采用挤压工艺生产空心轴，需要钻孔步骤，在长轴上钻孔，要保持高的垂直度和单件生产率，当将钻孔工序放在自动生产线上时，其效率是无法与采用径向精锻机生产相比较的。径向精锻机的循环时间包含准备工序，即全部精锻时间，一根轴的加工也只需用 30s 左右。

综上所述，如果能有效地利用挤压的特点，那就将挤压工艺作为第一道工序用于生产毛坯，然后根据实际零件的需要，将径向精锻机锻造作为第二工序，完成不同阶梯轴/空心轴的加工，即联合制造技术。

2.3.4 典型中空轴齿零件的联合制造技术

1. 联合锻造：中间轴温—冷锻造

工艺流程：毛坯制造采用传统挤压或温锻成形，成形后抛丸处理→加热毛坯→通过芯轴径向锻造第一端→旋转，通过芯轴锻造另一端→清理→通过芯轴径向冷锻成形→机械加工，具体工步如图 2-31 所示。

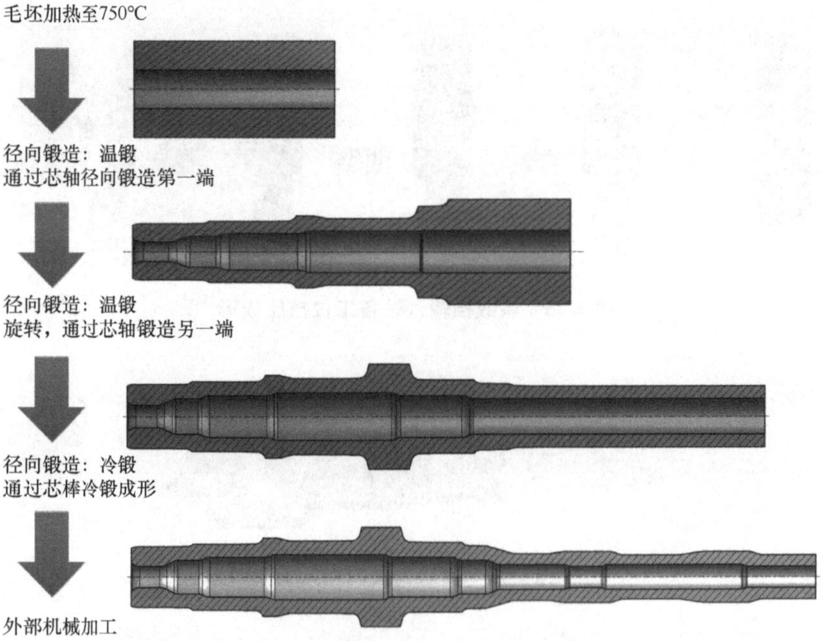

图 2-31　中间轴联合制造工步示意图

2. 联合锻造：PTU 输入轴热—冷锻造

工艺流程：局部加热钢管毛坯→通过芯轴径向锻造第一端增粗，并通过芯轴锻造形状→清理→通过芯轴径向冷锻拔长，花键锻造成形→机械加工，具体工步如图 2-32 所示。

2.3.5 结论

1. 为零件设计提供新的可能性

传统零件设计受限于制造技术，设计自由度小。采用空心轴联合制造技术可以高效制造传统制造技术无法实现或者较高成本的空心轴类零件（如图 2-33 所示的中空电动机轴），为空心轴零件设计提供新的可能性。

2. 联合制造技术高度灵活，优点显著

1）节省材料。

2）零件内部具有理想的纤维流线和性能。

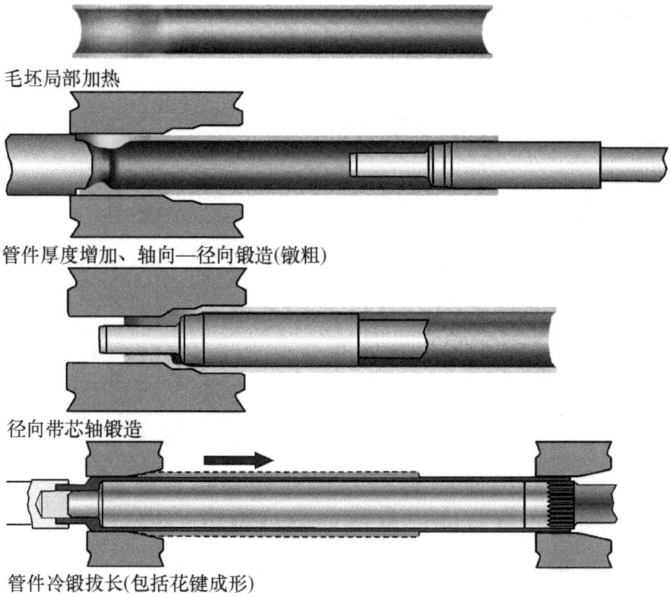

图 2-32　PTU 输入轴联合制造工步示意图

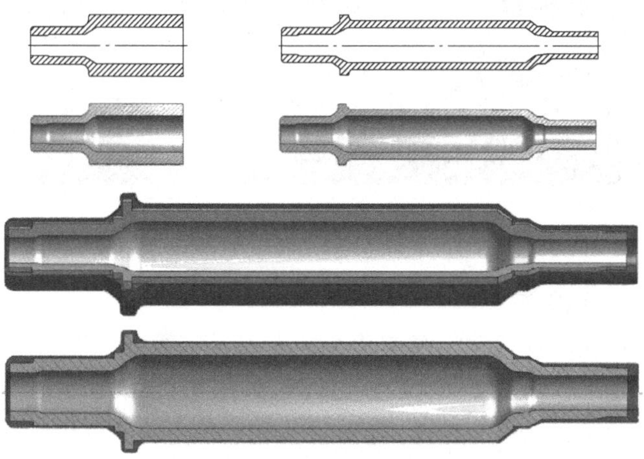

图 2-33　中空电动机轴

3）不受温度或者材料的限制。

4）冷、温、热锻成形均可。

5）一副模具即可成形多种直径的零件。

6）零件无须特殊表面处理（如无须磷皂化）。

7）可快速启动程序。

空心轴联合制造技术适合于制造各种轻量化空心结构件，特别是汽车空心驱动轴（半轴）、动力转向管柱、空心平衡杆、变速器空心传动轴、带内花键驱动轴、叉轴、后桥空心轴（货车）等，该技术将广泛地应用于汽车行业，以适应汽车轻量化发展的需求。

2.4 铝合金锻件成形工艺与装备

2.4.1 铝合金锻件的特性及应用趋势

1. 铝合金锻件的特性

1）密度小，只有钢锻件的34%，铜锻件的30%。

2）比强度大、比刚度大、比弹性模量大，疲劳强度高，宜用于轻量化要求高的关键受力部件，其综合性能远远优于其他材料。

3）内部组织细密、均匀、无缺陷，其可靠性远高于铝合金铸件和压铸件，也高于其他金属铸件。

4）铝合金的塑性好，可加工成各种形状复杂的高精度锻件。

5）铝合金锻件有良好的耐蚀性、导热性和非磁性，这是钢锻件无法比拟的。

6）表面光洁，表面处理性能良好，美观耐用。

铝合金锻件（见图2-34）的一系列优良特性为它代替钢、铜、镁、木材和塑料提供了良好的条件。

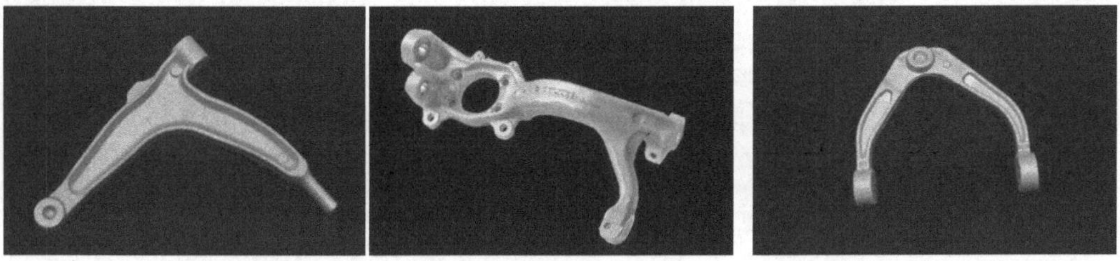

图2-34 铝合金锻件

2. 铝合金锻件的应用趋势

随着我国交通运输业向现代化、高速化方向发展，交通运输工具的轻量化要求日趋强烈，以铝代钢的步伐越来越快，特别是轻量化程度要求高的飞机、航天器、铁道车辆、地下铁道、高速列车、货运车、汽车、舰艇、船舶、火炮、坦克以及机械设备等重要受力部件和结构件，近几年来大量使用铝及铝合金锻件和模锻件以替代原来的钢结构件，如飞机结构件绝大部分采用铝合金模锻件；汽车（特别是重型汽车和大中型客车）轮毂、保险杠、底座大梁，坦克的负重轮和炮台机架，直升机的动环和不动环，火车的气缸和活塞裙，木工机械机身，纺织机械的机座、轨道和绞线盘等都已应用铝合金模锻件来制造。而且，这些趋势正在大幅度增长，甚至某些铝合金铸件也开始采用铝合金模锻件来代替。

可以看出，铝合金锻件产业存在较大的发展空间。

2.4.2 铝合金锻造工艺特性

1. 铝合金锻造成形微观分析

铝合金中存在大量的强化相和过剩相，其铸态组织中呈现多相混杂的状态，在某些铝合金铸态组织中还常常存在共晶混合物。这些物质通常又硬又脆，且呈网状分布于晶界。通过热塑性变形可以使铝合金铸态组织得到较大改善，性能得到较大提高。流线的分布情况对铝合金的性能有很大影响，流线不顺、涡流和穿流都使铝合金的塑性指标、疲劳强度和耐蚀性能有明显降低。因此，锻造成形时，应当使流线方向与零件最大受力方向一致。

影响铝合金再结晶温度的主要因素有合金成分、压力加工前的均匀化规范、压力加工方式（应力状态）、变形温度、变形速率、变形程度和最终热处理等。铝合金的晶粒尺寸对力学性能有较大影响，铝合金锻件中的粗晶会显著降低强度极限和屈服极限，降低零件的使用性能和寿命。因此，锻造铝合金时须注意控制晶粒度，既要考虑零件的变形，也要考虑材料的改性。

2. 铝合金的锻造特点

（1）塑性较低　铝合金的塑性受合金成分和锻造温度的影响较大。合金化程度越高，铸锭和锻材宏观偏析越严重，塑性越低，设备一次行程允许变形程度只有普通钢的 50%或更低，锻造过程容易开裂，因此变形温度、变形程度、变形速率都要严格控制，要尽量避免在拉应力状态下变形。

（2）流动性差　铝合金质地很软，外摩擦系数较大，所以流动性较差，模锻时难于成形。

（3）锻造温度范围窄　铝合金的锻造温度范围一般都在 150℃以内，少数高强度铝合金的锻造温度范围甚至不到 100℃。由于铝合金的锻造温度范围很窄，所以一般都采用能精确控制加热温度的带强制循环空气的箱式电阻炉或普通箱式电阻炉进行加热，温差控制在 ±5℃以内。

（4）导热性良好　铝合金由于导热性好，加热时内应力小，且易于均匀热透。

（5）始锻温度和终锻温度要严加控制　始锻温度一般取上限，这样有利于提高铝合金的塑性和流动性，使金属易于成形。但有些铝合金始锻温度太高，将引起强度下降。为了保证适当的终锻温度，提高铝合金的塑性和流动性，改善铝合金的成形条件，用于锻造的工具或模具需要预热。终锻温度高有利于保持挤压坯料的挤压效应，能得到具有未结晶组织和力学性能好的锻件；终锻温度过低，容易产生大晶粒，使锻件的力学性能大大降低，铝合金的塑性和流动性急剧下降，容易产生表面和内部裂纹。

（6）应变速率敏感　铝合金对变形速率十分敏感，铸坯通常要在压应力状态下低速进行开坯，经过开坯的铝合金坯料模锻时，往往也需要在液压机或螺旋压力机上进行。

3. 铝合金锻造工艺参数要求

（1）加热要均匀并充分保温　坯料要进行充分高温均匀化处理，消除残余内应力和晶内偏析，以提高金属塑性。锻造加热时，要保证在规定的加热温度进行加热并充分保温，避免在高温下长时间加热，减少模锻次数，力求一火锻成。加热温度过高，容易形成粗晶；加热温度过低，锻件将产生加工硬化。

（2）锻造工具和模具预热　由于铝合金的锻造温度范围很窄，如果锻造工具和模具没有预热，或预热温度不够也会引起锻件产生裂纹。用于锻造的工具和模具要充分预热，加热温度最好接近锻造温度，一般为 200～420℃，以便提高金属的塑性和流动性。

（3）锻造变形速率要控制　铝合金由于流动性差，变形速率要越低越好。以法兰（材质：6082）为例，其锻件模型如图 2-35 所示。

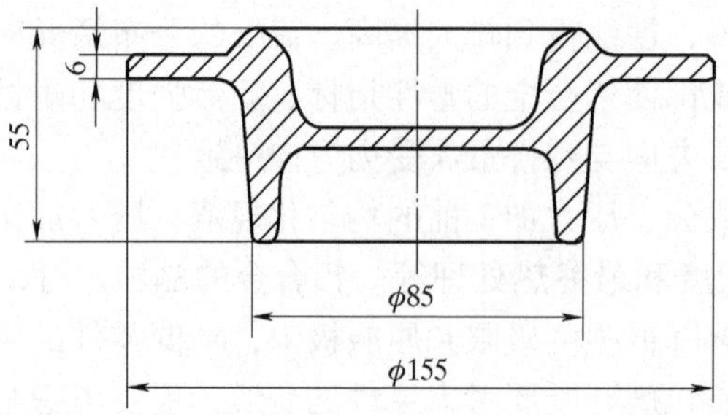

a) 锻件2D示意图

b) 锻件3D模型

图 2-35　法兰锻件模型

采用有限元软件对法兰锻件的成形过程进行模拟，分别设置不同的成形速率，分析成形力与成形速率之间的关系。

成形模具 2D 示意图如图 2-36 所示，其模型示意图如图 2-37 所示。上下模之间的行程设置为 50mm，即上模行程达到 50mm 时，模具呈闭合状态。采用直径为 ϕ90mm，长度为 41.5mm 的圆棒料直接成形。

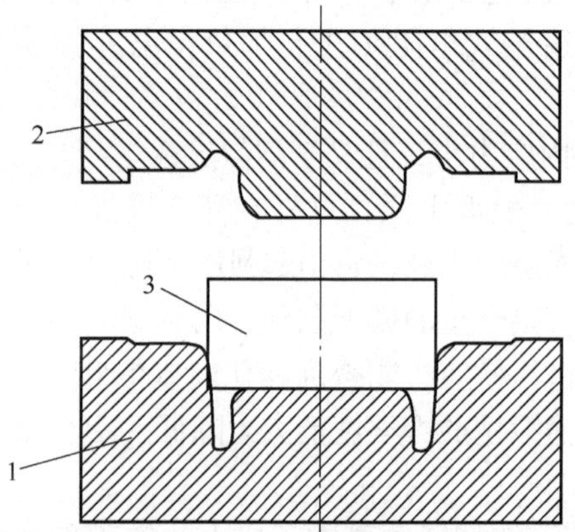

图 2-36　成形模具 2D 示意图

1—下模　2—上模　3—工件

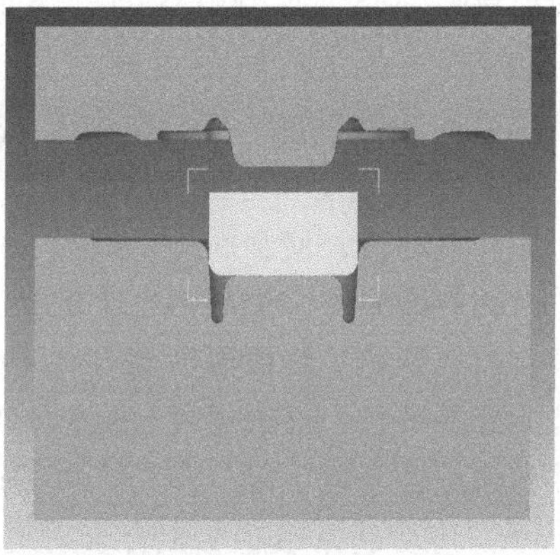

图 2-37　模型示意图

网格划分 10 万个，设定坯料料温为 460℃，上下模具温度 240℃，工件与模具之间的摩擦系数设定为 0.4。在以上参数设置相同的情况下，模具的运动速率分别设置为 15mm/s、100mm/s、200mm/s 和 300mm/s。

模拟结果（见图 2-38）显示，模具合模时产品的充填情况较好，没有缺料或折叠现象，最终的成形结果如图 2-39 所示。

以行程作为横坐标，以上模在运动方向（y 方向）上的载荷为纵坐标，生成两种成形速率下的成形力（载荷）曲线图，如图 2-40～图 2-43 所示。

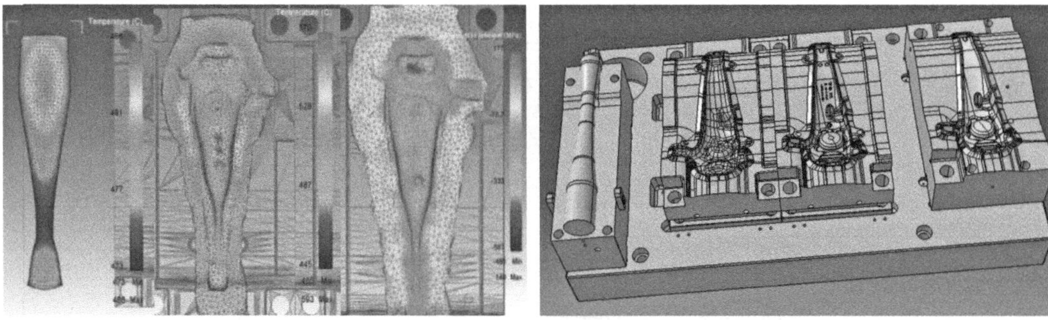

图 2-38　模拟结果

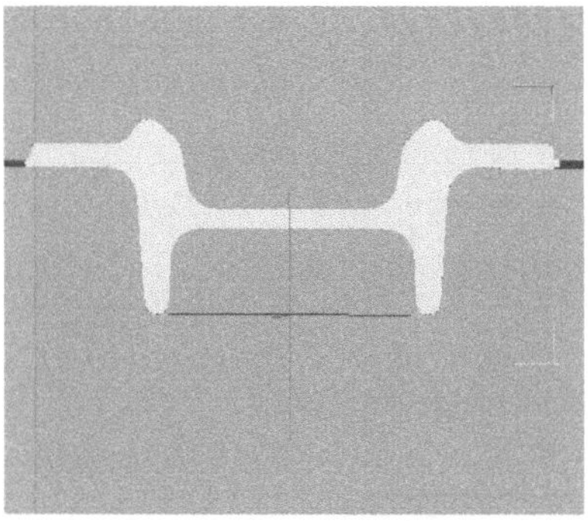

图 2-39　成形结果图

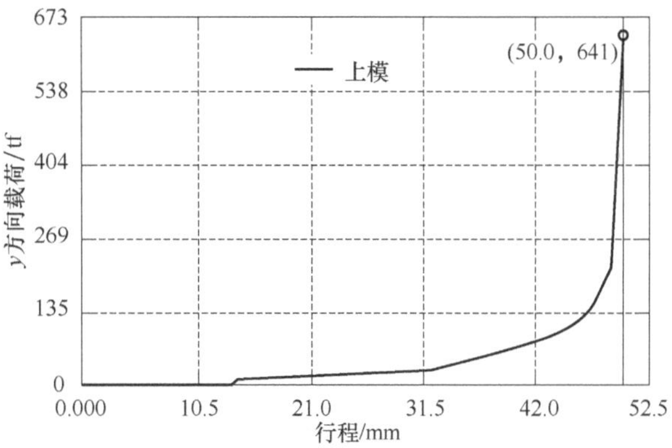

图 2-40　成形速率为 15mm/s 时上模的载荷曲线

注：1tf = 9. 8kN

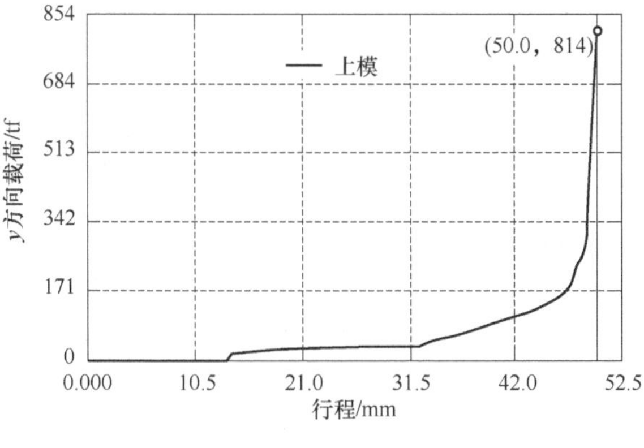

图 2-41　成形速率为 100mm/s 时上模的载荷曲线

在相同行程下，对不同的成形速率的成形力进行归纳总结，得出表 2-1 中的数据。相同的行程下，成形速率越慢，模具受力越小。当模具闭合（行程达到 50mm）时，两种不同成

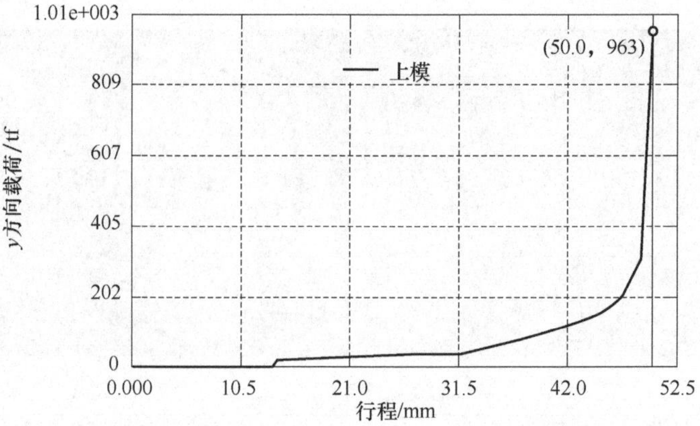

图 2-42　成形速率为 200mm/s 时上模的载荷曲线

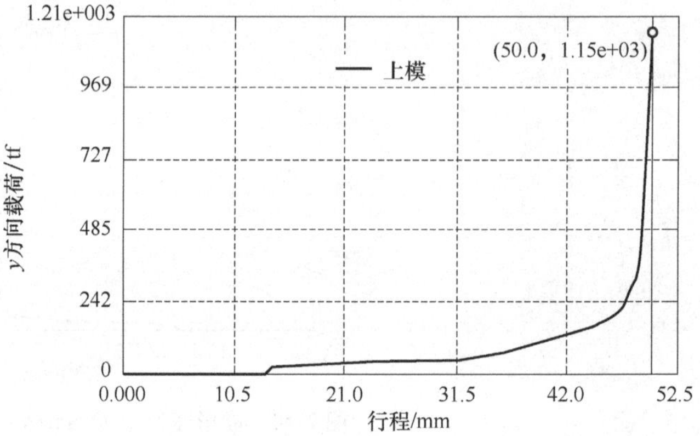

图 2-43　成形速率为 300mm/s 时上模的载荷曲线

形速率下模具的载荷分别为 641tf 和 994tf，两者成形力相差超过 50%。

表 2-1　不同成形速率下的行程-成形力（载荷）统计表　　（单位：tf）

行程/mm	成形速率			
	15mm/s	100mm/s	200mm/s	300mm/s
45	101	138	146	162
46	119	152	170	182
47	139	176	211	222
48	178	236	249	275
49	332	348	516	541
49. 4	410	563	631	696
49. 6	483	665	701	793
49. 7	531	716	733	853

（续）

行程/mm	成形速率			
	15mm/s	100mm/s	200mm/s	300mm/s
49.8	567	754	880	968
49.9	621	792	946	1048
50	641	814	994	1150

上述有限元模拟案例很直观地反映了较高的成形速率对铝合金成形力的影响。除此之外，较高的成形速率还会增加变形的不均匀性；较高的成形能量会引起材料的温升，引起粗晶，严重时甚至会产生分层缺陷。成形速率越慢，材料的流动应力反而降低，更有利于形状复杂的产品的成形，所以，选用成形速率低的设备对铝合金锻造来说具有较高的适用性和极高的经济性。但实际生产中，需要考虑生产率等因素，现有的伺服油压机不能满足要求。因此，急需一种高节拍低速成形设备来满足市场需求。

（4）终锻温度要保证　解决铝合金大晶粒的有效措施是采用等温模锻工艺，即将模具加热至（并保持）接近合金的实际变形温度，在液压机慢速条件下成形。在合适的变形温度和变形程度下，可保证模锻后获得完全再结晶的组织，经固溶处理后可得到细小晶粒。

（5）保证锻件均匀变形　要改进模具设计，合理选择坯料，保证锻件均匀变形，锻件各断面的变化要尽量平缓。对于形状复杂和具有工字形断面的锻件，应采用多套模具，多次模锻，使坯料由简单的形状逐步过渡到复杂的锻件，以保证金属流动均匀，充填容易，纤维连续。对断面变化较大的锻件，如果没有制坯模，则需用自由锻制坯，使坯料各断面的金属量分配合理，以防止金属变形不均，流动紊乱。改变锻件的分模面，采用反挤压成形，金属流动条件好，锻件组织结构均匀，成品率高。

（6）模具与润滑　提高模膛表面粗糙度<Ra0.4μm，采用良好的工艺润滑剂，涂抹润滑剂要均匀。

2.4.3　铝合金锻造设备要求

（1）下料　铝合金大多采用锯床下料，也有用圆盘锯、带锯。剪切下料只适合在将棒料横放的带飞边的模锻场合；闭式锻造对下料精度要求较高，应使用车床下料。目前国际上也有采用高速剪切下料的报道，高速剪切速率可达 6~8 m/s，甚至更高，可获得较好的断面质量。

（2）加热　铝合金常用的加热设备是电阻炉，如图 2-44 所示。为保证加热温度的均匀性，加热炉一般带有强制空气循环装置、温控装置，炉膛温度的均匀性不超过±20℃，最好控制在±5℃。

（3）模具预热　模具温度不但影响可锻性，还是锻造成败的关键因素。铝合金热导率高，为防止热量过快散失，必须把模具同接触的工具预热至较高的温度，通常 5CrNiMo 的预热温度为 200~300℃，而 H13 锻模的预热温度为 250~400℃，可以用多点喷灯、电热管、导热油加热，要求加热均匀，避免触及模具的工作表面，避免表面局部温度过高而退火。

（4）制坯和预锻　由于铝合金锻造温度范围窄，所以不宜在模锻设备上进行复杂的制

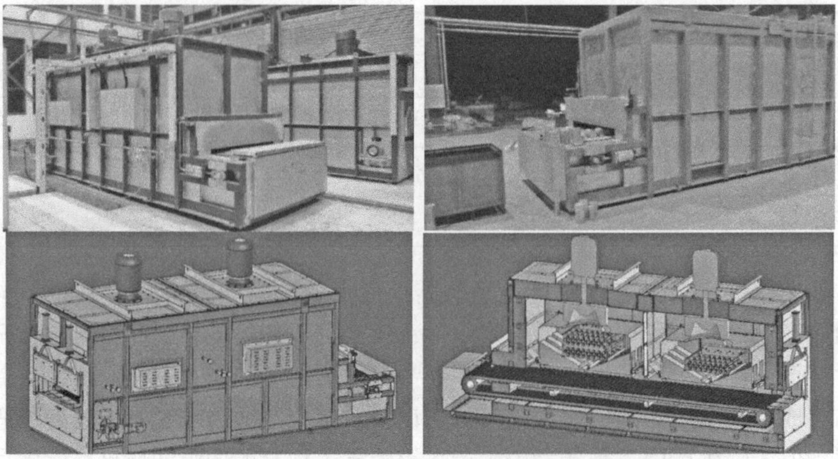

图 2-44　北京机电所研制的小占地面积网带式步进加热炉

坯工序。当大批量生产时，制坯往往在铝合金成形专用辊锻机、专用楔横轧机（见图 2-45）上进行，有时也可以通过挤压、镦头方式进行。专用制坯设备有别于普通设备主要体现在模具温度、变形速率的控制上。

a) 带加热装置的辊锻机

b) 带加热装置的楔横轧机

图 2-45　专用辊锻机和楔横轧机

（5）模锻　依据模拟分析，铝合金锻造对变形速率较为敏感，速率越快，变形抗力越大，在较大的变形速率下，由于热效应，会产生过热或过烧，因此，铝合金尤其是高合金化的铝合金在模锻时，首选变形速率可控的成形锻造设备，如图 2-46 所示。

图 2-46　高能螺旋压力机

（6）切边 铝合金切边有冷切、热切之分，高合金化的铝合金往往采用热切。

2.4.4 铝合金锻造理想工艺及设备

大多数铝合金的始锻温度为 450～480℃，终锻温度为 360～400℃，锻造温度区间较小，因此需要理想的锻造工艺及设备。

1. 锻造工艺

（1）等温锻造 保持模具和坯料处于同一恒定温度，锻造温度均匀不随时间变化的锻造过程称为等温锻造。

等温锻造时通常采用较低的变形速率，可提高金属的塑性并降低变形抗力。等温锻造具有如下优势。

1）由于模锻金属变形抗力和模锻压力的降低而减小了模具系统的弹性变形。

2）减小变形温度的波动，使锻件几何尺寸得到稳定。铝合金和高温合金对变形温度很敏感，如果变形温度较低，变形后为不完全再结晶的组织，则在固溶处理后易形成粗晶，或晶粒粗细不均的组织，致使锻件性能达不到技术要求。在等温锻造条件下，锻造具有薄的腹板、高肋和薄壁零件时，坯料的温度得到控制。

3）可减小锻件内的残余应力，锻件在冷却和热处理时可减少变形。

4）由于模具温度的控制和保护润滑涂层的使用，减小了热金属与周围介质发生的相互作用，减薄了缺陷层的厚度，从而改进了锻件的表面质量。

采用等温锻造加工得到的锻件，组织均匀、力学性能优良，锻件无回弹、尺寸稳定、材料的利用率高、表面质量好。

等温锻造一般适用于批量较小、对生产节拍没有要求的高质量的航空锻件。

（2）热模锻造 对于批量较大、生产节拍要求较高的铝合金锻件，可采用模具温度稍低的热模锻造，铝合金锻件与模具的温差一般可取 100～200℃。热模锻造与常规锻造相比，可以降低变形抗力及成形设备吨位。热模锻造铝合金零件在低的变形速率下成形可获得均匀的组织。

2. 锻造设备

从模拟分析结果看，铝合金的成形力与成形速率成反比，即成形速率越快，成形力越大，反之，成形速率越慢，成形力则越小。很好地验证了较高的应变速率增加了铝合金的流动应力，这一点对难变形的高强度铝合金更明显。

从生产实际情况看，图 2-47 零件在伺服液压机上的成形力显示约为 735tf，电动螺旋压力机的成形力约为 1100tf。同样的模具结构，对比两者的模具寿命，发现电动螺旋压力机上的模具寿命仅为 5000 模次，而伺服液压机上的模具寿命可高达 5 万~6 万模次，两者相差近 10 倍。实践证明，铝合金锻造采用较低的速率成形可获得较高的模具寿命。

就上述铝合金锻造成形工艺分析，现有设备伺服液压机是铝合金锻造成形较为理想的设备，但由于工作频次太低，很难适应大批量民用产品需求，一般适用于小批量航空飞行器的锻件需求。

随着铝合金应用范围的扩大，特别是新能源汽车、轨道交通等民用产品的中小型铝合金锻件应用范围的扩大，需要大批量生产铝合金锻件，显然伺服液压机不能适应这一需求。

依据上述分析，能够大批量生产铝合金锻件的理想锻造设备应具备如下特点。

图 2-47　铝合金锻造生产线

1）成形速率可控（成形工艺、模具成本控制需要）。
2）模具加热条件（隔热垫板、加热器以适应热模锻造）。
3）易于实现自动化（工作环境要求机器换人）。
4）具有不小于 30 次/min 的工作频率（大批量生产需要效率）。
5）具备上下顶料装置（自动化需要）。
6）具备快速换模装置（提高生产率）。

图 2-47 所示为铝合金锻造生产线。

3. 铝合金模锻成形设备的比较（见表 2-2，图 2-48~图 2-51）

表 2-2　铝合金模锻成形设备的比较

比较项目	液压机（伺服）	热模锻压力机	伺服螺旋压力机	中机伺服机械压力机
设备工作原理	载荷限定	行程限定	能量限定	行程限定
载荷性质	静态	静态	准动态	准静态
变形力控制	变形力可控	公称力	取决于变形速率	公称力
工作行程速率/$m \cdot s^{-1}$	0.01~0.3	0.2	0.5~1.2	0.06~0.2
空行程最高速率/$m \cdot s^{-1}$	0.3	1.5	0.6~1.2	1.5
工作速度可控性	可控	不可控	可控	可控
合模保压时间	可控（分秒计）	—	—	—
工作频次/次	≤10	40~75	≤15	30~50
保压时间可控性	可控	—	—	—
工作精度	较好	好	一般	好
抗偏载能力	一般	强	一般	强
模具合模冲击	较小	较大	最大	较小
加热装置抗冲击要求	低	高	高	低
隔热垫板	可以，没有影响	空间受限	影响行程与能量	可以（闭合空间加大）
机重指标	1	2	1.5	2

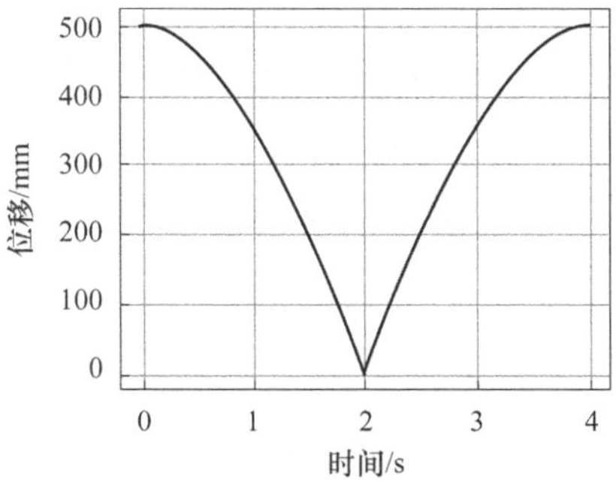

图 2-48　螺旋压力机滑块位移曲线

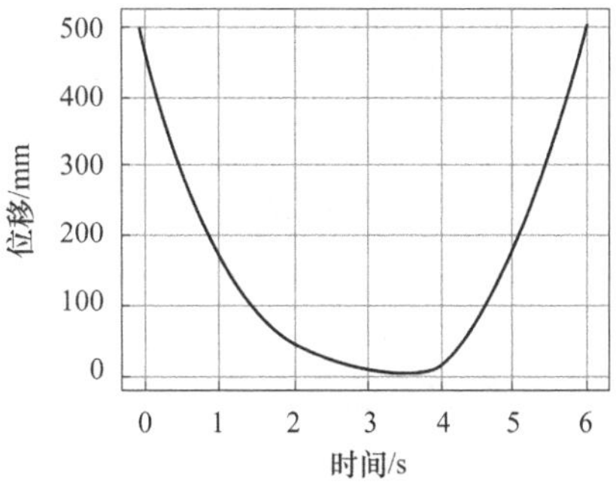

图 2-49　液压机滑块位移曲线

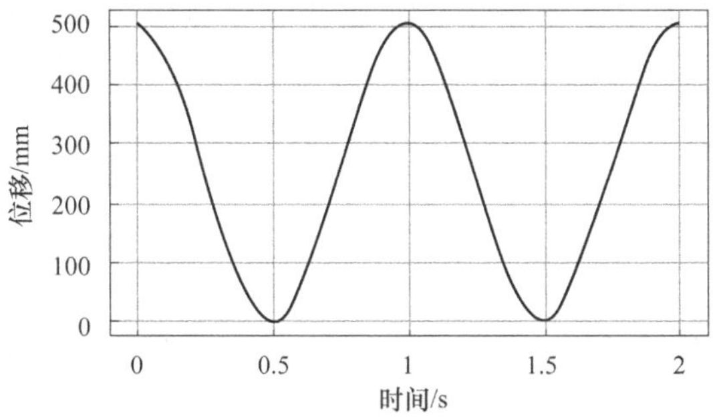

图 2-50　热模锻压力机滑块位移曲线

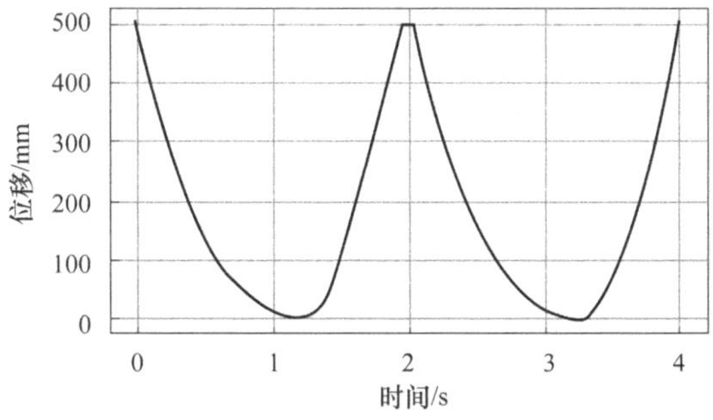

图 2-51　中机伺服压力机滑块位移曲线

2.4.5　中机锻压研制的伺服机械压力机对民用铝合金产品的适应性

中机锻压江苏股份有限公司（简称中机锻压）依据中国机械科学研究总院集团有限公司大力发展工业母机发展战略要求，在现有热模锻压力机基础上，依据铝合金锻造成形工艺要求，采用伺服控制技术、储能技术，研发了适应铝合金成形的伺服机械压力机，具体特点如下：

1）采用伺服电动机驱动曲轴，可提高空行程速率，提高工作频率，中机伺服机械压力机空行程速率可达 1.5m/s，工作频次 30~50 次/min。现有伺服液压机空行程速率一般不超过 0.3m/s，工作频次不超过 10 次/min。

2）中机伺服机械压力机可实现工进行程速率的伺服控制，速率变控范围为0.06~0.2m/s，实现铝合金锻造变形过程均可依据工艺要求设定成形速率。

3）中机伺服机械压力机由于成形速率可控，可避免硬性冲击，大大提高了模具加热装置的可靠性，有利于铝合金锻造成形温度的控制。

4）中机伺服机械压力机考虑了模具加热、隔热装置，避免铝合金热模锻造成形过程热量的传递，从而保证压力机的工作精度。

5）中机伺服机械压力机具有模具的自动夹紧、定位、顶料装置，便于锻造过程生产率的提高及自动化的实现。

6）中机伺服机械压力机可配备机器人、步进梁，实现自动上下料及模具的自动润滑。

中机伺服机械压力机是铝合金成形理想的锻造设备。

2.5 累积叠轧方法制备碳纳米管增强铝基复合材料组织性能研究

2.5.1 引言

碳纳米管增强铝基复合材料[1-3]能够充分利用碳纳米管[4-6]高强度、高弹性模量和导电性能良好的优势，使复合材料强度和塑性获得大幅提升，且具有优良的物理性能。研究者们采用各种不同的方法来制备这种复合材料，如粉末冶金法、搅拌铸造法、熔体浸渍法、喷涂法、原位合成法和大塑性变形法[7-9]。这些方法各有利弊，其中存在的一个关键问题是，碳纳米管在基体中是否均匀分布[10]，因为如果碳纳米管体积分数过高，就会在基体中会产生团聚，造成材料强度的下降。其中累积叠轧[11]方法作为一种大塑性变形方法，工艺简单、生产率高、成本较低，适合制造块体材料，且叠轧后晶粒尺寸细小，材料强度得到大幅提升。同时经过多道次的累积叠轧，当碳纳米管的尺寸与各层铝板的尺寸一致时，就能够保证碳纳米管在基体中得到均匀分散。而包套轧制方法作为轧制复合的一种重要的辅助手段，能够使包套内的芯材充分变形，不产生或较少产生边裂、浪形等缺陷，可解决芯材塑性较差难于轧制的问题。

本节力图采用累积叠轧方法加包套轧制手段制备出性能良好的碳纳米管增强铝基复合材料，并对制备得到的复合材料的组织、弹性模量、强度、塑性和电阻率进行分析和研究。

2.5.2 试验过程

1. 碳纳米管增强铝基复合材料的制备

试验用铝材为商业1060纯铝，其成分见表2-3，单张板尺寸为120mm×56mm×0.6mm。碳纳米管（carbon nanotube，CNT）选用北京德科岛金科技有限公司提供的CNT104分散液，其质量分数为10%，CNT直径10~20nm，长10~30μm。包套材料选用6061铝合金，上下盖板尺寸为160mm×96mm×1mm，左右夹板尺寸为160mm×20mm×4mm。

表2-3 商业1060纯铝成分表

材料	化学成分（质量分数,%）
1060纯铝	99.3Al，0.25Si，0.35Fe，0.05Cu，0.03Mn，0.03Mg，0.05Zn，0.03Ti，0.05V

试验先对 7 块 1060 铝板进行钢刷打磨和丙酮清洗表面处理，并同时称量一定体积的 CNT 分散液（控制 CNT 占整个复合材料体积分数的 1%），加入适量酒精混合，进行超声分散。将上述分散液全部均匀喷涂在 7 块铝板的 6 个中间层中，然后叠合，构成包套的芯板。芯板表面适当抹上止焊剂，便于将来包套的拆取。之后将芯板、上下盖板、左右夹板装配成一个整体板，用铆钉进行固定，装配如图 2-52 所示。

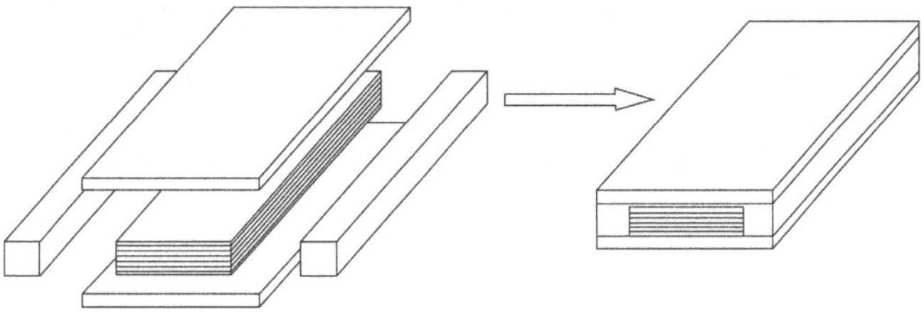

图 2-52　芯板、盖板、夹板装配图

将整体板在 400℃ 加热炉中保温 30min，接着进行压下率为 50% 的一道次无润滑轧制。轧制后，取出里面的芯板，从中间切成长度相等的两块。对此两块板材进行表面清理后，叠合，再一次装配包套，此过程叠合后的芯材与之前的在尺寸上相差不大，因此包套尺寸亦无须改变。接着再进行热轧，如此循环往复，一共轧制 14 道次，最终得到的芯板即为本试验所需的 1% 体积分数的碳纳米管增强铝基复合材料。图 2-53 所示为制备过程示意图。图 2-54 所示为最终制备得到的碳纳米管增强铝基复合板，其中，图 2-54a 所示为未加 CNT 的纯铝板，图 2-54b 所示为 1% CNT 叠轧板。

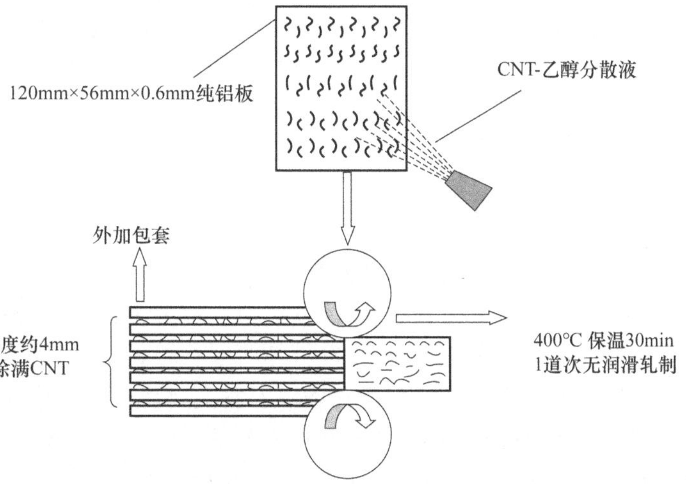

图 2-53　碳纳米管增强铝基复合材料制备过程示意图

2. 显微组织表征

采用电子背散射衍射技术（EBSD）观察复合材料的组织和再结晶情况，EBSD 扫描时的步长为 0.3μm，样品倾转 70°。铝在进行 EBSD 之前的电解抛光处理工艺是：对试样磨到 5000 号砂纸，采用 5%的高氯酸酒精，室温 10V 电压下电解抛光 10~15s。

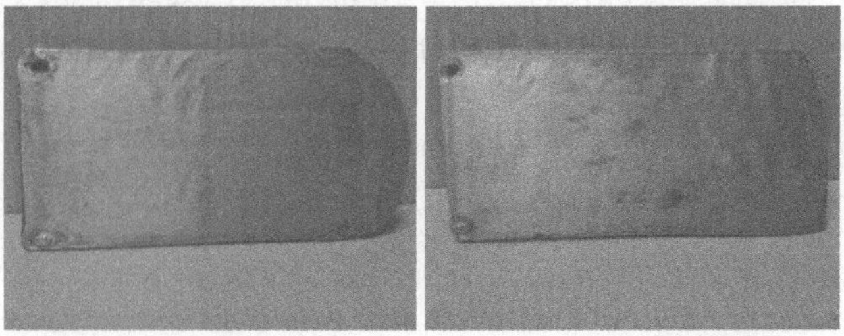
a) 未加CNT的纯铝板　　b) 1% CNT叠轧板

图 2-54　最终制备得到的碳纳米管增强铝基复合板

3. 力学性能检测

在轧制方向上截取标距为 15mm 的标准拉伸试样，如图 2-55 所示，测量材料的抗拉强度、屈服强度和断后伸长率。采用 50N 载荷的维氏硬度计测量 RD-ND 平面上沿 ND 方向（厚度方向）上样品亚表面、1/4 处和中心处的显微硬度，如图 2-56 所示。截取尺寸为 2. 0mm×2. 0mm×30mm（30mm 为轧制方向）的试样，用 PPMS-9 型综合物理性能测试系统测量样品在室温下的电阻率。

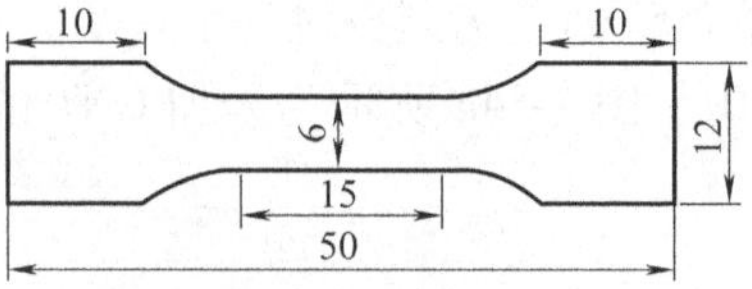

图 2-55　拉伸试样尺寸

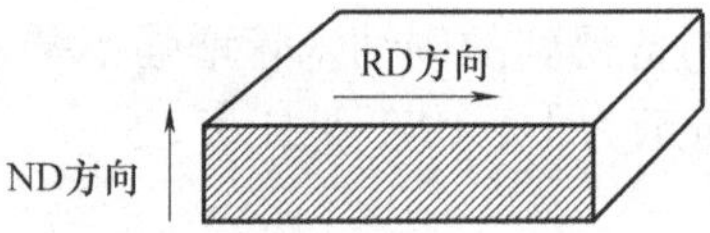

图 2-56　RD-ND 平面

2. 5. 3　结果与讨论

1. 显微组织

图 2-57 所示为 1% CNT 叠轧复合板在 RD-ND 平面沿 ND 方向上不同位置处（左侧亚表面处，中间为四分之一处，右侧为中心处）的晶粒组织图、再结晶组织图和再结晶比例图。

由图 2-57 可以看出，复合板组织由 3 部分构成，即变形晶粒、亚结构晶粒（经过回复过程的晶粒）和再结晶晶粒。其晶粒表现为明显的层状结构，一部分晶粒沿轧制方向被压延，表现为变形晶粒；另一部分晶粒在热轧条件下发生回复；还有部分晶粒发生再结晶，生成细小的晶粒。在 RD-ND 平面沿 ND 方向不同位置处，复合板组织存在着细微的不同，这在再结晶比例图上表现最为突出，如亚表面处再结晶程度极高，而中心处再结晶程度较低。这可能和各不同部位的变形温度（如亚表面变形温度要略低于中心处）和变形程度（如中心处变形程度要略高于亚表面处）有关。

计算 1% CNT 叠轧复合板不同部位的晶粒尺寸可得，其亚表面、1/4 处、中心处晶粒尺寸分别为 0. 85μm、1. 04μm、1. 03μm，平均为 0. 97μm。图 2-58 所示为未加 CNT 的纯铝叠轧复合板的晶粒（左侧亚表面处，中间为 1/4 处，右侧中心处），同样计算出其亚表面、1/4 处、中心处晶粒尺寸分别为 1. 2μm、1. 13μm、1. 11μm，平均为 1. 15μm。因此，加 CNT

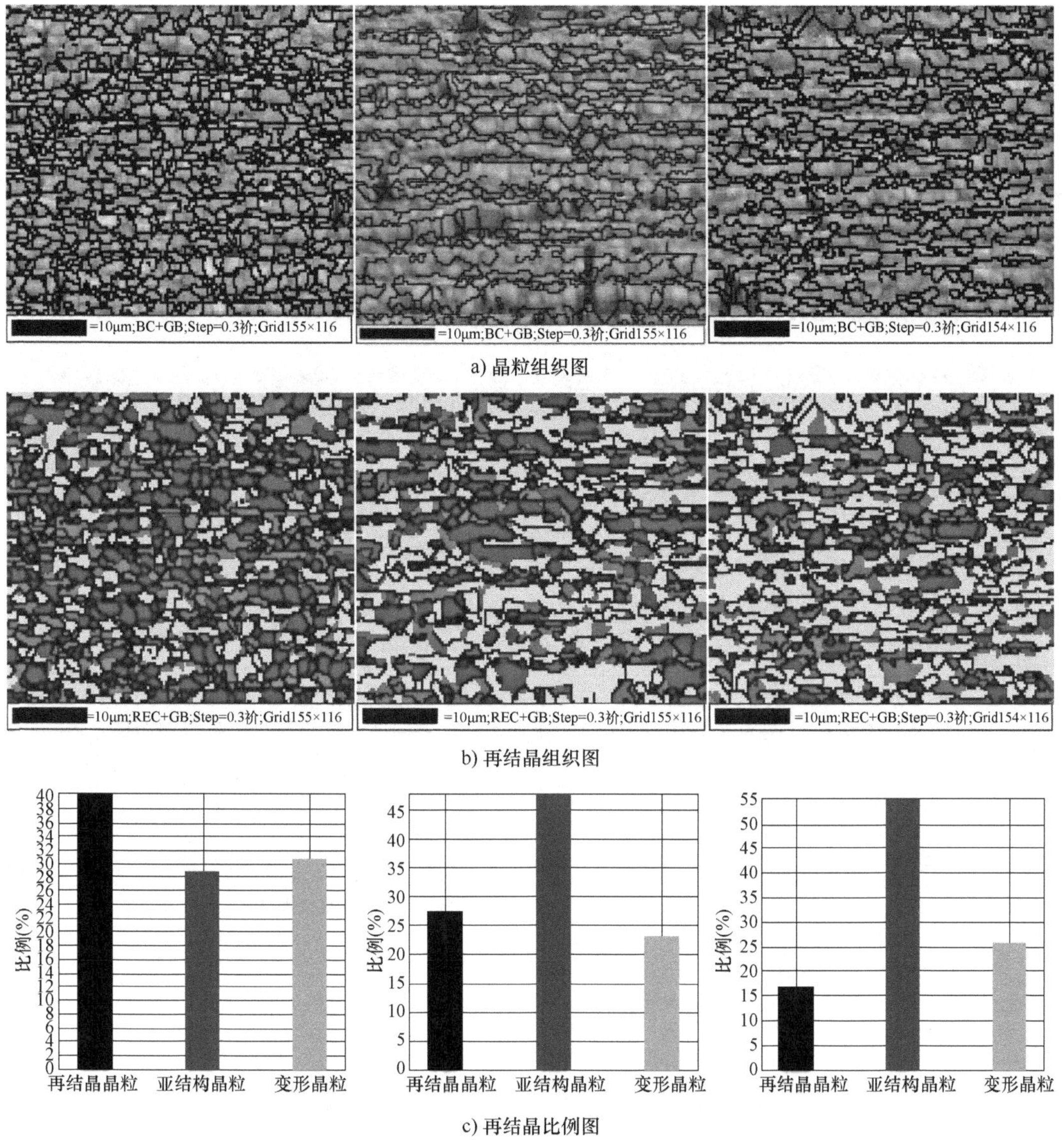

图 2-57　1% CNT 叠轧复合板在 RD-ND 平面沿 ND 方向上不同位置处的晶粒组织图、再结晶组织图和再结晶比例图

的叠轧复合板的晶粒尺寸是要略低于未加 CNT 的纯铝叠轧板的。这是因为 CNT 的存在，能够成为晶粒发生再结晶时形核的核心，使得再结晶比例升高；同时 CNT 在 ND 方向上的钉扎作用使得晶粒被压延破碎，形成更小的晶粒。

2. 力学性能

（1）弹性模量　图 2-59 所示为原始退火板、纯铝叠轧板和 1% CNT 叠轧复合板真应力—真应变曲线。通过计算图 2-59 所示的不同真应力—真应变曲线在较小应变下（工程应变为 0.2%）线性段的斜率，可得不同板材的弹性模量。计算得到原始硬化态纯铝、纯铝叠轧板和1% CNT叠轧复合板的弹性模量分别为24.2GPa，47.5GPa和68.5GPa，亦即加入1% CNT后，其弹性模量相较前二者分别提高了183%和44%，可见CNT的加入能够极大提高复合材料的弹性模量。这是因为CNT的弹性模量很大，约为1TPa，根据复合材料的混合定律：

$$E=E_1V_1+E_2V_2=(E_1-E_2)V_1+E_2$$

式中　E、E_1、E_2分别为复合材料、增强相和基体的弹性模量；V_1、V_2分别为增强相和基体的体积分数。

可知CNT的体积分数越高，复合材料的弹性模量越大。在本试验中仅加入1%的CNT，复合材料弹性模量值相较未加入CNT的纯铝叠轧板能净提升21GPa。

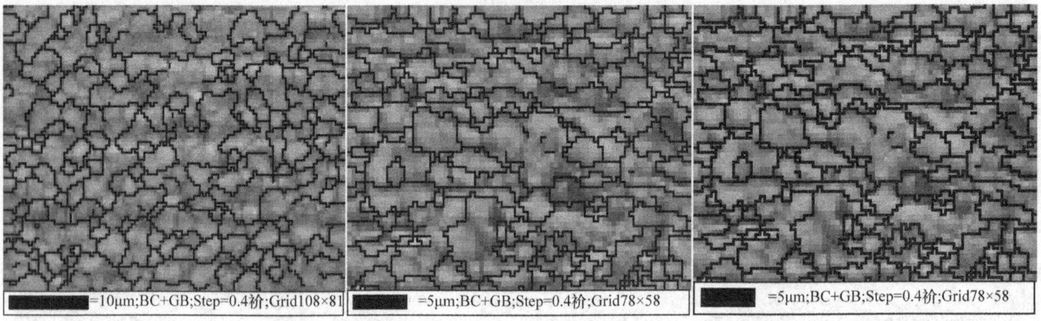

图2-58　0% CNT叠轧复合板在RD-ND平面沿ND方向上不同位置处的晶粒组织图

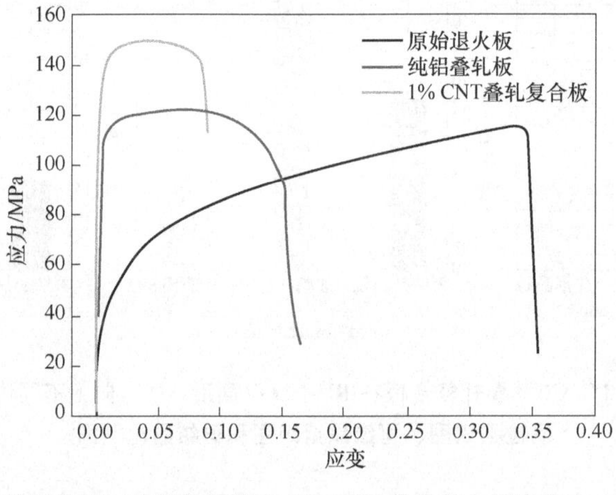

图2-59　原始退火板、纯铝叠轧板和1% CNT叠轧复合板真应力—真应变曲线

（2）强度和塑性　由表2-4可知，加入CNT的叠轧复合材料，其抗拉强度和屈服强度值均有较大程度的提升。分析认为，复合材料强度的增加缘于两个方面，一是CNT的加入提升了复合材料的弹性模量；二是累积叠轧造成的大的等效应变，经14道次轧制等效应变能达到11.2%，这种大的应变使晶粒被压延，形成薄薄的层状结构，紧接着这种层状结构进一步破碎，形成超细晶粒的等轴晶粒，材料强度增加。

表 2-4　原始退火板、纯铝叠轧板和 1% CNT 叠轧复合板的力学性能表

材料	抗拉强度/MPa	屈服强度/MPa	断后伸长率（%）
原始退火板	83.22	36.42	42.56
纯铝叠轧板	116.67	97.77	20
1% CNT 叠轧复合板	144.9	127.06	12

从表 2-4 可以看出，复合材料在断后伸长率方面有较大的下降，仅为 12%。这是因为叠轧过程造成了不少缺陷，这些缺陷使得位错运动受阻，宏观表现为晶粒难以被进一步拉伸，CNT 的加入进一步增加了缺陷的存在，造成位错的塞积，晶体的滑移运动难于顺利进行，故断后伸长率下降。

（3）显微硬度　表 2-5 是原始退火板、纯铝叠轧板和 1% CNT 叠轧复合板的硬度表。从表中数据可以明确看出，无论是加 CNT 还是未加 CNT 的叠轧板，其中心处的硬度值都是最大，边部的硬度值最小。

表 2-5　原始退火板、纯铝叠轧板和 1% CNT 叠轧复合板的硬度表

材料	亚表面　HV	四分之一处　HV	中心处　HV	平均值　HV
原始退火板	—	—	—	32.2
纯铝叠轧板	39.9	41.4	42.2	41.2
1% CNT 叠轧复合板	46.4	47.3	49.6	47.8

（4）电阻率　由表 2-6 可知，加入 1% 的 CNT 后，复合材料的电阻率有一定程度微小的下降，但变化基本不大，虽然 CNT 的电阻率要大于纯铝的电阻率，但是 CNT 加入的体积分数很小，且 CNT 在铝基体中有利于形成电子运动的通路，因此复合材料的电阻率基本不变。

表 2-6　原始退火板、纯铝叠轧板和 1% CNT 叠轧复合板的电阻率

材料	电阻率/Ω · cm
原始退火板	2.922×10^{-6}
纯铝叠轧板	2.912×10^{-6}
1% CNT 叠轧复合板	2.909×10^{-6}

2.5.4　结论

本节采用累积叠轧方法加包套轧制手段成功制备出性能较为优良的体积分数为 1% 碳纳米管增强铝基复合材料。总结本节，可得如下结论：

1）1% CNT 累积叠轧复合板抗拉强度达 144.9MPa、屈服强度达 127.06MPa、硬度平均值达 47.8HV，较未加 CNT 纯铝叠轧板和原始纯铝退火板分别提升了 24%、30%、16% 和 74%、249%、48%，仅在断后伸长率上有所下降，为 12%。

2）CNT 的加入能显著增大复合材料的弹性模量，加入 1% 的 CNT 弹性模量值可达 68.5GPa，较未加入 CNT 时净增长 21GPa。

3）用累积叠轧法制备的碳纳米管增强铝基复合材料强度的增加归结为弹性模量的增加和大应变造成的超细等轴晶粒的形成。

4）复合材料在 RD-ND 面不同部位性能存在着细微差别，越靠近厚度方向中心处，材料变形越大，其硬度值越大。

参考文献

[1] ESAWI A M K，MA E B. Carbon nanotube-reinforced aluminum strips [J]. Composites Science and Technology，2008，68（2）：486-492.

[2] CURTIN W A，SHELDON B W. CNT-reinforced ceramics and metals [J]. Mater Today，2004，7（11）：44-49.

[3] JONG G P，Dong H K，Young H L. Strengthening mechanisms in carbon nanotube-reinforced aluminum composites [J]. Carbon，2015，95：690-698.

[4] ESAWI A M K，MORSI K，SAYED A，et al. Effect of carbon nanotube（CNT）content on the mechanical properties of CNT-reinforced aluminum composites [J]. Composites Science and Technology，2010，70：2237-2241.

[5] LAHIRI D，BAKSHI S R，KESHRI A K，et al. Dual strengthening mechanisms induced by carbon nanotubes in roll bonded aluminum composites [J]. Materials Science and Engineering A，2009，523：263-270.

[6] CHIO H J，SHIN J H，MIN B，et al. Reinforcing effects of carbon nanotubes in structural aluminum matrix nanocomposites [J]. Journal of Materials Research，2009，24（8）：2610.

[7] WALID M D，BYUNG K L，CHAN B M，et al. Electrical and mechanical properties of carbon nanotube reinforced copper nanocomposites fabricated by electroless deposition process [J]. Materials Science and Engineering A，2009，513：247-253.

[8] ESAWI A M K，MORSI K，SAYED A，et al. Fabrication and properties of dispersed carbon nanotube aluminium composites [J]. Materials Science and Engineering A，2009，508：167-173.

[9] KUZUMAKI T，MIYAZAWA K，ICHINOSE H，et al. Processing of carbon nanotube reinforced aluminum composite [J]. Journal of Materials Research，1998，13（9）：2445-2449.

[10] ESAWI A M K，MORSI K. Dispersion of carbon nanotubes（CNT）in aluminium powder [J]. Composites Part A：Applied Science and Manufacturing 2007，38（2）：646-650.

[11] SAITO Y，TSUJI N，UTSUNOMIYA H，et al. Ultrafine grained bulk aluminum produced by accumulative roll-bonding（ARB）process [J]. Scripta Materialia，1998，39（9）：1221-1227.

2.6 铝合金控制臂研究现状及成形工艺与模具设计

2.6.1 引言

随着全球汽车产业的持续演进与科技的日新月异，轻量化已成为全球汽车行业的发展趋势之一。各大汽车制造商都在不断探索和应用轻量化技术，以满足日益严格的排放标准和市场需求。未来，随着材料科学和制造工艺的进步，轻量化技术将在汽车行业中扮演更加举足轻重的角色，引领汽车制造向环保化、高效化及安全化的更高层次迈进。

本节聚焦于某型号 6082 铝合金控制臂的研究，设计了其锻造成形工艺，具体流程为加热→4 道次辊锻→弯曲→预锻→终锻→切边→冲孔。针对每一步成形工艺，均设计了相应的模具，并进行了实际生产验证，以确保工艺的有效性与可行性。

2.6.2　铝合金在汽车中的应用现状

对于汽车而言，轻量化技术目前广泛应用于汽车车身、底盘、动力系统、内饰等零部件，其中常见的轻量化材料包括铝合金、镁合金、碳纤维复合材料等。通过采用轻量化材料、优化结构设计和制造工艺等手段，可以实现汽车整车重量的减轻，提高汽车的性能和经济性。

铝合金控制臂是汽车悬架系统中的重要组成部分，用于连接车轮与车身，传递力和力矩，同时承担着支撑车身、减振和操控等功能。控制臂一般由上下两个控制臂和一根横向稳定杆构成，通过与悬架系统的其他部件配合，实现悬架系统的稳定性、舒适性和操控性。铝合金控制臂相比传统的钢材控制臂具有明显的优势，主要包括轻量化、高强度、优异的疲劳性能和良好的耐蚀性能。铝合金控制臂重量轻，可以有效降低整车的重量，有利于提高车辆驾驶性能和燃油经济性[1]。同时，铝合金控制臂的高强度和优良的疲劳性能可以增加零部件的寿命和可靠性，提高汽车的安全性。

2.6.3　某型号控制臂成形工艺及模具设计

图 2-60 所示为汽车悬架控制臂系统[2]。控制臂是汽车悬架系统中的一个关键部件，它通过连接车轮和车身来支撑车辆并维持其稳定性和操控性。控制臂的设计多样，包括 A 型臂、双 A 臂和多连杆臂等，可适应不同的汽车悬架系统和车辆性能需求，通常由高强度的钢材或轻质材料如铝合金制成。控制臂在车辆行驶过程中与减振器和弹簧等其他悬挂组件协同工作，以克服路面的不平和提供平稳的行驶体验[3,4]。

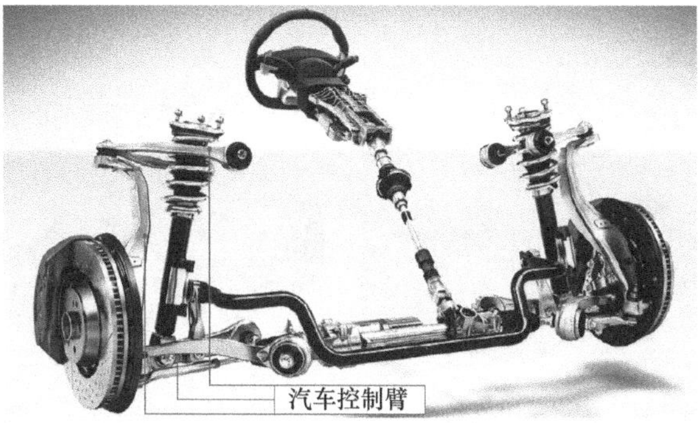

图 2-60　汽车悬架控制臂系统

某型号控制臂的外形尺寸如图 2-61 所示，属于形状复杂的筋类零件，存在薄腹板、高筋和凸起等复杂特征，其成形十分困难，简单的锻造工艺难以生产出符合要求的锻件。

本节针对该产品设计了加热→4 道次辊锻→弯曲→预锻→终锻→切边→冲孔的成形工艺，并针对各工步设计了对应的模具，其三维图如图 2-62 所示。根据设计的模具造型加工出的模具实物图如图 2-63 所示。

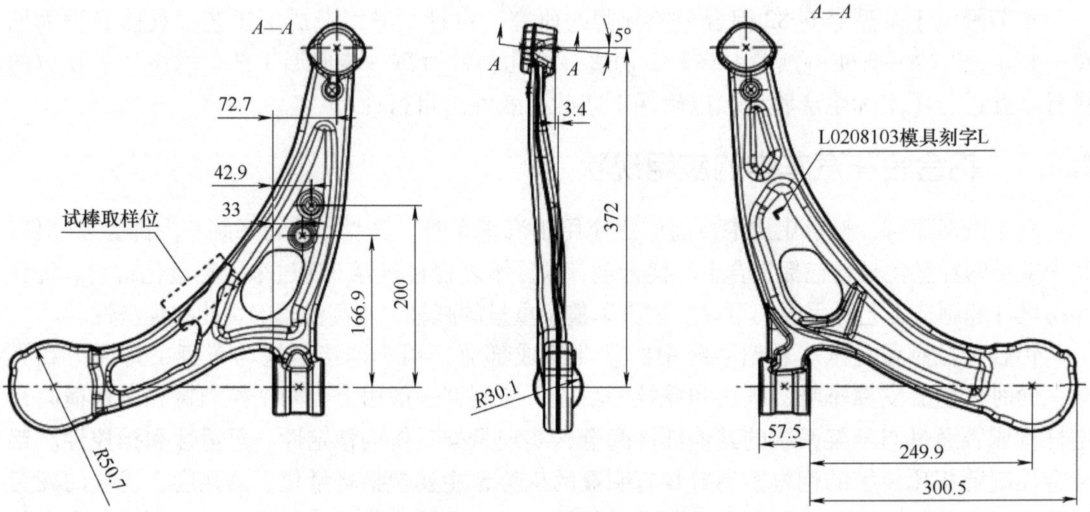

图 2-61　某型号控制臂产品图

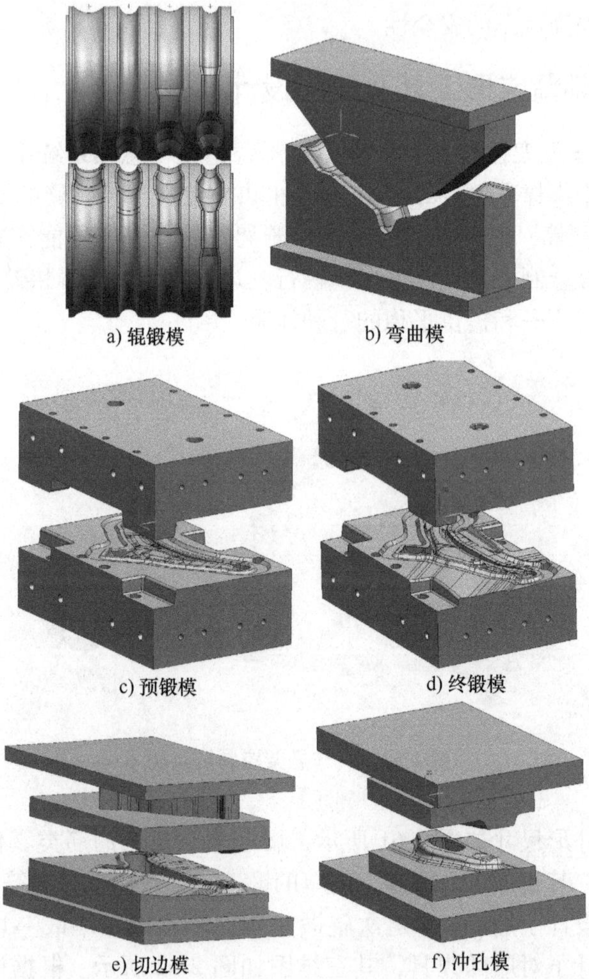

a) 辊锻模　b) 弯曲模

c) 预锻模　d) 终锻模

e) 切边模　f) 冲孔模

图 2-62　模具三维图

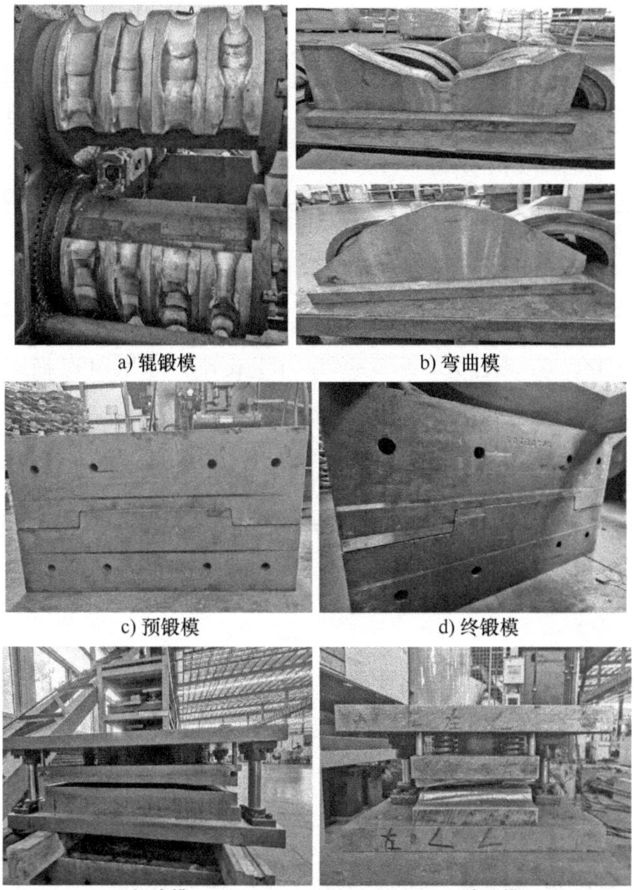

a) 辊锻模　b) 弯曲模　c) 预锻模　d) 终锻模　e) 切边模　f) 冲孔模

图 2-63　模具实物图

使用该工艺及模具生产出的铝合金控制臂锻件实物图如图 2-64 所示，最终制得的铝合金控制臂锻件充填良好，表面质量高，符合客户要求。

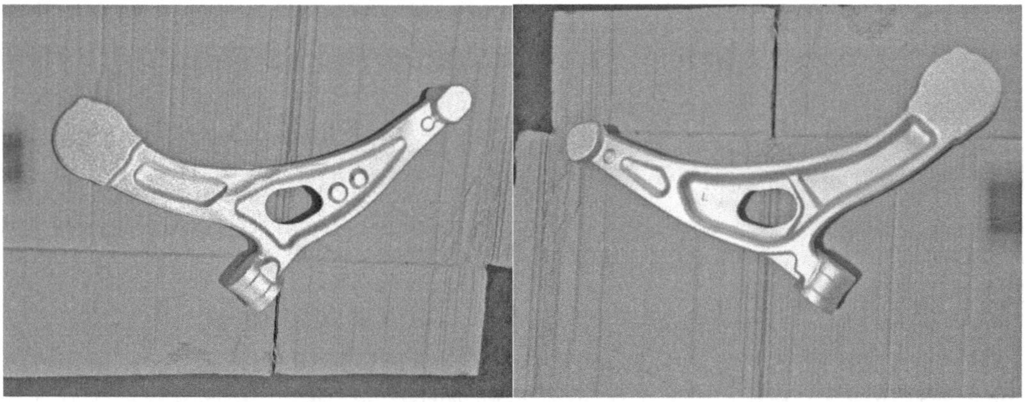

图 2-64　某型号铝合金控制臂锻件实物图

2.6.4 结论

1）本节介绍了铝合金在汽车中的应用现状，基于某型号铝合金控制臂的产品特点进行了成形工艺分析，开发了一种锻造工艺：加热→4道次辊锻→弯曲→预锻→终锻→切边→冲孔。

2）根据成形工艺设计了各工步的模具，后经过实际生产，最终制得的铝合金控制臂锻件充填良好，表面质量高，符合客户要求。

参考文献

[1] 高丙坤，李思奇，白鹭，等. 铝合金U形臂的弯曲工艺设计及优化［J］. 锻压技术，2024，49（3）：27-33.

[2] 龙广鹏. 新能源汽车铝合金轻量化零部件生产工艺的应用与发展［J］. 大众科技，2023，25（11）：63-65.

[3] 王东钢. 6082铝合金筋类零件轧锻复合成形力学特性与质量控制研究［D］. 宁波：宁波大学，2021.

[4] 史东杰，刘伟波，王连波，等. 乘用车悬架系统铝合金应用现状［J］. 轻合金加工技术，2015，43（6）：5-8.

2.7 扩散连接TC4钛合金热变形过程中组织性能演变研究

2.7.1 引言

钛合金由于具有重量轻、耐蚀、焊接性能好等优点而被广泛应用于航空发动机风扇叶片、机匣、压气机叶片等重要构件的制造中，其中TC4钛合金具有中等强度和优良的综合性能，应用最为广泛[1-3]。扩散连接在减轻构件重量和降低生产制造成本方面发挥了重大作用，越来越多的航空结构件需要先扩散连接再进行高温锻压[4-5]。然而，钛合金具有变形抗力大、加工温度高及成形参数范围窄等特点，导致钛合金在热成形过程中容易出现组织不均匀、综合性能较差、产品品质不稳定等问题，尤其TC4钛合金原材料在进行扩散连接后材料很可能发生组织性能转变，其热变形特点也与原材料有所不同[6-7]。因此，研究扩散连接钛合金材料高温变形过程中微观组织和力学性能演变规律对钛合金扩散连接结构件的热成形制造具有重要的理论指导与工程价值。

本节以扩散焊接TC4钛合金为研究对象，研究其在750～900℃温度范围内高温单向拉伸力学性能及微观组织演变规律，可为TC4钛合金扩散连接材料进行后续热塑性成形时工艺参数的选择提供数据基础。

2.7.2 试验材料及方法

本试验所采用的扩散连接TC4钛合金的化学成分见表2-7。从TC4钛合金扩散连接材料上切取圆棒拉伸试样，焊接界面位于试样的中间，如图2-65a所示，拉伸试样的几何尺寸如图2-65b所示。

表 2-7　TC4 钛合金化学成分表（质量分数,%）

V	Al	Si	C	O	N	Ti
4.11	6.28	0.0049	0.01	0.10	0.02	余量

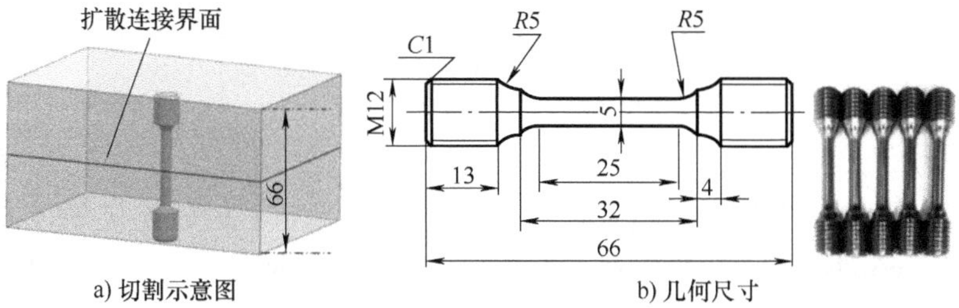

图 2-65　拉伸试样切割方法及形状

对扩散连接 TC4 钛合金进行了不同变形温度（750℃、800℃、850℃、900℃）和应变速率（0.001s^{-1}、0.1s^{-1}）条件下的拉伸试验，以获取不同条件下的拉伸力学性能。试验设备为电阻加热，采用了三段式温控技术，分上、中、下段分别控温，温控误差为±1℃。对扩散连接 TC4 钛合金的拉伸断裂试样进行显微组织观察，将待测样品机械研磨，抛光，然后用 Kroll 溶液对样品进行旋转抛光和腐蚀。显微组织观测设备选择 LEICA DM4000 型号光学显微镜（Optical Microscope，OM）、JSM F100 扫描电子显微镜（Scanning Electron Microscopy，SEM）。

2.7.3　结果与讨论

1. 力学性能

表 2-8 列出了扩散连接 TC4 钛合金在不同测试条件下的平均抗拉强度和断后伸长率。在 750℃/0.1s^{-1}变形条件下得到扩散连接 TC4 钛合金的最大抗拉强度为 385.9MPa，此条件下扩散连接 TC4 钛合金同时展现出了最低的断后伸长率，为 6.0%。随着温度的升高和应变速率的降低，扩散连接 TC4 钛合金的抗拉强度降低，伸长率提升。在 900℃，应变速率为 0.001s^{-1}的变形条件下得到扩散连接 TC4 钛合金的最小抗拉强度为 51.5MPa，断后伸长率为 83.3%。这意味着扩散连接 TC4 钛合金几乎可以达到超塑性状态，成形性能明显改善，成形出复杂零件外形的难度降低。在此条件下，扩散连接材料微观组织中 α 及 β 相更容易通过相互协调满足宏观变形。

表 2-8　不同测试条件下扩散连接 TC4 钛合金的平均拉伸性能

测试条件	抗拉强度/MPa	断后伸长率（%）
750℃，应变速率 0.001s^{-1}	226.1	9.0
750℃，应变速率 0.1s^{-1}	385.9	6.0
800℃，应变速率 0.001s^{-1}	168.4	19.7
800℃，应变速率 0.1s^{-1}	272.6	7.6

（续）

测试条件	抗拉强度/MPa	断后伸长率（%）
850℃，应变速率 $0.001s^{-1}$	94.5	15.2
850℃，应变速率 $0.1s^{-1}$	232.0	12.1
900℃，应变速率 $0.001s^{-1}$	51.5	83.3
900℃，应变速率 $0.1s^{-1}$	139.7	27.3

2. 断口形貌

图 2-66 所示为应变速率为 $0.001s^{-1}$时，不同变形温度下扩散连接 TC4 钛合金的拉伸断口形貌。图 2-66a 所示的扩散连接 TC4 钛合金的断口表面较为光滑，但也存在典型的韧窝，只是韧窝较浅。随着温度的升高，扩散连接 TC4 钛合金的断口上韧窝深度有加深的趋势，说明扩散连接 TC4 钛合金在外力作用下吸收了更多的能量，从而在此温度下塑性得到改善。从图 2-66d 可以看出，当温度升高到 900℃时，扩散连接 TC4 钛合金断口形貌表明材料在断裂前发生了明显的宏观塑性变形，塑性变形能消耗增加，剪切唇区几乎消失。

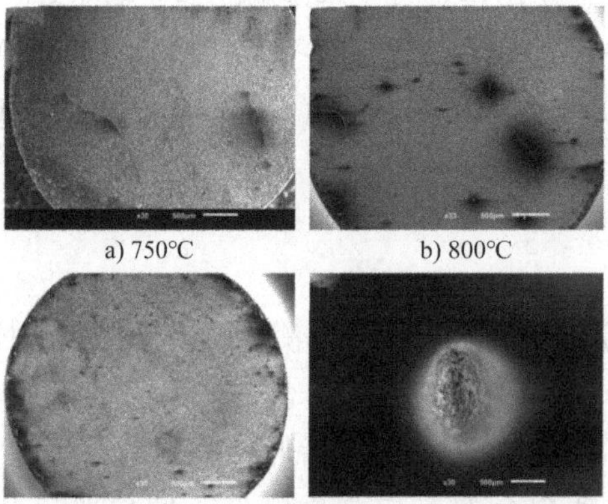

a) 750°C b) 800°C c) 850°C d) 900°C

图 2-66 应变速率为 $0.001s^{-1}$时扩散连接 TC4 钛合金高温拉伸断口形貌

图 2-67 给出了高温 750℃、900℃，应变速率为 $0.1s^{-1}$时扩散连接 TC4 钛合金的拉伸断口形貌。从图 2-67a 可以看出，在 750℃时，扩散连接 TC4 钛合金的断裂形貌为相对平坦的表面，断口由较浅韧窝和沿扩散连接界面的撕裂脊组成；在扩散连接 TC4 钛合金断口表面出现了一些凹坑，这表明断口与残余孔洞之间存在很强的联系，此条件下界面颈缩的扩散和传递并不明显。从图 2-67b 可见，当温度升高到 900℃时，扩散连接 TC4 钛合金的断裂形貌颈缩特征明显，韧窝数量增多，塑性良好。

3. 拉伸断裂后的金相组织

图 2-68 所示为应变速率为 $0.001s^{-1}$时，不同温度条件下扩散连接 TC4 钛合金拉伸试样断裂后断口附近的显微组织图。从图 2-68a 和 b 可以看出，等轴状和厚板条状晶粒的存在表明扩散连接 TC4 钛合金几乎没有发生塑性变形。从图 2-68c 可以看出，在 850℃时，扩散连

接 TC4 钛合金断口附近 α 晶粒在拉伸方向上发生轻微的长大，但没有出现明显的伸长变形和晶粒球化。从图 2-68d 可以观察到扩散连接 TC4 钛合金断口组织产生波纹状晶界，这说明此变形条件下扩散连接 TC4 钛合金发生了动态再结晶。通常在热激活作用下，材料内部位错发生攀移和滑移，进而产生较为细小的等轴晶粒，且会出现波纹状晶界特征。

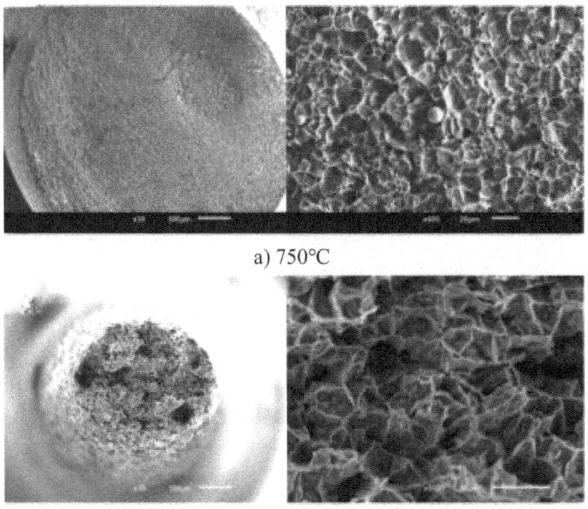

a) 750℃

b) 900℃

图 2-67 应变速率为 0.1s^{-1}时扩散连接 TC4 钛合金高温拉伸断口形貌

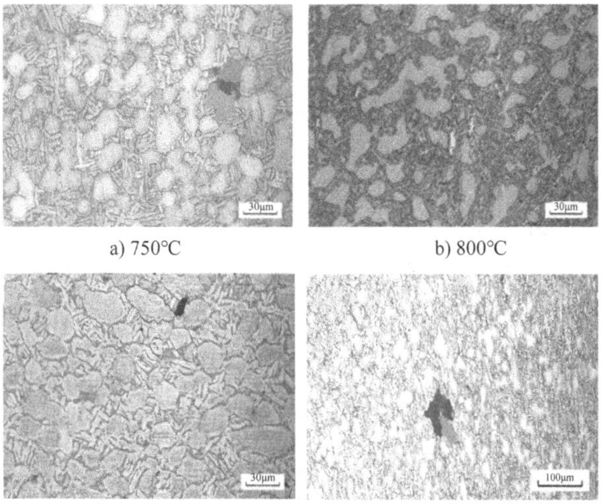

a) 750℃　b) 800℃

c) 850℃　d) 900℃

图 2-68 应变速率为 0.001s^{-1}时扩散连接 TC4 钛合金高温拉伸断裂后金相图

图 2-69 所示为高温 750℃、900℃，应变速率为 0.1s^{-1}时扩散连接 TC4 钛合金拉伸试样断裂后的变形显微组织。从图 2-69a 可以看出，在 750℃时，在扩散连接界面附近几乎看不到晶粒变形，只有晶粒长大现象，扩散连接 TC4 钛合金表现出较弱的塑性；α 晶粒晶界较为平滑，仍然存在较多的厚板条状晶粒，这表明动态再结晶并未发生。从图 2-69b 可以看出，当温度升高到 900℃时，扩散连接界面处也开始发生动态再结晶。

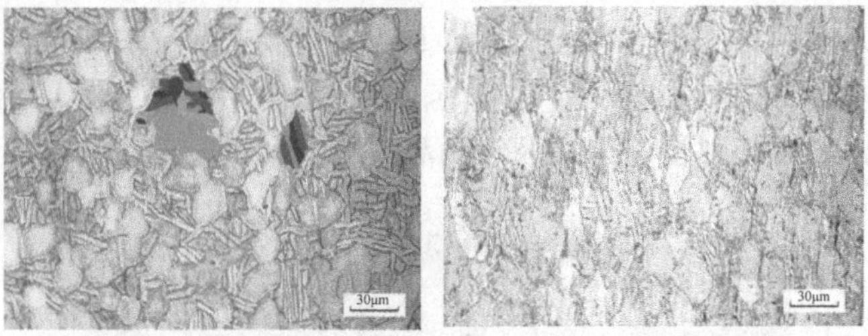

a) 750℃　　b) 900℃

图 2-69　应变速率为 0.1s^{-1}时扩散连接 TC4 钛合金高温拉伸断裂后金相图

2.7.4　结论

1）扩散连接 TC4 钛合金在 750~850℃，应变速率为 0.001s^{-1}、0.1s^{-1}时表现出较弱的塑性变形能力，最大抗拉强度为 385.9MPa，最大断后伸长率为 15.2%。在 900℃，应变速率为 0.001s^{-1}时呈现出较大断后伸长率，为 83.3%，此时抗拉强度为 51.5MPa。

2）在 750~850℃，应变速率为 0.001s^{-1}、0.1s^{-1}变形条件下，扩散连接 TC4 钛合金断口形貌整体平滑，韧窝数量较少，断口附近晶粒无明显变形。扩散连接 TC4 钛合金在温度达到 900℃时界面开始发生动态再结晶。

参考文献

[1] 刘世锋，宋玺，薛彤，等. 钛合金及钛基复合材料在航空航天的应用和发展［J］. 航空材料学报，2020，40（3）：77-94.

[2] GUO L G，FAN X G，YU G F，et al. Microstructure Control Techniques in Primary Hot Working of Titanium Alloy Bars：A Review［J］. Chinese Journal of Aeronautics，2016，29：30.

[3] 武永，陈明和. 钛合金薄壁件热塑性成形工艺研究进展［J］. 航空制造技术，2021，64（20）：78-87.

[4] 李灿，郎利辉，SARDAR MUHAMMAD I，等. 航空发动机宽弦空心风扇叶片制造研究综述［J］. 航空动力学报，2023，38（11）：2675-2687.

[5] 雷奕文，马广璐，刘悦，等. TC4 钛合金扩散连接接头的振动疲劳特性及劣化机理［J］. 中国有色金属学报，2024，34（2）：533-546.

[6] 蔺永诚，肖逸伟，丁永峰，等. TC 系列钛合金锻造及组织性能调控工艺研究进展［J］. 锻压技术，2021，46（9）：22-33.

[7] 王绍灼，孟晗，王芬，等. 难变形钛合金的锻造缺陷及预防［J］. 锻压技术，2024，49（2）：45-52.

2.8　T104 环保型钛合金精锻玻璃防护润滑剂研究

2.8.1　引言

钛合金综合性能优越，应用日趋广泛，在 500℃以下抗氧化性能较好，但是当温度超过 700℃时，氧原子扩散速率加快，氧化加剧，形成一层硬而脆的富氧层和渗气层，使钛合金的塑性大大降低，脆性增加。另外，钛合金在 300℃以上会发生一定程度的吸氢腐蚀，导致钛合金出现低应力脆断，故需要相应的涂层来隔绝有害气体[1,2]。同时，钛合金属于难变形合金，锻造温度区间较窄，玻璃防护润滑剂的隔热保温功能可以延长锻造时间，在锻造时其良好的润滑作用也可以保证钛合金坯料的锻后质量。

钛合金的精锻件形状复杂，锻后加工余量小，许多锻件还要进行三坐标检测和力学性能测试，所以对锻件的质量要求很高。只有在锻压的全过程中对坯料保持良好的防护和润滑效果，才能使坯料在高温下不被氧化，并在锻压时能够完全充满模具，以确保其质量和尺寸要求。

在锻造工艺中使用的玻璃防护润滑剂是以非晶态玻璃为主要固体基料，与其他添加剂、黏结剂和溶剂配置而成的悬浮液，在坯料加热前将悬浮液刷涂或喷涂到坯料表面，形成涂层。

钛合金精锻工艺用玻璃防护润滑剂的主要作用在于在钛合金锻件加热过程中起防护作用，使整个热历程都能隔绝氧气、氢气、氮气，避免钛合金的热腐蚀；在锻造过程中可起到保温、隔热与润滑作用，同时对模具起到延寿作用，可使锻件获得无余量加工的表面精度。本研究采用的玻璃防护润滑剂为水性涂料，并且不含铅、钒、镉等有害元素，完全满足目前越发严苛的环保要求。目前，玻璃防护润滑剂适用于各类喷涂和刷涂工艺，涂层光滑、连续、结合力好。玻璃防护润滑涂层随温度升高逐渐熔融，形成一个连续、封闭的膜层，起到很好的防护、润滑和隔热作用。同时，玻璃防护润滑剂的涂覆又避免了锻造模具过热，延长了锻造模具的使用寿命，并且良好的润滑作用也能降低锻压设备的锻压力，综合降低钛合金锻件的生产成本[3-6]。

2.8.2 配方设计

1. 复合玻璃配方的设计

钛合金精锻工艺用玻璃防护润滑剂配方是基于熔膜屏蔽的保护机理而设计的，其中的主要组分是基础玻璃，并采用了复合玻璃的设计思想。在锻造工艺中，涂覆在钛合金坯料上的玻璃防护润滑剂以玻璃料性长、高温黏度、稳定性好的高温玻璃为基体，满足坯料在高温度段的防护和润滑；同时以瞬融性好、高温黏度易于调整的低温玻璃为润滑剂的调整组分，在低温度段软化和熔融，隔绝有害气体，实现较低温度下对金属坯料的防护[7-10]。

另外，环保型玻璃防护润滑剂不能采用含铅、钒、镉等有害元素，并以水为介质制成涂料。本研究设计了化学稳定性好的低温玻璃和高铝硼硅酸盐玻璃。高铝硼硅酸盐玻璃可以提高玻璃防护润滑剂的化学稳定性和延续高温防护性，低温玻璃可以保证锻件在低温和升温加热过程中迅速熔融成膜，起到隔绝有害气体的作用。此复合玻璃体系的稳性更好，起始软化温度低，高温黏度稳定，料性长，能起到更好的防护和润滑效果。

2. 黏结剂的选用

玻璃防护润滑剂中黏结剂直接影响着喷涂后涂层在坯料上的附着力，玻璃防护润滑剂良好的附着力可以使坯料在喷涂后的转运过程中不发生脱落。与此同时，良好的黏结剂还应该保证涂层喷涂并烘干后易于水洗，这样在喷涂出现差错时涂层能易于去除，不至于使坯料报废，节省了生产成本。最后，所选用的黏结剂还应该无毒、无刺激性气味，以保证喷涂现场的环境。

按照上述要求，T104 环保型钛合金玻璃防护润滑剂（简称 T104 玻璃防护润滑剂）选用新型复合黏结剂，可保证涂层在坯料上的附着力，同时确保涂层易于水洗，并且对增强玻璃防护润滑剂涂料的悬浮性能有一定的帮助，抑制了玻璃防护润滑剂长期储存后的沉淀和分层问题。

3. 助剂的选用

玻璃防护润滑剂静电喷涂工艺的采用，对浆料的可操作性和助剂的选用提出了更高的要求。本课题借鉴建筑涂料配方的设计理念，对润滑剂浆料组成进行了改进，增加了润湿剂、消泡剂、成膜助剂、增稠剂、分散剂等多功能助剂，提高了涂料的综合性能。

2.8.3 试验设计

1. 试验材料

本节涉及的复合玻璃均为玻璃粉，黏结剂为水性环氧分散体，助剂为去离子水，包括分散剂 TEGO630，润湿剂 TEGO4100，消泡剂 TEGO FOAMEX 825，成膜助剂 TEXANOL，增稠剂 DOW ACRYSOL ASE60。

2. 试验过程

将复合玻璃和去离子水按一定比例放置于球磨罐中球磨 12h，D50 控制为 4.0~5.0，出料后在搅拌机中边搅拌边依次加入黏结剂和助剂，搅拌半小时，至浆料完全均匀。最终成品黏度控制为涂-4 杯 60s，流动性好，没有气泡。

3. 浆料涂覆

采用 3 种涂覆方案，分别为常温喷涂，基材加热到 180℃喷涂，基材加热到 100℃浸涂。试验用钛合金为 TC4 钛合金。涂覆前浆料用去离子水稀释 50%。

2.8.4 T104 环保型钛合金玻璃防护润滑剂主要性能检测及分析

1. 复合玻璃高温黏度测试

对 T104 玻璃防护润滑剂进行高温黏度测试。

检测仪器为美国 Theta 内柱体旋转法黏度仪旋转式高温黏度计，测试结果如图 2-70 所示。黏度的对数值从测试结果可以看出，在大多数钛合金的锻造温度区间，T104 环保型钛合金玻璃防护润滑剂的黏度都保持在较为合适的区间内，保证了坯料在锻压时的润滑和防护效果。

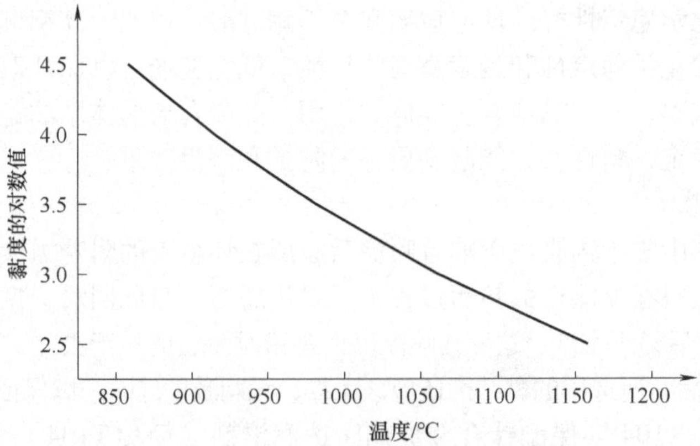

图 2-70 复合玻璃高温黏度曲线

2. 复合玻璃的高温物性

与此同时，对 T104 环保型钛合金玻璃防护润滑剂中的复合玻璃进行高温物性测试，检测方法为将玻璃粉制成 3mm×3mm 的圆柱样品，在升温过程中观测其形态变化。

检测仪器为 GX 型高温物性测试仪，测试结果见表 2-9 和图 2-71 所示。

表 2-9　T104 环保型钛合金玻璃防护润滑剂高温物性数据

圆柱样品高度的百分数处（%）	95	75	60	50	40	30	25
温度/℃	575	755	813	826	867	912	950

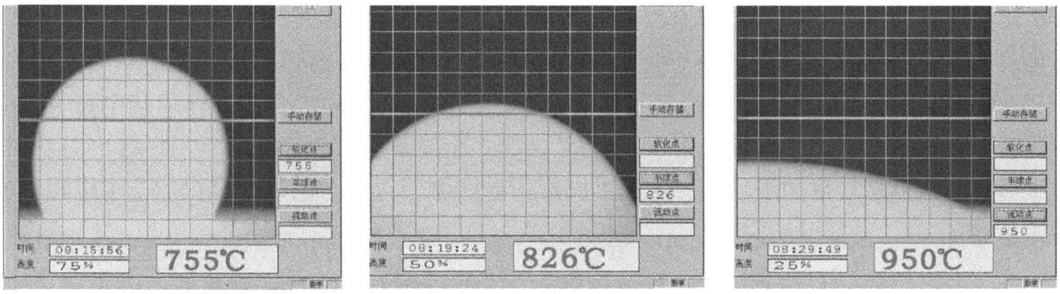

图 2-71　复合玻璃高温物性图像

由表 2-9 和图 2-71 可以看出，通过对 T104 环保型钛合金玻璃防护润滑剂中玻璃组分的高温物性检测，可以看出 T104 环保型钛合金玻璃防护润滑剂能够在较低的温度出现液相并熔融成膜，封闭气体通道，阻滞有害气体向金属材料扩散，有效防止了金属材料的热腐蚀，还可以看出，T104 环保型钛合金玻璃防护润滑剂料性较长，有利于钛合金加热过程中的防护和润滑。

与此同时，从表 2-9 可见，T104 环保型钛合金玻璃防护润滑剂从 575℃便软化形成玻璃态，开始成膜保护，此时孔隙率降至最低，有效防止有害气体的扩散，对钛合金的低温防护十分有利。而在形成玻璃态之前，主要通过高分子黏结剂形成的薄膜来抵御有害气体对钛合金的入侵，T104 所采用的新型复合黏结剂在 500℃开始缓慢烧失，能够与复合玻璃组分的软化温度达到较完美的契合，实现了玻璃防护润滑剂的宽温域防护效果。同时，在圆柱样品高度的 1/4 处，T104 环保型钛合金玻璃防护润滑剂为 950℃，非常有利于钛合金的高温防护和润滑。

3. 复合玻璃的热膨胀系数、软化温度、转变点

进一步对 T104 环保型钛合金玻璃防护润滑剂中的复合玻璃进行膨胀系数测试。检测仪器为美国 Orton 膨胀系数仪，测试结果见表 2-10。

表 2-10　T104 环保型钛合金复合玻璃热膨胀系数、软化温度、转变点

热膨胀系数/(10^{-6}/℃)				软化温度/℃	转变点/℃
30~150℃	200~250℃	300~400℃	400~500℃	—	—
7.65~7.75	8.05~8.15	8.35~8.45	8.45~8.60	600±20	550±20

由表 2-10 可以看出，T104 环保型钛合金玻璃防护润滑剂的热膨胀系数与钛合金相近，故在锻后涂层仍能够牢固包覆于坯料表面，属于非自剥型的玻璃防护润滑剂，在工艺条件允

许时就可多次使用，从而简化了生产现场的加工工序，对于坯料的多火次锻造十分有利。

而对于热膨胀系数与坯料的相差较大的玻璃防护润滑剂来说，其在锻后易于自剥落，这对于钛合金铸锭开坯锻工艺尤为明显，因为锻后玻璃防护润滑剂涂层的自剥可以减少回收钛屑的元素污染。同时，对于其他锻件，则可以简化或加快锻后的后续加工。

4. T104 环保型钛合金玻璃防护润滑剂润滑性能

依据标准 HB7065—94《金属材料热变形用玻璃防护润滑剂规范》，在 630t 液压机上通过圆环镦粗试验测定了不同温度下 TC4 钛合金表面涂覆玻璃防护润滑剂前后摩擦系数 μ 的差别。

具体试验条件如下，在 630t 液压机上安装表面粗糙度 *Ra* 为 0.6μm 的上下垫板，锻压前垫板加热到（400±20)℃，钛合金圆环外径为（20±0.2）mm、内径为（10±0.2）mm、高为（7±0.2）mm，采用箱式电炉加热 TC4 钛合金试样，锻压时压力机下压速率为 3mm/s。在 930℃、950℃、970℃三个温度下分别锻压有涂层和无涂层的钛合金试样，其中每个温度设置 5 个平行试样。试验结果见表 2-11、表 2-12，根据试验数据可计算出 TC4 钛合金试样的压缩比和内径缩减率的平均值，再通过圆环镦粗法测摩擦系数的理论校正曲线查得相应的摩擦系数 μ。

表 2-11　无玻璃防护润滑剂涂层的 TC4 钛合金试样圆环镦粗试验结果

加热温度/℃	930	950	970
变形率（%）	31	28	32
压缩后高度/mm	5.4	5.3	5.2
压缩比（%）	23	24	26
压缩后内径/mm	8.2	8.3	8.4
内径缩减率（%）	18	17	16
摩擦系数 μ	0.57	0.53	0.48

表 2-12　有玻璃防护润滑剂涂层的 TC4 钛合金试样圆环镦粗试验结果

加热温度/℃	930	950	970
变形率（%）	34	32	31
压缩后高度/mm	4.8	4.7	4.6
压缩比（%）	31	33	34
压缩后内径/mm	8.5	8.6	8.7
内径缩减率（%）	15	14	13
摩擦系数 μ	0.26	0.19	0.20

经计算分析，无玻璃防护润滑剂的试样在高温锻压时，摩擦系数在 0.48~0.57；而有玻璃防护润滑剂时摩擦系数则降低到 0.19~0.26。

5. T104 环保型钛合金玻璃防护润滑剂附着力

在同等表面状态的基材上喷涂不同厚度的 T104 环保型钛合金玻璃防护润滑剂，利用美国PosiTest AT-M 型拉拔法涂层附着力测试仪测试其附着力，根据测试经验，涂层附着力达到 0.6MPa 以上时可满足要求，即可以保证坯料在喷涂后的转运过程中不发生脱落，测试结果如图 2-72 所示。

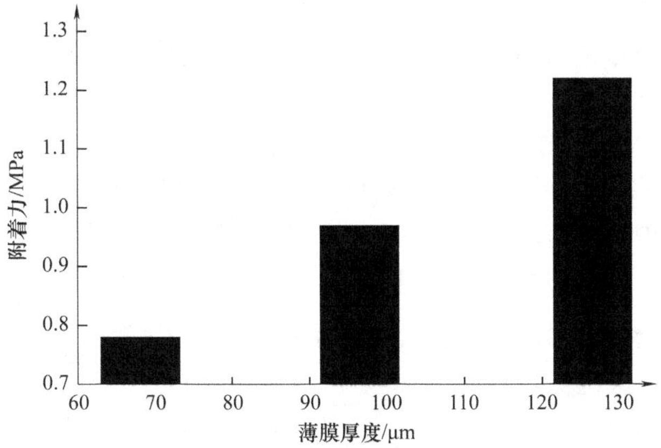

图 2-72　T104 环保型钛合金玻璃防护润滑剂附着力

由图 2-72 可以看出，T104 环保型钛合金玻璃防护润滑剂中所添加的新型复合黏结剂的附着力随涂层厚度的增加而增加，且都大于 0.6MPa，可见 T104 环保型钛合金玻璃防护润滑剂能很好地适应生产现场不同厚度的喷涂。

6. T104 环保型钛合金玻璃防护润滑剂固体粒度

将 T104 玻璃防护润滑剂烘干后测试粒度，采用 MICROTRAC-X100 型激光粒度仪测试，结果如图 2-73 所示。

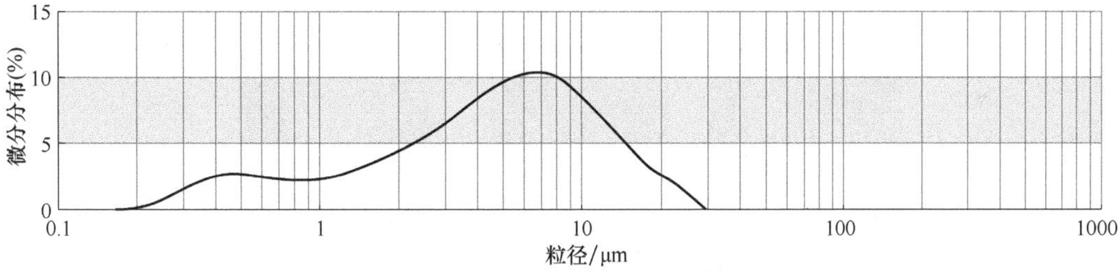

图 2-73　T104 环保型钛合金玻璃防护润滑剂的固体粒度分布图

由图 2-73 可见，T104 环保型钛合金粒度较细且分布均匀合理。较细的粒度有利于提升浆料的悬浮性能，防止浆料在储存过程中出现较严重的沉淀。同时，T104 环保型钛合金玻璃防护润滑剂选用了较合适的黏结剂和助剂，使浆料的悬浮性达到最佳，从而提升了玻璃润滑剂浆料的工艺特性。

7. T104 环保型钛合金玻璃防护润滑剂黏度

参照 GBT1723—1993《涂料黏度测定法》使用涂-4 黏度计测试其黏度（是条件黏度），结果为 60s；用水稀释 50%，用涂-4 黏度计测其黏度为 15s。

8. T104 环保型钛合金玻璃防护润滑剂贮存稳定性

参照 GB 6753.3-86《涂料贮存稳定性试验方法》，在 500mL 塑料罐中装入 400mL T104 环保型钛合金玻璃防护润滑剂，密封后在 50℃鼓风干燥箱中放置 30 天，测试结果见表 2-13。

表 2-13　T104 环保型钛合金玻璃防护润滑剂贮存稳定性

初始黏度	热贮存后状态	热贮存后黏度	热贮存后沉降程度	热贮存后涂覆效果
60s	无结皮，无刺激性气味	62s	没有沉降现象	喷涂顺畅，涂层光滑致密不掉粉

由表 2-13 可以看出，在 50℃下放置 30 天后产品性能基本没有变化（注：50℃放置 30 天相当于常温放置一年）。

9. T104 环保型钛合金玻璃防护润滑剂低温稳定性

参照 GB/T 9268—2008《乳胶漆耐冻融性的测定》，在 500mL 塑料罐中装入 400mL T104 环保型钛合金玻璃防护润滑剂，密封好放在-5℃冷冻箱中保持 18h，再拿出放在 25℃条件下 6h，共进行 6 个循环，测试结果见表 2-14。

表 2-14　T104 环保型钛合金玻璃防护润滑剂低温稳定性

初始黏度	冻融后状态	冻融后黏度	冻融后沉降程度	冻融后涂覆效果
60s	无结皮，无刺激性气味	65s	没有沉降现象	喷涂顺畅，涂层光滑致密不掉粉

由表 2-14 可以看出，T104 环保型钛合金玻璃防护润滑剂经过冻融循环后其性能没有变化。

2.8.5　防护效果

1. 涂覆效果

采用三种涂覆方式在 TC4 钛合金基材上涂覆润滑剂，分别是常温喷涂、100℃浸涂、180℃喷涂，涂层表面效果如图 2-74 所示。

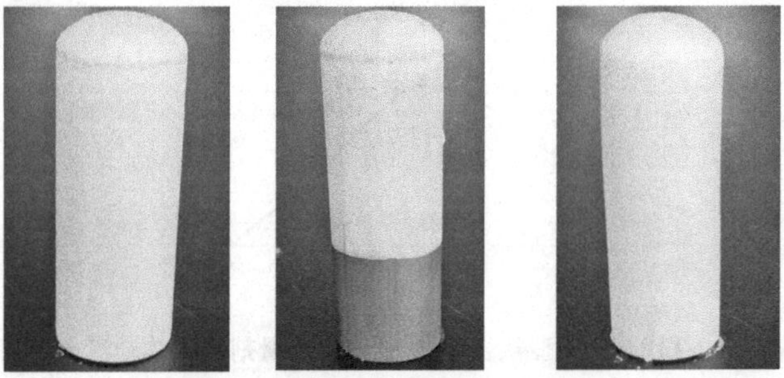

a) 常温喷涂　b) 100℃浸涂　c) 180℃喷涂

图 2-74　涂覆后表面效果

由图 2-74 可知，三种涂覆方式均可以在钛合金表面形成一层致密光滑的涂层。

2. 烧结后效果

将涂覆后的 TC4 钛合金放在 930℃高温炉中灼烧 20min，结果如图 2-75 所示。

由图 2-75 可知三种涂覆方式烧结后均可以很好地起到防护效果。

3. 钛合金实际锻造效果

由客户工厂进行实际锻造，工艺性能结果如图 2-76 所示。

由图 2-76 可以看出，经过工厂实际锻造，T104 环保型钛合金精锻工艺用玻璃防护润滑剂能在锻造过程中对钛合金起到很好的防护和润滑作用。

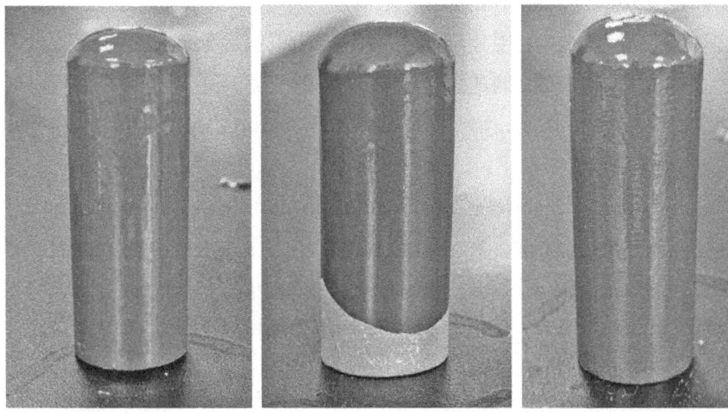

a) 常温喷涂烧结　　b) 100°C浸涂烧结　　c) 180°C喷涂烧结

图 2-75　烧结后表面状态

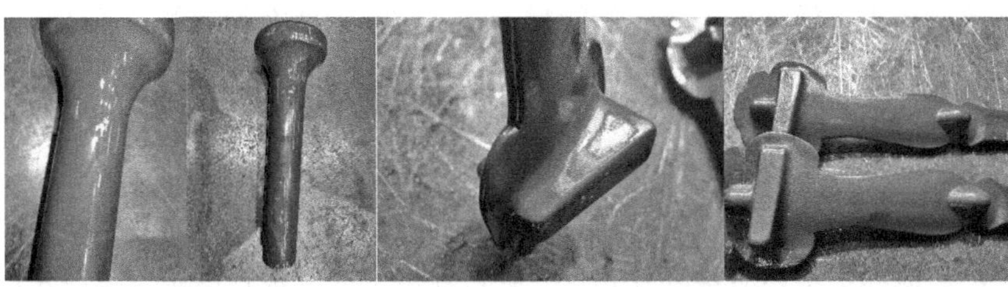

a) 浸涂工艺　　b) 喷涂工艺

图 2-76　工艺性能

2.8.6　结论

综上所述，T104 环保型钛合金精锻工艺用玻璃防护润滑剂的主要特点有：

1）能在钛合金精锻的全过程起到良好的防护、润滑和隔热作用，可以显著提高钛合金锻件的质量、进一步保证锻件的尺寸，降低设备的锻压力，同时能够延长锻造模具的使用寿命。

2）选用了新型复合黏结剂，可保证涂层在坯料上的附着力，同时确保了涂层易于水洗，并且能抑制玻璃防护润滑剂长期储存后的沉淀和分层问题。

3）无毒、环保、涂覆工艺简单，能满足多种型号钛合金各类精锻工艺和涂覆工艺的要求。

参考文献

[1] 程定春，曹江，兰博. 玻璃润滑剂对 TC6 钛合金抗氧化行为的影响 [J]. 热加工工艺，2016，45 (10)：121-123.

[2] 王连军，孟长功，刘长厚，等. 钛合金高温玻璃-陶瓷保护涂料的研究 [J]. 稀有金属材料与工程，2003，32 (2)：151-153.

[3] 王淑云，段素杰，李惠曲，等. 不锈钢锻造用玻璃防护润滑剂 [J]. 锻压技术，2009，34 (6)：8-10.

[4] 段素杰，李锡春. 钛合金精锻工艺用 T281 环保型玻璃防护润滑剂 [J]. 锻压技术，35 (1)：114-116.

[5] COJIHIIEB C C, TYMAHOB A T. 金属加热用保护涂层 [M]. 北京：机械工业出版社，1979.
[6] 段素杰. 钛合金叶片无余量精锻工艺用玻璃防护润滑剂的研究 [J]. 锻压技术，2001，26 (1)：45-46.
[7] 陈其芳. 钛合金高温模锻用防护润滑剂的研究与应用 [D]. 武汉：华中科技大学，2011.
[8] LI L X, PENG D S, LIU J A, et al. An Experimental Study of the Lubrication Behavior of A5 Glass Lubricant by Means of the Ring Compression Test [J]. Journal of Materials Processing Technology, 2000, 102: 138-142.
[9] LIU P, WEI L Q, YE S F, et al. Protecting Stainless Steel by Glass Coating During Slab Reheating [J]. Surface & Coatings Technology, 2011, 205: 3582-3587.
[10] 王乐安. 难变形合金锻件生产技术 [M]. 北京：国防工业出版社，2005.

2.9 制粉工艺对石墨基复合材料双极板性能的影响

2.9.1 引言

液流电池是一种大规模高效电化学储能技术，通过反应活性物质的价态变化实现电能和化学能相互转换和能量储存[1-3]。液流电池具有长寿命、100%放电深度、高安全性等优点[4-5]。在我国新型储能产品结构中，液流电池 2021 年占比为 0.9%，2022 上升至 1.6%，随着大规模长时储能的需求增加，液流电池占比将快速增长。据国际能源署和国家能源局数据推断，液流电池全球市场规模未来将超过万亿元，在中国的市场也将达到千亿元水平[6]。

双极板是液流电池关键核心零部件之一，在液流电池中双极板的主要功能是串联相邻单电池的正负极、导通内电路、阻隔两侧电解液、支撑正负电极等[7]。为保证电池电压，双极板要具有高导电性，还要有良好的导热性，以保证电池温度均匀；为了起到传输作用，双极板的表面流道设计也很复杂；双极板还需要有良好的阻气性，以分隔两侧物质[5]。

双极板根据制备材料的不同分为金属双极板、石墨双极板和复合双极板[8-9]，其中，复合双极板由石墨树脂混合粉料与增强材料形成预浸料后注射或模压一次成型[10]，综合性能良好，有较好的导电性能、防腐性能以及抗弯抗压等力学性能[11]。目前，国内复合双极板的制备还存在原料配方未实现完全国产化、生产成本过高、无法大规模生产等问题。因此，寻找低成本原料、开发新的原料配方、优化原料配比和加工条件、缩短加工周期，是目前双极板研究的重点。石墨基复合双极板是近年来研究较多的一类复合双极板，它弥补了纯石墨双极板脆性大、力学性能差等缺点[12]，但其电导率低于纯石墨双极板。针对这一问题，学者们尝试向石墨基复合双极板中添加碳纳米管、炭黑、金属粉末等增强材料，来改善双极板的导电性能。

本节主要研究了石墨基树脂复合双极板的制粉工艺对其性能的影响，通过测量抗弯强度、导电性能等，对比了直接混合法和溶剂溶解法两种制粉工艺对双极板性能的影响，同时拍摄了双极板 SEM 图像，观察石墨基复合双极板的微观结构，探讨了内部微观结构对材料力学性能和导电性能的影响。

2.9.2 试验

1. 原材料

试验采用的树脂为热固性酚醛树脂（Thermoplastic Phenol Resin，TPR），选用天然鳞片石墨（碳质量分数 99%，100 目）、可膨胀石墨（碳质量分数 99%，100 目）等作为导电骨料，增强材料选取了多壁碳纳米管（碳质量分数 99%）和纳米导电炭黑。

2. 设备

采用万能试验机（美国美特斯工业系统公司产 CMT-5105GL）进行抗弯强度测试。采用自研真空热模压成形装备进行双极板制备，图 2-77 所示为石墨基复合材料双极板成型示意图。

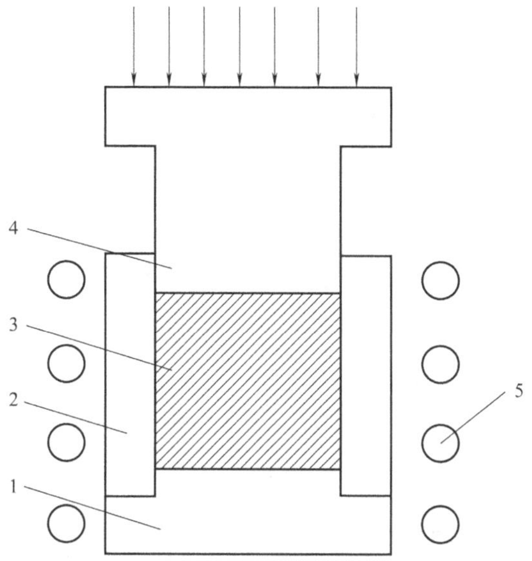

图 2-77　石墨基复合材料双极板成型示意图

1—下凸模　2—凹模　3—混合粉料　4—上凸模　5—加热线圈

3. 试验流程

本试验主要采用两种方法制备石墨双极板粉末，分别为直接混合法和溶剂溶解法。

直接混合法是指将天然石墨、人造石墨、炭黑等与树脂粉末按照一定比例均匀混合后，在球磨机中均匀混合，然后放入干燥箱中进行烘干，得到双极板初始粉末，试验流程如图 2-78 所示。

溶剂溶解法是指将液态或粉末态树脂溶于溶剂中，制成有机溶液后，将石墨粉末加入其中，使各种粉末在溶液中均匀分散，得到树脂/石墨混合溶液。然后通过加热溶液的方法，使溶液中的溶剂挥发，得到干态粉料，最后对其进行干燥、粉碎处理，制备出混合均匀的混合粉末的制备方法。

具体试验流程为将液态树脂溶于乙醇溶液中，配置成浓度为 0.1g/mL 的溶液。再将按照设计比例均匀混合后的天然石墨、人造石墨与炭黑加入溶液中，超声处理一段时间，以保证粉末在溶液中均匀分布。将溶液转移到水浴锅中，加热搅拌一段时间，石墨、树脂与乙醇溶液均匀混合，形成了复合粉末浆料。将浆料放置于干燥箱中干燥并进行破碎研磨处理，得到混合均匀的树脂/天然石墨、人造石墨、炭黑粉末。最后采用模压成型的方式将粉末制备成双极板，试验流程如图 2-79 所示。

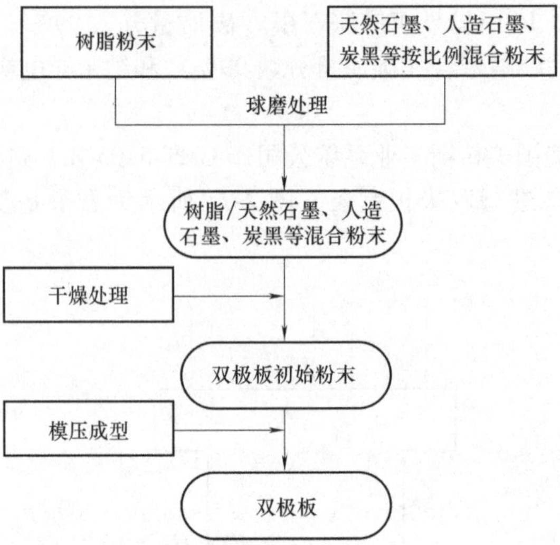

图 2-78　直接混合法制备双极板流程图

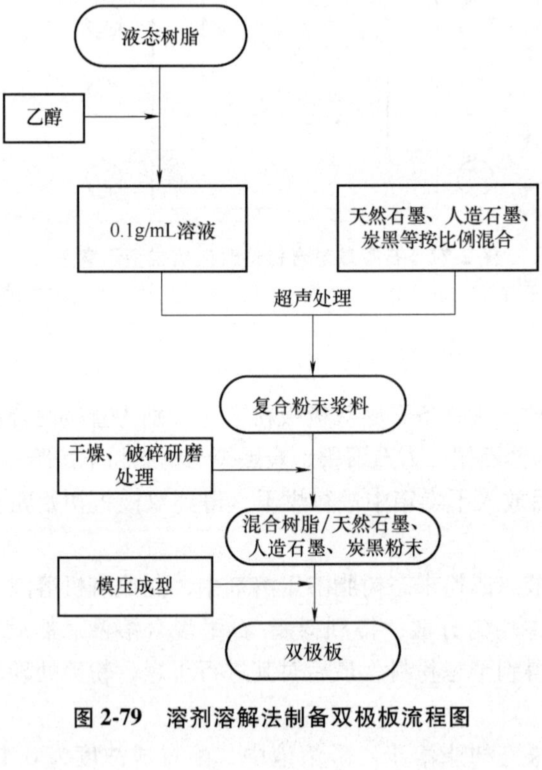

图 2-79　溶剂溶解法制备双极板流程图

2.9.3　结果与讨论

1. 石墨双极板的弯曲强度

采用万能试验机（美国美特斯工业系统公司产 CMT-5105GL）通过三点弯曲试验测定样品的抗弯强度，以 0.5mm/min 的加载速率施加载荷。样品的尺寸为 ϕ50mm×2mm，跨距为 20mm。

图 2-80 所示为直接混合法制备的树脂质量百分数为 45%和 50%的双极板应力-应变曲线图，图 2-81 所示为溶剂溶解法制备的树脂质量百分数为 27%的双极板的应力-应变曲线图。采用直接混合法制备的双极板在树脂质量百分数为 45%和 50%时，弯曲强度分别为 42. 30MPa 和 40. 17MPa，而溶剂溶解法制备的双极板在树脂质量分数为 27%时的弯曲强度达到 79. 2MPa。可以看出，采用溶剂溶解法可以在双极板树脂含量更低的条件下使材料得到更好的力学性能。

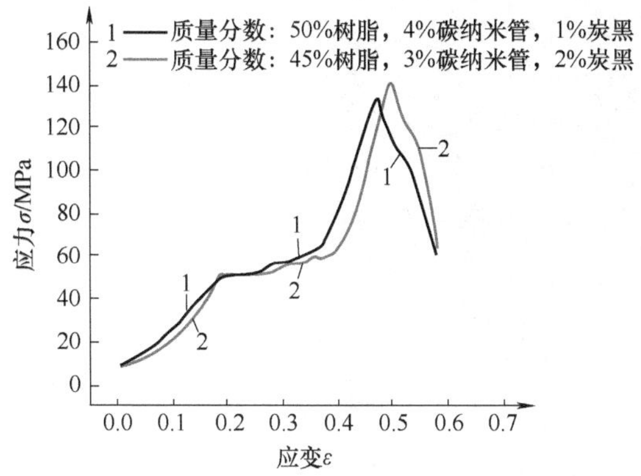

图 2-80　直接混合法制备的双极板应力-应变曲线图

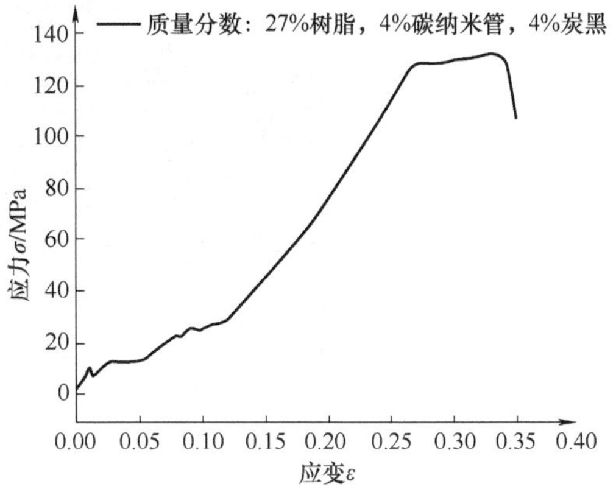

图 2-81　溶剂溶解法制备的双极板应力-应变曲线图

2. 石墨双极板的导电性能

采用四探针电阻仪测试双极板的体电阻率，测试结果如图 2-82 所示。从图中可以看出，双极板的电阻随着双极板中树脂含量的增高而增高，导电性能随之下降。直接混合法制备双极板树脂质量分数从 25%增加到 27%时，电阻从 55. 45mΩ 增加到 71. 55mΩ。溶剂溶解法制备双极板树脂质量分数从 25%增加到 30%时，电阻从 43. 02mΩ 增加到 71. 55mΩ。双极板的导电性能很大程度上取决于材料中导电物的含量，当双极板中导电物含量降低时，导电粒子间的距离增加、减小接触面积，形成的导电通路也随之减少，宏观表现为材料的电阻率上升，导电性能下降。此外，与直接混合法相比，采用溶剂溶解法制备的双极板在树脂含量相同的情况下具有更低的电阻。

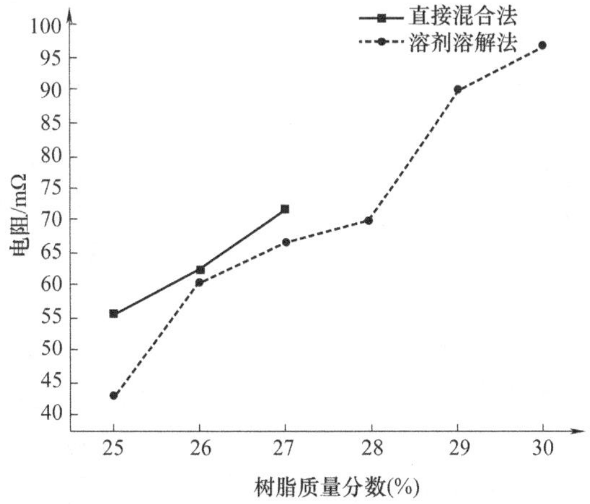

图 2-82　树脂含量对双极板电阻率的影响

3. 石墨双极板的微观形貌

图 2-83、图 2-84 所示分别为直接混合法和溶剂溶解法制备的粉末 SEM（scanning electron microscope，扫描电子显微镜）图。

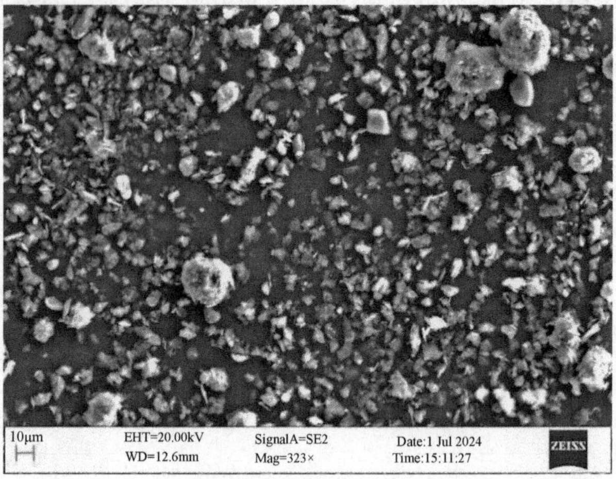

图 2-83　直接混合法制备的双极板粉末 SEM 图

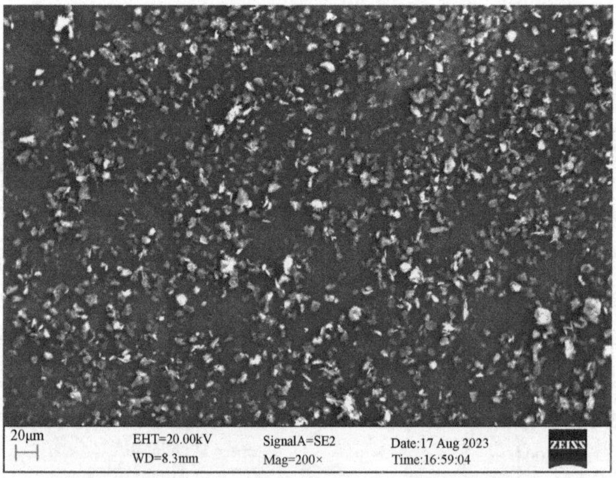

图 2-84　溶剂溶解法制备的双极板粉末 SEM 图

在树脂石墨复合双极板的制备过程中，原始粉末的分散性对最终材料的结构和性能通常有着较大的影响。本试验采用直接混合法和溶剂溶解法两种方法对复合材料各组分进行混合，并将所制得的复合双极板进行了对比。从图 2-83 和图 2-84 可以看出来，与直接混合法相比，采用溶剂溶解法制备的双极板粉末，颗粒尺寸更小，且分布更加均匀，虽然部分颗粒存在团聚现象，但这些团聚颗粒整体均匀分散在树脂基体中，且团聚颗粒的尺寸也小于直接混合法制备的粉末中的团聚颗粒。分析团聚颗粒产生的原因可能是超声过程中石墨、炭黑等粒子发生团聚现象，以及研磨粉碎过程中没有将粉末颗粒完全碾碎等。

图 2-85 和图 2-86 所示分别为直接混合法和溶剂溶解法制备的双极板断口 SEM 图。图 2-85 所示为不同倍数下直接混合法制备的双极板的断口 SEM 图，可以看出双极板主要呈

现层状结构排布，树脂在模压过程中通过挤压作用铺展在石墨表面，从图 2-85b 中可以观察到，碳纳米管和炭黑等填料经过挤压，在双极板复合材料中发生团聚，填充在石墨树脂片层间，增加了石墨与石墨间的接触面积。

a) 200×　　b) 500×

图 2-85　直接混合法制备的双极板断口 SEM 图

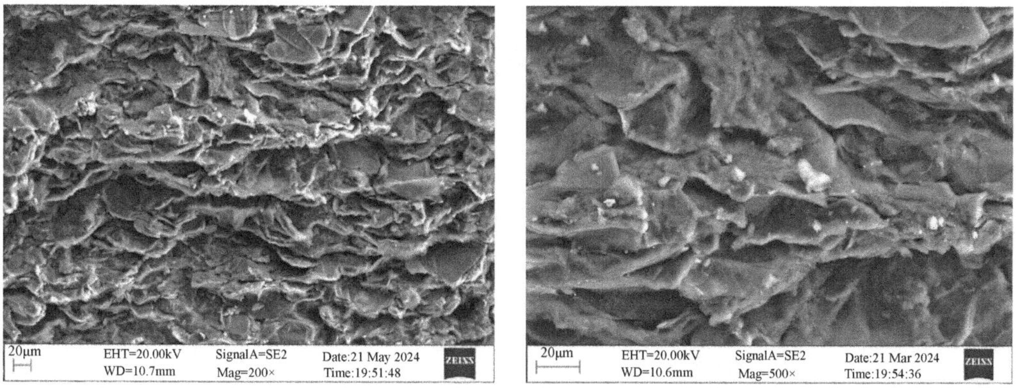

a) 200×　　b) 500×

图 2-86　溶剂溶解法制备的双极板断口 SEM 图

与图 2-85 相比，图 2-86 中采用溶剂溶解法制备的双极板中石墨与树脂的分散更加均匀，可以清晰地看出天然鳞片石墨的层片状结构，树脂经过挤压作用与石墨薄片有着较好的边缘结合，这种结构使双极板拥有较高的致密性，而且石墨片层被树脂紧密粘结使材料具有较好的力学性能。另外，在溶剂溶解法制备的双极板中，填料分布更加均匀，团聚现象降低，形成的颗粒尺寸较小，均匀填充在树脂基体与石墨片层间，增加了石墨片层间的接触面积，而导电填料的加入又使得双极板内部形成了额外的导电通道。碳纳米管具有很大的长径比、沿轴向具有很好的导电性能，这些特点使得碳纳米管与石墨片层间产生协同作用，纤维状的一维碳纳米管在石墨片层间的各个方向搭建起电子传输的桥梁，一定程度上提高了材料的导电性能。但是碳纳米管自身具有的较高表面能，使其极易在复合材料中发生团聚现象，碳纳米管彼此重叠会减少电子的传导通路，导致双极板材料的导电率又逐渐降低。因此，碳纳米管的添加要选择一个合适的范围，适量添加碳纳米管能够有效提高双极板的电导率，但是添加量过多会导致碳纳米管团聚，从而降低材料的导电性能。

2.9.4 结论

1）直接混合法制备树脂质量分数为50%的双极板的弯曲强度约为40MPa，而溶剂溶解法制备树脂质量分数为27%的双极板弯曲强度则达到80MPa。与直接混粉法相比，溶剂溶解法能够在更低的树脂含量下得到更高的力学性能。

2）溶剂溶解法制备双极板树脂质量分数从25%增加到30%时，电阻从43.02mΩ增加到71.55mΩ，说明石墨双极板的导电性能随着树脂含量的增加而降低。树脂质量分数固定在27%时，直接混合法制备的双极板电阻为71.55mΩ，溶剂溶解法制备的双极板电阻为66.55mΩ，采用溶剂溶解法制备的双极板具有更好的导电性能。

3）观察双极板粉末和断口微观形貌发现，溶剂溶解法制备的粉末颗粒大小、形状和分布更加均匀，断口呈层片状，石墨片层被树脂紧密粘结，导电填料均匀的填充在石墨树脂层间，石墨树脂分布均匀，孔隙较少，因此，具有更好的力学和导电性能。

参考文献

[1] YANG, Z, ZHANG J, KINTNER-MEYER M C W, et al. Electrochemical energy storage for green grid [J]. Chemical Reviews, 2011, 111 (5): 3577-3613.

[2] LIU J, ZHANG J G, YANG Z G, et al. Materials Science and Materials Chemistry for Large Scale Electrochemical Energy Storage: From Transportation to Electrical Grid [J]. Advanced Functional Materials, 2013, 23 (8): 929-946.

[3] 房茂霖，张英，乔琳，等. 铁铬液流电池技术的研究进展［J］. 储能科学与技术，2022，11（5）：1358-1367.

[4] 谢聪鑫，郑琼，李先锋，等. 液流电池技术的最新进展［J］. 储能科学与技术，2017，6（5）：1050-1057.

[5] 杨虹，刘庆华，LEMMON J，等. 液流电池双极板材料研究进展［J］. 现代化工，2020，40（12）：77-80，86.

[6] 2022我国新型储能发展有关情况［EB/OL］. 国家能源局官网，［2023-02-15］. https://www.ndrc.gov.cn/fggz/hjyzy/jnhnx/202302/t20230215_1348800.html.

[7] 李团锋，张璐瑶，樊润林，等. 复合石墨双极板材料及性能的研究进展［J］. 材料工程，2024，52（2）：102-111.

[8] 冯利利，陈越，李吉刚，等. 碳基复合材料模压双极板研究进展［J］. 工程科学学报，2021，43（5）：585-593.

[9] RENATA W. Carbon-based materials for bipolar plates for low temperatures PEM fuel cells-A review [J]. Functional Materials Letters, 2019, 12 (2): 1930001.

[10] 樊润林，彭宇航，田豪，等. 燃料电池复合石墨双极板基材的研究进展：材料、结构与性能［J］. 物理化学学报，2021，37（9）：102-117.

[11] 康启平，张国强，刘艳秋，等. PEMFC用石墨/树脂复合材料双极板的研究进展［J］. 电池，2019，49（4）：346-349.

[12] 胡斌，项林忆，何光建. 质子交换膜燃料电池用聚合物/导电填料复合材料双极板的研究进展［J］. 塑料工业，2020，48（S1）：26-31.

2.10 径向冷锻成形精度影响因素分析与措施

2.10.1 引言

径向冷锻成形设备结构复杂、成形精度高，本节通过径向冷锻成形工艺和设备的介绍，分析工艺参数、模具与锻件、成形设备结构对成形精度的影响，提出控制锻造成形力、锻造速率和锻件温升等工艺参数，分析锻件材料特性、优化模具锤头形状，采用具有监测和误差补偿功能的控制系统，采用高精度、高响应的速度和位置控制的液压伺服系统，改善设备润滑系统等提高径向冷锻成形精度的措施。

径向冷锻成形具有多向高频锻打和成形精度高的特点，适用于实心或空心长轴类零件的常温锻造。径向冷锻成形外径精度可以达到±0.1mm，内径精度可以达到±0.01mm[1]。径向锻机结构复杂、运动机构多、自动化程度高，设备成形精度影响因素多，本节根据径向锻造成形工艺和设备结构，对径向冷锻成形精度影响因素进行分析，并提出改善措施。

2.10.2 径向锻造成形工艺

径向锻造是专门加工实心或空心长轴类零件的旋转锻造方法。径向锻造工艺通常是在坯料周围对称分布四个锤头，在锤头对坯料沿径向进行高频率锻打的同时，夹头带动坯料进行旋转和轴向进给，坯料在多头螺旋式延伸变形情况下实现成形的工艺过程[2]，该工艺可用于热锻、温锻和冷锻。径向锻造工艺原理示意图如图 2-87 所示。

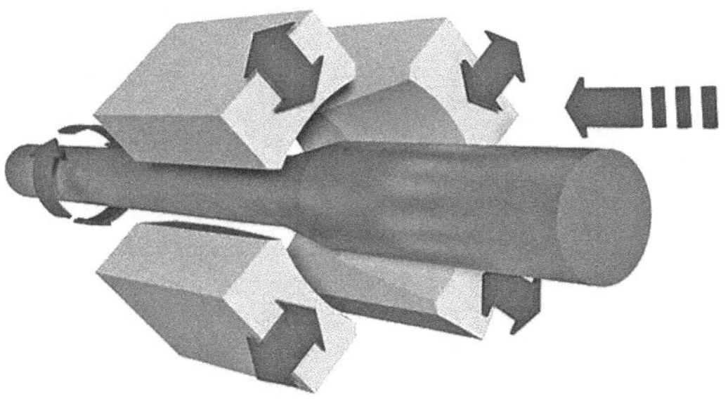

图 2-87　径向锻造工艺原理示意图

径向锻造工艺的基本特征：

（1）高频率脉冲锻打　径向锻造坯料每锻打一锤的变形量较小，坯料的变形速率较低，使坯料变形时金属流动的路径变短，摩擦阻力小，容易变形，可以减少所需的变形力和消耗的变形功。在单位时间内，坯料受到的锻打次数和轴向送进次数多，因而生产率较高。

（2）多向锻打　径向锻造坯料受到多个锤头同步径向锻打，坯料受周期性脉动外力作用，被锻部位处于三向压应力状态，有利于提高金属的塑性。一般对低塑性金属脉动加载要比连续加载时金属塑性提高 2.5~3 倍[3]。

（3）锻造温升　径向锻造工艺通过高频多向锻打使坯料表面变形，心部发热，且在锻造过程中无法将热量散出，锤头带走的热量又很少，径向冷锻过程中坯料升温较快，因此必须对锻件进行冷却，否则温升达蓝脆区温度，锻件易被打裂。

2.10.3 径向冷锻成形设备

国外主要是奥地利 GFM 公司和德国西马克迈亚（SMS Meer）公司生产径向锻机。奥地利 GFM 公司于 1946 年申请的径向锻机专利，在全世界共生产了 700 台左右，其中汽车行业轴类专用的有 160 多台。德国 SMS Meer 公司于 1999 年开始研发 SMX 系列液压径向锻机，已生产了 20 多台[4]。

奥地利 GFM 公司生产的径向锻机主要分为三种形式，SX 型、SKK 型和 RF 型，其基本原理均为电动机带动偏心轮驱动锤杆对工件进行高频锻打。GFM 公司最初研发的是 SX 型径向锻机，目前 SX 型径向锻机已停产，现售机型为 SKK 型和 RF 型，其中 SKK 型径向锻机主要应用于冷锻，RF 型径向锻机用于热锻。

GFM 公司的 SKK 型径向锻机（见图 2-88）以冷锻为主，锻造频次高、精度高，最高频次可以达到 2000 次/min，但吨位一般不超过 6MN，主要应用在汽车和军工等领域。SKK 型径向锻机的锤头调节采用丝杠螺母进行调节，丝杠螺母在工作时候须承受锻造力的冲击，因此设备吨位无法大型化。SKK 型径向锻机型号及参数见表 2-15。

图 2-88　SKK 型径向锻机

表 2-15　SKK 型径向锻机型号及参数

SKK 系列	SKK-06	SKK-10	SKK-14	SKK-17	SKK-19	SKK-21
设备成形力/tf	80	125	200	280	400	600
锤头成形速率/(次 · min^{-1})	1450	1200	800	500	500	450
锤头调整范围/mm	60	60	100	130	130	100
热锻件最大尺寸/mm	80	100	170	230	230	250
冷锻件最小尺寸/mm	10	12	16	20	20	25

径向冷锻成形设备由锻造主机、锻件进给机构、液压系统、控制系统以及辅助装置组成。锻造主机包括齿轮箱、锻造箱、锤头及调整机构、润滑系统、液压伺服系统及主电动机，实现四个锤头对工件的高频锻打和尺寸调节功能；锻件进给机构由操作机组成，实现锻件定心夹放、旋转、轴向进给等功能；液压系统实现锤头行程调节、操作机进给功能；控制系统控制主机和操作机的动作及配合，实现各种径向锻造工艺；辅助装置包括上下料台、锻件润滑装置、锻件喷淋降温装置，实现径向冷锻设备自动上下料以及清洁、锻件降温、防护等设备辅助功能。径向冷锻成形设备锻造主机结构如图 2-89 所示。

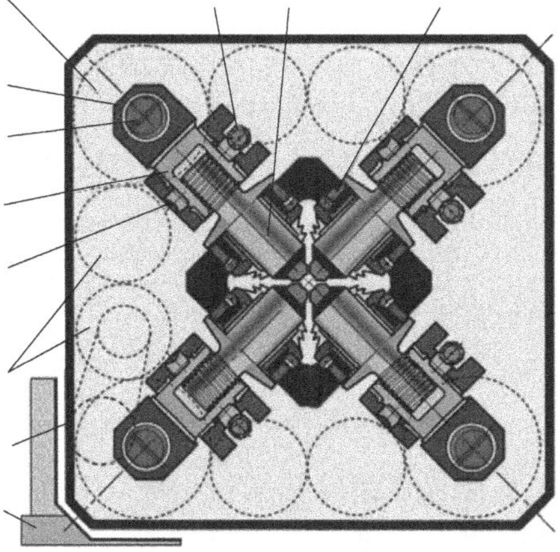

图 2-89　径向冷锻成形设备锻造主机结构

2.10.4　径向冷锻成形精度影响因素

径向冷锻成形是四个锤头对锻件进行径向高频锻打、锻件旋转进给送料的过程，其成形精度与工艺、模具、锻坯、设备均有相关性。

1. 工艺参数

（1）锻造成形力　锻造成形力的大小会直接影响金属材料的流动均匀性。过大的成形力可能导致材料在局部区域过度变形，而在其他区域变形不足，从而造成形状偏差和尺寸误差；成形力过小，材料无法充分流动，同样会影响成形精度。

（2）操作机夹持力　操作机实现锻件定心夹放、旋转、轴向进给，夹持力过大会导致工件变形，夹持力过小可能导致工件在成形过程中移动，均会影响加工精度。选用合适的夹持力能够稳定坯料，减少振动和偏移，从而提高成形精度。

（3）锻打频率　不同型号的径向锻机其锻打频率不同，具体型号径向锻机的锻打频率一般是固定的，锻打频率对锻件表面质量影响不大，锻打频率越高，生产率越高，但对设备研制要求也相应提高。

（4）锻件转数　径向锻机锻造外圆，实际上呈多边形，径向锻机的锻打频率一般不变，夹头的转数可调，锻件转数影响锻件外表面成形边数的多少，锻件转数越高，多边形边数越多，锻件越圆滑，成形精度也越高。

（5）轴向送进速率　在锻打频率不变的情况下，锻件轴向送进速率越大，生产率越高，锻件外表面质量会变差。选用较慢的轴向送进速率有助于提高尺寸精度，但过慢的送进速率会导致生产率降低。

（6）径向压入量　径向锻造采用较大的径向压入量，可减少工步、提高生产率。径向压入量越大，锻件横向变形越大；在轴向送进速率较大时，锻件表面会出现螺旋形脊椎纹[5]，一般选用较大的径向压入量时，采用较低的轴向送进速率。

（7）锻造温度　径向锻造锤头与锻件接触时间短，锤头带走的热量少。径向冷锻过程中，锻件因变形升温，必须对锻件进行冷却，可以通过调节径向压下量和轴向送进速率来控制温度的升降。

2. 模具与锻件

（1）锤头形状　锤头的形状决定了金属坯料在锻造过程中的受力方式和流动路径，锤头型面的曲率半径对锻造过程中的应力分布和金属流动具有直接影响，从而影响成形精度。

（2）锻件材料　锻件材料的变形性、回弹性等会影响锻件的成形精度。变形性好的材料能够更容易地达到所需的形状和尺寸，变形性差的材料在冷锻过程中可能产生裂纹或断裂。材料回弹性是由于材料内部应力的释放而产生的，回弹性大的材料在成形后易发生尺寸变化，导致锻件尺寸偏差或形状不稳定，降低成形精度[6]。

3. 径向冷锻成形设备

（1）锻造主机机身　锻造主机机身是锤头驱动齿轮、锤杆机构、锤头行程调节机构安装的基础部件，由前板、中支撑板、齿轮箱盖板组成，其中前板和中支撑板是径向冷锻设备关键的受力单元，机身强度及锻造时变形量直接影响径向冷锻成形精度。

（2）锤杆与锤头行程调整机构　径向冷锻设备是偏心轴驱动滑块、调节螺母、锤杆、模具实现四个锤头高速、同步往复运动，伺服液压马达驱动蜗轮蜗杆副带动锤杆螺旋副转动，实现锤头行程调节。四个锤头运动精度决定了径向冷锻的成形精度，锤头模具安装的锤杆与锤头行程调整机构的加工精度、运动精度、机构成形受力、变形量直接影响径向冷锻的成形精度。

（3）锤头运动同步性　径向冷锻设备由电动机驱动齿轮传动系统，带动偏心轴驱动四个锤头同步运动，各锤头的运动须保持高度的同步性，以确保坯料在锻造过程中受到均匀、一致的变形力。齿轮传动系统保证四个锤头的运动同步性，四个锤头的同步运动影响锻件的成形精度。

（4）操作机　操作机电动机驱动夹头带动坯料旋转，操作机由伺服液压缸驱动实现坯料进给运动。操作机夹头夹持锻件中心与四个锤头锻打中心的重合度直接影响锻件在锻造过程中受力分布的均匀性，从而影响锻件的变形偏差。锻件进给位置精度直接影响锻件外形尺寸变化的位置精度，对于台阶轴成形时，锻件进给位置精度决定了锻件外形尺寸精度。

2.10.5　提高径向冷锻成形精度的措施

1. 优化工艺参数

通过径向冷锻成形仿真等技术手段，优化锻打频率、径向压入量、锻件转数、轴向送进速率工艺参数，合理控制锻造速率减少金属材料的不均匀变形和内部应力；通过控制系统精确控制锻造成形力、操作机夹持力；径向冷锻设备采用锻件喷淋降温装置，控制锻件温升，提高锻件的质量和精度。

2. 优化模具设计

优化模具锤头形状，提高模具制造精度，采用耐磨、耐冲击的模具材料，减少模具在使用过程中的磨损，确保锻件尺寸的稳定性。径向冷锻成形采用精确的坯料尺寸，分析锻件材料的特性，有助于提高锻件的精度和表面质量。

3. 提高径向冷锻成形设备运动精度和稳定性

优化设备结构设计，提高零部件加工精度。采用高精度控制系统实现更精确的运动控制和参数调整，控制系统通过传感器建立监测系统，实时监控设备的运行状态；建立误差补偿系统，对设备本身的制造误差、装配误差等静态误差，可以通过预先测量和标定，对负载变化、温度变化等因素导致的动态误差，控制系统根据检测相关参数，采用预设的算法进行动态调整。采用液压伺服系统实现高精度、高响应的速度和位置控制，减少运动过程中的误差和波动。径向冷锻运动机构和摩擦副较多，对于摩擦副采用可靠的润滑系统改善摩擦，减少磨损。

2.10.6　结论

径向冷锻成形工艺参数、模具与锻件、成形设备结构对锻件成形精度均有影响，控制锻造成形力、操作机夹持力、锻造速率和锻件温升等参数优化工艺过程，分析锻件材料特性，优化模具锤头形状，优化设备机身、锤杆与锤头行程调整机构、传动系统和操作机的结构设计，采用具有监测和误差补偿功能的控制系统，采用高精度、高响应的速度和位置控制的液压伺服系统，改善设备润滑系统，提高径向冷锻成形设备运动精度和稳定性是提高径向冷锻成形精度的措施。

参考文献

[1] 孙令强．精锻成形技术的现状及其发展 [J]．模具制造，2002 (3)：7-8.

[2] 杨震，王炳正，宋道春，等．径向锻造设备与工艺综述 [J]．锻压装备与制造技术，2018 (6)：27-30.

[3] 夏华，胡亚民，袁亮．径向锻造的工艺原理和径向锻造机的应用 [C]//首届锻压装备与制造技术论坛全国锻压设备委八届一次学术研讨及产品信息交流会议论文，2004：37-39.

[4] 宋涛，赵升吨，刘洪宝．径向锻技术的应用及其发展 [J]．重型机械，2012 (3)：11-16.

[5] 栾谦聪，董湘怀，吴云剑．径向锻造工艺参数对锻透性的影响 [J]．中国机械工程，2014 (25)：3098-3103.

[6] 殷博闻，樊黎霞，杨晨，等．身管精锻径向回弹与尺寸精度研究 [J]．兵器装备工程学报，2021 (1)：78-84.

2.11　铲旋成形工艺与应用

2.11.1　引言

在旋压领域中，一般分为普旋和强旋两类。普旋是通过旋压在不改变金属材料厚度的情况下使之成形为某一回转体形状，如筒型件等；强旋也叫剪切旋压，是通过旋压使金属材料流动减薄后达到某一回转体形状，如锥形件等。大约在 20 世纪 80 年代初，出现了劈开旋压，即把回转体金属材料外圆沿中心方向进行劈开，如 A、B、C 槽型的带轮等。劈开旋压是旋轮沿水平方向进给，使材料沿端面方向两边分开。

2003 年 3 月，北京超代成科技有限公司在与铁道部长春机车车辆厂合作开发高铁列车制动气缸活塞过程中，发现把旋轮安装角改变为 45°，从毛坯端面取料，水平旋压进给时，保持旋轮纵向定位，通过旋轮 R 使材料纵向流动，使端面材料流向轴向方向。2004 年 8 月，殷莎与王其善将这种旋压方法应用到轴套旋压时，该旋压就像人们用铲锹铲土一样，但在旋转中完成，于是给这种旋压取了个形象的名称叫“铲旋”，一直沿用到现在。

本节将介绍铲旋成形工艺原理、铲旋材料流动方向和体积变化、铲旋工艺特点，分析铲旋成形工艺过程与参数。该工艺在成形柴油发动机的硅油减振壳体中，解决了采用焊接工艺时零件高频扭振使焊接处开裂的问题。相比锻压成形工艺，成本更低，铲旋成形工艺实现了节材、提高性能的优势。

2.11.2 铲旋成形工艺原理

铲旋成形工艺原理如图 2-90 所示。

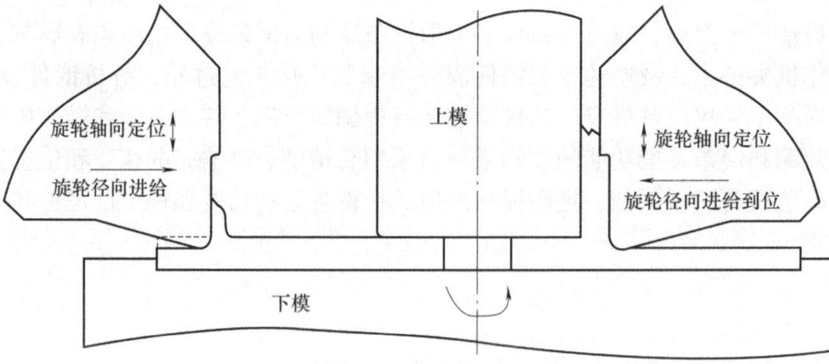

图 2-90 铲旋成形工艺原理

当旋轮进给时，旋轮必须定位在某一高度，该高度决定端面取料的厚度，该厚度与旋压的长度之体积，决定所需筒形的体积，如图 2-91 中的 V_1 圆周体积，通过铲旋后使之流动到 V_2 的筒壁上，理论上：$V_1 = V_2$。

铲旋是通过旋轮 R 使材料流动改变方向，沿轴向流动，如图 2-92 所示，当旋轮进给时，旋轮 R 推挤材料沿 R 四周扩散，因高度差，前方材料的阻力迫使扩散的材料往上流动，从而形成轴向的筒壁。在这一铲旋过程中，因为材料受压应力而流动，从而使金属材料成流线流动，并没有切断金属材料流线，流线是连续的。

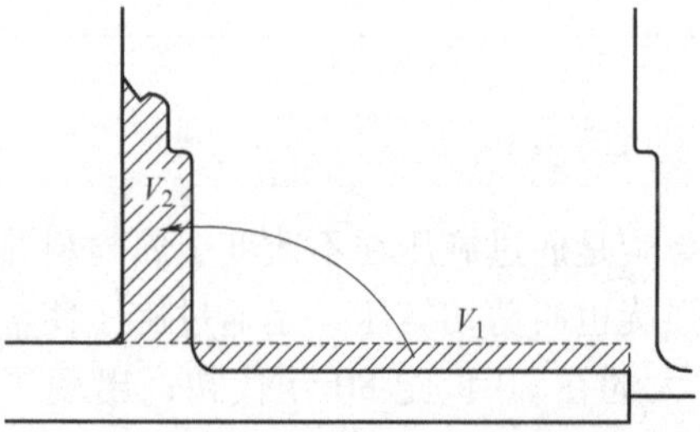

图 2-91 铲旋成形体积

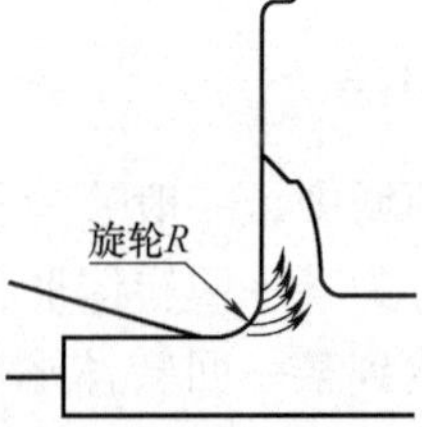

图 2-92 铲旋材料流动方向

在实际铲旋过程中，由于材料受到挤压，V_1 与 V_2 的实际关系为：$V_1 > V_2$。从而可知，通过铲旋，铲旋面以及筒壁材料密度会增大，硬度会增加，铲旋工件的刚性性能也会增加。如用 S35C 材料进行铲旋，材料硬度为 150 ~ 160HBW，通过铲旋后，硬度达到 210 ~ 230HBW。

铲旋成形过程中，保持旋轮的轴向位置尤为重要，如轴向定位不准确，或产生较大波动，会使筒壁不均匀，严重时会产生材料折叠。

由于旋转时会产生细微震动，旋轮径向进给和轴向定位必须使用液压力，帮助吸收振动，从而才能大批量连续生产。笔者曾经使用伺服电动机滚珠丝杠方式进行试验，仅能生产出样品或小批量生产，之后丝杠就会出现蚀点。而同样力大小的液压力铲旋，就能长久运行，也不要求毛坯的平整精度。北京超代成科技有限公司制造的 CDC-CK700 和 CDC-WTS400/4R（4 旋轮液压伺服数控）液压数控铲旋机，能较好地满足上述铲旋条件，广泛用于汽车零部件中的铲旋零件制造。

铲旋的主要特点是流线连续，刚性增加，冷旋成形，模具简单，效率较高，笔者通过有限元分析（见图 2-93），不仅成形可靠，模具寿命也较长，一般铲旋轮寿命在 5 万件至 10 万件，重新修复能继续使用，在生产过程中，维护成本很低。

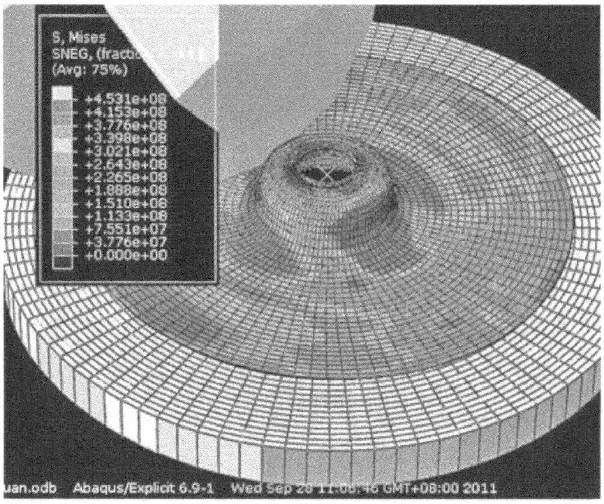

图 2-93　铲旋有限元模拟

2.11.3　铲旋成形工艺过程与参数

1. 根据毛坯大小和铲旋后产品的形状设计上下模具和旋轮

2. 根据毛坯大小和铲旋后形状设计上下模具和旋轮

图 2-94 和图 2-95 所示分别为铲旋变形过程和铲旋成形。

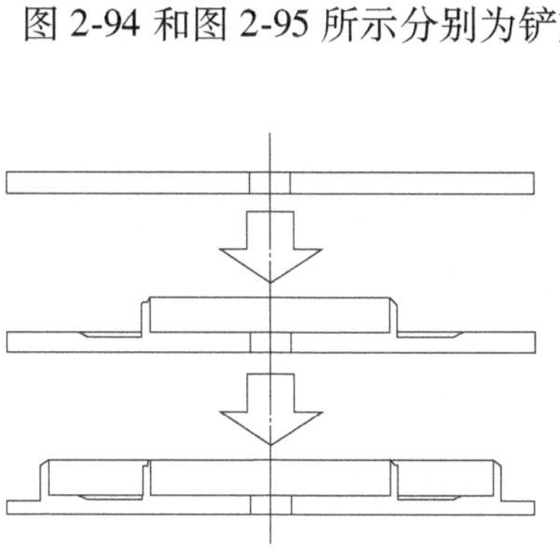

图 2-94　铲旋变形过程

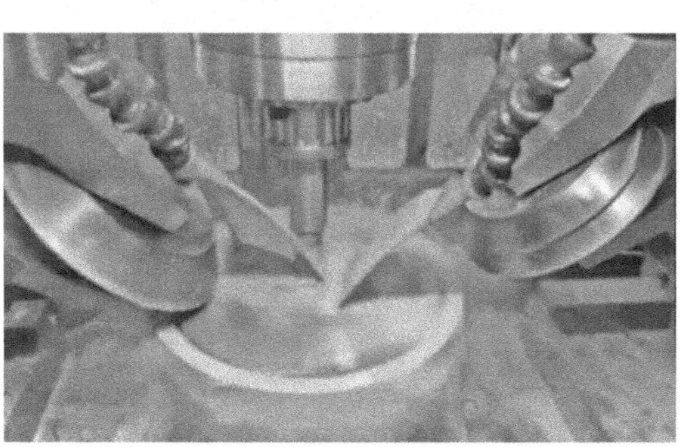

图 2-95　铲旋成形

3. 铲旋工艺主要参数

1）旋轮 *R* 是决定铲旋壁厚的主要参数。*R* 越小，壁厚铲旋越薄。一般来说，如果铲旋壁厚为 4mm，旋轮 *R* 为 2.5～3mm。

2）旋轮进给速率越快，铲旋壁厚越厚。要根据铲旋产品去调整进给速率，一般采用的进给速率为 2～4mm/s。

3）主轴转速由铲旋产品的尺寸决定。一般来说，直径小于 200mm 的铲旋产品，主轴转速为 300～400r/min。

4）旋轮轴向动态定位必须稳定可靠。旋轮 *R* 越大、进给速率越快，所需要力越大。

2.11.4　铲旋成形工艺的应用

1. 硅油减振壳体

硅油减振器利用硅油的黏性摩擦阻尼来吸收内燃机的振动能量，由于阻尼效果显著，因而在内燃机中得到了普遍应用。硅油减振器壳体的传统成形方法一般都是分别制得圆筒状内壳和盆状外壳，然后再将圆筒状内壳的底部焊接在盆状外壳的中部。这种方法容易造成焊接裂痕、夹渣、气孔和焊缝外观缺欠等焊接缺陷，易产生应力集中，引起裂纹，导致硅油泄露，产品合格率较低。同时焊缝疲劳强度降低，也易引起破裂，缩短产品使用寿命[2]。

图 2-96 所示为某柴油发动机的硅油减振壳体，用于发动机曲轴输出端安装扭矩减振能直接提高发动机的寿命，现应用于高端柴油发动机上。该壳体原来通过焊接方法加工，但由于其使用过程中受到高频扭振作用常常在焊接处产生开裂失效，若采用锻压方式生产，成本较高，现采用铲旋工艺，实现了其量产化，所用材料仅仅是锻压毛坯的 1/3，且产品综合性能更优。

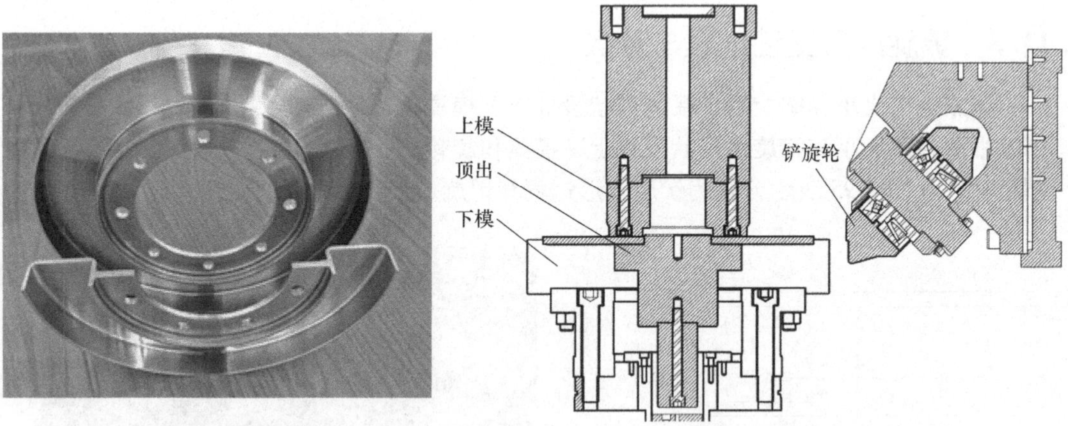

a) 硅油减振壳体　　b) 减振壳体的铲旋成形图

图 2-96　某柴油发动机的硅油减振壳体铲旋成形

2. 带轮

汽车用带轮和其他农用机械带轮都需要安装轴套。该产品传统加工方式多采用拉深方式或焊接，但拉深需要多次工序，工艺复杂，而焊接方式又存在开裂隐患。采用铲旋工艺可以很好地解决以上问题。

带轮铲旋成形国内有相关研究[3-4]，图 2-97 所示为某汽车发动机用一体化轴套带轮零件图。该工艺替代了传统的拉深、焊接或铸造，较铸造带轮质量减轻 0.628kg，较焊接工艺轴套增强抗拉强度 148kN，较好地解决了发动机轻量化的需求。

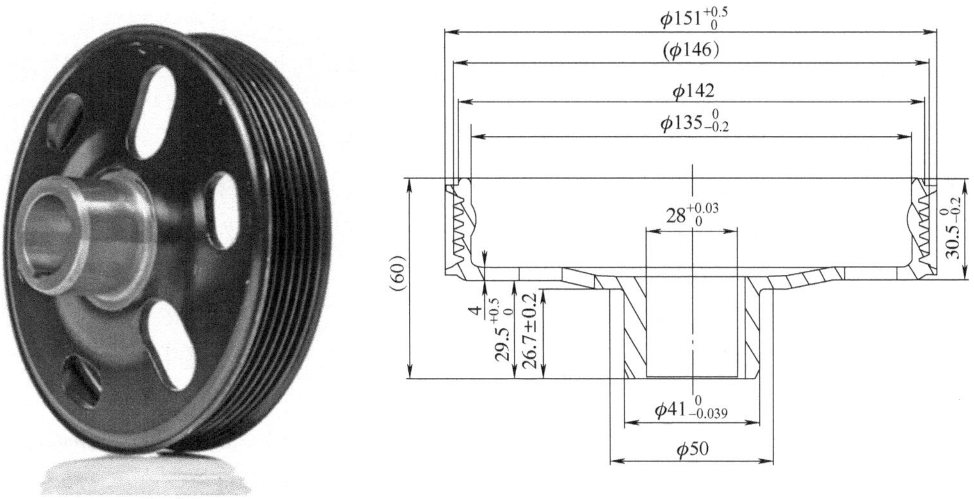

a) 轴套带轮　　b) 轴套带轮尺寸

图 2-97　某汽车发动机用一体化轴套带轮零件图

2.11.5　结论

铲旋工艺作为一种重要的金属成形工艺，在旋压特定领域发挥着重要作用。随着材料科学和制造技术的进步，铲旋工艺中的模具结构将不断优化，设计出更加高效、耐用且易于维护的模具结构，以适应不同形状和材质的工件加工需求。通过深入研究铲旋成形过程中金属材料的流动规律和变形机理，可以对成形工艺参数进行更精细的调整和优化。随着新型材料的不断涌现，铲旋工艺将应用于更多高性能材料的成形加工，为铲旋工艺开辟新的应用领域。铲旋工艺未来将在技术创新、应用领域拓展等方面取得新的突破和进展，将推动铲旋工艺在更多领域得到更广泛应用。

参考文献

[1] 李萍，代光旭，杨卫正，等. 铲旋工艺的有限元分析及试验研究 [J]. 上海交通大学学报，2019 (2)：31-36.

[2] 刘国凯，唐季平，瞿方，等. 硅油减震器外壳旋压成形工艺探究 [J]. 塑性工程学报，2017 (3)：102-108.

[3] 沈国章，赵蒙，唐季平，等. 皮带轮筒壁铲旋成形工艺模拟及参数优化 [J]. 精密成形工程，2012 (4)：88-90.

[4] 梁卫抗，刘全坤，张宜生，等. 发动机减震器带轮内筒的铲旋成形模拟及试验 [J]. 塑性工程学报，2011 (3)：66-69.

2.12 伺服直驱电动螺旋压力机在钛合金、铝合金锻造方面的工艺适应性研究

2.12.1 引言

铝合金、钛合金材料具有变形抗力大、应变速率小的特点，这对成形装备提出了更高的要求，在打击能量不变的情况下，滑块的末速率要小。通过对伺服直驱电动螺旋压力机的研究，对不同飞轮惯量、电动机额定转速、螺杆螺母导程的匹配设计，可以很好地满足铝合金、钛合金锻造工艺的要求。

螺旋压力机以其结构简单、维修方便、适应性强、价格低廉而广受锻造从业者的欢迎，在中国锻造行业拥有巨大的存量，占据着中国模锻成形装备80%左右的份额。21世纪初，随着我国开关磁阻调速电动机、变频电动机和驱动控制技术的发展，我国螺旋压力机也从摩擦压力机逐步进入了电动螺旋压力机时代。近几年，随着低速大扭矩永磁伺服电动机及驱动控制技术的成熟，伺服直驱电动螺旋压力机在中国应运而生，如何满足铝合金、钛合金锻造也已成为大家关注的话题。

针对铝合金、钛合金锻造的工艺要求研发一款结构简单、稳定性好，自动化程度高，控制精准，智能绿色的符合市场预期的设备将成为市场的期待。

2.12.2 伺服直驱电动螺旋压力机结构

通过对国内、外伺服直驱电动螺旋压力机的结构、电动机、驱动控制技术的分析和总结，确立了如图2-98所示的SD30系列伺服直驱电动螺旋压力机结构。首先，该压力机采用分体式封闭机身结构，将润滑油封闭在滑块和上横梁中，稀油强制循环润滑，减少了外部环境对润滑油的污染，延长了螺杆螺母的使用寿命；滑块采用复合导向结构（见图2-99）——圆柱导向+X型导向，提高了滑块的抗偏载能力；电动机采用公司自研的低速大扭矩永磁伺服电动机，具有能量密度高，可控性好，可靠性高的特点（见图2-100）；驱动控制系统采用进口驱动器和运动控制单元，实现精确的速度控制和滑块位置控制。

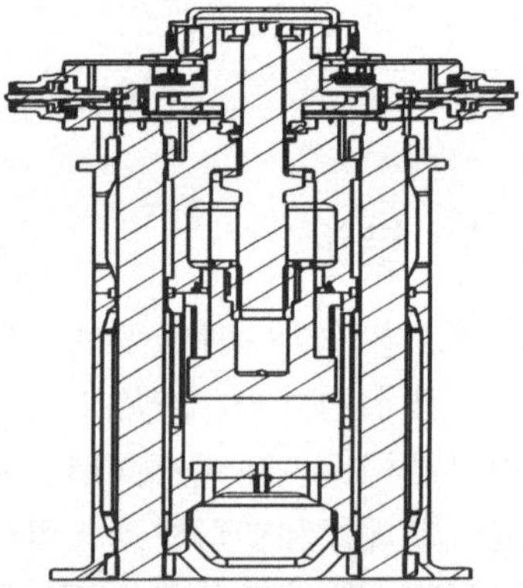

图2-98 SD30系列伺服直驱电动螺旋压力机结构

图2-99 滑块复合导向结构

图2-100 低速大扭矩永磁伺服电动机

通过 100 多台产品、三年多的实践检验，该产品具有零传动、高精度、高效率、高可靠性、低噪声的特点。

2.12.3　铝合金、钛合金锻造特点

铝合金、钛合金材料广泛应用于航空、汽车、高铁等行业，随着轻量化技术的发展，铝合金锻造已成为行业发展的热门。近年来，我国上马了不少铝合金锻造生产线，主要有热模锻和螺旋压力机。那么，铝合金、钛合金锻造对设备有什么要求？

在铝合金、钛合金材料成形过程中，关键工艺参数的控制对于保证产品质量和生产率至关重要。其中对加热温度、压力大小和成形速率这三个关键参数进行控制是重中之重，压力大小和成形速率是通过压力的设计和控制来实现的。

首先，铝合金、钛合金材料在成形时，须承受巨大的压力和冲击力，因此，设备应具有稳定的机械结构，以确保在锻造过程中不会产生明显的振动和位移。为实现这一目标，螺旋压力机的机身应采用高强度材料制造，以增加其抗冲击性和抗变形能力。螺旋压力机的传动系统应采用稳定的传动机构，以确保动力传递的平稳性和可靠性。通过这些措施，螺旋压力机可以在锻造过程中保持稳定的运行状态，提高锻造效率和产品质量。

其次，滑块速率控制至关重要。铝合金、钛合金材料的变形抗力远大于钢材的，应变速率小于钢材的，因此，要求压力机提供的力要大、滑块末速率要小。

2.12.4　伺服直驱电动螺旋压力机优化设计

鉴于铝合金、钛合金的锻造特性，我们对 SD30-2500t 伺服直驱电动螺旋压力机进行了测试和优化设计。

首先，我们采用图 2-101 所示的模具和 CK45N 试块对 SD30-2500t 伺服直驱电动螺旋压力机进行力能测试，并根据测试结果（见图 2-102～图 2-105）绘制出压力机的力-能关系曲线，如图 2-106 所示。

图 2-101　测试工装和试块

从力-能关系曲线可以看出，设备性能要高于德国 2300t 压力机的测试数据，既在相同的打击能量下，滑块的打击力比德国设备要高 5%～7.5%。

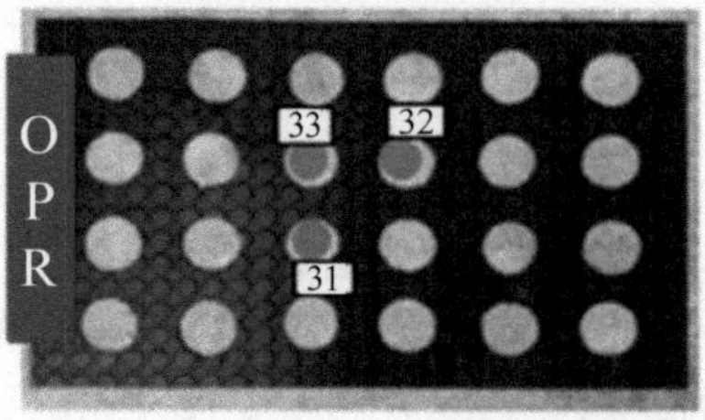

试块名称	序号	坐标位置		锻后高度/mm	变形功/kJ	变形力/kN
		X	Y			
31	1	−55	−55	40.44	102.64	4207
32	2	55	55	40.30666667	102.64	4207
33	3	−55	55	40.36333333	102.64	4207

图 2-102　3 个试块布置及测试结果

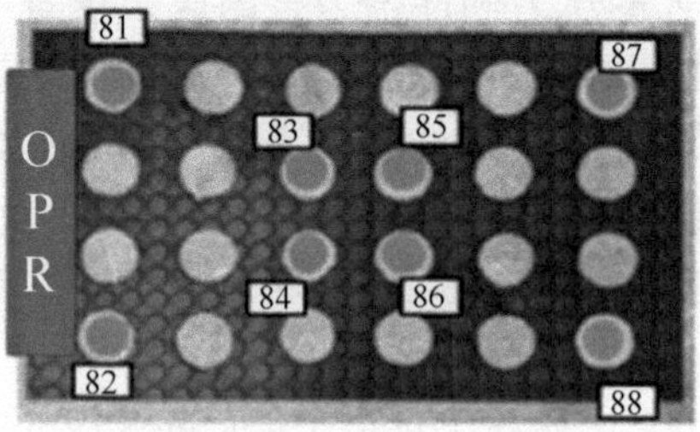

试块名称	序号	坐标位置		锻后高度/mm	变形功/kJ	变形力/kN
		X	Y			
81	1	−275	165	61.77	32.10	2341
82	2	−275	−165	62.59	29.75	2282
83	3	−55	55	61.96666667	32.10	2341
84	4	−55	−55	62.09666667	32.10	2341
85	5	55	55	62.15	32.10	2341
86	6	55	−55	62.07666667	32.10	2341
87	7	275	165	62.09333333	32.10	2341
88	8	275	−165	61.81333333	32.10	2341

图 2-103　8 个试块布置及测试结果

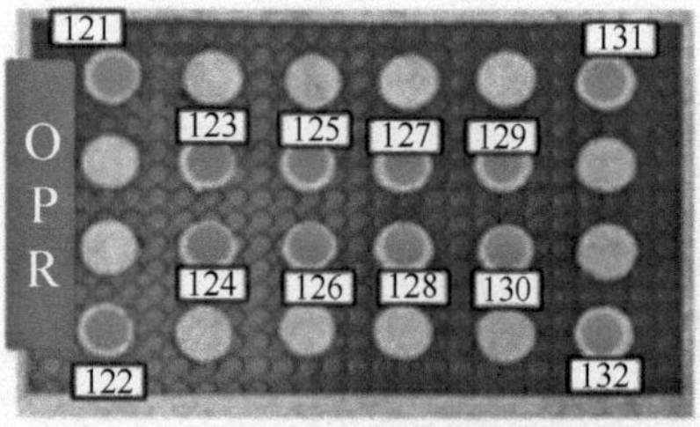

试块名称	序号	坐标位置		锻后高度/mm	变形功/kJ	变形力/kN
		X	Y			
121	1	−275	165	67.57666667	18.89	2018
122	2	−275	−165	67.37	20.96	2069
123	3	−165	55	67.76	18.89	2018
124	4	−165	−55	67.68333333	18.89	2018
125	5	−55	55	67.98666667	18.89	2018
126	6	−55	−55	67.91333333	18.89	2018
127	7	55	55	68.03666667	18.89	2018
128	8	55	−55	67.96666667	18.89	2018
129	9	165	55	67.93333333	18.89	2018
130	10	−165	55	67.93	18.89	2018
131	11	275	165	67.86	18.89	2018
132	12	275	−165	67.63333333	18.89	2018

图 2-104　12 个试块布置及测试结果

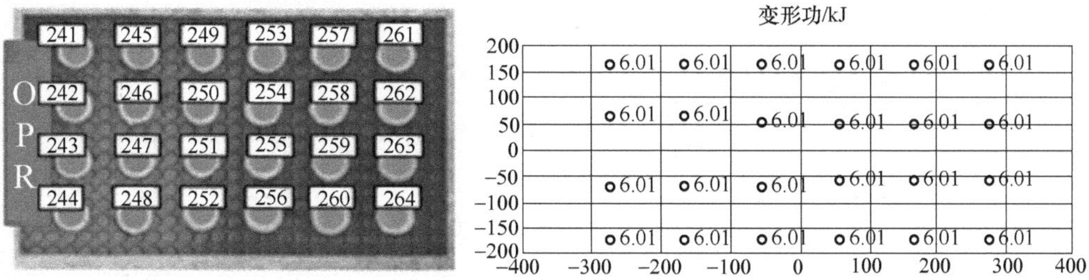

图 2-105　24 个试块布置及测试结果

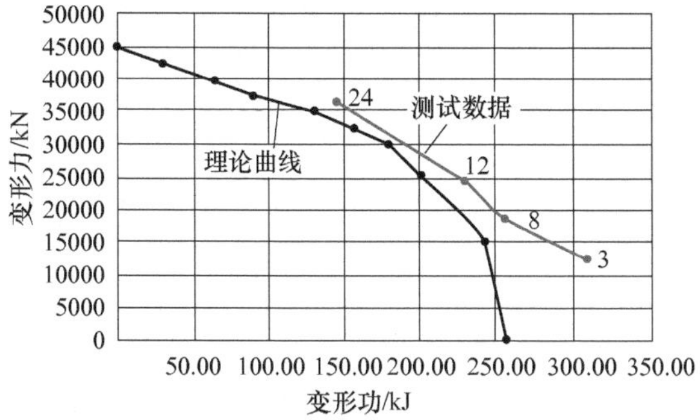

参数	压力机测试数据			
试块数量/个	3	8	12	24
变形力/kN	12621	18669	24267	36384
变形功/kJ	307.92	254.45	228.75	144.24

图 2-106　SD30-2500t 伺服直驱电动螺旋压力机的力-能关系曲线

在传动方面，SD30-2500t 伺服直驱电动螺旋压力机采用零传动，电动机转子直接安装在飞轮上，定子安装在电动机架上，电动机架和压力机的上横梁固定在一起。通过定子和转子之间的磁隙传递力量（见图 2-107），该设计极大地保证了能量传递的稳定性和可靠性。

图 2-107　永磁伺服电动机的安装方式

对于直驱螺旋压力机容易出现电动机扫膛的问题，我们采用双导向设计，保证了螺杆在任何状态下都处于垂直状态，不会出现偏摆而导致电动机扫膛。

对于滑块末速率的控制，我们通过改变电动机的额定转速和压力机的转动惯量，进行合理匹配，在输出能量不变的情况下，实现较低的滑块末速率，以满足铝合金、钛合金锻造对成形设备的要求。

表 2-16 是 SD30-2500t 伺服直驱电动螺旋压力机在不同转动惯量和电动机额定转速下滑块末速率的对比。

表 2-16　SD30-2500t 伺服直驱电动螺旋压力机滑块末速率对比表（变形功 550kJ）

钢锻件（总惯量 $6973kg/m^2$、电动机额定转速 120r/min）		铝、钛合金锻造（总惯量 $12396kg/m^2$、电动机额定转速 90r/min）	
变形功比例	滑块末速率/(m/s)	变形功比例	滑块末速率/(m/s)
100%	0.65	100%	0.49
90%	0.61	90%	0.46
80%	0.58	80%	0.43
70%	0.54	70%	0.41
60%	0.50	60%	0.38
50%	0.46	50%	0.34
40%	0.41	40%	0.31
30%	0.35	30%	0.27

从表 2-16 的数据可以看出，通过匹配设计，可以满足客户对滑块末速率的要求。对滑块末速率的控制，不止有这一个方法，也可以通过调整螺杆螺母的导程来实现滑块末速率的控制，再配以电动机额定转速，将会获得理想的滑块末速率控制效果。

实践中，我们跟踪了一台江浙某企业的 SD30-1000t 伺服直驱电动螺旋压力机的铝合金锻造企业，并取得了如下数据，如图 2-108 所示（图片由客户提供）。

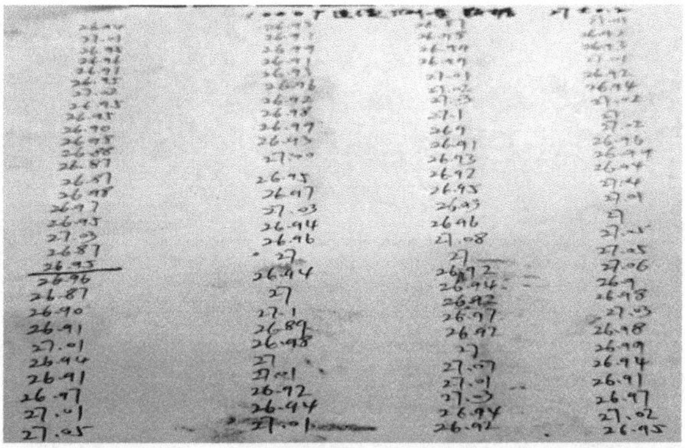

图 2-108　客户现场打件后测量尺寸统计图

我们将图 2-108 中的数据选择 50 组导入 CMK（设备稳定性评估）表格进行数值计算，得出的结果如图 2-109 所示，从中可以看出，设备的 CMK 值 2.3830 远远高于标准的 1.62。通过以上测试和实践数据可以看出，SD30 系列伺服直驱电动螺旋压力机的力学性能和能量输出的稳定性都非常优秀，完全可以代替进口设备，对铝合金和钛合金的锻造有非常好的适用性，是非常值得推广的设备。

CMK测定												
客户				日期			尺寸		27	尺寸上限USL		27.3556
设备型号		Z1000		能量	16kJ(10%)		公差(±)		0.5	尺寸下限LSL		26.6
批号		1	2	3	4	5	6	7	8	9	10	最大尺寸
样本测定值	1	26.94	26.88	26.87	26.91	27	27.01	26.87	26.9	26.99	26.95	27.100
	2	26.95	26.98	26.91	26.91	26.97	26.91	26.87	27.01	26.93	27.03	最小尺寸
	3	26.95	26.97	26.94	26.96	26.94	27.02	26.95	26.91	26.92	26.96	26.870
	4	26.95	27.03	26.07	26.98	27	26.95	26.87	27.01	26.99	26.94	平均值$\bar{X}$
	5	26.9	26.95	27.05	26.98	27	26.98	26.96	26.93	26.93	27.1	
ΣX		134.69	134.81	134.74	134.74	134.91	134.87	134.52	134.76	134.76	134.98	26.9556
$\bar{X}$		26.94	26.96	26.95	26.95	26.98	26.97	26.90	26.95	26.95	27.00	
R		0.050	0.15	0.18	0.07	0.06	0.11	0.09	0.11	0.07	0.16	标准差S
												0.0497
												CMK
												2.3830
												CMK是否满足
												满足

$\bar{X}$图

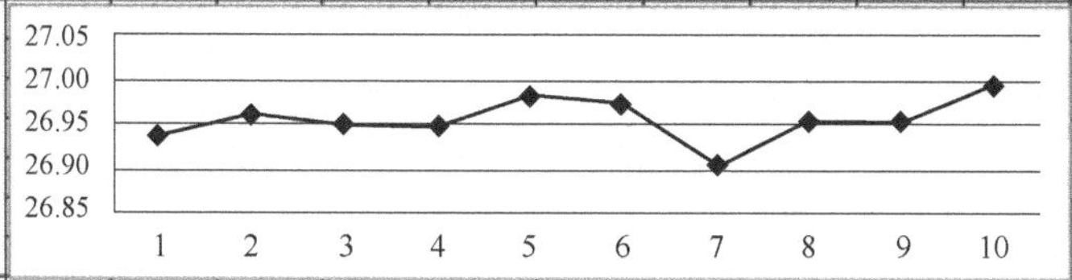

R图

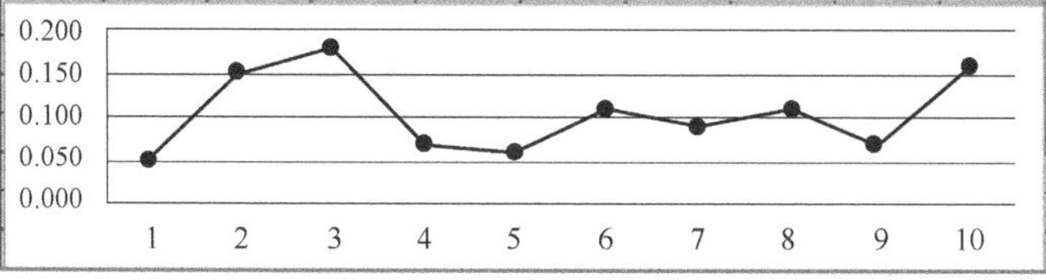

图 2-109　CMK 技术表

2.12.5　结论

SD30 系列伺服直驱电动螺旋压力机以其传动链短、输出能量稳定、可靠性高、效率高、噪声小而广受欢迎，同时在铝合金、钛合金锻造方面也具有很好的适用性，是一款值得推广的产品。

3

第3章 精密锻造工艺技术

3.1 弧齿锥齿轮开式冷精锻工艺优化

3.1.1 引言

弧齿锥齿轮是机械传动中传递相交轴或交错轴运动的关键零件，具有重叠系数大、承载能力高、传动平稳、噪声小等优点[1]，广泛应用于矿山、石油、煤矿机械、机床、铁路机车、航海舰船、航空直升机等机械工程领域[2]。

齿轮精锻技术属于少/无切屑技术，与传统切削技术相比，不仅可以形成连续的金属流线，提高齿轮的疲劳强度，还能减少机械加工余量，提高材料利用率，降低生产成本，因此得到了国内外学者的广泛关注[3]。齿轮开式冷精锻技术是齿轮精锻技术的一种，特点是利用金属飞边产生工艺阻力，迫使其余金属充满模具模膛，以保证轮齿的成形质量[4]。

针对齿轮精锻，CHITKARA N R 等[5]采用碲铅材料进行准静态渐进闭式模锻成形试验研究，详细分析了不同阶段的模具载荷和变形形式，试验结果与理论估计值有良好相关性。KONDO K 等[6]分析了直齿轮锻造过程的变形特点，通过优化坯料的截面形状消除了成形缺陷，降低了成形载荷。CAI J 等[7]通过试验和有限元模拟，研究了不同工具设计及摩擦对金属流动和成形载荷的影响。ZHANG Q P 等[8]通过设计锥齿轮的精密锻造工艺，在较低的锻造载荷下获得了完全充型的齿形。金俊松等[9]讨论了齿顶和分模面相对位置的不同对模具使用寿命的影响。冯文杰等[10,11]在开式模锻工艺的基础上，通过在下凹模中心位置设计工艺凸台，以降低弧齿锥齿轮开式模锻的成形载荷。罗善明等[12]在分流锻造法的基础上，提出了闭式预锻-分流终锻新工艺，该工艺具有有利于齿形充填、成形载荷较低等优点。陈淑婉等[13]将分流腔设置在齿形大端处，以保证轮齿大端的成形质量。YANG T S 等[14-16]通过有限元法研究了不同工艺参数对近净成形斜齿锥齿轮的锻造的影响，并对最大载荷、坯料体积和等效应变进行了预测。田福祥等[17,18]改进了汽车差速器行星齿轮精锻工艺和模具结构，提出了螺旋锥齿轮闭式冷精锻新型浮动模具结构，显著提高了模具寿命和生产率。但尚未有学者对弧齿锥齿轮开式冷精锻过程、预锻件体积分配和分流形式对齿轮成形过程以及成形质量的影响进行相关研究。

本节针对某一特定弧齿锥齿轮零件，通过 Deform-3D 模拟优化预锻件体积分配和分流形式，研究了在开式冷精锻弧齿锥齿轮成形过程中，预锻件体积分配和分流形式对材料流动、轮齿成形过程和成形载荷等的影响，以降低成形载荷，改善轮齿成形质量。

3.1.2 锻造成形方案设计

需要加工的弧齿锥齿轮的设计参数见表 3-1。

表 3-1 齿轮参数表

齿轮参数	参数值
齿数	37
配对齿数	10

（续）

齿轮参数	参数值
模数/mm	1.28
螺旋方向	左旋
螺旋角/(°)	35°
压力角/(°)	20°
面锥角/(°)	77.06°
节锥角/(°)	74.88°
根锥角/(°)	70.86°

图 3-1 所示为待加工弧齿锥齿轮开式冷精锻锻件图，冷精锻锻件的轮齿直接作为后续的机械加工基准，不需要设计切边模切除飞边，图中未注圆角为 $R1$，未注模锻斜度为 5°。

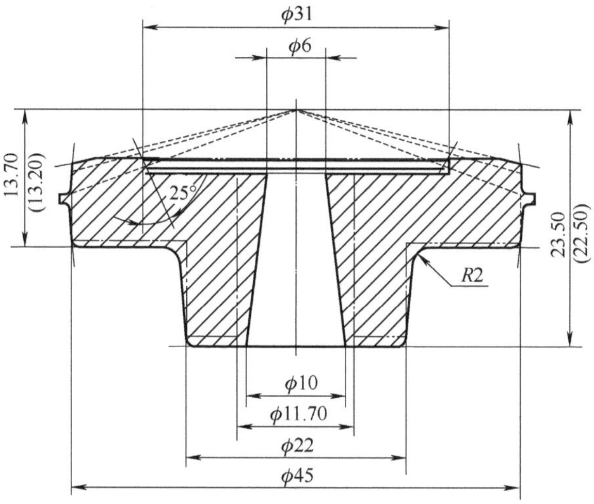

图 3-1　待加工弧齿锥齿轮开式冷精锻锻件图

合理的分流腔设计可以起到容纳多余材料的作用，因此可以避免锻造过程中因材料体积波动而导致的模具应力急剧增大的现象，有利于材料向轮齿角隅部位流动、提高轮齿的成形质量、有效降低成形载荷和模具角隅部位的应力。此处采用两种分流形式进行对比试验，第一种分流形式如图 3-2a 所示，采用预锻件中心孔分流的形式，中心孔为通孔，直径为 10mm；第二种分流形式为分流腔分流，如图 3-2b 所示，预锻件不使用中心通孔，分流腔位于上凹模中心，分流孔直径为 10mm，调整上顶杆的长度使分流腔深度为 2.4mm。

在齿轮锻造过程中，轮齿处是终锻工序的主要变形位置，因此，预锻件面锥处的材料分配大小对轮齿的成形质量及成形载荷有着直接影响。如图 3-3 所示，预锻件的面锥角等于锥齿轮的面锥角。保持预锻件面锥中心与终锻件齿宽中心一致，即面锥宽度中点半径 R_m = 19mm，设面锥凸台高度为 H，面锥凸台宽度为 W，则面锥凸台的宽高比可定义为 $\eta = W/H$。

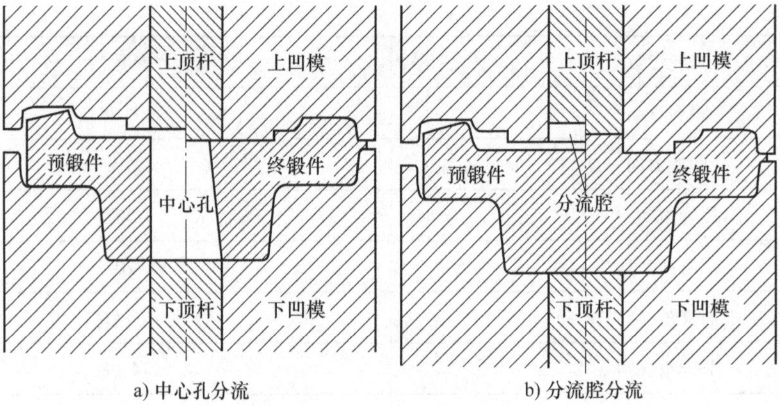

图 3-2 开式模锻示意图

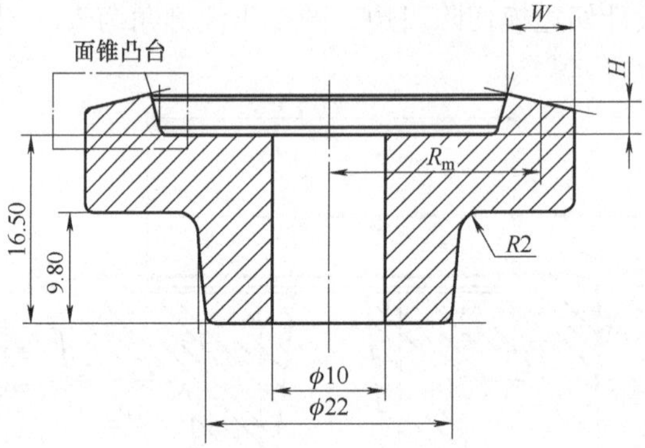

图 3-3 预锻件示意图

3.1.3 有限元模型建立与分析

由于弧齿锥齿轮的齿线为弧形，成形过程中金属材料的流动复杂，为了获得精确的成形过程信息，采用 Deform-3D 对弧齿锥齿轮的锻造过程进行有限元模拟。

弧齿锥齿轮具有准轴对称形状，利用 Deform-3D 的旋转边界条件技术，可以采用 1/5 模型进行模拟，以降低计算成本。上模和下模在成形过程中设置为刚体。预锻件设置为塑性体，材料选用 AISI-4120 钢，应力-应变曲线如图 3-4a 所示，泊松比为 0.3，弹性模量为 206GPa，密度为 $7.85\times10^3\text{kg/m}^3$，锻造温度为室温 20℃，摩擦系数设置为 0.12，上模和上顶杆沿 Z 轴的运动速率均为 20mm/s。预锻件采用四面体网格对预锻件进行网格划分，如图 3-4b 所示，面锥凸台网格最小尺寸为 0.3mm，其余位置网格最小网格尺寸 1mm。

3.1.4 分流方式对弧齿锥齿轮锻造过程的影响

当成形载荷同为 3635kN，采用不同分流方式锻造时，锻件上的应力分布如图 3-5 所示。采用分流腔分流时，应力较大的区域集中在轮齿齿顶和飞边圆角处，如图 3-5a 所示；采用中心孔分流时，应力较大的区域仅集中在飞边圆角处，如图 3-5b 所示。相比而言，中心孔分流时齿顶处的应力更小，即齿顶处的应力集中现象不明显，对模具使用寿命更有利。

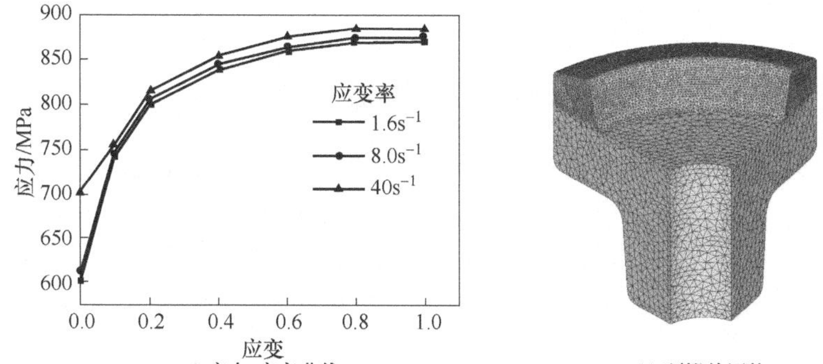

a) 应力-应变曲线　　b) 预锻件网格

图 3-4　有限元模型示意图

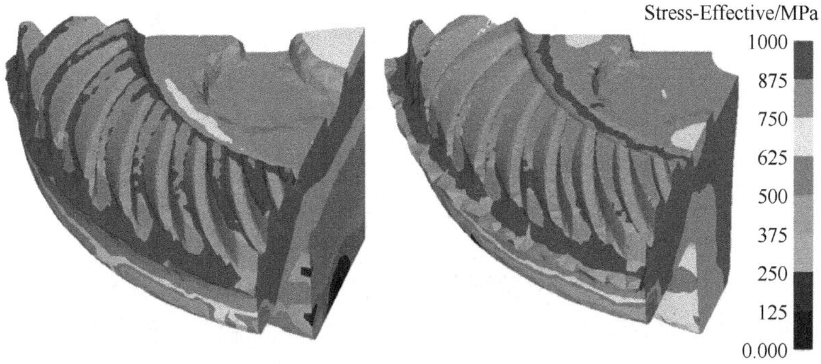

a) 分流腔分流　　b) 中心孔分流

图 3-5　两种分流方式的应力分布图

图 3-6 所示为两种分流方式的速度场。由图可知，采用分流腔分流时，轮齿大端处的多余材料向分流腔流动的路径较曲折；而采用中心孔分流时，轮齿大端的材料可以直接流向中心孔。因此，中心孔分流时，材料流动路径相对较短，即流动阻力更小，有利于缓解轮齿齿顶处的应力集中，这也是采用中心孔分流时轮齿齿顶应力分布更为合理的原因。

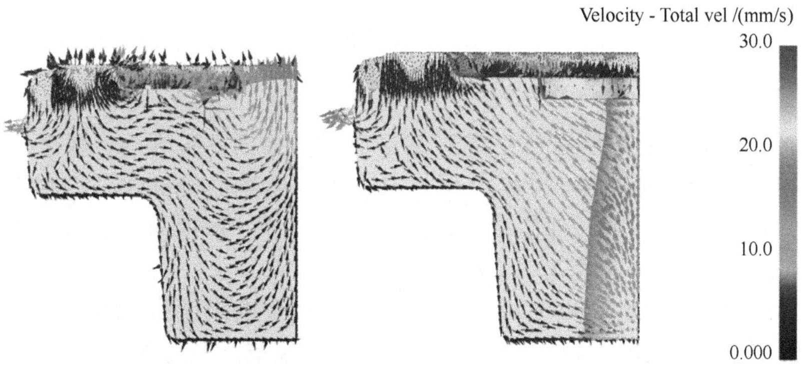

a) 分流腔分流　　b) 中心孔分流

图 3-6　两种分流方式的速度场

综上所述，采用中心孔分流方式进行终锻模具设计时有利于降低材料流动阻力和延长模具使用寿命。

3.1.5 预锻件形状设计对弧齿锥齿轮终锻的影响

为了考察不同宽高比 η 对锻造过程的影响，以锻件轮齿完全充满上凹模为终止条件，取 $\eta=1.0$、2.0、3.0 进行锻造模拟试验。试验得到的不同宽高比对应的行程—载荷曲线如图 3-7 所示，不同宽高比的成形载荷均是先平缓增加，然后急剧上升。随着预锻件宽高比 η 的增加，成形载荷先降低后增加，当 $\eta=2.0$ 时，成形载荷达到最低，为 423.8tf。

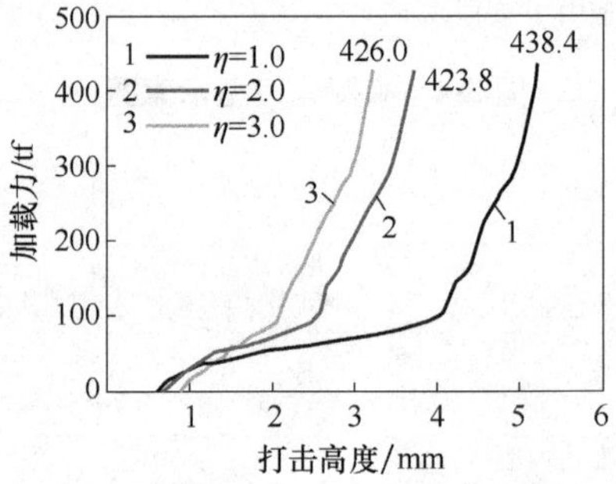

图 3-7 不同宽高比对应的行程—载荷曲线

在 Deform-3D 后处理中，沿轮齿齿线创建一系列切平面，仅保留模具和锻件的轮廓线，以观察在锻造过程中轮齿处的变形过程。如图 3-8a 中的 a_2 和 a_3 所示，当 $\eta=1.0$ 时，预锻件面锥的材料先接触凹模模膛的小端齿根处，然后从凹模模膛小端流向凹模模膛大端，此时材料流动阻力较大，成形载荷增加。如图 3-8c 中的 c_2 和 c_3 所示，当 $\eta=3.0$ 时，预锻件材料先与上凹模模膛的大端侧壁接触，然后沿侧壁往上流动，填充凹模大端。由于预锻件面锥宽度更宽，材料流向中心孔和飞边更多，流向轮齿的材料减少以及飞边宽度增加，导致成形载荷增加。而 $\eta=2.0$ 时，如图 3-8b 中的 b_2 和 b_3 所示，材料流动特点介于 $\eta=1.0$ 和 $\eta=3.0$ 的流动特点之间，材料在接触凹模模膛的小端齿根的同时也接触凹模模膛大端侧壁，然后充填大端角隅部位，材料分配比前两者更合理，因此成形载荷较低。

综上所述，当预锻件宽高比采用 $\eta=2.0$ 时，材料体积分配更合理，能有效地降低成形载荷。

3.1.6 弧齿锥齿轮锻造工艺试验验证

在 8000kN 数控双动液压挤压机上进行锻造试验，如图 3-9 所示。锻造模具热处理至 60~62HRC，模膛表面抛光至 *Ra*0.4μm。锻坯材料为 20CrMo，经球化退火至 15HRC。锻造分流方式选用中心孔分流，预锻件面锥凸台宽高比 $\eta=2.0$，锻前对预锻件表面进行磷皂化处理。齿形（上模）凹模下行速率为 20mm/s。

压力机的终锻载荷显示为 3860kN，小于数值模拟的终锻载荷为 4238kN。数值模拟的成形载荷大于实际的成形载荷，这是由于数值模拟过程中旋转对称边界条件施加在坯料侧面，边界面上的网格变形复杂，产生畸变导致的。从预锻件和轮齿大端的成形情况可以看出，轮齿大端角隅部位充填完整，锻件成形饱满。

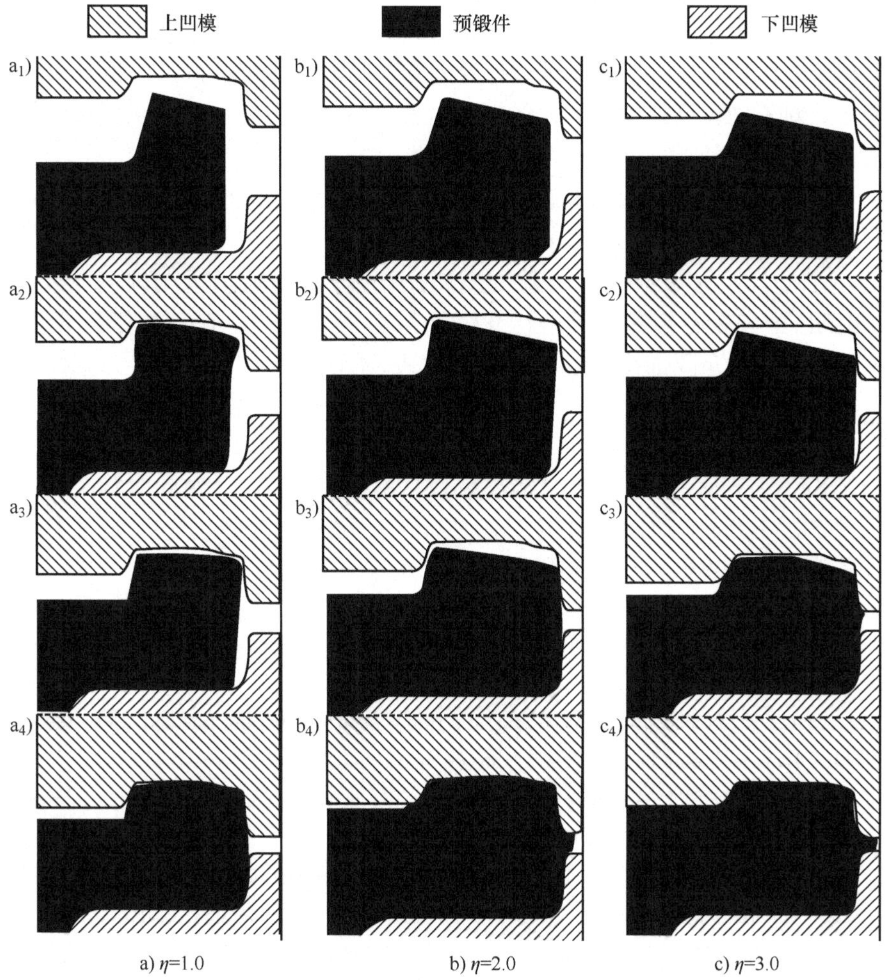

图 3-8　不同宽高时锻件轮齿成形过程示意图

图 3-9　锻造试验

3.1.7 结论

采用 Deform-3D 有限元模拟软件对两种分流方式的锻造过程进行了模拟分析，然后选用优化的分流方式对不同宽高比的预锻件的锻造过程进行模拟分析，最后采用综合优化方案进行锻造试验验证，结论如下。

1）当采用中心孔分流时，材料流动路径更短、流动阻力更小，且轮齿齿顶处的应力集中现象不明显，有利于延长模具使用寿命。

2）当预锻件宽高比 $\eta=2.0$ 时，预锻件的材料分配更合理，轮齿完全充满时的成形载荷最低。

3）采用弧齿锥齿轮冷精锻的综合优化方案进行锻造试验，得到的锥齿轮成形质量良好，齿轮大端和小端的角隅部位充填完整。

参考文献

[1] 金林. 大规格高精度螺旋锥齿轮加工技术的探究［J］. 科技创新与应用，2020（15）：110-111.

[2] 邓效忠，魏冰阳. 锥齿轮设计的新方法［M］. 北京：科学出版社，2012.

[3] 陈淑婉，黄胜. 弧齿锥齿轮精锻工艺的研究现状及展望［J］. 热加工工艺，2014，43（9）：12-15.

[4] 蒋鹏. 精密锻造技术研究与应用［M］. 北京：机械工业出版社，2016.

[5] CHITKARA N R，KIM Y J. Near-net shape forging of a crown gear：some experimental results and an analysis［J］. International Journal of Machine Tools and Manufacture，2001，41（3）：325-346.

[6] KONDO K，OHGA K. Precision cold die forging of a ring gear by divided flow method［J］. International Journal of Machine Tools and Manufacture，1995，35（8）：1105-1113.

[7] CAI J，DEAN T A，HU Z M. Alternative die designs in net-shape forging of gears［J］. Journal of Materials Processing Technology，2004，150（1-2）：48-55.

[8] ZHANG Q P，CUI H Y，WANG Y Z. Process design for cold precision forging of bevel Gear［C］//Proceedings of the 2010 International Conference on Digital Manufacturing & Automation，2010.

[9] 金俊松，夏巨谌，胡国安，等. 轿车圆锥齿轮闭式冷精锻凹模的优化设计［J］. 锻压技术，2006，31（3）：96-99.

[10] 冯文杰，陈莹莹，杨涛. 弧齿锥齿开式模锻的分流挤压研究［J］. 锻压技术，2010，35（6）：89-91.

[11] 冯文杰，杜勇，陈莹莹，等. 弧齿锥齿轮冷镦挤工艺数值模拟分析［J］. 重庆工学院学报（自然科学版），2009，23（10）：26-29.

[12] 罗善明，方媛. 弧齿锥齿轮精锻成形工艺的数值模拟［J］. 中国机械工程，2009，20（4）：485-487.

[13] 陈淑婉，詹艳然，黄胜. 基于分流法的弧齿锥齿轮冷锻过程的数值模拟［J］. 机械传动，2013，37（3）：91-93.

[14] YANG T S，CHANG S Y，JIANG Z X. Predictions of Maximum Forging Load and Initial Billet's Dimensions of Near Net-Shape of Near Net-Shape Bevel Gear Forging［J］. Steel Research International，2010，81（9）：334-337.

[15] YANG T S，CHANG Y L. Application of FEM and abductive network to determine forging force and billet dimensions of near net-shape helical bevel gear forging［J］. Materials Science Forum，2018，920：205-210.

[16] YANG T S，LIANG J H，CHANG J. Prediction of maximum forging load and billet volume using FEM of a near Net-Shaped Helical-Bevel gear forging［J］. Advanced Materials Research，2014，939：563-569.

[17] 田福祥. 新型行星齿轮锻模设计［J］. 模具工业，2003，2：35-37.

[18] 田福祥. 螺旋伞齿轮闭式精锻模设计［J］. 模具工业，2005，9：46-48.

3.2 典型复杂零件单工位多向精密成形技术

3.2.1 引言

一体化三阀组作为一种仪表阀组，通常与压力变送器匹配使用，是自动化高精度管路测量中的关键部件之一，被广泛应用于电力、石油、化工、冶金、航空航天、军工、制药等领域的工艺管道中[1-2]。阀组由阀体和其他零部件构成，通常与工艺管道相连接，与管道中的流体介质（气体、液体）直接接触。由于阀组常常在腐蚀、低温、高温和高压等环境下工作，所以对其力学性能和耐蚀性能有严格要求。阀体是阀组的主体部分，阀体的成形工艺对阀组的性能、成本等起着决定性的作用[3]。目前一体化三阀组主要依靠铸造和冷拉拔的方式进行生产，但是铸件容易出现缩松、缩孔等铸造缺陷，导致零件力学性能和使用寿命低下。而冷拉拔的生产方式虽能满足力学性能要求，但是从原材料到成品需要 8 道次冷拉拔，每道次冷拉拔前都需要磷化和皂化处理，不仅对环境污染严重，更是生产率低下。基于此，提出一体化三阀组阀体的单工位多向精密成形工艺，不仅能够大大提高该零件的生产率，降低生产成本，还能大幅提高零件的力学性能和耐蚀性能。

行星架是汽车自动变速器中的重要零件，它是整个行星齿轮系统中承受外力矩最大的零件，其质量决定各行星齿轮间的载荷分配及传动装置的承载能力[4-5]。行星架传统生产方式主要是圆棒料车削加工、分体焊接等。当圆棒料车削加工时，加工四个侧面方孔时定位困难，加工时间长，成本高，不仅造成原材的严重浪费，刀具磨损等，还会导致金属流线被切断而使得零件强度和寿命降低[7-8]。分体焊接的方式存在生产率低下，零件力学性能低等缺点。因此研究行星架高效单工位多向精密成形工艺，从而实现自动变速器行星架绿色高效制造十分必要。

为了充分发挥单工位多向精密成形技术在复杂零件制造领域的优势，结合数值模拟与试验验证，研究了一体化三阀组阀体、自动变速器行星架两种复杂零件的单工位多向精密成形技术。首先根据两种零件的结构特点，结合现有多向数控联动成形压力机模架结构，制定了其单工位多向精密成形工艺。然后利用数值模拟软件分别对两种零件的单工位多向精密成形过程进行了数值模拟仿真，揭示了成形过程中的变形机理。最后利用工艺优化手段并结合有限元模拟得到的工艺参数设计相应的模具结构，将模具安装在多向数控联动成形压力机上进行了相应的工艺试验。试验得到的锻件尺寸精确，无飞边，说明本节提出的两种典型零件的单工位多向精密成形工艺是可行的，可对该类锻件的无飞边精密成形提供指导。

3.2.2 一体化三阀组阀体单工位多向精密成形技术

1. 一体化三阀组结构

图 3-10 所示为本节研究的一体化三阀组结构图，它由互相连通的三个阀组成，根据每个阀在

图 3-10　一体化三阀组结构图

结构中所起的作用分为高压阀、低压阀和平衡阀。

2. 一体化三阀组阀体单工位多向精密成形有限元模拟

（1）有限元模型 图 3-11 所示为一体化三阀组阀体单工位多向精密成形有限元模型，左右冲头的高度即为工件的法兰高度，通过上冲过头和左右冲头的联合作用使阀体充填饱满。

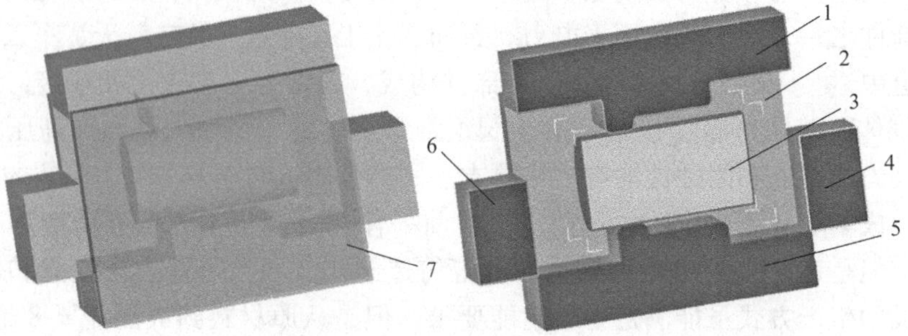

图 3-11 一体化三阀组阀体单工位多向精密成形有限元模型

1—上冲头 2—后挡块 3—坯料 4—右冲头 5—下冲头 6—左冲头 7—前挡块

（2）载荷—行程曲线 图 3-12 所示为成形过程中上冲头的载荷随行程的变化曲线，从图中可以看出曲线分为两个阶段，第一阶段为上冲头从接触坯料至挤压到工件尺寸的过程，在此阶段上冲头的载荷缓慢增加；第二阶段为左右冲头挤压至锻件充填饱满过程，在此阶段载荷先降低后快速增加，这是由于第二阶段上冲头不再运动，只受到背压力的作用，在刚开始阶段背压力较小，但是在成形最后阶段，坯料与各冲头接触面积增大，逐渐形成封闭模膛，因此挤压力急剧增加，成形最后阶段上冲头载荷为 621tf。

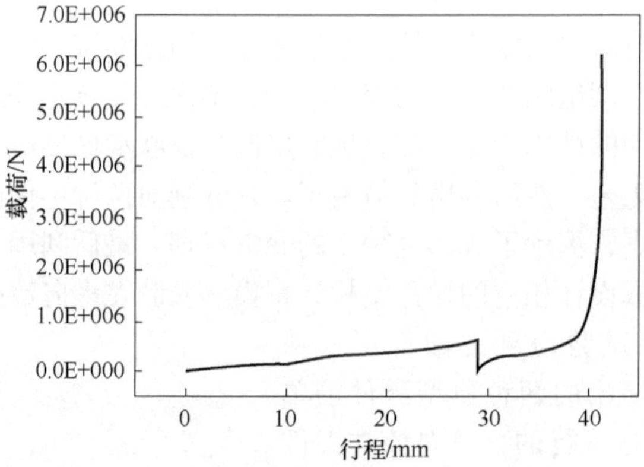

图 3-12 成形过程中上冲头载荷—行程曲线

（3）模具温度场分布 图 3-13 所示为模具温度场分布图，从图中可知，模具从外到内存在着温度梯度，越接近模具工作面，温度越高。温度峰值出现在凸台部分，成形结束时温度达到 540℃，在工作过程中，如果冷却不充分则会导致其发生塑性变形而失效，即模具出现塌陷现象，因此必须通过良好的冷却润滑及减少模具与工件的接触时间来提高模具寿命。

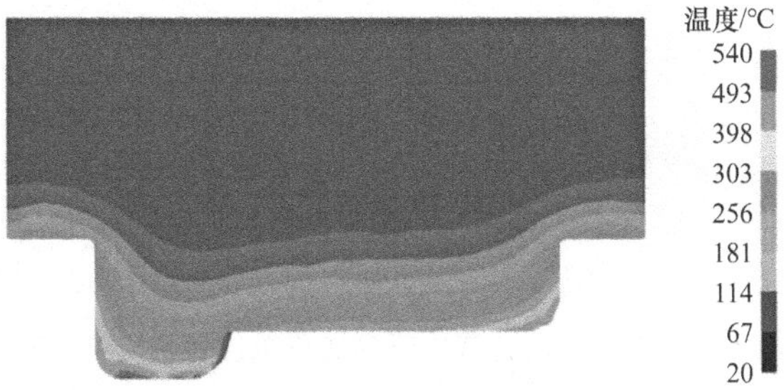

图 3-13　模具温度场分布图

3. 一体化三阀组阀体单工位多向精密成形工艺试验

数值模拟的准确性取决于很多因素，模拟结果并不能完全代替物理试验，因此需要通过工艺试验来进行进一步的验证，它不仅可以用来检验理论计算的正确性，其本身也是一种能够定量地分析塑性变形过程的有效方法。只有把有限元数值模拟与工艺试验相结合，才能更好地进行塑性成形及其理论的研究[6-8]。

（1）模具结构设计　图 3-14 所示为一体化三阀组阀体单工位多向精密成形模具结构图，其中上冲头采用分体组合式模具结构，将模具“化整为零”，将与热工件直接接触的模具关键部位单独作为一个零件，然后将其与模具其他部分连接在一起，这样一来，再加工模具时就可以只加工容易损坏的模具关键零部件，从而节约材料与加工成本，同时能够减少模具的更换时间[9-10]。

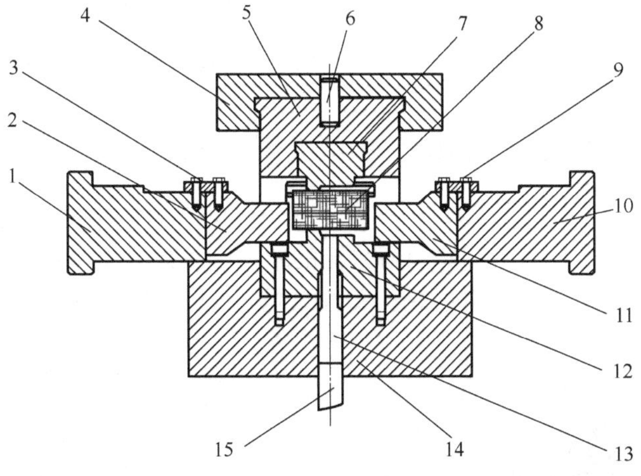

图 3-14　一体化三阀组阀体单工位多向精密成形模具结构

1—左冲头接杆　2—左冲头　3—左冲头压板　4—上垫板　5—冲头垫块　6—定位销　7—上冲头　8—坯料
9—右冲头压板　10—右冲头接杆　11—右冲头　12—下模　13—顶料杆　14—模座　15—顶料杆接杆

（2）工艺试验及结果　图 3-15 所示为工艺试验过程中不同成形阶段坯料的实物图，从图中可以看出，上冲头向下运动过程中，金属同时向两端和前后流动，且上冲头下行越多，金属向前、后流动越多。上冲头到达指定的行程后停止运动，此时左右冲头同时运动，挤压坯料，直到成形结束。试验结果与模拟结果基本吻合。

图 3-15　工艺试验过程中不同成形阶段坯料的实物图

将试验得到的锻件经过固溶热处理后进行机械加工，图 3-16 所示为机械加工后的锻件，从图中可以看出，锻件无成形折叠、裂纹等宏观缺陷。利用线切割将试验得到的锻件沿纵向切开，利用平面磨床将其表面磨平，然后抛光，最后用温度较高的盐酸水溶液（1∶1 配制）腐蚀一段时间后观察其截面的金属流线分布，图 3-17 所示为锻件金属流线分布图，从图中可以看，金属流线分布情况良好，基本沿着锻件轮廓方向分布，没有出现流线缺陷。

图 3-16　机械加工后的锻件

图 3-17　锻件金属流线分布图

3.2.3　变速器行星架单工位多向精密成形技术

1. 行星架结构

图 3-18 所示为某型号自动变速器中行星排的结构示意图，本节研究对象为其中的 P3 行星架。图 3-19 所示为行星架装配实物图，大端圆周方向四个方孔用于安装行星齿轮。

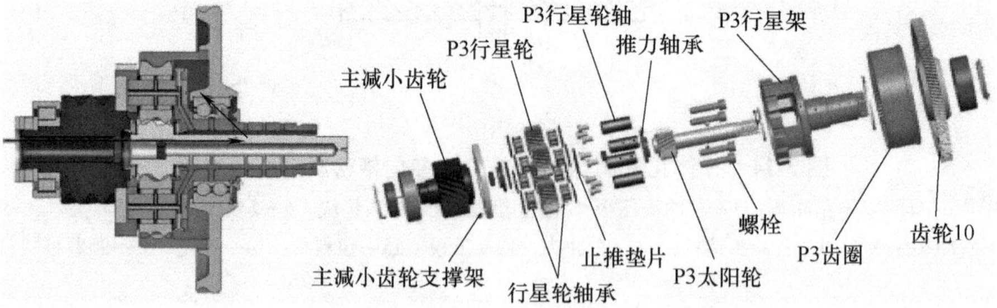

图 3-18　自动变速器中行星排的结构示意图

2. 行星架传统生产方式

目前行星架主要有三种生产方式，第一种生产方式是圆棒料车削加工，如图 3-20 所示，该生产方式材料利用率低、效率低、成本高，切断金属流线，导致零件的性能降低。第二种生产方式是普通锻打后机械加工，加工余量大、成本高、效率低，如图 3-21 所示。第三种生产方式是采用分体焊接的方式，将分体 1 和分体 2 加工完成后利用电子束焊接的方式将两者连接在一起，这种方式效率低，成本高、零件强度低，如图 3-22 所示。

图 3-19　行星架装配实物图

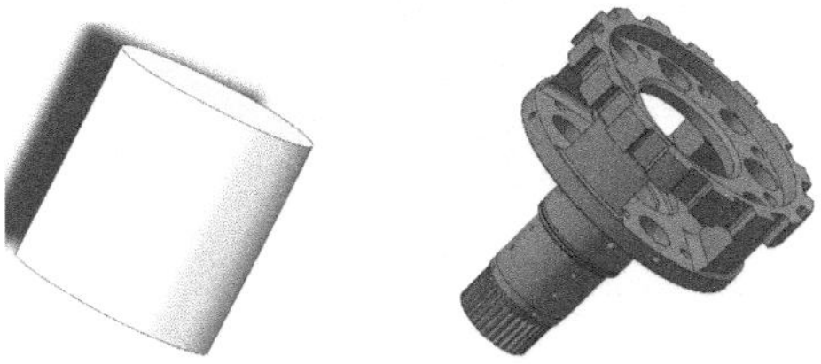

a) 圆棒料　　b) 成品

图 3-20　第一种传统生产方式

a) 圆棒料　　b) 锻打　　c) 成品

图 3-21　第二种传统生产方式

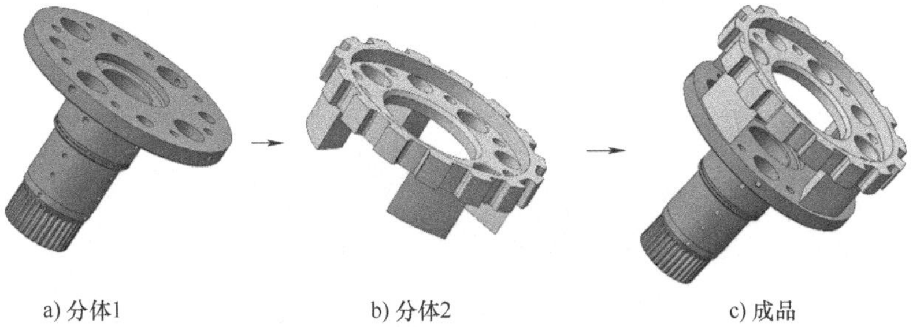

a) 分体1　　b) 分体2　　c) 成品

图 3-22　第三种传统生产方式

3. 行星架单工位多向精密成形有限元模拟

（1）有限元模型　图 3-23 所示为行星架单工位多向精密成形有限元模型，通过上冲头、前冲头、左冲头、右冲头的联合作用实现行星架的单工位多向成形。

（2）载荷—时间曲线　图 3-24 所示为成形过程中上冲头的载荷—时间曲线，在成形过程中，曲线分为两个阶段，第一阶段成形力较小，主要是因为第一阶段坯料与凹模接触较少，摩擦力较小，因此成形力较小，载荷突然减小主要是因为此时上冲头停止运动，4 个侧冲头分别向前运动，因此导致上冲头成形力变小，第二阶段实际为成形件充填模具模膛的过程，随着变形的增加，模具与坯料行程封闭模膛，金属流动阻力增大，因此成形载荷在后期急剧增加。

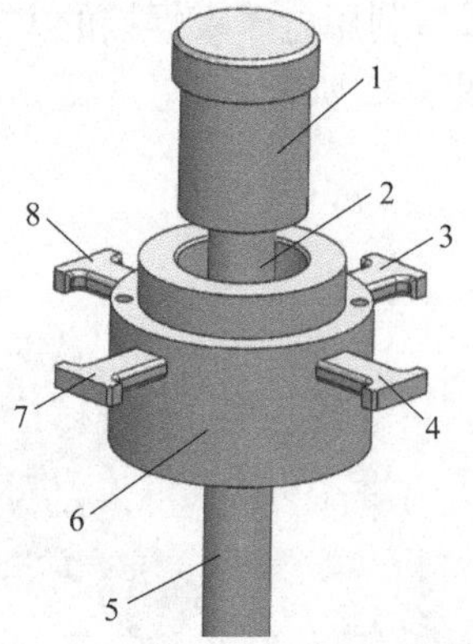

图 3-23　行星架单工位多向精密成形有限元模型

1—上冲头　2—坯料　3—右冲头　4—前冲头

5—顶杆　6—凹模　7—左冲头　8—后冲头

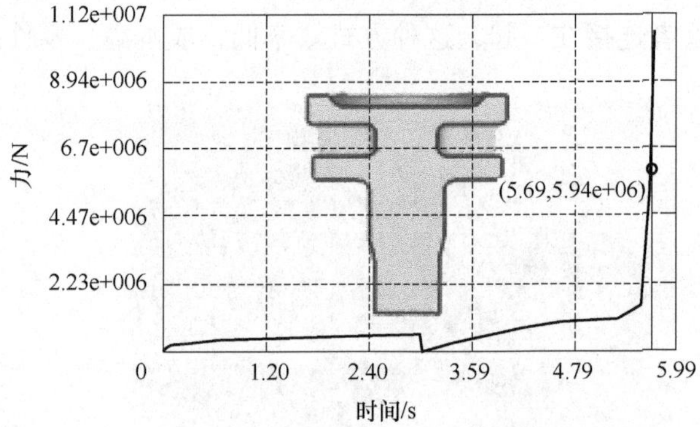

图 3-24　上冲头载荷—时间曲线

4. 行星架单工位多向精密成形模具设计

（1）斜楔模具结构设计　由于车间多向数控联动成形压力机水平方向上只有左右两个缸可以运动，无法直接通过在缸上设置冲头实现行星架 4 个方孔的成形，因此本项目采取斜楔结构来实现这一功能。图 3-25 所示为斜楔结构示意图，通过左右两个液压缸的运动，实现 4 个方向同时运动，成形 4 个方孔。

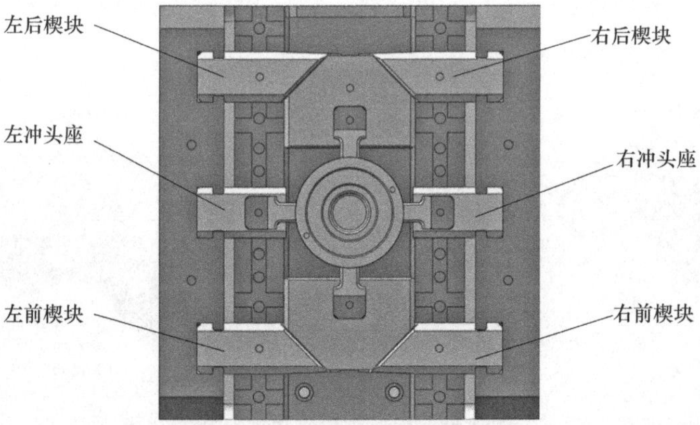

图 3-25　斜楔结构示意图

（2）模具总体结构设计　根据多向数控联动压力机模架，结合上述斜楔结构，设计了行星架单工位多向精密成形模具总体结构图，如图 3-26 所示。

（3）工艺试验　首先将加工完成的模具进行试装配，图 3-27 所示为模具装配实物图。然后将装配完成的模具安装于多向数控联动成形压力机让进行工艺试验验证。图 3-28 所示为工艺试验得到的行星架锻件实物图。对锻件进行后续机械加工后没有发现折叠、裂纹等锻造缺陷，图 3-29 所示为加工后的行星架零件。

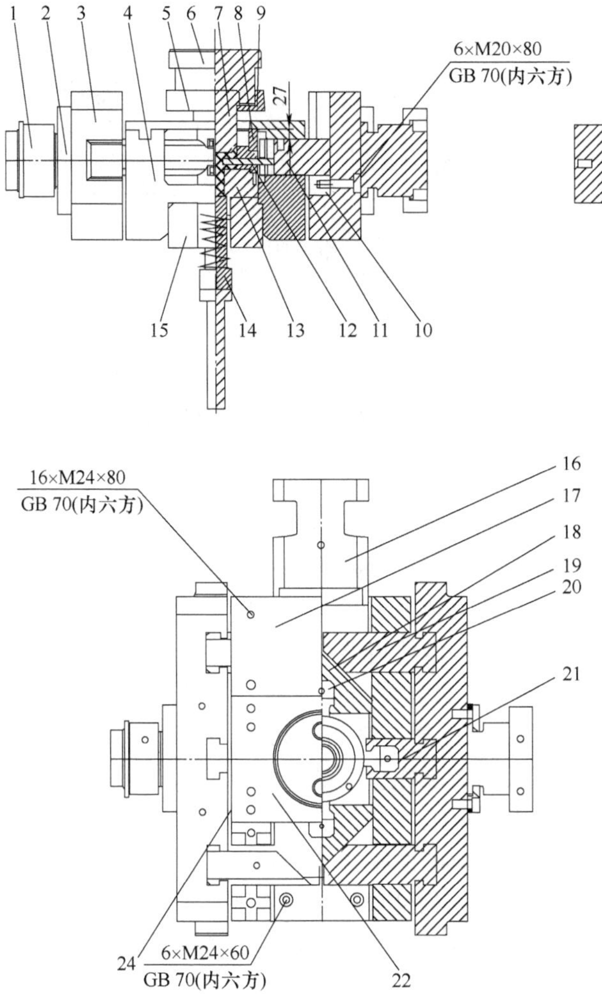

图 3-26　行星架单工位多向精密成形模具总体结构图

1—支撑板连接杆　2—支撑板法兰　3—支撑板　4—模体　5—上冲头螺母　6—上冲头接块　7—上冲头　8—凹模压圈　9—方形冲头　10—垫块　11—左右冲头垫块　12—上凹模　13—下凹模　14—顶料杆　15—下模垫板　16—固定块　17—前后盖板　18—前后冲头座　19—斜块　20—前后垫块　21—左右冲头连接座　22—中间盖板　23—弹簧　24—限位垫块

图 3-27　模具装配实物图

图 3-28　行星架锻件实物图

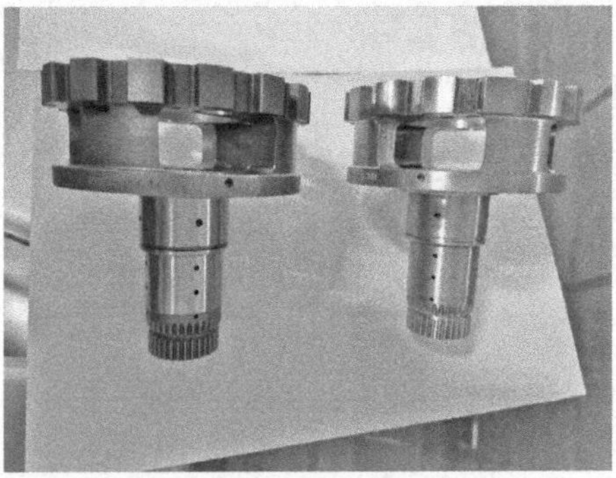

图 3-29　加工后的行星架零件

3.2.4　结论

1）本节以一体化三阀组阀体和自动变速器行星架为例，利用有限元模拟和试验相结合的方法，研究了两种零件的单工位多向精密成形工艺及模具等技术，并通过该工艺技术实现了两种零件的成形，对该类零件的绿色高效生产具有一定的指导意义。

2）随着锻件产品向着高精度、轻量化、高技术含量和高附加值的方向发展及国家“一带一路”倡议的进一步实施，为行业融入世界、消化产能带来新的机遇，中高端需求将进一步增加，国防军工、航空航天、船舶、能源等战略领域重大工程与重点项目的高端装备、短板装备和智能装备需求，将成为新的市场增长点。单工位多向精密成形技术作为一种短流程成形技术，对于形状复杂的零件具有节能、节材、成形精度高等明显优势，可以在上述领域推广应用。该技术未来应着眼于重大、复杂的整体结构件以及更难变形的新型高温合金、钛合金等材料构件的多向精密成形，从而降低成形载荷，提高构件成形质量和性能，降低制造成本，最终实现复杂构件的形性一体化控制。

参考文献

[1] 高贵，殷璟，孙仲辉，等. 空调冷冻阀阀体锻造成形工艺分析及优化［J］. 锻压技术，2024，49（2）：24-30.

[2] 谭帅，柴保群. 柴油加氢反应器差压变送器三阀组平衡阀失效分析及防护［J］. 石油化工腐蚀与防护，2024，41（1）：53-58.

[3] 唐修国，李乃杰，周江漪. 一种一体化三阀组的密封结构：CN202223449760. X［P］. CN218845259U，2024-05-21.

[4] 潘庆庆. 粉末冶金行星齿轮架的国产化分析与展望［J］. 上海有色金属，35（2）：83-85.

[5] 施华. 行星齿轮架孔系加工的车床夹具设计［J］. 农业装备与车辆工程，2009，5：38-39.

[6] 田亚丁，朱绘丽. 基于有限元分析的汽车法兰盘连接件精密锻造工艺［J］. 锻压技术，2023（12）：9-17.

[7] 关悦，贺连栋，张淼，等. GH4141 高温合金十二角螺栓顶镦工艺研究［J］. 制造技术与机床，2023（12）：129-134.

[8] 廖海龙，夏玉峰，孙朝远，等. 热锻模具结构参数与模具应力关系的数值模拟［J］. 锻压技术，2023，47（4）：210-217.

[9] 逯云杰，宋志峰. 汽车变速箱花键轴多工位锻造工艺模拟及应用 [J]. 锻压技术，2024，49 (3)：18-26.
[10] 侯沛云. 轨道交通用车轮分体式锻造模具的结构改进 [J]. 锻压技术，2023，48 (7)：170-176.

3.3 基于滚涂润滑的齿形特征冷锻精密成形技术研究

3.3.1 引言

高性能齿轮是高端装备的关键基础件，其技术水平决定了装备性能和可靠性，齿轮零件的服役性能受材料、工艺状态、几何形状、服役工况等多因素影响[1]。为避免因金属流线的不连续而降低齿轮产品的综合使用性能，与齿轮相关的精密锻造技术得到长足的发展[2-4]。与切削加工相比，精锻齿轮，其强度和疲劳寿命可提高 20%，热处理变形减少 30%，生产成本降低 20%以上[5]。目前，采用精锻技术生产齿轮已经在工业界成功推广，且已取得了显著的经济效益[6,7]。

变速器倒挡通常采用直齿结合齿结构[8]，倒挡被动齿轮与倒挡结合齿毂啮合时，将动力在输入轴、中间轴、输出轴间传递，实现变速器倒挡功能[9]。同步器的使用提升了变速器换挡过程的平顺程度，结合齿圈是同步器中承受扭矩的关键部件[10]。整体结合齿具有良好的结合齿齿部的承载能力和抗冲击能力，常采用温热锻工艺成形[11,12]。对于结合齿圈，常采用冷精锻成形[13,14]。本节聚焦于某一型结合齿圈冷锻成形，从影响成形质量的润滑技术出发，开展齿形零件精锻成形工艺研究。

首先，阐述导致轮齿局部踏角缺陷的主要成因；其次，分析滚涂润滑工艺和类抛丸润滑涂覆工艺，并进行摩擦因子测试；再次，基于数值模拟优化该型结合齿的工艺；最终，获得齿形饱满的结合齿锻件。

3.3.2 结合齿圈的轮齿局部成形问题

结合齿圈冷锻工艺流程为制环形坯—冷锻成形—精整倒锥，先通过冷锻成形获得结合齿圈的基本形状，然后通过冷态精整工艺成形轮齿上的倒锥特征。其中，倒锥特征可以引导齿轮组之间的换挡啮合，对保证变速器工作的平顺性非常重要，因此是精锻成形工艺需要精确控形的重要几何特征。为保证冷锻成形顺利实施，对环形坯进行常规的磷皂化处理[15]。冷锻后发现，在轮齿局部会出现“成形不饱满”的现象，如图 3-30 所示，这一缺陷无法通过后续精整工艺进行补偿，从而导致结合齿圈的锻件不合格。

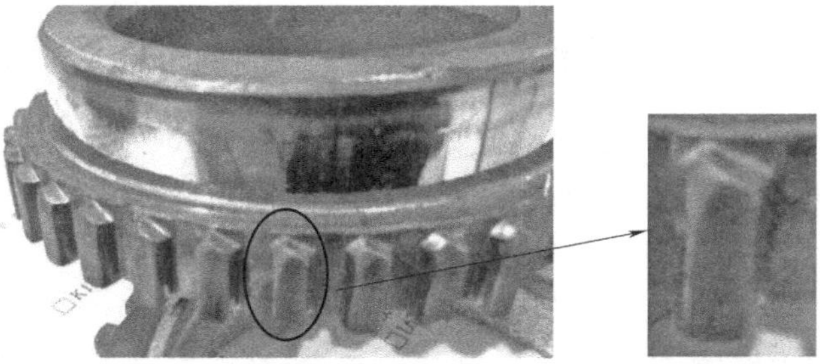

图 3-30　结合齿圈锻件的轮齿局部成形不饱满

经分析，在结合齿圈冷锻成形时，磷皂化润滑层特别是皂化层会被挤入模膛锥角处，且不容易随锻件带出；另外，齿轮模膛有一定深度（30mm），利用气枪很难完全吹干净模膛锥角处的润滑残留；经过多次冷锻过程的累积，在部分模膛锥角处形成了皂化粉的堆积，从而阻碍金属流入，形成典型的轮齿“塌角”缺陷，最终导致结合齿圈锻件不合格。

3.3.3 滚涂润滑工艺试验分析

为解决上述轮齿局部会出现“成形不饱满”的结合齿圈成形质量问题，开展了两种滚涂润滑工艺方案的试验分析。一是滚涂润滑工艺，将坯料磷化处理后，置入事先加入二硫化钼粉末与钢丸的滚筒中，经过滚动将二硫化钼粉涂覆在磷化后的钢质坯料表面。滚动过程中，二硫化钼粉主要被钢挤入钢质表面的磷化层形成润滑层。滚涂后坯料形成二硫化钼润滑层，替代了经典的皂化润滑层，从而避免了冷锻过程中皂化粉的堆积。二是类抛丸滚涂润滑工艺，将钢质坯料、钢丸与二硫化钼粉末置入滚筒中，以一定转速进行滚动，形成一定类抛丸的状态，钢质坯料表面被钢丸撞击后形成可容纳更多二硫化钼粉末的粗糙表面，同时将二硫化钼粉涂覆到钢质坯料的表面，达到润滑的作用[15]。

为评价具体滚涂润滑工艺的润滑效果，采用基于正反复合挤压的专利技术进行测试分析[16,17]。对于滚涂润滑工艺试验，以 300 个磷化后的坯料为涂覆目标，比较了添加 3kg 和 5kg 二硫化钼粉，滚动涂覆时间设为 9min、12min、15min、18min 和 21min 5 组。从图 3-31 所示的测试结果来看，不同工艺参数滚涂后的摩擦因子 m 的范围均在 0.21~0.23，二硫化钼粉放入量对润滑效果的影响较小。关于滚涂时间的影响，两组试样均在滚涂时间为 12min 时摩擦因子最小，约为 0.21。从测试结果来看，滚涂时间短，二硫化钼粉涂覆不充分，润滑效果差；滚涂时间过长，导致试样表面已经被涂覆上的二硫化钼粉在试样与钢丸的摩擦过程中被刮掉，使润滑效果变差。

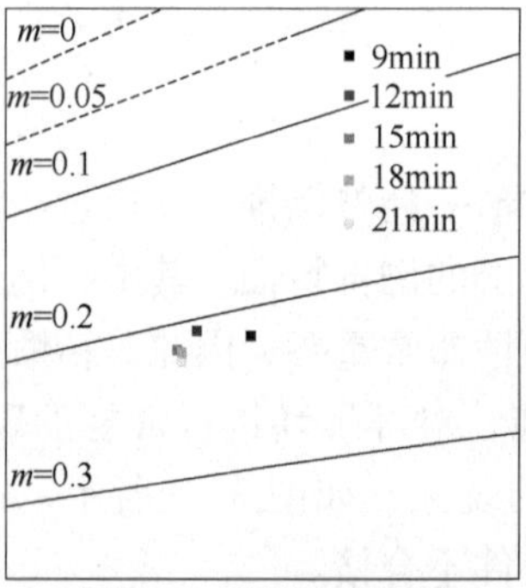

a) 添加3kg二硫化钼粉的状态

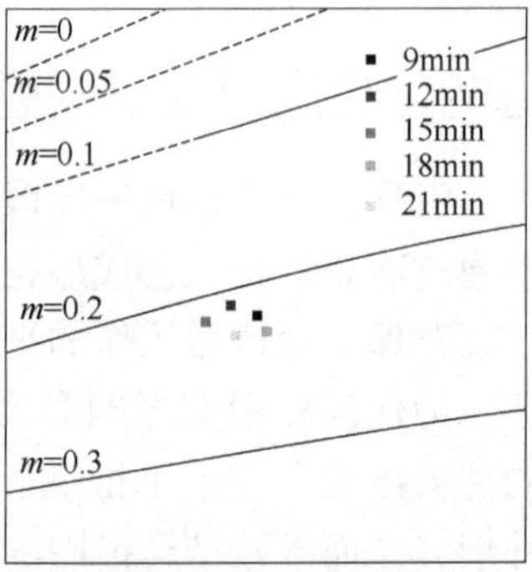

b) 添加5kg二硫化钼粉的状态

图 3-31 不同滚涂润滑工艺试验的润滑效果测试分析结果

根据类抛丸润滑涂覆工艺进行工艺试验，试验分为 6 组，涂覆时间分别为 10min、20min、30min、40min、50min 和 60min，在涂覆前往滚筒内放入 12 个圆柱形坯料，放入 0.5kg 的粒径 1.2mm 钢砂和 0.5kg 的二硫化钼粉末，滚筒转速调至 30r/min 进行滚筒涂覆，之后每隔 10min 取出两个坯料进行测试。测试结果表明，摩擦因子范围是 0.18~0.25，而滚涂为 30min 时摩擦因子最小，约为 0.18，如图 3-32 所示。

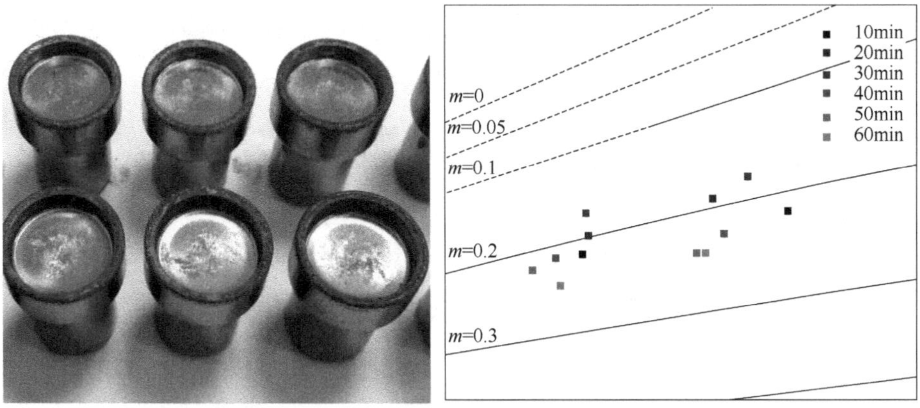

a) 挤压测试件　　b) 摩擦因子m的测试结果

图 3-32　类抛丸滚涂润滑工艺润滑效果测试分析

3.3.4　冷锻精密成形工艺分析

改进润滑方式后，摩擦因子略有增大，在结合齿圈冷锻工艺中所需的挤压力也有所增大，模具易被磨损，从而导致其寿命下降。改变工艺参数可以有效减小冷锻成形载荷，但可能会导致材料充填不饱满或材料利用率过低。因此，在现有结合齿圈制齿工艺的基础上，对初始坯料尺寸和模具结构进行优化，在保证齿部填充饱满的基础上尽可能提高材料利用率，减小冷锻成形载荷。

图 3-33 所示为结合齿圈的冷锻变形过程，从 4 个阶段对比了模拟与试验结果，可以看出，模拟流线网格的变化与实际流线基本保持一致，轮毂部位流线网格变形较小，而轮毂与齿部过渡的地方网格有比较剧烈的变形，此处金属同时有向外和向内流动的趋势，说明在此处形成了分流面，良好的分流控制可以减少不必要的材料浪费。基于数值模拟和遗传算法对该结合齿圈的冷锻成形工艺进行优化[14]，优化后齿形凸模的平均正应力由初始工艺设计的 1577MPa 降低至 853MPa，如图 3-34a 所示，模具受力状态大幅改善，有利于滚涂润滑工艺的实施。图 3-34b 所示为采用滚涂二硫化钼粉润滑工艺替代经典磷皂化润滑处理工艺后的冷锻结合齿锻件，可以观察到，轮齿局部会出现“成形不饱满”的问题已解决。

3.3.5　结论

分析了结合齿圈的轮齿局部“成形不饱满”问题的成因，即磷皂化润滑特别是皂化粉残留累积，在部分模膛锥角处堆积，从而阻碍金属流入，形成典型的轮齿“塌角”缺陷。为解决轮齿局部会出现“成形不饱满”的结合齿圈成形质量问题，开展了两种滚涂润滑工艺试验，滚涂后坯料形成二硫化钼润滑层，替代了经典的皂化润滑层，从而避免了冷锻过程中皂化粉的堆积。在试验条件范围内，滚涂润滑工艺达最佳润滑效果时，摩擦因子测定为 0. 21。在此基础上结合数值模拟优化大幅减小凸模平均正压力，解决了轮齿局部成形不饱满的问题，实现了结合齿圈的批量稳定生产。

采用滚涂润滑工艺替代经典磷皂化润滑工艺，并取得高精度的齿形局部特征，是一次非常有效的工艺尝试，遗憾的是并没有省掉不环保的磷化处理工序。而类抛丸润滑涂覆工艺，

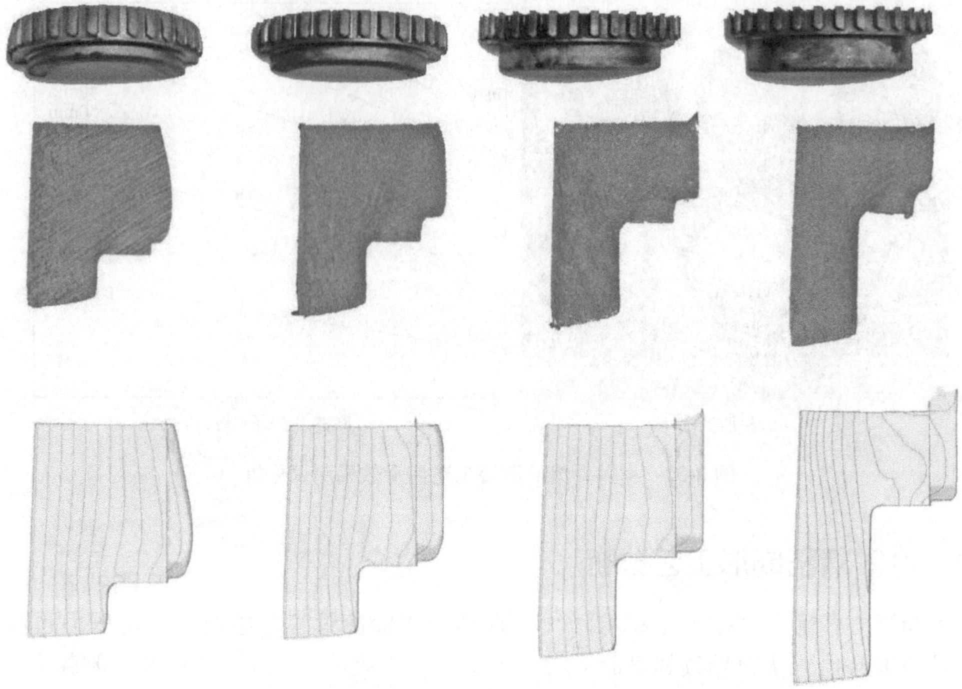

图 3-33　结合齿圈冷锻成形工艺试验与流线模拟结果

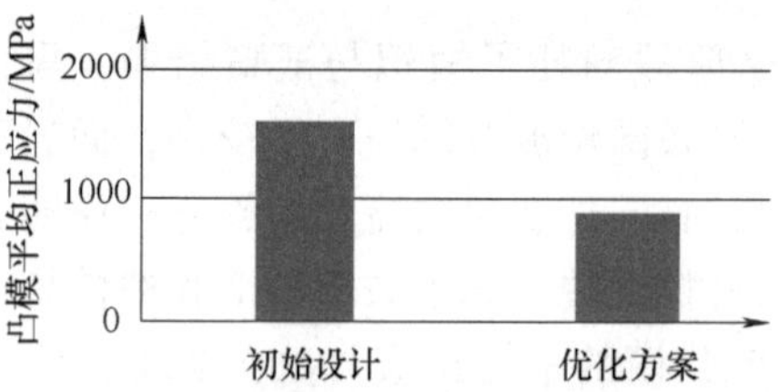

a) 优化前后凸模平均正应力

b) 滚涂润滑后无踏角缺陷

图 3-34　结合齿圈冷锻成形工艺优化结果

与滚涂润滑工艺相比，可以获得更好润滑效果，本次试验中具体测定的摩擦因子最小可到 0. 18。在类抛丸润滑涂覆工艺中，省去了磷化处理工序，但抛丸导致坯料表面的不均匀硬化限制其推广。总体而言，替代不够环保的磷皂化润滑具有可能性，但是需要对具体冷锻成形工艺进行综合优化。

参考文献

[1] 贾晨帆，卢泽华，吴吉展，等. 高性能齿轮基础数据研究［J］. 中国科学：技术科学，2024，54（6）：1149-1170.

[2] 华林，冯玮，韩星会，等. 齿轮精密塑性成形理论技术装备研究与应用［J］. 塑性工程学报，2024，31（4）：56-73.

[3] 夏巨谌，邓磊，金俊松，等. 我国精锻技术的现状及发展趋势［J］. 锻压技术，2019，44（6）：

1-16，29.
[4] 赵震，白雪娇，胡成亮. 精密锻造技术的现状与发展趋势 [J]. 锻压技术，2018，43 (7)：90-95.
[5] 吕炎. 精密塑性体积成形技术 [M]. 北京：国防工业出版社，2003.
[6] 夏汉关，董义，黄泽培. 精密锻造成形技术在汽车齿轮行业的应用 [C]//齿轮材料与热处理工艺技术发展研讨会齿轮热处理论文集. 西安，2005.
[7] 高原，鞠丽，李文新. 汽车变速器齿轮类零件的锻造 [J]. 锻造与冲压，2022 (13)：26-28.
[8] 高建敏，王晓亮，冯弈茗，等. 一种中轻卡变速器具有同步功能的倒挡系统 [J]. 汽车实用技术，2023，48 (23)：74-78.
[9] 平子维，周友国，黄进，等. 变速器倒锥斜内齿结构和动力学分析 [J]. 传动技术，2022，36 (4)：24-27.
[10] 姚美华，王旭之，郭津玮，等. 基于正交试验的同步器结合齿结构优化改进 [J]. 重型汽车，2024 (1)：33-34.
[11] 张艳伟，钱夏晨，徐骥，等. 结合齿多工位自动热精锻成形工艺研究 [J]. 锻造与冲压，2021 (19)：37-41.
[12] 孙阳，黄斯韬，武欢，等. 基于数值模拟分析结合齿温锻成形工艺及缺陷控制研究 [J]. 模具工业，2021，47 (1)：1-5.
[13] 郑英俊，郭成，章立预，等. 结合齿冷锻工艺分析及参数优化 [J]. 锻压技术，2012，37 (2)：157-160.
[14] 施卫兵，殷强，袁海兵，等. 结合齿圈冷挤压工艺优化 [J]. 精密成形工程，2017，9 (3)：40-44.
[15] CHEN H T, HU C L, GONG A J, et al. A novel like-blasting lubricating process for cold extrusion [J]. Journal of Shanghai Jiao Tong University (Science), 2023, 28 (1): 1-8.
[16] HU C L, YIN Q, ZHAO Z. A novel method for determining friction in cold forging of complex parts using a steady combined forward and backward extrusion test [J]. Journal of Materials Processing Technology, 2017, 249: 57-66.
[17] HU C L, OSAKI S, CAI B X, et al. Evaluation of dry-in-place lubricants for cold forging by using an optimal steady combined forward and backward extrusion testing method. Friction, 2023, 11 (10): 1862-1876.

3.4 一体式管柱节叉精密挤压成形工艺研究

3.4.1 引言

管柱节叉是轿车转向系统中的重要连接部件，主要用于控制汽车行进方向、传递扭矩、吸收汽车撞击时的能量，广泛应用于各类汽车的传动系统中。分体式管柱节叉存在装配结构较复杂、拆装困难、整体重量重、制造成本高等诸多缺点，因此制造工艺简单、便于拆装、整体性能优越的一体式管柱节叉具有更加广阔的应用前景[1]。

目前，传统式管柱节叉的生产制造方法主要有两大类。一类是分体锻造+焊接式，节叉在焊接前通常分为 3 个零件，通过锻造成形，然后通过焊接组装形成节叉。外节叉和连接轴焊接后再进行焊接形成连接轴节叉。这种分体锻造、焊接的工艺不仅工序复杂，导致单台节叉制造成本高，中间需用到的焊接工艺，也存在先天的设计失效缺陷（虚焊会导致连接失效等风险）。此外，连接成形过程对焊接工艺要求高，易造成外节叉相对于内节叉的同轴度较差，最终导致零件跳动过大，带来异响风险[2]。第二类方法是采用一体式压力铸造生产长节叉，但铸件整体的性能远低于锻件，且存在的铸造缺陷会大大增加汽车驾驶中的安全风险，不能满足高性能汽车的需求[3]。因此，研发一种新的一体式管柱节叉成形工艺迫在眉睫。

一体式管柱节叉的材料一般为优质碳素钢25钢、15钢等，其性能优良，适用于冷挤压成形。冷挤压技术较传统的切削加工具有高效、节能、省材的特点，因其成形后力学性能好、表面精度高等优点被广泛应用在汽车行星齿轮、长轴类、花键类零件的生产制造上[4]。冷挤压过程中，材料处于三向压应力状态，变形后材料组织致密，又有连续的纤维流向，冷变形中显著的加工硬化效果也可以使材料的强度和刚度大大提升，从而可以采用低强度钢获得优质的高强度零件[5]。

但一体式管柱节叉这一类零件在冷挤压成形过程中所需的成形压力大，易产生诸多缺陷，这就对挤压成形工艺和模具质量提出了较高的要求。为了降低挤压成形压力，提高模具成形质量，本节提出了一种挤孔→挤节叉→去除连皮→缩管、挤花键的S25C一体式管柱节叉精密挤压成形工艺，采用Deform-3D软件对挤压工艺参数和模具结构进行优化。为满足工艺要求，采用兼顾强度和韧性的粉末高速钢材料HAP10加工模具，采用硬度值达到90HRA的硬质合金D3生产深孔挤压冲头，同时模具表面进行渗氮和表面PVD镀膜处理以提升模具硬度和寿命[6]。

3.4.2 一体式管柱节叉精密挤压成形工艺

一体式管柱节叉的零件图如图3-35所示，其材质为S25C（即优质碳素结构钢25钢），室温屈服强度为390~510MPa，抗拉强度为560~650MPa，伸长率为15%~20%。这使得它在承受高强度和高压力的工作场合下表现出良好的稳定性和可靠性，适于进行室温挤压加工，但其变形抗力巨大，需要高硬度、高强度、高耐磨性的模具才能满足其生产要求。一体式管柱节叉为中空结构，变形量大，且存在深度为42.1mm的节叉结构，在室温挤压中易出现变形不对称、毛刺、拉伤等问题；底部存在深孔花键，要求冲头细长，在冲头刚性不足的情况下易发生折断和弯曲，这就对挤压工艺设计和模具结构、质量提出了较高的要求。

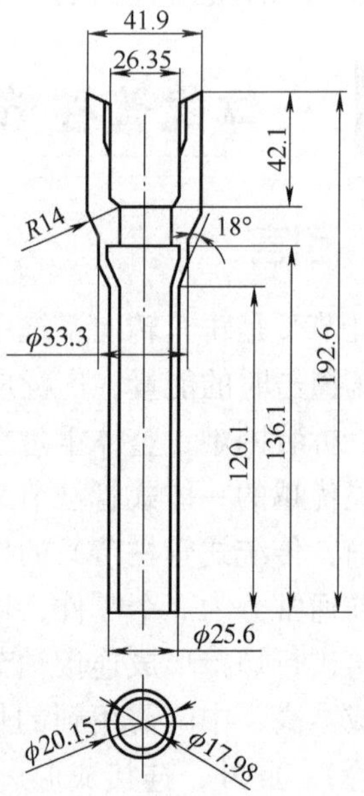

图3-35 一体式管柱节叉零件图

为此，提出了管柱节叉零件的一体化挤压成形工艺流程：挤孔→挤节叉→去除连皮→缩管、挤花键。实际挤压过程中各环节的制件形状如图3-36所示，各环节所用模具如图3-37所示。首先，选择圆柱状毛坯，如图3-36a所示，随后通过冷挤压获得带有深孔的预制件，如图3-36b所示，由于冷挤压产生的应力较大，所以在挤压过程中对模具和冲头的要求较高。由于挤孔深度较深，且随着挤压深度的增加挤压难度增大，在挤压过程中，冲头会出现弯曲、断裂[7]。所以实际工艺中的挤孔冲头材料选用硬质合金D3，如图3-37所示，实际挤压生产中寿命可达20000件。黑色金属冷挤压过程中单位挤压力相当大，导致模具模膛内部的应力集中和切向拉应力较大，使得模具极易出现局部磨损和横向开裂问题。为提升挤压凹模寿命，采用多层预应力组合式凹模，其示意图如图 3-38 所示，通过分析模具装配后的等效应力分布，并根据等效应力分布情况对配合面处的轮廓进行微调，从而改变模具配合面处的等效应力分布，可以有效减小模具后续使用过程中的局部应力集中，并在一定程度上抵消冷锻变形过程中模具上的剪切应力，避免发生应力集中和断裂，改善了模具配合面处的周向应力分布不均匀的问题，提升了模具使用寿命[8]。

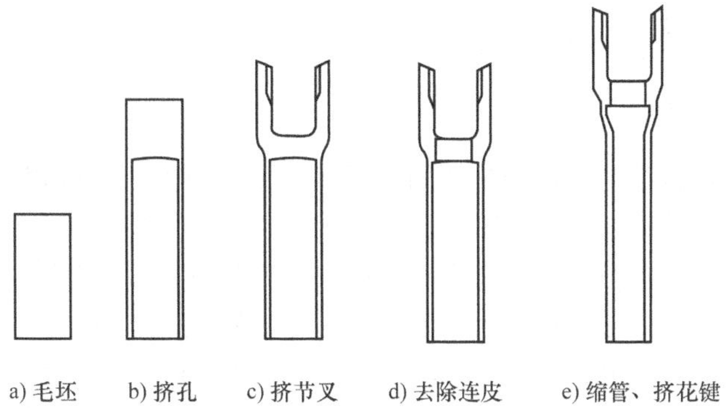

图 3-36　管柱节叉的一体化挤压成形工艺流程

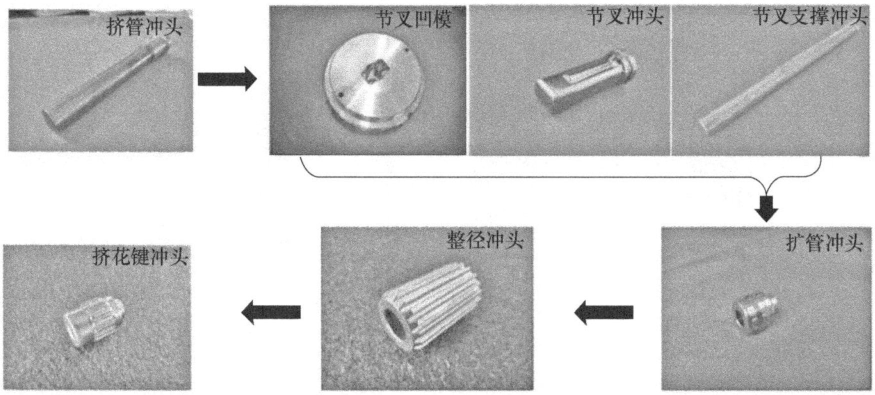

图 3-37　挤压模具

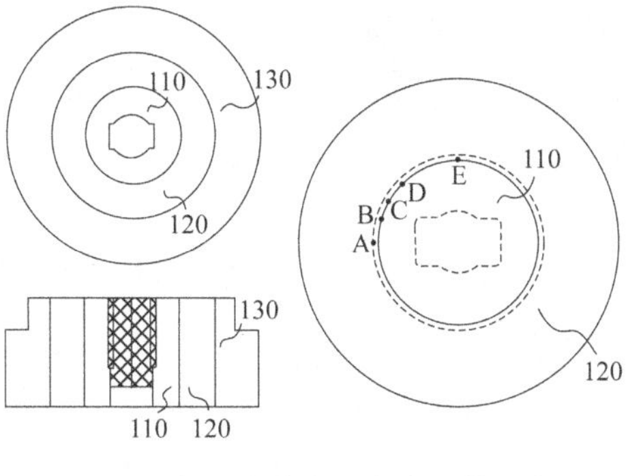

图 3-38　多层预应力组合式凹模示意图

然后，在带有深孔的预制件的另一端完成节叉挤压，如图 3-36c 所示。为减小节叉挤压的极限成形压力，节叉与另一端的深孔之间保留几毫米的冲孔连皮。挤节叉模具包括节叉冲头、节叉凹模、节叉支撑冲头，如图 3-37 所示。在前期试验研究和数值模拟中发现，挤节叉过程中凹模内表面圆角处存在较大的应力集中，短服役模具多表现为圆角处开裂，所以对于凹模采用韧性较大的粉末高速钢 HAP10，并且在凹模内表面进行渗氮和 PVD 处理，大幅度增加模具寿命，实际挤压生产中寿命约为 20000 件[9]。节叉挤压完成后，冲孔连皮采用钻削方式去除，如图 3-36d 所示。然后采用定径模具对上述节叉预制件进行缩管，如图 3-36e 所示，最后采用挤花键冲头完成深孔内部花键的挤压。

3.4.3 数值模拟及分析

为分析上述变形过程中的挤压成形压力、模具受力等情况，获得较好的工艺参数，本节利用 Solidworks 软件分别建立了锻模和锻件的三维模型，将模型保存为 stl 格式，导入 Deform-3D 软件进行锻造过程仿真。锻模材料选择粉末高速钢 HAP10，锻件材料选择 S25C 钢。使用四面体单元对建立的模型进行网格划分，单元数量总共为 32000 个。在锻造过程中同时进行变形分析和热传导分析[10]。工件和模具之间的摩擦系数设定为 0.12，成形传热系数设定为 $11\mathrm{W/m^2\cdot ℃}$，挤压深孔的成形过程如图 3-39 所示，其给出了挤孔过程中第 15 步、30 步、45 步、60 步、75 步和 90 步时坯料的等效应力变化。由图 3-39 可知，随着挤孔深度的增加，应力逐渐增大，最大等效应力为 1370MPa。

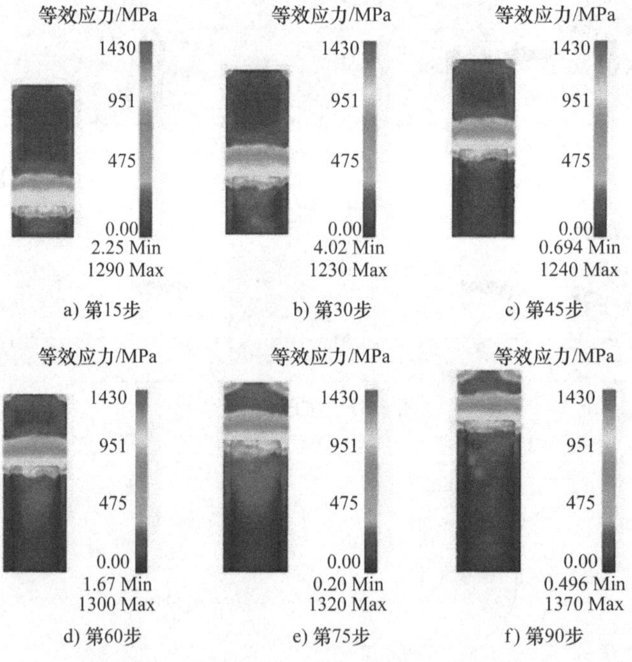

图 3-39 不同步数时挤孔过程中的等效应力分布

图 3-40 给出了挤节叉过程中第 20 步、30 步、40 步、50 步、60 步和 70 步时坯料的等效应力变化。由图 3-40 可知，挤节叉过程中主体的应力较大，最大为 1270MPa。同时可以看出在挤压过程中，节叉冲头以固定速度下压，随着冲头和坯料之间的压力增大，金属材料逐

渐填充模具模膛，最终形成节叉。

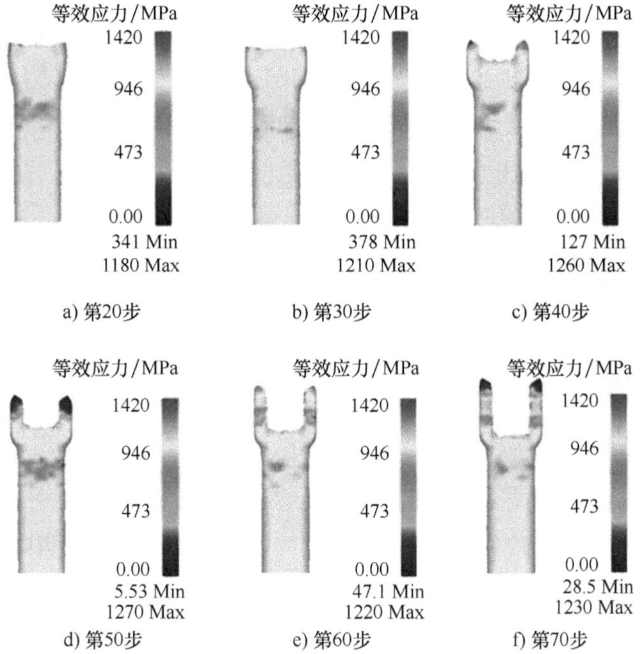

图 3-40　不同步数时挤节叉过程中的等效应力分布

图 3-41 给出了挤节叉过程中第 20 步、30 步、40 步、50 步、60 步和 70 步时凹模的等效应力变化。由图 3-41 可知，凹模在内表面圆角处存在明显的应力集中，最大应力为 1100MPa。应力集中部位与实际生产中凹模产生裂纹的位置基本一致，如图 3-42 所示，横向

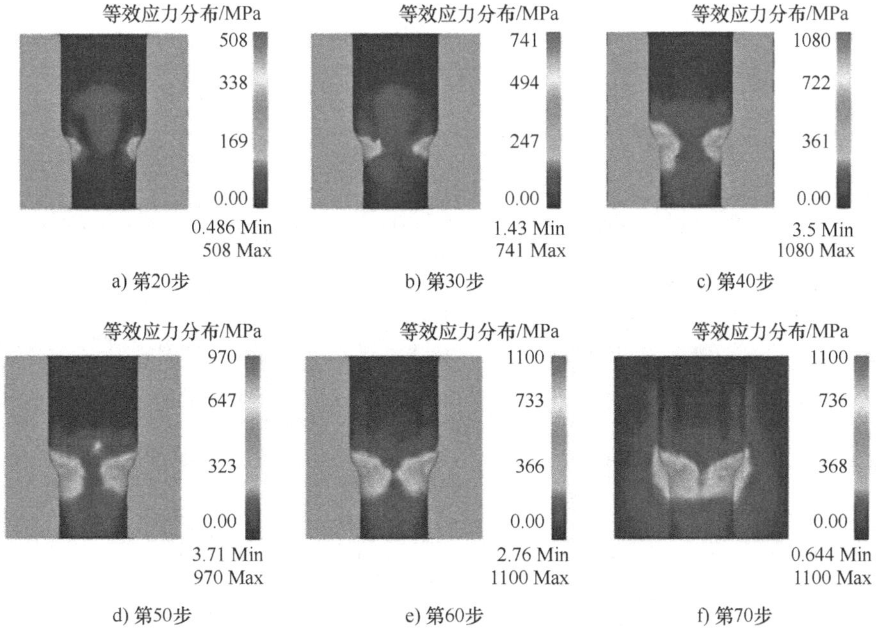

图 3-41　不同步数时凹模的等效应力分布

裂纹从模具圆角处向外延伸。图 3-43 所示为挤节叉凹模成形载荷曲线，由图 3-43，可知该曲线可分为两个阶段，第一阶段为节叉初步成形阶段，这时凹模的 Z 向载荷急剧增大，行程在 20mm 时 Z 向载荷达到顶峰，最大成形载荷为 9.1×10^5N，第二阶段节叉基本成形，挤压成形力下降，载荷趋于稳定。

图 3-42　实际生产中模具上的裂纹

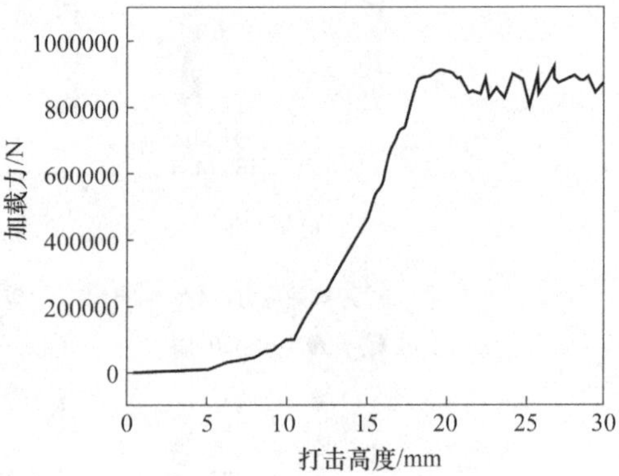

图 3-43　挤节叉凹模成形载荷曲线

在挤压过程中，模具与坯料间的摩擦系数和冲头的挤压速度会影响模具所受到的应力大小[11]。通过 Deform-3D 对其进行仿真计算来优化模具。现改变摩擦系数分别为 0.10、0.11、0.12、0.13、0.14 和 0.15，控制坯料的始锻温度为 20℃，上模运动速率为 1mm/s。分析摩擦系数对坯料和模具等效应力的影响，如图 3-44、图 3-45 所示。由图 3-44 可知，随着摩擦系数的增大，坯料中的最大等效应力先减小后增大，当摩擦系数为 0.11 时，坯料的最大等效应力的最小值为 1260MPa。由图 3-45 可知，随着摩擦系数的增大，模具的最大等效应力

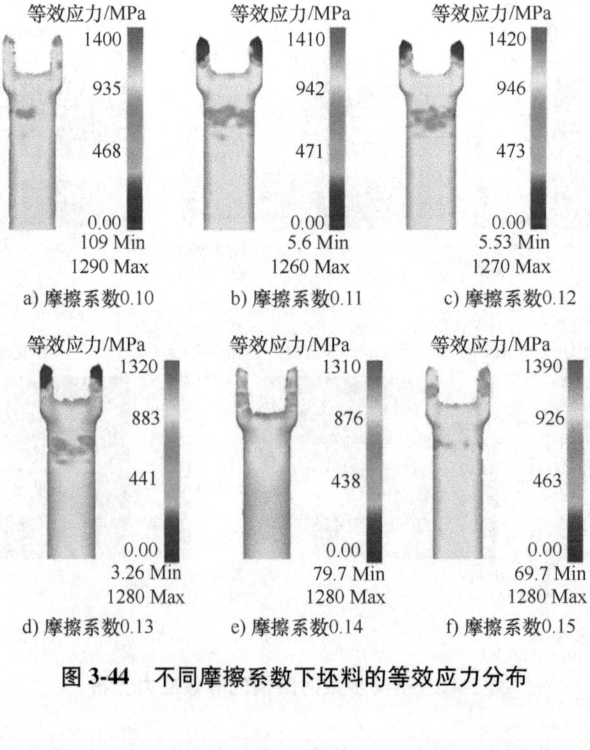

图 3-44　不同摩擦系数下坯料的等效应力分布

先减小后增大。当摩擦系数为 0.11 时，模具的最大等效应力的最小值为 923MPa。图 3-46 所示为不同摩擦系数下凹模的最大成形载荷，由图 3-46 可知，随着摩擦系数的增大，模具的最大成形载荷呈现先减小后增大的趋势，这是因为随着摩擦系数的增大，坯料流动阻力增大，加剧了模具的磨损程度，载荷逐渐增加。

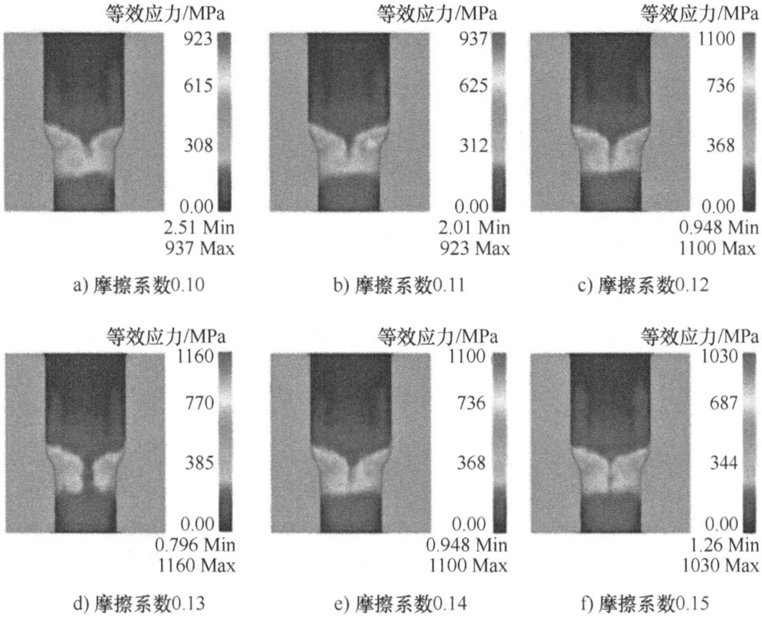

图 3-45　不同摩擦系数下凹模的等效应力分布

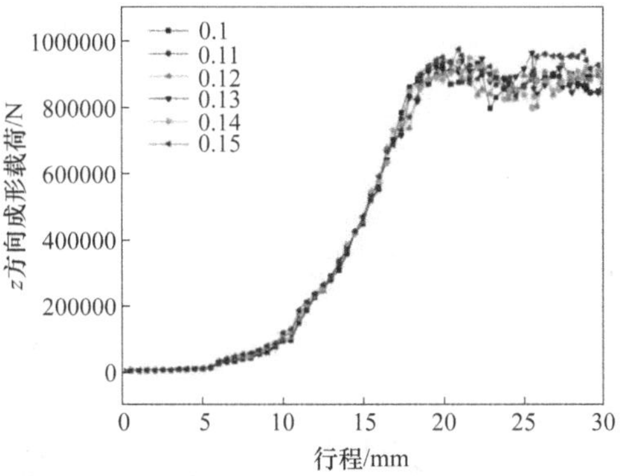

图 3-46　不同摩擦系数下凹模的最大成形载荷

当挤压速率分别为 6mm/s、9mm/s、12mm/s、15mm/s、18mm/s 和 21mm/s，坯料的始锻温度为 20℃，摩擦系数为 0.12 时分析挤压速率对坯料和模具等效应力的影响，如图 3-47、图 3-48 所示。由图 3-47 可知，随着挤压速率的增大，坯料的最大等效应力先减小后增大。当挤压速率为 9mm/s 时，坯料的等效应力最小为 1180MPa。由图 3-48 可知，随着挤压速率的增大，模具的最大等效应力先减小后增大。当挤压速率为 9mm/s 时，模具的等效应力最大为 910MPa。图 3-49 为不同挤压速度下凹模最大成形载荷，由图 3-49 可知，随着挤压速度的增大，模具的最大成形载荷逐渐减小，这是因为上模下压速度的增加导致坯料的流速增大，降低了模具和坯料的接触时间，热损失减小材料易变形，成型载荷减小。

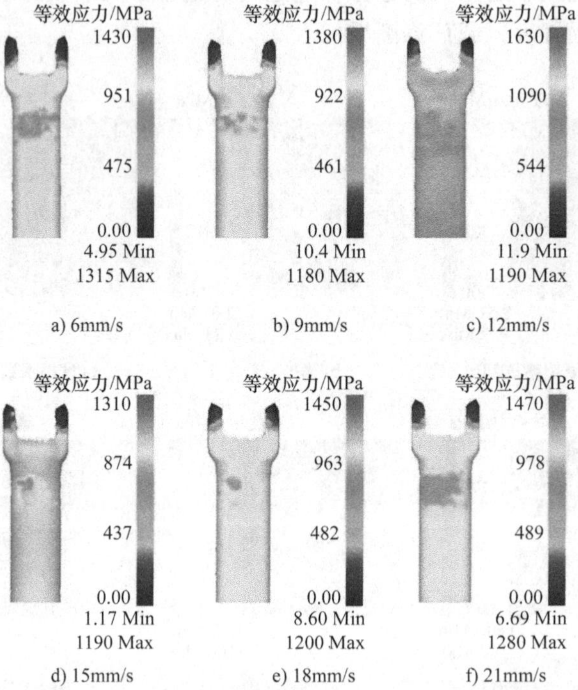

图 3-47　不同挤压速率下坯料的等效应力分布

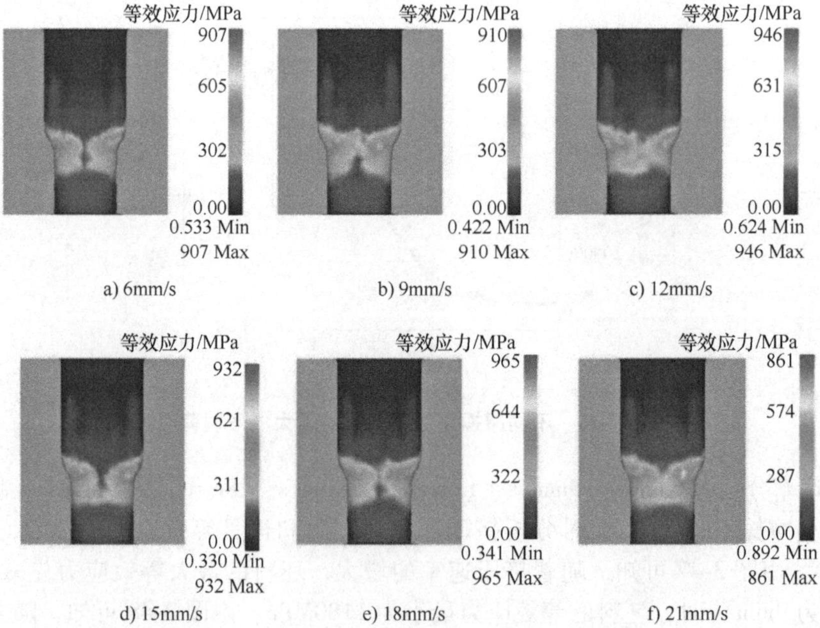

图 3-48　不同挤压速率下模具的等效应力分布

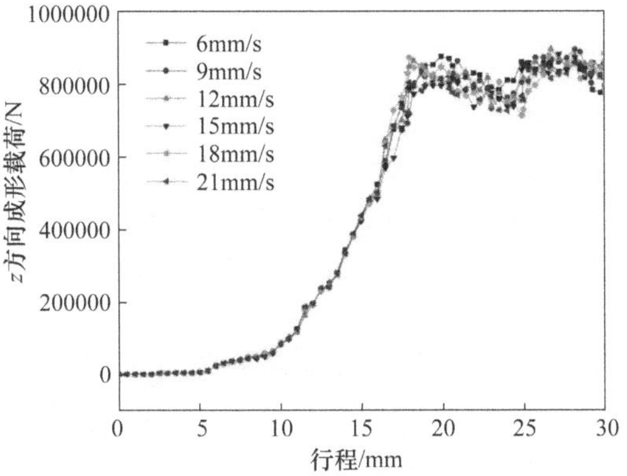

图 3-49　不同挤压速率下凹模最大成形载荷

3.4.4　工艺试验

根据数值模拟分析结果，对管柱节叉进行工艺试验，采用 250t 压力机进行锻造，挤压冲头压下速度为 9mm/s，锻造温度为室温，毛坯材料选择 S25C 钢并在坯料表面进行磷皂化处理。用冷挤压成形并进行机械加工后的零件实物图如图 3-50 所示，零件表面光滑，无镦粗弯曲变形，成形质量良好，节叉跨棒距精度可达±0.002mm，且经参数优化和表面处理后的模具使用平均寿命提高至 30000 件以上。

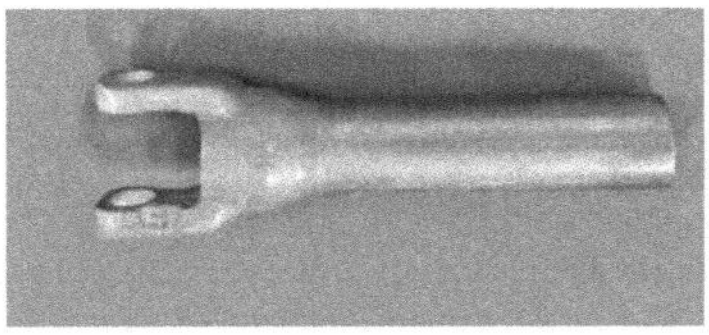

图 3-50　实际生产零件

3.4.5　结论

1）提出了一种挤孔→挤节叉→去除连皮→缩管、挤花键的 S25C 一体式管柱节叉精密挤压成形工艺，配合所设计的粉末高速钢 HAP10 预应力组合式凹模结构和硬质合金 D3 冲头，且在模具表面进行渗氮和 PVD 镀膜表面改性处理，能够完成 S25C 一体式管柱节叉的精密挤压成形，精度等级国内领先，节叉跨棒距精度可达±0.002mm，且模具平均寿命可达 30000 件以上。

2）通过有限元法建立了管柱节叉冷挤压模型，分析了挤压过程并且考虑了挤压速率、摩擦系数对挤压过程中模具受力的影响。发现节叉挤压过程中凹模圆角处有明显的应力集中，易导致模具横向断裂，采用多层预应力模具可以解决这一问题。随着摩擦系数的增大，模具的最大等效应力先减小后增大，模具的最大行程载荷先减小后增大；随着挤压速率的增大，模具的最大等效应力先增大后减小，模具的最大行程载荷逐渐减小。当挤压速度为 9mm/s，摩擦系数为 0.11 时，最有利于挤压过程中冷挤压中成形压力的降低。

参考文献

[1] 陆建明，刘杰，潘晓涛. 基于 Deform 的铝合金汽车转向节锻造成形分析 [J]. 热加工工艺，2023，52（5）：111-113. DOI：10.14158/j.cnki.1001-3814.20212094.

[2] 张鑫明，冯继军，卢柳林，等. 传动轴管与万向节叉焊接接头断裂分析［J］. 失效分析与预防，2016，11（3）：156-161.

[3] 王熠昕，权国政，黄文超. 汽车万向节叉热挤压成形的数值模拟分析［J］. 精密成形工程，2010，2（6）：60-63.

[4] 王江平，冯文杰，陈帆，等. 变速器花键主轴贯通式冷挤压成形［J］. 锻压技术，2022，47（12）：115-121. DOI：10.13330/j.issn.1000-3940.2022.12.017.

[5] 从政，曹岩，贺志昊，等. 7050-T7451 板孔冷挤压强化有限元分析［J］. 科学技术与工程，2021，21（16）：6637-6642.

[6] 岑爱. PVD 和渗氮处理对高碳高铬冷作模具寿命影响的研究［D］. 广州：华南理工大学，2018.

[7] 张海燕. 汽车油管螺栓挤孔冲头磨损分析与优化［J］. 锻压技术，2024，49（4）：41-47.

[8] 王通. 多层包扎容器强度分析和优化设计［D］. 北京：北京化工大学，2024. DOI：10.26939/d.cnki.gbhgu.2023.000524.

[9] 徐淑波，孙化鑫，任国成，等. 等通道弯角挤压过程有限元分析与挤压模具优化设计［J］. 中国铸造装备与技术，2021，56（2）：49-53.

[10] 徐潇，付奎奎，龚攀，等. VL 型球笼筒形壳多向模锻工艺及坯料优化设计［J］. 锻压技术，2024，49（4）：26-34. DOI：10.13330/j.issn.1000-3940.2024.04.003.

[11] 蒋懋旭，涂君，吴文涛，等. 基于 DEFORM 3D 的汽车转向节锻造与缺陷形成机理［J］. 锻压技术，2024，49（2）：14-23. DOI：10.13330/j.issn.1000-3940.2024.02.002.

3.5 倒挡棘轮内齿冷挤压工艺参数优化

3.5.1 引言

倒挡棘轮是一种内外齿面同时传递动力的关键传力零件，其内齿模数小、齿高小、内径较大。若采用传统齿轮加工工艺制造，不仅材料利用率低，而且得到的齿轮使用性能不足，工作中容易出现断齿现象；若采用温挤工艺，齿轮精度难以保证。采用冷挤压成形内齿，既克服了温挤的齿形精度问题，又保证了齿轮的使用性能[1-3]。

倒挡棘轮产品零件图如图 3-51 所示，其参数为外凸台数 $Z=20$，外凸台高度 $h=26$mm，直径 $D=146$mm，内齿齿数 $z=120$，模数 $m=1$，压力角 $\alpha=30°$，齿顶圆直径 $d_a=122$mm，齿根圆直径 $d_f=117.5$mm。如何得到齿轮精度高，有效齿高好的倒挡棘轮内齿，并且保证良好的材料利用率和模具寿命是本节研究的重点。本节以轿车用倒挡棘轮内齿冷挤压成形工艺为研究对象，根据倒挡棘轮内齿形状和结构，采用 Deform-3D 软件对其精锻成形过程进行过程模拟与结果分析，探究了坯料内径与齿形冲头入模角对内齿成形完整性的影响，以确认最优坯料内径、入模角，并对其成形过程的应力应变进行分析。

3.5.2 内齿成形三维有限元模型的建立

冷挤压成形过程中，金属的弹性变形量相对于塑性变形可以忽略不计，故选用刚塑性有限元模型进行计算，将坯料设置成塑性材料，凸凹模设置成刚性材料。成形过程在室温下进行，故模具和坯料温度设置成 20℃，同时为了简化计算，忽略成形过程中因变形产生的热，不设置模具与坯料的传热系数[4-5]。

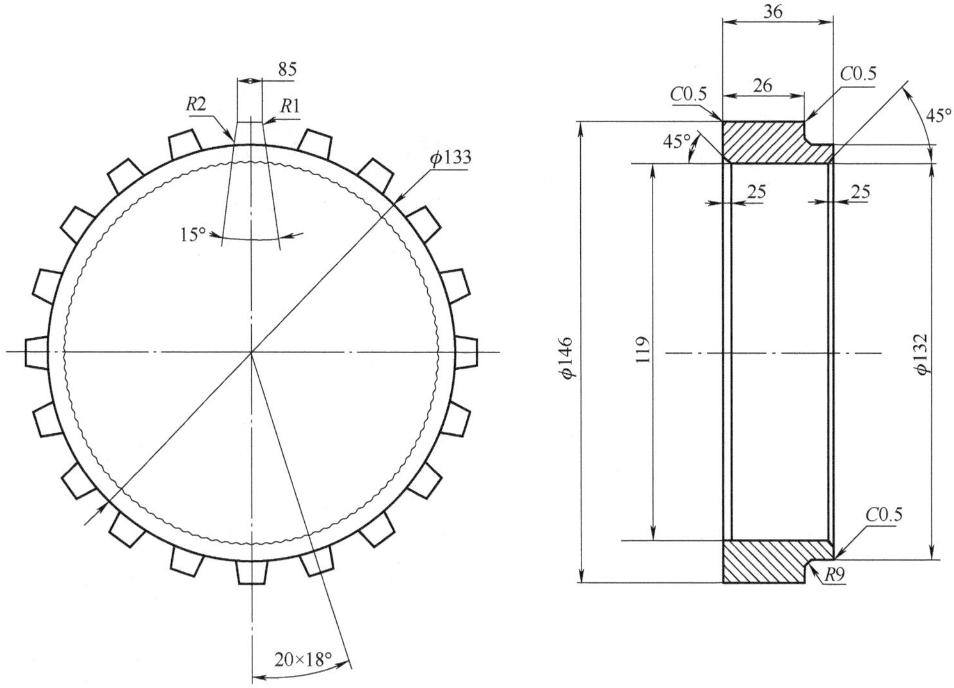

图 3-51　倒挡棘轮产品零件图

冷挤压内齿时，凸凹模选择模具钢 AISI D2，坯料选择 20CrMn5。为了减少计算量与提高模拟的准确性，选取 6 个内齿进行模拟，通过设置对称面进行建模分析。坯料采用四面体单元划分网格，将网格最小尺寸定为 0. 3mm，最大尺寸为 0. 9mm。模拟步长取 0. 1mm。摩擦条件采用体积成形最常用的剪切摩擦类型，摩擦系数取带润滑冷挤压成形的默认值 0. 1。凸模进给速率对成形过程的影响几乎为零，设定为和冷挤压外凸台相同，即 v = 10mm/s[6-7]。冷挤压内齿三维有限元模型如图 3-52 所示。

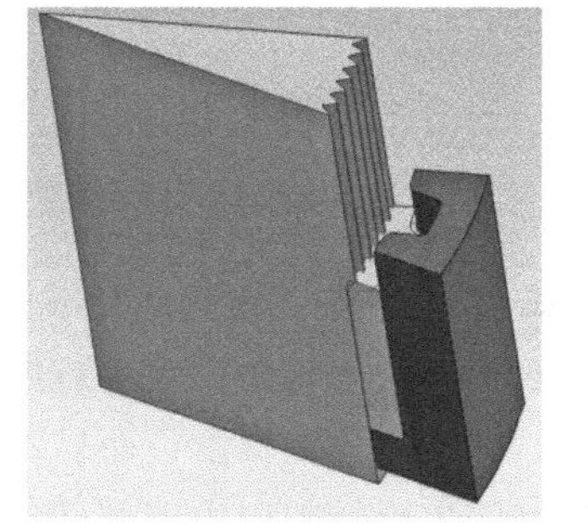

图 3-52　冷挤压内齿三维有限元模型

3. 5. 3　成形工艺参数优化

1. 坯料内径尺寸

坯料内径尺寸的大小直接关系到该倒挡棘轮内齿成形质量的好坏。由于该倒挡棘轮内齿分度圆直径 d = 120mm，齿根圆直径 d_f = 117. 5mm。所以选取坯料内径 d_1 分别为 118mm、118. 5mm、119mm、119. 5mm 进行有限元建模分析。图 3-53 和图 3-54 所示分别为不同坯料内径大小条件下的内齿充填效果图和内齿损伤分布图。

由图 3-53 可知，随着坯料内径尺寸的增大，内齿的成形情况越来越差。当 d_1 = 118mm 最接近齿形冲头齿根圆直径时，倒挡棘轮内齿充填性最好，齿顶形状充填饱满。由图 3-54 可知，当 d_1 = 118mm 时，内齿的损伤情况最小，且随着坯料内径的增大，金属的变形量越小，越难以保证齿形的完整充填，齿形上部的塌陷越大，导致上部有效齿高大大减小，增大了机械加工量，降低材料利用率。综合以上分析，该倒挡棘轮冷挤压内齿时，坯料内径 d_1

应取 118mm。

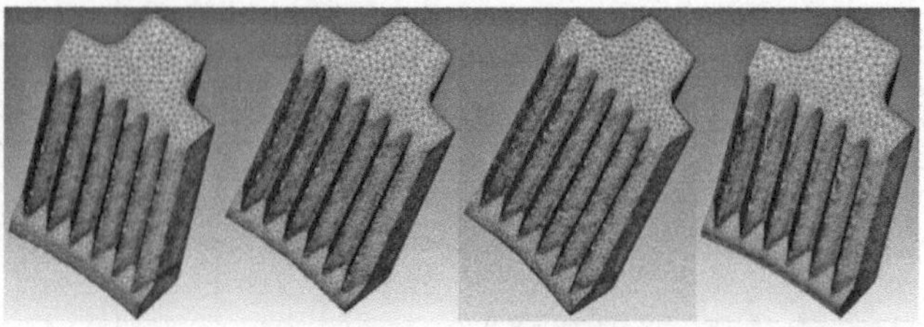

a) d_1=118mm　b) d_1=118.5mm　c) d_1=119mm　d) d_1=119.5mm

图 3-53　不同坯料内径尺寸内齿充填效果图

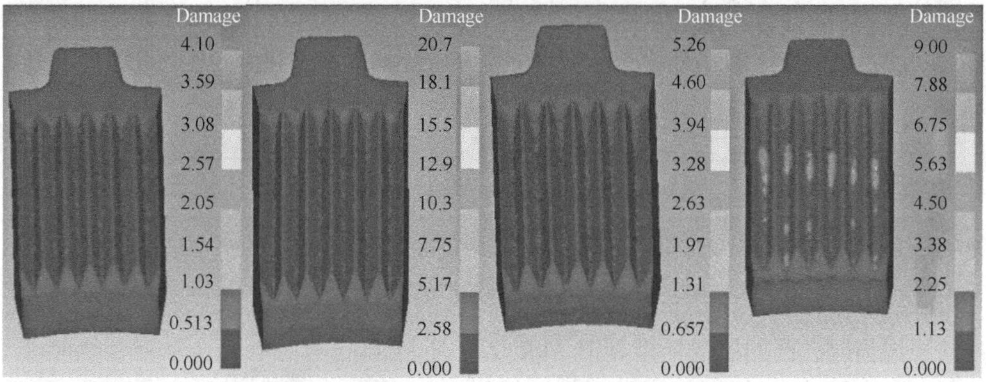

a) d_1=118mm　b) d_1=118.5mm　c) d_1=119mm　d) d_1=119.5mm

图 3-54　不同坯料内径尺寸内齿损伤分布图

2. 齿形冲头入模角

齿形冲头入模角的大小对内齿成形的影响至关重要。合理的入模角不仅可以使齿形充填完整，保证内齿的精度，而且可以减小成形过程中模具冲头受到的反作用力，延长模具的寿命，同时可以增大内齿的有效齿高，提高材料的利用率[8]。本节选取齿形冲头的入模角 γ 分别为 25°、35°、45°进行有限元数值模拟。齿形冲头的三维模型如图 3-55 所示。

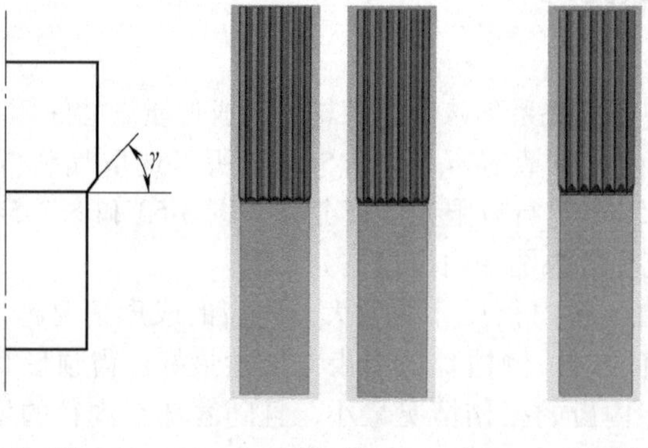

a) γ=25°　b) γ=35°　c) γ=45°

图 3-55　不同入模角齿形冲头三维模型图

不同入模角内齿成形损伤分布如图 3-56 所示，可以看出，当 $\gamma = 35°$ 和 $\gamma = 45°$ 时，整个成形过程中，齿顶和齿根处的损伤几乎为零。当 $\gamma = 45°$ 时，成形的第 50 步，内齿上端有个齿顶处损伤较大，但在成形结束后，该部位又充填完整。同时，随着角度的增大，内齿的有效齿高减小，上下两端齿顶凹陷部分增大。

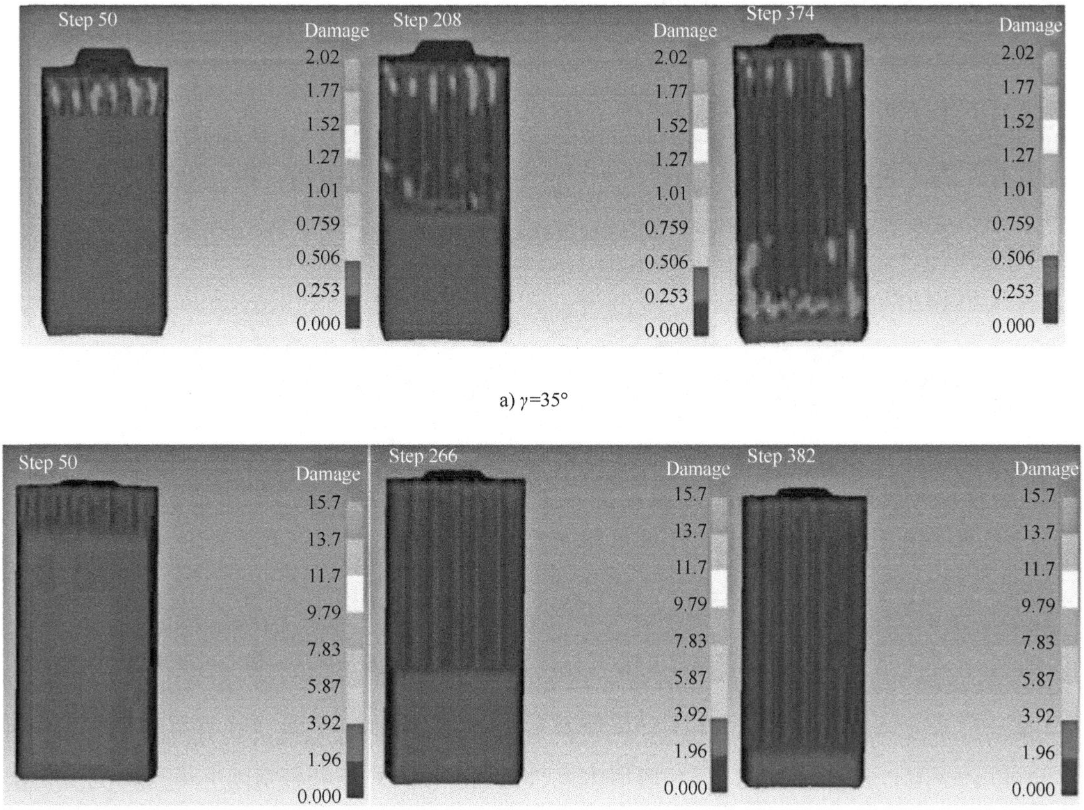

a) γ=35°

b) γ=45°

图 3-56　不同入模角内齿成形损伤分布

如图 3-57 所示，内齿成形过程中载荷的趋势是初始阶段成形力急剧增大，然后保持平稳，最后逐渐减小。当 $\gamma = 35°$ 时，成形力平稳期在 114tf 左右，幅度较小。当 $\gamma = 45°$ 时，成形力平稳期在 112tf 左右，幅度也较小。这种较稳定的波动对于模具寿命有利。

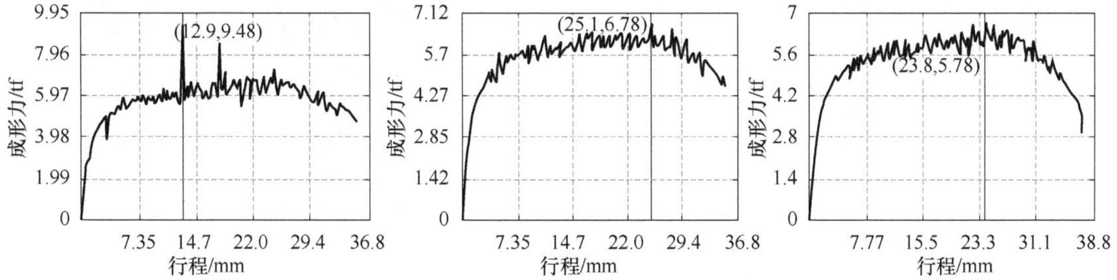

a) γ=25°　　b) γ=35°　　c) γ=45°

图 3-57　上模不同入模角内齿成形曲线

图 3-58 所示为不同入模角在成形过程中的最大成形力及齿形冲头模具的最大主应力分布。由图 3-58 可知，当 $\gamma=25°$时，工作部位的最大压应力为 1640MPa；当 $\gamma=35°$时，工作部位的最大压应力为 528MPa；当 $\gamma=45°$时，工作部位的最大压应力为 330MPa。随着齿形冲头入模角的增大，齿形冲头的工作部位的最大主应力的绝对值越来越小，考虑到模具冲头的寿命，齿形冲头应尽量选大的入模角。

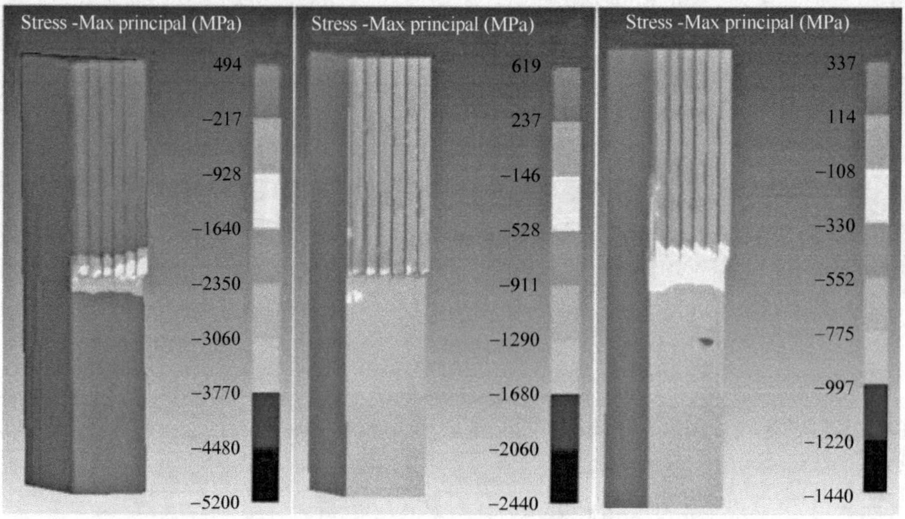

a) γ=25°　　b) γ=35°　　c) γ=45°

图 3-58　不同入模角在成形过程中的最大成形力及齿形冲头模具的最大主应力

根据以上模拟结果，当 $\gamma=25°$时，内齿的成形精度和齿形冲头模具受力情况均较差。当 $\gamma=35°$和 $\gamma=45°$时，齿形充填情况和成形力比较接近。考虑到这两种情况下最大主应力相差不大，而当 $\gamma=35°$时，成形后内齿的有效齿高远大于 $\gamma=45°$时的情况，最终选择齿形冲头的入模角为 35°。

3.5.4　冷挤压成形模拟场量及成形载荷曲线分析

根据以上优化结果，最终采用在室温下，将内径 $d_1=118$mm 的坯料放到内齿成形模膛中，在入模角 = 35° 的齿形冲头的挤压下（$v=10$mm）成形出图 3-59 所示的倒挡棘轮。通过有限元模拟得到各模拟场量。

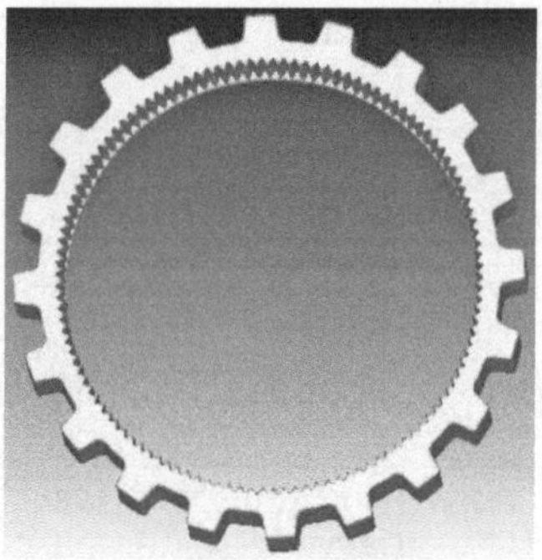

图 3-59　冷挤压成形的倒挡棘轮

图 3-60 所示为该倒挡棘轮第二步冷挤压成形内齿的等效应力分布图。由图可知，坯料上端与齿形冲头下部倒角处最早接触，上部等效应力最先达到屈服极限，材料开始沿径向外流动充满齿形模膛。随着凸模继续向下运动，倒挡棘轮上端齿形充填饱满，等效应力随之减小，坯料下部等效应力逐渐增大开始变形，直到最终整个内齿成形完成。

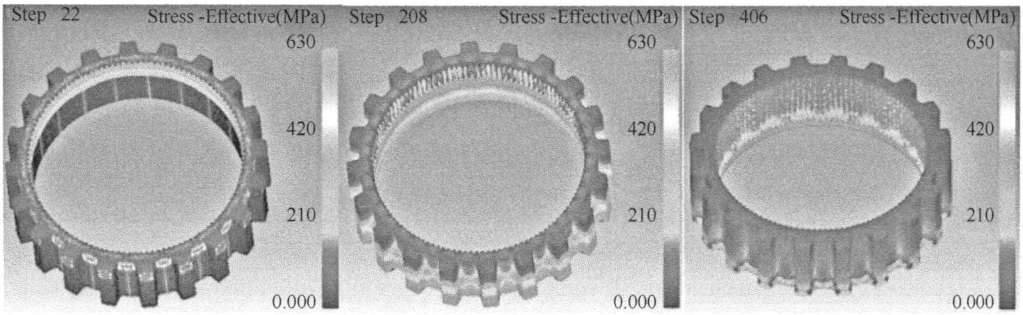

图 3-60　第二步冷挤压成形内齿的等效应力分布图

图 3-61 所示为该倒挡棘轮第二步冷挤压成形内齿的等效应变分布图。由图可知，整个变形过程，等效应变趋于稳定，最终得到了质量好的内齿。

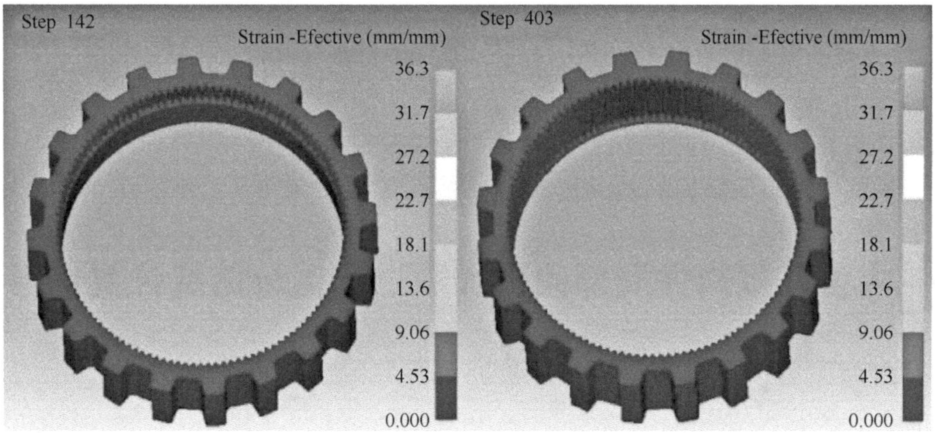

图 3-61　第二步冷挤压成形内齿的等效应变分布图

3.5.5　成形试验

倒挡棘轮为两步成形零件。利用 YQ34-1000 型液压机与研究得出的工艺参数，在成形倒挡棘轮外齿的基础上冷挤压出内齿，再经机械加工除去底部多余金属，制得该工艺参数下的成形试件。从图 3-62 可以看出，该成形试件金属变形情况良好，金属最终的充填效果理想，齿轮齿面完整，内齿成形质量高。生产实践表明，采用坯料内径 $d_1 = 118$mm，入模角 $\gamma = 35°$ 生产倒挡棘轮，内齿形状完整饱满，齿形疲劳强度高，可保证倒挡棘轮服役环境复杂的要求。

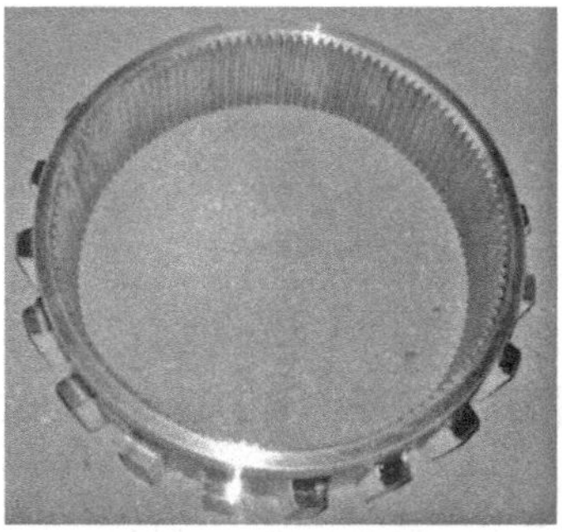

图 3-62　最终成形试件

3.5.6 结论

1）建立了倒挡棘轮冷挤压成形内齿的有限元模型，分析了内齿成形的关键参数为坯料内径的大小和齿形冲头模具的入模角。

2）分别选择了三组不同的内径和入模角进行模拟，根据模拟结果，综合考虑有效齿高、齿形精度和模具受力情况，选取了合理的坯料厚度和入模角。

3）分析了在最优参数下内齿成形过程中的等效应力和等效应变。

参考文献

[1] 王明辉. 直齿圆柱齿轮精密塑性成形工艺及关键设备研究 [D]. 长春：吉林大学，2010.
[2] 车路长. 汽车零部件制造业中冷锻技术的应用 [J]. 汽车技术，1997 (4)：42-44.
[3] 洪慎章. 冷挤压模具设计与制造 [M]. 北京：机械工业出版社，2010.
[4] Groenbaek, T Birker. Innovations in cold forging die design [J]. Journal of Materials Processing Technology, 2000, 98：14-17.
[5] 朱怀沈. 大模数直齿圆柱齿轮精密塑性成形技术研究 [D]. 武汉：华中科技大学，2011.
[6] M H Sadeghi, T A Dean. Precision Forging Straight and Helical spur Gear [J]. Journal of Materials Processing Technology, 1995, 45：25-30.
[7] 王杨. 直齿圆柱齿轮挤压成形工艺分析及优化 [D]. 济南：山东大学，2014.
[8] 程羽，杨程，臧顺来，等. 齿轮精密成形技术的研究 [J]. 塑性工程学报，2004，11 (6)：62-64.

3.6 大型筋板构件局部间歇加载过渡区分流层位置快速预测

3.6.1 引言

钛合金大型筋板构件兼具轻合金材料与轻量化结构特征，可有效实现飞机机体的减重，已广泛应用至现代航空飞机的关键主承力构件。然而，由于整体构件尺寸大且形状复杂，加之材料的难变形特点，必须配套大吨位巨型压力机来满足成形载荷的需求[1-2]。将等温成形与局部间歇加载相结合，采用图 3-63 所示的分步加载形式能够大幅降低成形载荷，为钛合金大型筋板构件省力一体化成形制造提供了新思路[3]。在间歇加载过程中，存在先加载区、后加载区以及协调这两个区域的变形过渡区，加载区的材料转移至未加载区是该工艺的固有现象，导致整体构件在邻近分模线的腹板处极易产生折叠缺陷[4-5]。不等厚坯料可实现初始材料体积的合理分配，既有利于减少局部间歇加载过程中材料的跨区转移，从而避免折叠产生，又有利于筋槽材料分配，从而提高充填效果[6-7]。然而，如何设计不等厚坯料形式是等温局部间歇加载能否加工出优良钛合金大型筋板构件的关键[8]。有限元模拟方法能够精准预测钛合金大型筋板构件锻造成形缺陷，然而整体大型构件有限元模拟过程需要大量的网格节点数据，以保证结果的准确、可靠。但由于计算模型规模庞大，严重时会因为收敛问题中止计算，导致对计算机内存与算力的需求飞速提升[9]。鉴于此，建立局部间歇加载过程中材料流动计算模型，实现材料流动行为的快速预测，对于解决有限元计算极高耗时的问题就显得尤为重要。

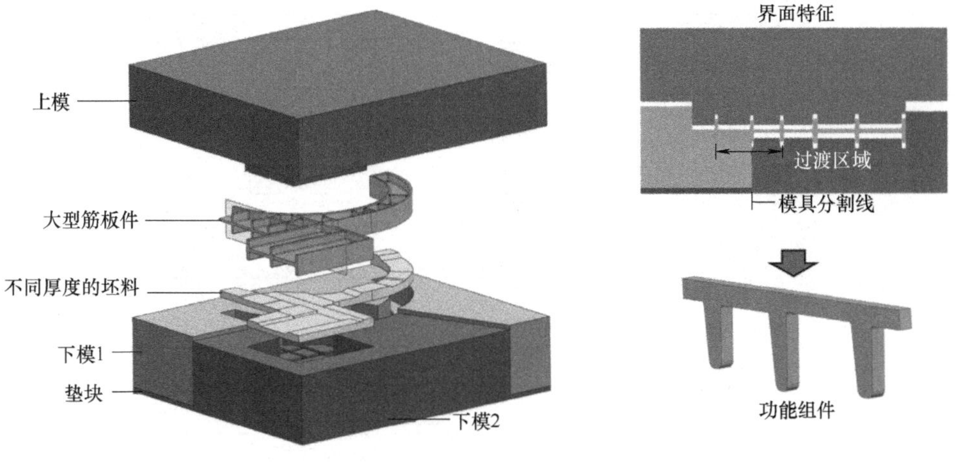

a) 大型筋板构件　　b) 特征构件

图 3-63　钛合金大型筋板特征构件局部间歇加载

主应力法是分析锻造过程中材料应力状态的常用方法。Zhang 等[10]抽取了筋板构件得到 T 型结构，采用主应力法建立了压下量与材料充填的关联关系，通过试验和有限元法进行了验证。徐宁宁等[11]针对镁合金板形件扭挤成形工艺，采用主应力法建立了镁合金扭挤成形载荷的求解模型，并通过有限元模拟验证了模型的准确性。唐海兵等[12]采用主应力法研究了等厚坯料等温局部间歇加载过渡区产生折叠的原因及避免方法。上述研究方法为本节提供了良好借鉴，但还需进一步针对过渡区不等厚坯料的等温局部间歇加载过程进行主应力法分析。

据此，本节借助主应力法及反映大型筋板构件过渡区的特征结构，首先基于等厚坯料建立局部间歇加载过程的材料转移模型，随后结合模拟方法，采用逐步减小上模压入量的方式，获取特征构件不产生折叠的材料转移率临界值；最后，将主应力法推广至不等厚坯料，借助于主应力法模型计算不同形式不等厚坯料材料转移率，进行折叠预测，并获得不产生折叠的不等厚坯料较优结构形式。

3.6.2　物理试验与有限元模拟试验方案

局部间歇加载工件的折叠缺陷通常出现于分模线附近，根据材料近程转移效应[4]，分模线处材料流动只受到分模线至相邻筋区域的影响，见图 3-63b 中的过渡区域，因此可以选取大型筋板构件分模线到相邻筋的局部区域来揭示材料流动行为。特征构件的几何形状如图 3-64a 所示，其尺寸见表 3-2。为了提高模拟效率、方便结果统计，采用 1/2 有限元模型，模拟时增设对称面。特征构件腹板厚度、筋间距等尺寸各不相同。局部间歇加载过程如图 3-64b 所示，第 1 次加载时上模下压，下模 1 区域的坯料受到力的作用充填模膛，称为加载区；而位于下模 2 区域的坯料则不受载，称为未加载区。第 2 次加载时，撤去垫块，将下模 1 与下模 2 置于同一水平面，此时上模下压，下模 2 区域坯料充填模膛，此时为受载区，而已成形的下模 1 区域为未加载区。

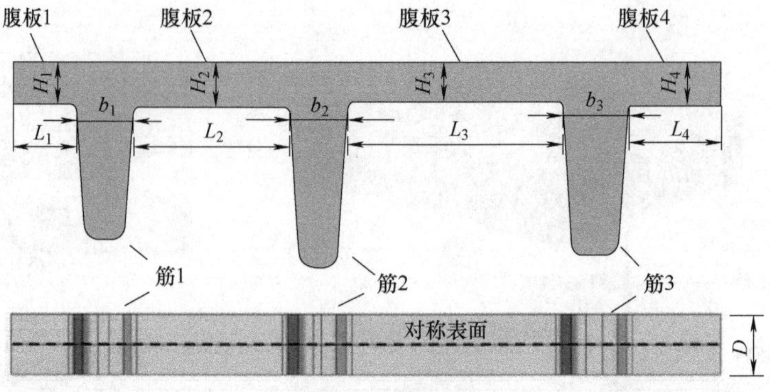

a) 特征构件的几何形状

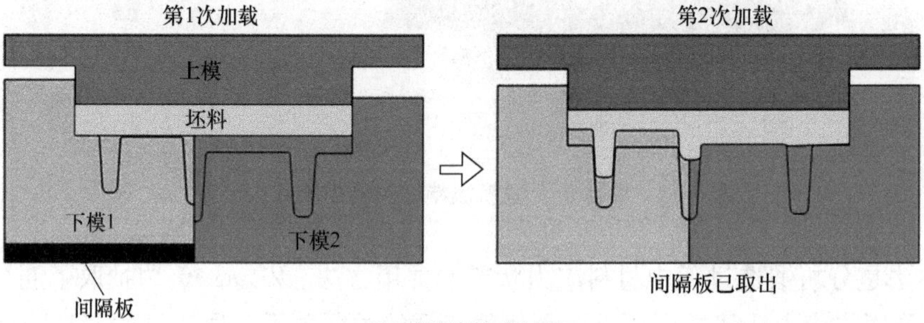

b) 局部间歇加载过程

图 3-64　筋板特征构件与加载过程

表 3-2　大型筋板特征构件尺寸

特征	参数	值/mm	特征	参数	值/mm
腹板 1	高度 H_1	14	筋 1	宽度 b_1	19
	长度 L_1	22	筋 2	宽度 b_2	19.3
腹板 2	高度 H_2	15	筋 3	宽度 b_3	21.8
	长度 L_2	53.5	距离	b_L（筋 2 中心线至构件最左侧）	104
腹板 3	高度 H_3	13			
	长度 L_3	72.8		b_R（筋 2 中心线至构件最右侧）	136
腹板 4	高度 H_4	14			
	长度 L_4	31.6	整体	厚度 D	20

借助于塑性泥进行物理试验以研究高温下合金的材料流动状态，可达到节约研究成本并提高试验效率的目的[13-14]。依据相似性原理，本研究在常温下采用塑性泥代替高温下的钛合金进行物理试验 A，结合塑性泥有限元模拟试验 B 与钛合金有限元模拟试验 C，通过 A≈B≈C 的逻辑关系，三种试验相互补充验证主应力法模型的准确性。物理试验与有限元模拟试验（FEA）方案见表 3-3，有限元模型见图 3-64，物理试验模型如图 3-65 所示。

表 3-3　物理试验与有限元模拟试验方案

参数	物理试验	FEA-Ⅰ	FEA-Ⅱ
材料	塑性泥	塑性泥	TA15
温度/℃	室温	20	950
摩擦系数	润滑	0.5	0.5
加载速率/(mm/s)	—	0.1	0.1

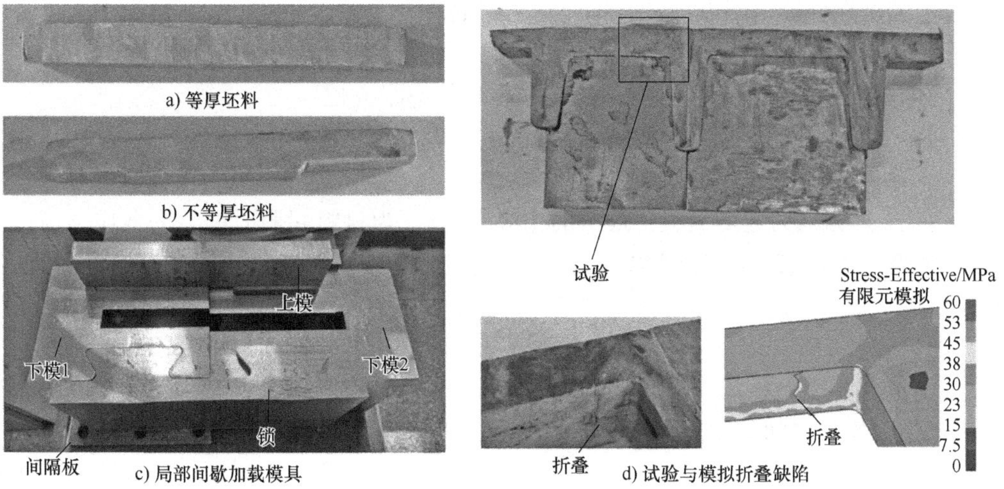

图 3-65　物理试验模型

3.6.3　主应力法模型构建

如图 3-66 所示，局部间歇加载过程中腹板处材料有两个流动方向，会产生明显的分流层。根据流动方向，靠近分模线一侧的材料会转移至未加载区，带来材料跨区转移。如若计算出分流层的实时位置，就能得到材料转移的体积，从而推断折叠产生的可能性并进行合理调控。借助于主应力法，根据材料应力状态建立分流层位置计算模型流程，如图 3-67 所示。

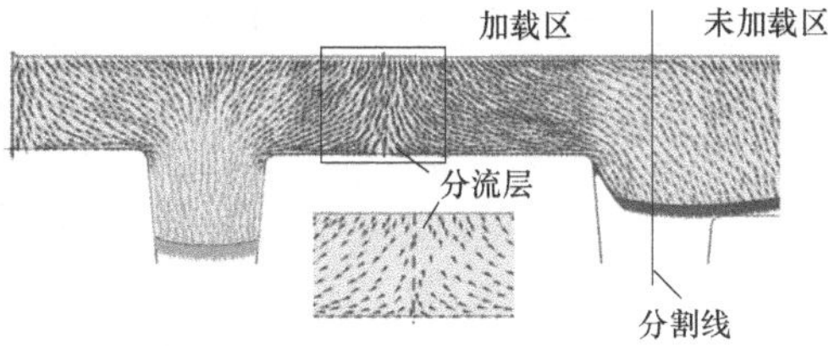

图 3-66　加载过程分流层

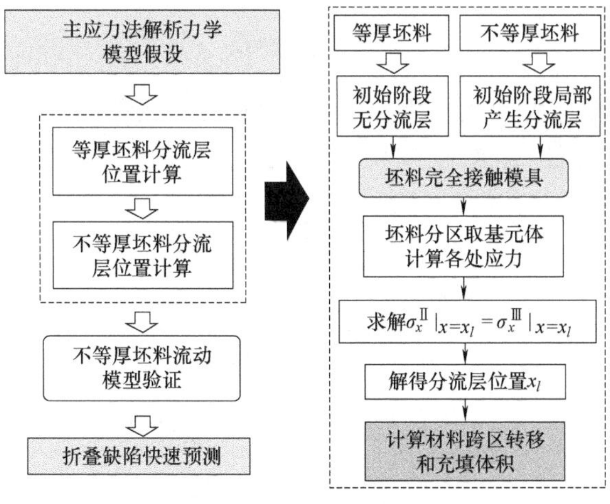

图 3-67　主应力法模型建立流程图

1. 基本假设

将筋板特征构件局部间歇加载过程简化为平面应力问题，并做出如下假设[10]：

1）模具视为理想刚性体，坯料视为刚塑性体，且受力均匀。

2）忽略材料内部的剪应力，材料满足屈雷斯加屈服方程：

$$\tau_{\max}=\frac{\sigma_{\max}-\sigma_{\min}}{2}=K \tag{3-1}$$

式中，$\sigma_{\max}$、$\sigma_{\min}$分别为数值最大、最小的主应力；$\tau_{\max}$为材料屈服时的最大剪应力值；K为剪切屈服强度。由于忽略了材料内部的剪应力，所以主应力与坐标轴方向一致，即为σ_z与σ_x：

$$\tau_{\max}=\frac{|\sigma_z-\sigma_x|}{2}=K \tag{3-2}$$

3）工件与模具之间的摩擦类型为剪切摩擦，表示为

$$\tau=mK \tag{3-3}$$

式中，$m=\dfrac{|\sigma_z-\sigma_x|}{2}$。

2. 分流层位置计算方法

根据加载时材料受力状态将坯料划分为6个区域，分流层位置主要受到Ⅰ、Ⅱ、Ⅲ、Ⅳ区材料应力状态的影响，未加载区Ⅰ区为自由状态，Ⅱ区与Ⅲ区材料在上模的挤压下材料向两侧流动，Ⅳ区材料受到Ⅲ区和Ⅵ区材料的挤压，受迫流入筋槽形成Ⅴ区。对Ⅱ、Ⅲ、Ⅳ区沿材料流动方向取基元体，受力分析如图3-68所示。为方便计算，以分流层与下模接触面为x轴，以其靠近分模线一端为零点，建立坐标系。因倒角与拔模对此处的材料流动影响不大[15]，为提高计算效率，在构建分流层位置模型时将其忽略。

对于Ⅱ区基元体，根据受力平衡可得：

$$\sigma_x H-(\sigma_x+\mathrm{d}\sigma_x)H+2\tau\mathrm{d}x=0 \tag{3-4}$$

式中，H为当压下量为s时腹板的高度，计算式为

$$H=H_0+(H_2-H_1)-s \tag{3-5}$$

式中，s为上模压下量；H_0为坯料初始高度；H_2、H_1分别为目标件腹板2与腹板1的高度。化简式（3-4）并积分得到

$$\sigma_x^{\mathrm{II}}=\frac{2mK}{H}x+C_1 \tag{3-6}$$

由于未加载区Ⅰ为自由状态，有$\sigma_z^{\mathrm{I}}\approx 0$，根据式（3-2）可知$\sigma_x^{\mathrm{II}}\big|_{x=0}=2K$，代入式（3-6）可知$C_1=2K$，所以Ⅱ区$x$方向上的应力$\sigma_x^{\mathrm{II}}$为

$$\sigma_x^{\mathrm{II}}=\frac{2mK}{H}x+2K \tag{3-7}$$

同理可得Ⅲ区x方向上的应力σ_x^{III}：

$$\sigma_x^{\mathrm{III}}=\frac{2mK}{H}(L_2-x)+q \tag{3-8}$$

其中，假设Ⅲ区与Ⅳ区交界面上平均应力$\sigma_x^{\mathrm{III}}\big|_{x=L_2}=q$。随后，通过Ⅳ区应力分析求解$q$。

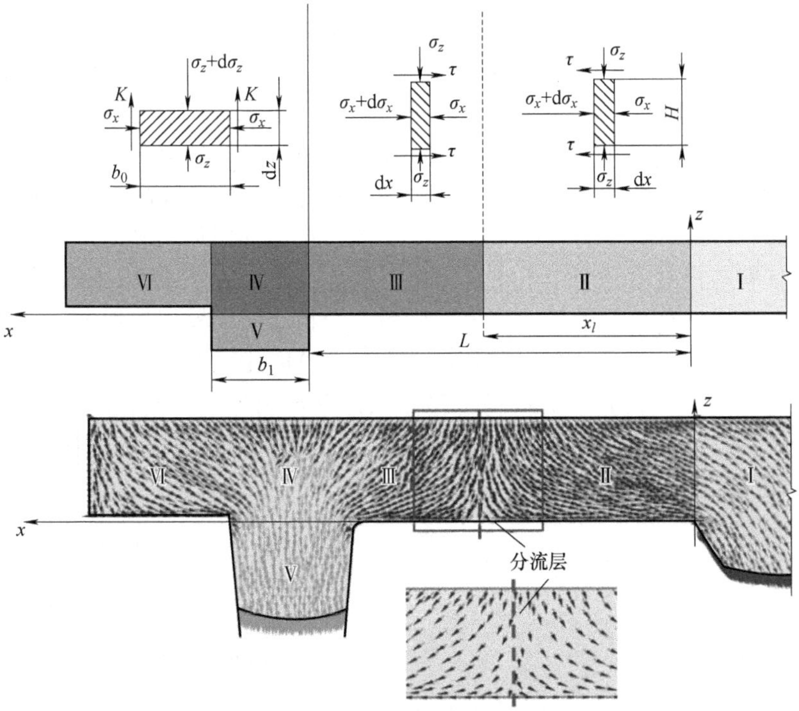

图 3-68　加载过程中不同应力状态区域和部分区域基元体受力分析

对于Ⅳ区，边界处的剪应力可视为最大剪应力，即 $\tau_{\max}=K$，所以基元体 z 方向上剪应力单侧为 K，考虑 z 方向受力平衡可得

$$\mathrm{d}\sigma_z=\frac{2K}{b_1}\mathrm{d}z \tag{3-9}$$

根据式（3-9）可知 $\mathrm{d}\sigma_z=\mathrm{d}\sigma_x$，故有：

$$\mathrm{d}\sigma_x=\frac{2K}{b_1}\mathrm{d}z \tag{3-10}$$

Ⅴ区材料可认为是自由充填状态，即 $\sigma_z^{\mathrm{IV}}\mid_{z=0}=0$，根据式（3-2）得到 $\sigma_x^{\mathrm{IV}}\mid_{z=0}=2K$，所以Ⅳ区 x 方向上的应力 σ_x^{IV} 为

$$\sigma_x^{\mathrm{IV}}=2K\left(1+\frac{z}{b_1}\right) \tag{3-11}$$

Ⅲ区与Ⅳ区交界处平均应力为

$$q=\frac{1}{H}\int_0^H\sigma_x^{\mathrm{IV}}\mathrm{d}z=2K\left(1+\frac{H}{2b_1}\right) \tag{3-12}$$

分流层两侧材料分别向其两端流动，此处材料处于平衡状态，有：

$$\sigma_x^{\mathrm{II}}\mid_{x=x_l}=\sigma_x^{\mathrm{III}}\mid_{x=x_l} \tag{3-13}$$

结合式（3-7）、式（3-8）和式（3-13）便可获取分流层位置：

$$x_l=\frac{L_2}{2}+\frac{H^2}{4mb_1} \tag{3-14}$$

3. 不等厚坯料分流层位置计算

不等厚坯料结构能有效实现初始坯料的体积分配，且加工制造简便，具体做法为根据目标构件不同部分将坯料分区，不同区域分别设计坯料厚度并满足等体积原则，分区之间以倒角形式过渡[16]。不等厚坯料加载过程如图 3-69 所示，在加载开始阶段，加载区坯料存在厚度差，较厚部分先受到加载力的作用，往两侧流动并形成分流层。当压下量 s = 厚度差 h_0 时，加载区不同厚度坯料在加载力作用下消除了厚度差异，此后材料加载的流动行为与前述等厚坯料加载过程一致，可视为等厚坯料。特别的，在不等厚坯料转变为等厚坯料过程中，相应腹板处的坯料与模具会经历由不完全接触到完全接触的短暂过程，分流层位置不稳定且可能存在多个分流层，称为“厚度差消失”阶段。分析有限元模拟过程可知“厚度差消失”阶段通常持续的时间非常短，且与不等厚坯料的最大厚度相对差小于 4%，在此期间，虽然分流层位置变化幅度较大，但却对材料转移体积计算影响甚微。据此，为简化定量计算方法，本节认为“厚度差消失”阶段中的分流层，由不等厚坯料变形阶段结束位置平移到等厚坯料变形阶段开始位置。

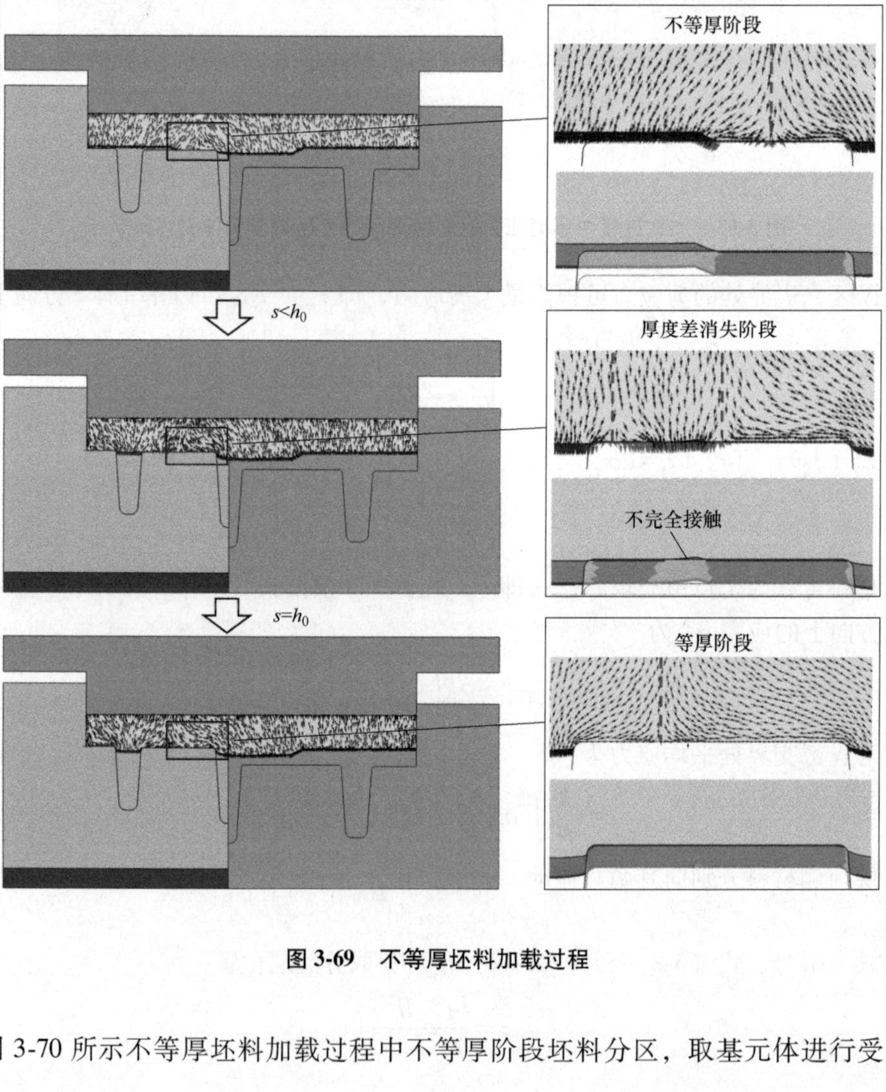

图 3-69　不等厚坯料加载过程

将图 3-70 所示不等厚坯料加载过程中不等厚阶段坯料分区，取基元体进行受力分析，类似 3.2 节建立平衡方程：

$$\sigma_x^{\text{II}\prime}=\frac{2mK}{H_0+h_0}x+2K \tag{3-15}$$

$$\sigma_x^{\text{III}\prime}=\frac{2mK}{H_0+h_0}(l-x)+2K \tag{3-16}$$

结合式（3-13）求得不等厚阶段分流层位置 x_l'：

$$x_l'=\frac{l}{2} \tag{3-17}$$

本研究将特征构件两根筋之间的腹板中心区域划定为不等厚坯料的变厚区位置，即 $l=\frac{L_2}{2}$。

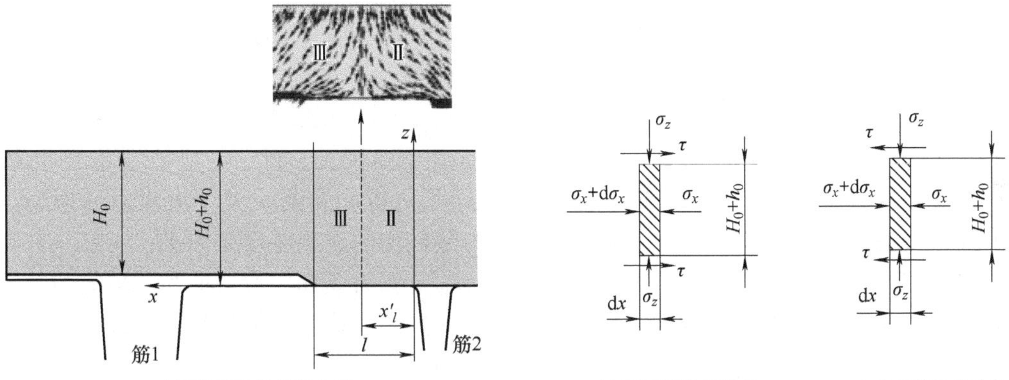

图 3-70　不等厚坯料加载受力分析

4. 主应力法模型结果

（1）材料转移率　在局部间歇加载过程中，分流层靠近分模线一侧的材料流动带来材料转移，进而导致折叠缺陷的产生。材料转移体积 ΔV 为

$$\Delta V = D\int_0^s x_l s\mathrm{d}s \tag{3-18}$$

式中，D 为构件厚度；s 为上模压下量。

本节采用材料转移率 M_{t} 定量表征材料转移情况：

$$M_{\mathrm{t}}=\frac{V_{\text{begin}}-V_s}{V_0}\times 100\% \tag{3-19}$$

式中，V_{begin}为加载区初始体积，V_s为当上模压下量为 s 时加载区材料体积，满足 $\Delta V=V_{\text{begin}}-V_s$，$V_0$为材料总体积。

（2）筋槽充填　图 3-64 中筋板特征构件的筋槽高宽比接近 3，材料充填较为困难。一方面筋槽充填影响着成形效果，另一方面相较于材料转移率，筋槽充填更为直观，可以作为物理模拟试验的验证手段。以筋 1 为例，筋槽充填体积 V_1表示为

$$V_1 = D\left[\int_0^s L_1\mathrm{d}s + \int_0^s (L_2 - x_l s)\mathrm{d}s\right] \tag{3-20}$$

本节采用筋高 h_1 定量表征筋槽充填情况：

$$h_1 = H_2 + \frac{V_1}{Db_1} \tag{3-21}$$

3.6.4 结果与讨论

1. 主应力法模型验证

本研究采用塑性泥进行物理模拟试验，并建立相同条件塑性泥有限元模拟试验（FEA-Ⅰ）和 TA15 钛合金有限元模拟试验（FEA-Ⅱ）来综合验证。物理试验与有限元模拟试验方案在 3.6.2 节中给出，物理试验所需塑性泥制坯料如图 3-65 所示，有限元模拟试验所需材料模型可导入自定义材料数据，塑性泥的材料参数来源于 Sofuoglu 等所建立的本构[17]，TA15 材料参数来源于文献[18]。

（1）物理试验与主应力法模型、有限元模拟结果比较　在局部间歇加载过程中，筋槽充填高度可由分流层位置计算，在物理试验（EXPERIMENT）中筋槽充填高度比分流层位置的测定更容易，所以将筋槽充填高度作为物理试验指标。采用主应力法（SM）模型与不同有限元模拟（FEA-Ⅰ，FEA-Ⅱ）所得成形件中筋 1、筋 3 充填高度见表 3-4。结果表明主应力法模型成功预测了局部间歇加载过程中的筋槽充填情况；此外，塑性泥有限元模拟（FEA-Ⅰ）与钛合金有限元模拟（FEA-Ⅱ）都得到了比较吻合的结果，主应力法模型、有限元模拟、物理试验三者结果相当。其中，主应力法模型的误差主要来源于：①在 3.6.3 节假设中忽略了材料内部的剪应力；②为方便计算，本节省去了如模锻斜度和圆角等细节，简化形状后认为筋槽材料平行于模壁流动充填，因而此处的摩擦效应会带来一定误差；③材料转移导致坯料接触未加载区对应的下模，使其受到约束。

表 3-4　物理试验、主应力法模型与有限元模拟成形件筋槽充填高度

坯料	筋高（筋 1，筋 3）h/mm								误差（%）		
	Experiment		SM		FEA-Ⅰ		FEA-Ⅱ		SM	FEA-Ⅰ	FEA-Ⅱ
ETB	筋 1	筋 3	筋 1	筋 3	筋 1	筋 3	筋 1	筋 3	5.34	4.01	2.60
	57.1	64.0	52.7	62.1	53.6	62.8	54.4	63.7			
UTB	49.8	64.0	47.5	60.7	52.4	57.9	53.1	59.5	4.89	7.38	6.83

（2）有限元模拟结果比较　图 3-71 所示为不同坯料局部间歇加载分流层位置计算（SM）与钛合金有限元模拟结果（FEA-Ⅱ）对比。根据式（3-13）可知，平衡状态下分流层两侧应力相等，若应力状态发生改变，为再次达到平衡状态，分流层会远离应力减小的一侧，而靠近应力增大的一侧。根据图 3-71a 等厚坯料加载过程及式（3-12）可知，随着压下量增加，图 3-68 中的Ⅳ区材料应力减小，因此分流层远离Ⅳ区，即 x_l 坐标减小。随后，材料进一步转移，未加载区材料累加增多，导致未加载区坯料接触模具，Ⅰ区应力增大，分流层远离Ⅳ区趋势增加，使 x_l 进一步减小。根据图 3-71b 不等厚坯料局部间歇加载可知，在不等厚阶段，较厚局部受到载荷作用形成分流层，随着加载的进行，较厚区域扩张，x_l'相应增大。随后，分流层经由不等厚坯料变形阶段转变至等厚坯料变形阶段，此时的分流层位置变化与上述等厚坯料加载时类似。在连接不等厚与等厚坯料的“厚度差消失”阶段，分流层由不等厚阶段结束状态迅速转变至等厚阶段开始状态，但此阶段对材料转移率影响甚微，这

点在图 3-72 所示的材料转移率随压下量变化中得到体现。

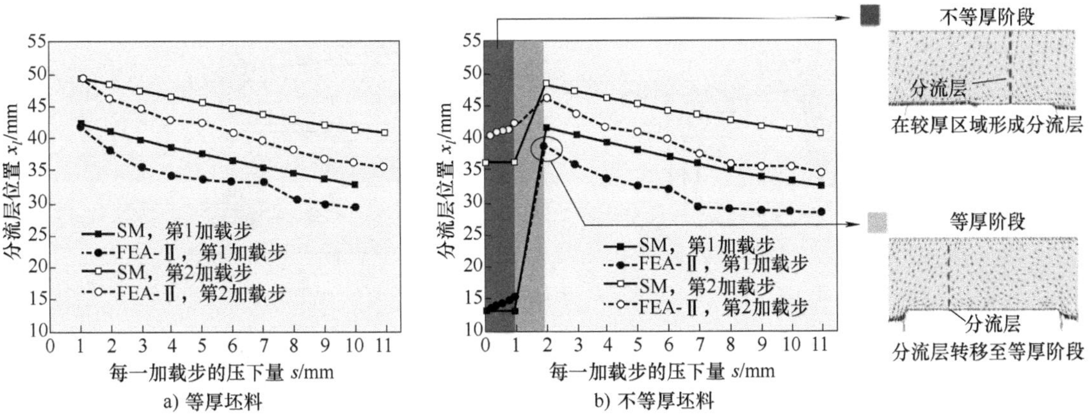

图 3-71　不同坯料局部间歇加载分流层位置计算与钛合金有限元模拟结果对比

图 3-72 所示为材料转移率主应力法模型计算结果与有限元模拟结果的对比，可以看出，主应力法模型计算结果与有限元模拟结果接近，等厚坯料和不等厚坯料计算平均误差分别为 3. 12%和 4. 33%，最大误差分别为 6. 17%和 7. 34%。由式（3-13）可知，随着加载的进行，转移的材料越来越多，而分流层位置 x_l 越小，对应此时的材料转移体积就会越少，即材料转移率的增大趋势有所放缓，主应力法模型计算和有限元模拟结果都符合此趋势。上述结果表明，本节所建立的主应力法模型可以准确计算局部间歇加载过程中材料转移率，为折叠缺陷预测提供了可靠依据。

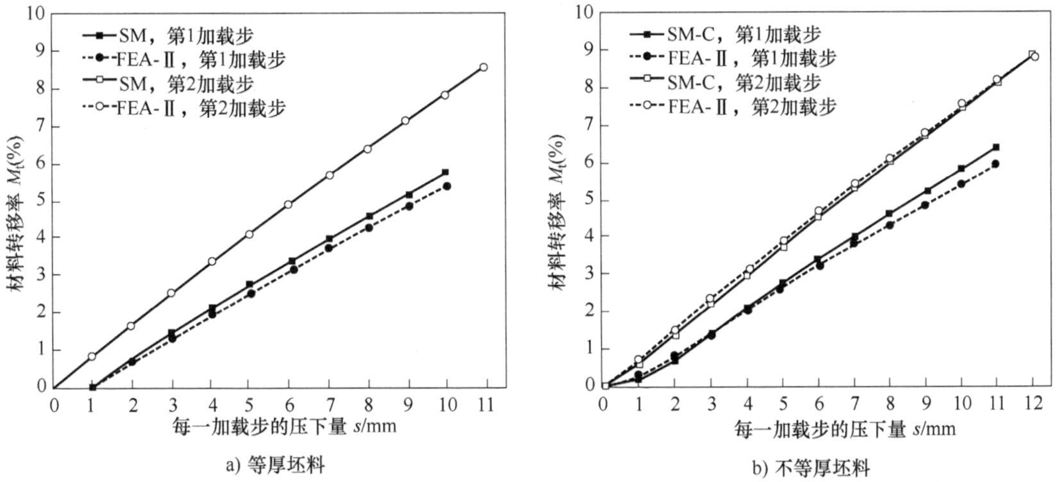

图 3-72　材料转移率主应力法模型计算结果和有限元模拟结果

2. 分流层计算的应用

局部间歇加载过渡区的折叠主要是第 2 加载步成形时材料由变形区向已加载区域转移，在邻近分模线的腹板处汇聚引起[4]。如图 3-73 所示，当材料转移体积过多，两股材料汇聚形成锐角则产生折叠；而当材料汇聚形成钝角时，则不会产生折叠[19-20]。据此，材料转移率就存在一个衡量折叠缺陷是否产生的临界值，若加载过程中材料转移率始终低于该临界值就不会产生折叠缺陷，若超过临界值则会产生折叠，如此即可实现折叠缺陷的预测。

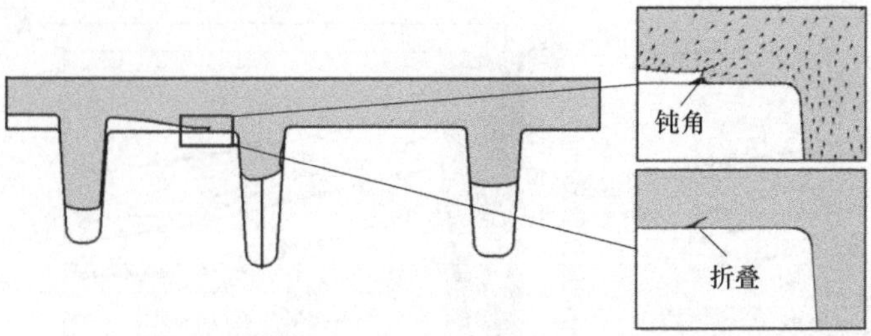

a) 有折叠

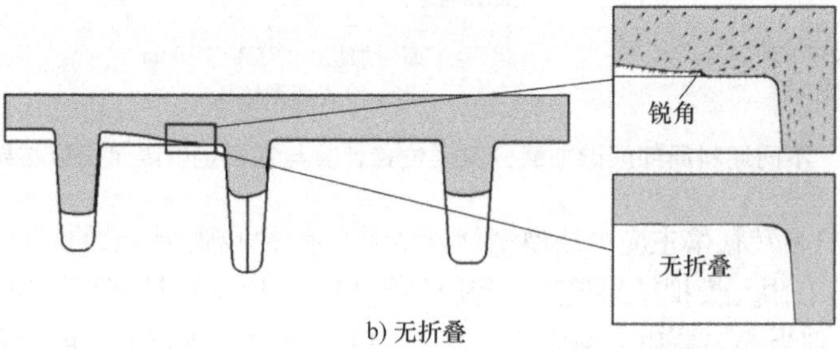

b) 无折叠

图 3-73　加载过程中材料汇聚所产生的台阶形状与折叠产生情况

Gao 等[21]通过逐步减少压下量的搜索方法确定了过渡区不产生折叠的最大压下量，这为本研究确定避免折叠的材料转移临界值提供了参考。本节逐步减小等厚坯料上模最终的压下量，获得压下量减小值 d_e与材料转移率 M_t之间的关系，如图 3-74 所示。可以看到，材料转移率随着压下量的减小而降低，在压下量减小到 1.1mm 时不产生折叠，此时对应材料转移率临界值 $M_{t\_cv}=8.47\%$，加载过程中材料转移率不高于该值则不产生折叠。

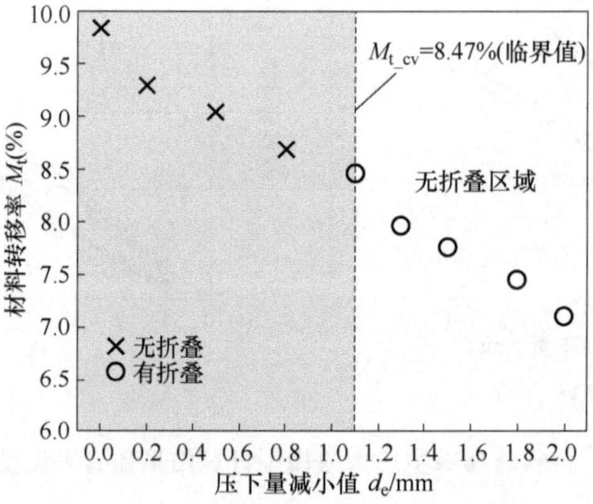

图 3-74　压下量减小值与材料转移率的关系

不等厚坯料可以实现对坯料初始体积的合理分配，从而减少加载过程中的材料转移，降低折叠风险。改变 E_1 和 E_2（见图 3-75）的值，E_3（见图 3-75）根据体积不变原理得到，即可获得不同形式的不等厚坯料，见表 3-5。计算得到不同形式坯料加载的材料转移率进行成形结果预测。

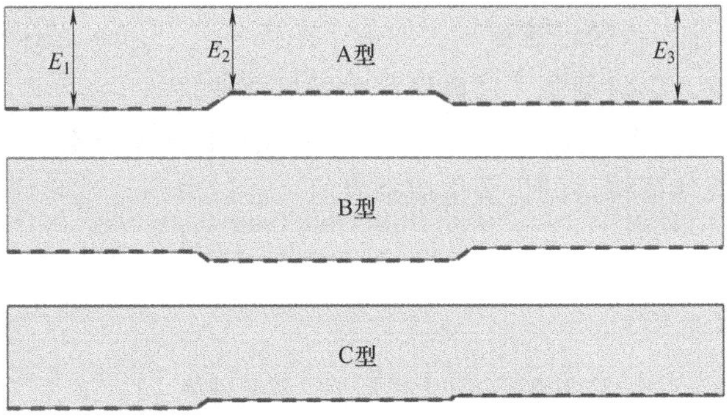

图 3-75　三种不等厚坯料

表 3-5　不等厚坯料尺寸

坯料类型	E_1/mm	E_2/mm
A 型	26	23
B 型	24	26
C 型	26	24

图 3-76 所示为不同形式坯料加载的材料转移率。较优形式的不等厚坯料有助于减少材料转移率，形式 C 不等厚坯料降低材料转移率至临界值以下，因此预测锻件不会产生折叠缺陷，柱状图右侧为相应有限元模拟试验和物理模拟试验，进一步验证了主应力法与模拟试验的结果相吻合。

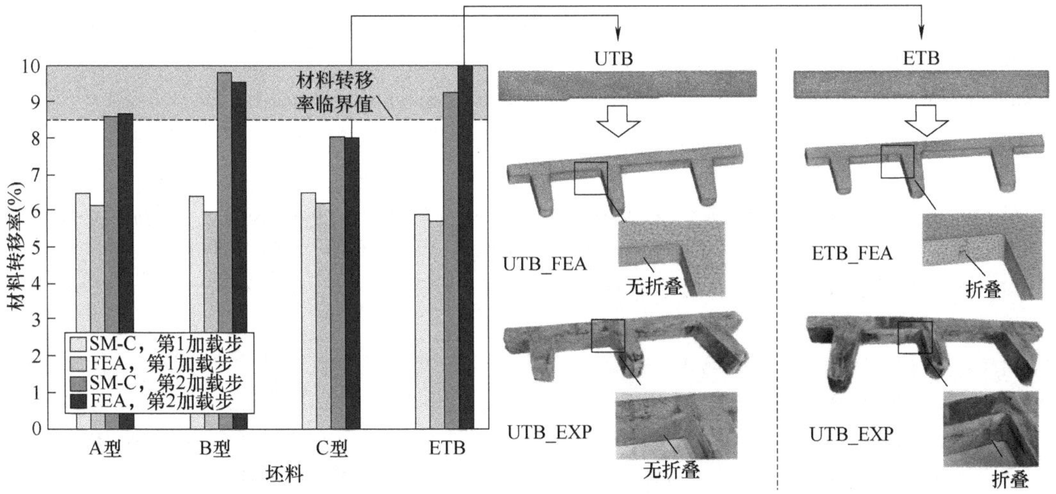

图 3-76　不同形式坯料加载材料转移率

3.6.5　结论

1）抽取钛合金大型筋板构件等温局部间歇加载过渡区特征结构，构建了过渡区分流层位置计算模型；结合物理模拟试验验证了钛合金在高温下局部加载的分流层位置计算模型，两者误差仅在4%左右；同时，采用物理模拟试验与有限元模拟结果相互对比，进一步验证了试验的可靠性。

2）基于过渡区分流层位置计算模型，完成了不同形式、不等厚坯料局部间歇加载过程的材料转移率快速计算，有效预测了过渡区产生的折叠缺陷。

3）采用先加载区厚度较大而后加载区厚度较小的不等厚坯料，有效降低了材料转移率，低于本节提取筋板特征构件的折叠生成临界值，通过模拟与试验均观察到该筋板特征构件未产生折叠。

参考文献

[1] 魏科，马庆，徐勇，等. 大型/复杂模锻件省力成形工艺研究进展［J］. 塑性工程学报，2021，28（5）：166-182.

[2] YANG H，FAN X G，SUN Z C，et al. Some advances in local loading precision forming of large scale integral complex components of titanium alloys［J］. Materials Research Innovations. 2011，15（S1）：493-498.

[3] FAN X G，YANG H，GAO P F. Through-process macro-micro finite element modeling of local loading forming of large-scale complex titanium alloy component for microstructure prediction［J］. Journal of Materials Processing Technology 2014，214（2）：253-266.

[4] WEI K，MA Q，WANG G C，et al. Exploration of the material transfer effect in local loading forming of ultra-large-size integrated component with multi-rib［J］. International Journal of Advanced，2020，108：1413-1427.

[5] GAO P F，YANG H，FAN X G，et al. Forming defects control in transitional region during isothermal local loading of Ti-alloy rib-web component［J］. Manafacturing Technology，2015，76：857-868.

[6] 邵勇，陆彬，陈军，等. 体积成形预成形设计及优化方法的研究与应用［J］. 塑性工程学报，2012，19（6）：1-9.

[7] ZHANG D W，YANG H. Development of transition condition for region with variable-thickness in isothermal local loading process［J］. Transactions of Nonferrous Metals Society of China. 2014，24（4）：1101-1108.

[8] GAO P F，FEI M Y，YAN X G，et al. Prediction of the folding defect in die forging：A versatile approach for three typical types of folding defects［J］. Journal of Manufacturing Processes，2019，39：181-191.

[9] 詹梅，董赟达，翟卓蕾，等. 塑性成形快速数值仿真方法的研究进展［J］. 机械工程学报，2022，58：1-19.

[10] ZHANG D W，YANG H，SUN Z C. Analysis of local loading forming for titanium-alloy T-shaped components using slab method［J］. Journal of Materials Processing Technology. 2010，210：258-266.

[11] 徐宁宁，孙朝阳，钱凌云，等. 镁合金板形件扭挤成形载荷的主应力法求解模型［J］. 机械工程学报，2021，57（4）：73-82.

[12] 唐海兵，魏科，杨超，等. 多筋构件等温局部间歇加载材料跨变形区转移的快速预测［J］. 锻压技术，2023，48（10）：8-15.

[13] DING T，WEI K，YANG C，et al. Robust optimization of consistency in filling of rib-grooves for titanium alloy multi-rib eigenstructure［J］. Int. J. Adv. Manuf. Technol. 2023，126：4317-4336.

[14] SUN Z C，CAO J，WU H L，et al. Inhomogeneous deformation law in forming of multi-cavity parts under complex loading path［J］. J. Mater. Process. Technol. 2018，254：179-192.

[15] ZHANG D W，YANG H，SUN Z C，et al. Influences of fillet radius and draft angle on local loading process of titanium alloy T-shaped components［J］. Trans. Nonferrous Met. Soc. China. 2011，21：2693-2704.

[16] ZHANG D W，YANG H，SUN Z C，et al. Deformation behavior of variable-thickness region of billet in rib-web component isothermal local loading process［J］. Int. J. Adv. Manuf. Technol.，2012，63（1~4）：1-12.

[17] SOFUOGLU H, RASTY J. Flow behavior of Plasticine used in physical modeling of metal forming processes [J]. Tribology International, 2000, 33: 523-529.
[18] 沈昌武. TA15、TC11 钛合金热变形材料本构模型研究 [D]. 西北工业大学, 2007: 27-31.
[19] ZHENG J Y, FANG J Y C, FU M W. Flow-induced folding in multi-scaled bulk forming of axisymmetric flanged parts and its prediction and avoidance [J]. Int. J. Adv. Manuf. Technol., 2022, 119: 5863-5883.
[20] LI X T, SUN C Y, QIAN L Y, et al. Flow defects of rib-web components in isothermal local-loading forming process [J]. Int. J. Adv. Manuf. Technol., 2023, 125: 3417-3429.
[21] GAO P F, YANG H, FAN X G, et al. Quick prediction of the folding defect in transitional region during isothermal local loading forming of titanium alloy large-scale rib-web component based on folding index [J]. J. Mater. Process. Technol., 2015, 219: 101-111.

3.7 0Cr17Ni4Cu4Nb 伺服动力电源支架模锻研究

3.7.1 引言

0Cr17Ni4Cu4Nb 材料属于马氏体型沉淀硬化不锈钢，具有良好的耐蚀性、较高的强度和硬度[1,2]，经过热处理后，其强度可以达到 1400MPa，并且其耐蚀性远超 Cr13 和 Cr17Ni2 等马氏体钢，其出色的性能使其在航空、航天、能源、化工、石油、机械等多个领域得以应用，可用作复杂工作环境的盘、轴、叶片及支架等[3-5]。0Cr17Ni4Cu4Nb 伺服动力电源支架应用于航空、航天行业，服役条件极为苛刻，使用寿命普遍较短，一般情况下连续使用一定时间便需要更换。现用 0Cr17Ni4Cu4Nb 高强度不锈钢代替原来的超高强度结构钢，由热模锻代替自由锻及减少机械加工的成形方式，极大地改善了该工件的性能，减少了加工时间，节约了成本。本节以 0Cr17Ni4Cu4Nb 伺服动力电源支架为研究对象，进行工艺试验，确定符合锻件力学性能和技术条件的锻造工艺参数和性能热处理参数。

3.7.2 材料研究

针对伺服动力电源支架的工况条件，使用的材料需要具备高强度、高硬度、耐蚀和良好的低温韧性等特点，最终选择 0Cr17Ni4Cu4Nb 马氏体型沉淀硬化不锈钢材料进行研究，以此为基础开发出耐蚀、强度高、低温韧性好的材料。

马氏体型不锈钢中 Cr 能增加淬透性，降低 *As* 点与 *Ms* 点，但过多的 Cr 会导致钢在热处理后产生较多的残余铁素体，引起 C、Cr 等元素的偏析，破坏材料力学性能，尤其是强度[6,7]，同时过多的 Cr 会导致锻件锻造时开裂，所以 Cr 元素应控制到下限；Ni 能减少铁素体含量，降低 *As* 点，增加材料淬透性，随着 Ni 含量的增加，相同回火温度下的强度也随之增加[8,9]，并且 Ni 能增加 Cu 在高温奥氏体组织中的溶解，降低了 Cu 的扩散激活能[10]，减轻铜脆现象，所以 Ni 应按上限控制；Cu 是该钢中的主要强化元素，能提高钢的耐蚀能力，通过形成 e-Cu 来起到强化作用，但 Cu 含量过多极易导致钢产生热脆，并引起材料在锻造过程中开裂[11,12]，所以 Cu 应按下限控制；Nb 在钢中也起到强烈的强化作用，并且能与钢中的 C、N 等元素形成稳定的化合物，改善材料组织，但过多的 Nb 会增加材料锻造过程中的开裂倾向，所以 Nb 应按中下限控制[13]。为避免伺服动力电源支架锻件在锻造过程中产生缺陷，实现产品的力学性能，最终确定的材料内控成分见表 3-6。

表 3-6　0Cr17Ni4Cu4Nb 材料成分目标值及内控值范围（质量分数,%）

元素	C	Si	Mn	P	S	Cr	Ni	Cu	Nb	Ti	Al
内控值	0.025~0.045	0.15~0.45	0.55~0.85	≤0.018	≤0.006	14.5~15.5	4.50~5.50	2.6~3.5	0.24~0.32	≤0.02	≤0.025
目标值	0.030	0.25	0.70	≤0.012	≤0.004	14.8	5.0	2.8	0.26		

3.7.3 工艺试验研究

1. 锻造工艺参数确定

0Cr17Ni4Cu4Nb 材料成分确定后，还需要确定该材料的较好的锻造温度范围。针对该材料分别做 900℃、950℃、1100℃、1150℃和 1200℃的高温拉伸试验，通过试样的伸长率与断面收缩情况，确定该产品的锻造工艺参数，试验结果见表 3-7。

表 3-7　0Cr17Ni4Cu4Nb 高温试验结果

试验温度/℃	屈服强度/MPa	抗拉强度/MPa	伸长率情况			断面收缩情况		
			原标距/mm	断后标距/mm	断后伸长率 A（%）	原截面/mm^2	断后截面/mm^2	断面收缩率 Z（%）
900	150	170	15.16	21.3	40.5	7.98	6.55	32.6
950	80	100	15.39	21.15	37.4	8.01	5.5	52.8
1100	43	48	14.96	24.5	63.8	8.04	4.1	73.9
1150	37	45	15.16	24	58.3	8.03	5.2	58.1
1200	30	33	14.94	20.8	39.2	8.03	6.2	40.4

高温拉伸试验后的试样形貌如图 3-77 所示，通过对试验结果的分析，材料在 1100℃、1150℃具有较好的断后伸长率，而温度低于 950℃或高于 1200℃时断后伸长率大幅度下降，断后伸长率最高值对应的温度是 1100℃；另外，材料在 950℃、1100℃、1150℃时断面收缩率较好，均高于 50%，当温度降低至 900℃或升高至 1200℃时断面收缩率大幅度下降，断面收缩率最高值对应的温度是 1100℃。

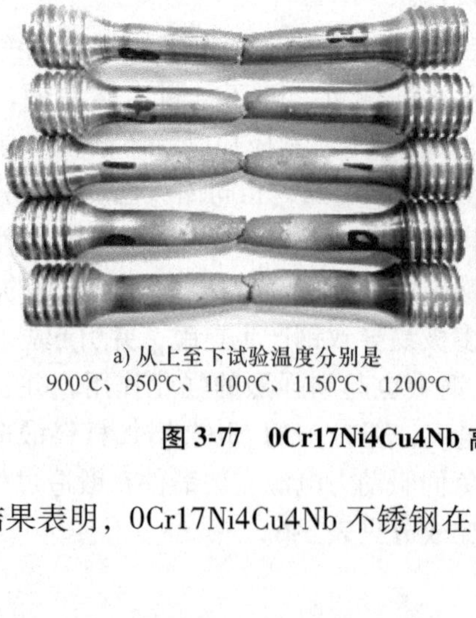

a) 从上至下试验温度分别是 900℃、950℃、1100℃、1150℃、1200℃

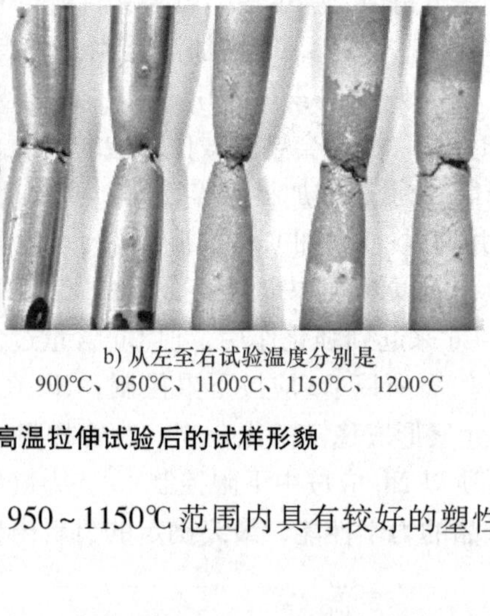

b) 从左至右试验温度分别是 900℃、950℃、1100℃、1150℃、1200℃

图 3-77　0Cr17Ni4Cu4Nb 高温拉伸试验后的试样形貌

试验结果表明，0Cr17Ni4Cu4Nb 不锈钢在 950~1150℃范围内具有较好的塑性，该钢种的锻造加热温度不能超过 1150℃，终锻温度不能低于 950℃。

2. 热处理参数确定

产品的技术要求屈服强度≥880MPa，抗拉强度 700MPa，断后伸长率≥13%，断面收缩率≥45%，布氏硬度≥280HBW，−30℃V 型缺口试样平均吸收能量≥34J，−30℃V 型缺口试样最小吸收能量≥27J。为确保锻件具有高强度、高硬度、高韧性的力学性能要求，对该材料进行了固溶+时效热处理系列工艺试验，来探究其合理的热处理工艺。0Cr17Ni4Cu4Nb 的热处理工艺试验方案及试验结果见表 3-8。

表 3-8　0Cr17Ni4Cu4Nb 热处理工艺试验方案及试验结果

试样编号	热处理工艺		硬度 HBW	常温拉伸性能					−30℃吸收能量/J
	固溶工艺	时效工艺		$R_{p0.2}$/MPa	屈强比	Rm/MPa	A(%)	Z(%)	
01	1040℃×6h 空冷	635℃×7h	285	722	0.74	976	20.0	57	19.32
02		620℃×7h	298	844	0.844	1000	19.5	58	14.24
03		595℃×7h	309	908	0.873	1040	17.0	54	12.11
04		550℃×7h	337	1043	0.933	1118	18.5	55	8.7
05	1040℃×6h 水冷	——	313	686	0.564	1217	11.0	42	25.16
06	1040℃×6h 空冷	——	319	717	0.59	1215	9.0	39	20.30
07		820℃×5h+620℃×7h	262	716	0.791	905	24.0	60	26.36
08		820℃×5h+550℃×7h	297	969	0.954	1016	17.5	55	16.19
09		765℃×5h+620℃×7h	259	741	0.828	895	22.0	59	40.60
10		765℃×5h+550℃×7h	286	914	0.928	985	18.0	56	23.16

根据试验结果，0Cr17Ni4Cu4Nb 钢编号为 09 的试样工艺基本能满足技术条件的要求，但该工艺处理的材料硬度偏低，需要降低二次回火温度。最终确定 0Cr17Ni4Cu4Nb 的热处理固溶温度为 1040℃，一次回火温度为 765℃，二次回火温度为 595℃。

3.7.4　成形模拟与试制

绘制伺服动力电源支架的模具及坯料三维模型，并进行模拟，模拟条件参数为 0Cr17Ni4Cu4Nb 材料始锻温度为 1100℃，上下模具预热温度为 200℃，摩擦系数为 0.4。导入模型后对坯料进行定位，经过多次预模拟观察成形件充满情况。通过对比预模拟结果发现，坯料在图 3-78a 所示位置时，能够按比例将金属分配给模具斜面两侧模膛，坯料过于向左或向右偏移都会导致另一侧模具模膛难以充满，即使最终能够充满，其成形力也过大。但是由于下模模膛为斜面，坯料放置在下模上之后难以准确定位，当上模对坯料施加压力时，坯料会沿着斜面出现不同程度的下滑，最差状态如图 3-78b 所示，此时下模右侧模膛无法充满。

为了使成形件能够达到最佳充满状态且成形力较小，对模具进行修改，在下模斜面顶部增加定位槽，如图 3-79 所示。当坯料放置在最佳位置时会被下模定位槽以及上模斜面卡住无法左右移动，以达到定位效果。

模拟成形件与模具接触情况如图 3-80 所示。根据右侧色标显示，蓝色区域表明成形件与模具接触距离为 0，色标越向上变化，接触距离越大。由成形件颜色区域分布可知，成形件与上下模具模膛接触良好，无坯料未充满问题。

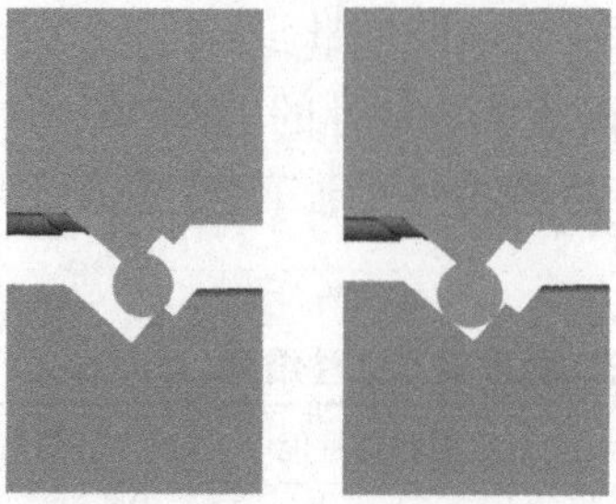

a) 坯料最佳位置　b) 坯料最差位置

图 3-78　坯料位置

图 3-79　下模定位槽

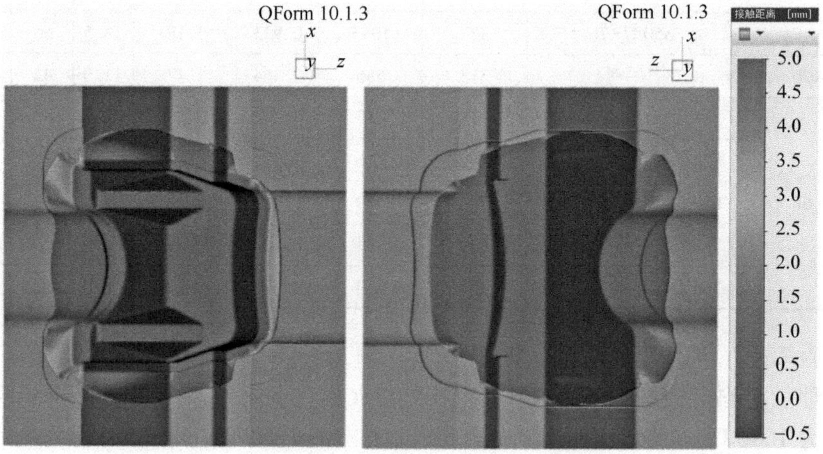

图 3-80　成形件与模具接触情况的模拟结果

模拟载荷变化趋势如图 3-81 所示，随着上模持续下压，模拟载荷逐渐增大且增大速率越来越快，当成形件刚好完全充满模具模膛时，模拟载荷为 4997tf。

为保障试制成功，在数值模拟的基础上对不足之处进行改进，采用 120kW 箱式电炉加热，升温至 900℃±20℃时保温 60min，然后加热至 1180℃±10℃后保温 20min 即可取件制坯。然后在 5t 的模锻锤上进行制坯、终锻、切边和冲孔多道工序，最后性能热处理采用 1040℃×6h 的固溶处理，一次回火温度为 765℃×5h，二次回火温度为 595℃×7h，最终锻件成品可以满足零件的使用要求。图 3-82 所示为锻造现场与成品。

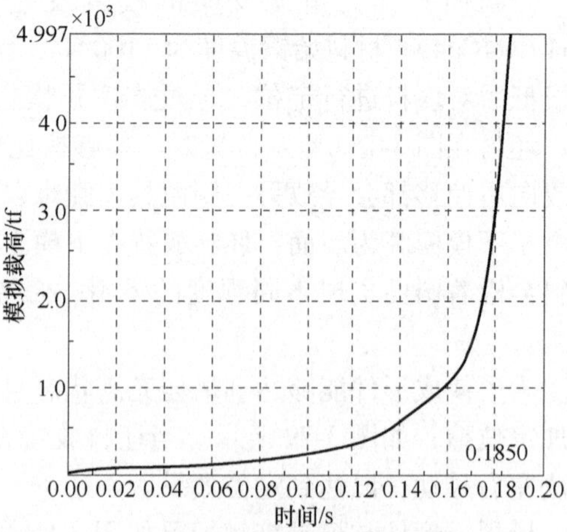

图 3-81　模拟载荷变化趋势

图 3-82　锻造现场与成品

3.7.5　结论

1）在锻造工艺研究过程中，通过材料的高温性能试验，研究了材料在不同温度下的强度、塑性等指标，根据试验结果确定了锻件的加热温度、终锻温度工艺参数。

2）通过大量工艺试验，确定了 0Cr17Ni4Cu4Nb 不锈钢的性能热处理工艺参数，满足了锻件高强度、高硬度、同时具有良好低温韧性的特点。

3）通过多次调整坯料位置，最终成形的伺服动力电源支架锻件能够完全充满模具模膛，且成形载荷较小，最大成形载荷为 4997tf，采用经过改进后的工艺成功制造出伺服动力电源支架。

参考文献

[1] 查小琴，韩红民，谢玉林，等. 微观组织对 0Cr17Ni4Cu4Nb 马氏体不锈钢的耐点腐蚀性能的影响［J］. 材料开发与应用，2015，27（4）：64-69.

[2] 贺利. 0Cr17Ni4Cu4Nb 不锈钢底座的真空热处理［J］. 金属热处理，2021，46（8）：189-192. DOI：10. 13251/j. issn. 0254-6051. 2021. 08. 035.

[3] 朱凯旋. 0Cr17Ni4Cu4Nb 燃气轮机叶片材料砂带磨削的表面质量研究［D］. 重庆：重庆大学，2006.

[4] 刘春燕，李敬民. 17-4PH 沉淀硬化不锈钢力学性能稳定性研究［J］. 热加工工艺，2018，47（20）：178-181，185.

[5] 叶丽梅. 分析热处理工艺对 17-4PH 不锈钢强度和组织的影响［J］. 世界有色金属，2017（5）：10-11.

[6] 杨钢，赵兴东，史凤岭，等. 合金元素对 0Cr17Ni4Cu4Nb 不锈钢组织与力学性能的影响—铬（2）［J］. 特钢技术，2010，16（4）：9-14.

[7] WANG J，ZOU H，LI C et al. Relationship of microstructure transformation and hardening behavior of type 17-4PH stainless steel［J］. Journal of University of Science and Technology，2006，13（3）：235.

[8] 李茹，杨钢，王剑星，等. 合金元素对 0Cr17Ni4Cu4Nb 不锈钢组织与力学性能的影响—镍（4）［J］. 特钢技术，2011，17（2）：12-17，37.

[9] 王剑星，杨钢，刘天模，等. Ni 含量对 0Cr17Ni4Cu4Nb 不锈钢力学性能的影响［J］. 材料热处理学报，2010，31（12）：56-60.

[10] 王剑星. Ni 含量对 0Cr17Ni4Cu4Nb 不锈钢组织与性能的影响 [D]. 重庆：重庆大学，2010.
[11] MIRZADEH H, Najafizadeh A. Aging kinetics of 17-4 PH stainless steel [J]. Materials Chemistry and Physics, 2009, 116: 119-124.
[12] 李许明，杨钢，黄爱华，等. 合金元素对 0Cr17Ni4Cu4Nb 不锈钢组织与力学性能的影响—铜（3）[J]. 特钢技术，2011，17（1）：6-12，15.
[13] 杨钢，王剑星，李许明，等. 合金元素—铌对 0Cr17Ni4Cu4Nb 不锈钢组织与力学性能的影响 [J]. 特钢技术，2011，17（3）：5-9.

3.8 吊钩系列复杂件联合精密锻造技术研究

3.8.1 引言

GB/T 12362—2016《钢质模锻件　公差及机械加工余量》给出了模锻件达到精密级的精度要求[1]。GB/T 8541—2012《锻压术语》对精密锻造一词的解释为锻造方法之一，其锻件精度高不需或只需少量切削加工[2]。林忠钦等人论述了中国 30 年来塑性成形技术实现了从简单毛坯到复杂构件近净成形技术的跨越、从小尺寸分体成形到大尺寸整体成形技术的跨越、从单一控制形状到形状性能协同控制技术的跨越，同时也预测了未来塑性成形技术将呈现超大尺度、复杂形状与高精度相互叠加的整体化构件精密塑性成形技术与装备、超高温、超精、超强材料复杂构件的精密塑性成形技术与装备、突破成形过程力能参数实时感知和检测、形状和组织演变模型及智能化控制的高效智能化塑性成形技术与装备、超高强材料和超大尺度极端成形过程的高精度数值模拟算法与软件研发等“三超两高”主要发展趋势[3]。蒋鹏等人针对精密塑性成形技术现状，介绍了热、温、冷精锻及其复合精锻、闭式模锻、流动控制成形、等温模锻、闭塞锻造、分流锻造、冷冲锻、可控多向模锻以及高速镦锻等精密塑性成形技术以及应用实例[4]。李志广等人研发了连杆精密锻造[5]、凸轮轴精密锻造[6,7]、扳手精密锻造[8]以及吊钩模锻与精压精密成形[9]、连接销模锻与挤压精密成形[10]、齿弧热模锻与热冲压精密成形[11]、大型刮板铸造与锻造精密成形[12-15]等多项精密塑性成形技术以及应用实例。

3.8.2 精密锻造的定义

笔者认为“精密锻造”的实质是实现锻件精度高，不需或只需少量切削加工（或称锻件少无加工余量、精度接近或达到零件精度），且少无质量缺陷或隐患，以及从输入到输出锻造过程（包括所有工艺技术要素）精准控制的近、净、精锻造技术，因此，“精密锻造”除锻件精度应达到 GB/T 12362—2016 规定的精密级要求以及“锻造方法之一，其锻件精度高不需或只需少量切削加工”狭义上的定义内容，至少还应包括以下广义上的含义：

1）具有精密控制与优化锻件形状、尺寸、精度、质量、力学性能、硬度、密度、重量、金相组织与低倍组织以及快速精准去除与卸除锻件飞边（含冲孔连皮）等显著特点的精密锻造。

2）具有精细控制与优化加热温度、始锻温度、终锻温度、热切边温度、热校正温度、热胀冷缩量、变形量、变形流程、变形程度、变形力、变形工序、变形工步、变形时间与打击次数等显著特点的精密锻造。

3）具有精准控制与提高材料利用率、合格品率、效率、附加值与性价比及可靠性、符合性、时效性、安全性、经济性、效益性与资源使用利用率等显著特点的精密锻造。

4）具有精确“五定”，即定因（原因、机理、条件与因果关系等）、定性（性质、类型、方位、等级、危害、普遍性、特殊性或偶然性等）、定量（数量、批量、炉批次、范围、投入产出量、利用率与工艺参数取值等）、定时（时间、时段、过程、节点与工时等）、定法（解决对策、纠正办法与预防措施等）等以实现快速分析、识别、确认、判断、预测、消除、应对、控制、预防等从输入到输出工艺过程的质量缺陷与各种隐患风险及实现可追溯性与再现可控性等显著特点的精密锻造。

5）具有大幅度拓展锻造工艺、设备、锻模与工装等使用功能、范围、效率、寿命、时效性、可靠性、符合性与安全性等显著特点的精密锻造。

6）具有“锻造技术”+“材料、锻造、冲压、挤压、铸造、焊接、热处理、3D 打印或仿真模拟”等多元、多维度、多层级、多变量、多学科、多领域技术有机复合、融合、联合、集成或协同显著特点的精密锻造。

7）具有差异化、个性化、精细化、轻量化、减量化、增量化、清洁化、数字化、智能化、虚拟化、敏捷化、极端化、边缘化与绿色化等特殊性制造技术显著特点的精密锻造。

3.8.3　吊钩系列复杂件联合精密锻造方法

1. 吊钩系列复杂件传统锻造方法

吊钩系列复杂件是用于舰船大功率发动机的起重吊装关键零部件之一，只有通过锻造“成形与改性”过程，才能确保吊钩系列复杂件零件使用的高优质性、高时效性、高可靠性和高安全性的技术要求。吊钩系列复杂件模锻件（见图 3-83）的传统锻造方法主要有以下 4 种：

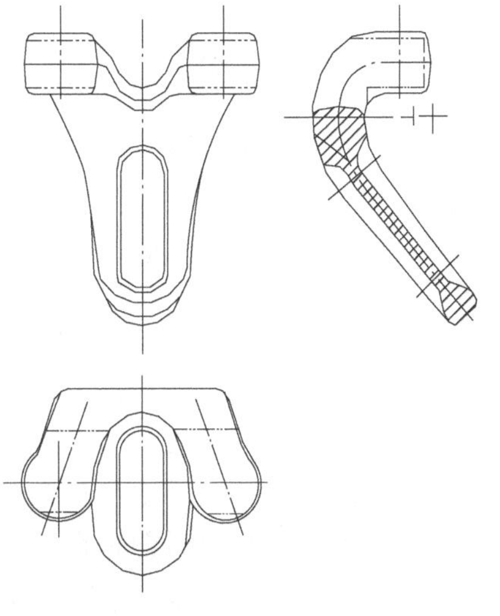

图 3-83　吊钩系列复杂件模锻件毛坯简图

1）吊钩系列复杂件“热模锻（制坯与终锻）→热弯曲成形”方法。步骤一：将加热到始锻温度的吊钩坯料在模锻锤（或其他类型模锻设备）上依靠热平直半成品吊钩锻模进行模锻（制坯与终锻）成形，然后将带有飞边的热平直半成品模锻件在切边压力机上利用切边模进行切边；步骤二：将加热到始锻温度的吊钩热平直半成品模锻件再在压力机上依靠热平直半成品吊钩弯曲模进行最终精压成形。该方法缺点特别明显：变形力大（尤其是叉形部分终锻的难变形区过大，导致变形力过大），效率低（其中锻造加热火次为 3~4 次/件，变形打击次数多），锻模使用寿命极低（0.3 万~0.5 万件），模锻件形状、尺寸、精度、质量可靠性、稳定性、一致性和均质性差（模锻精度不能达到 GB/T 12362—2016 规定的精密级，模锻件普通级合格品率为 93%~95%）。

2）吊钩系列复杂件“热模锻（制坯、预锻与终锻）→热弯曲成形”方法。步骤一：将加热到始锻温度的吊钩坯料在模锻锤（或其他类型模锻设备）上依靠热平直半成品吊钩锻模进行模锻（制坯、预锻与终锻）成形，然后将带有飞边的热平直半成品模锻件在切边压力机上利用切边模进行切边；步骤二：将加热到始锻温度的吊钩热平直半成品模锻件再在压力机上依靠热平直半成品吊钩弯曲模进行最终精压成形。该方法缺点特别明显：变形力大（尤其是叉形部分终锻的难变形区过大，导致变形力过大），效率低（其中锻造加热火次为3~4次/件，变形打击次数多），锻模使用寿命极低（0.5万~0.7万件），模锻件形状、尺寸、精度、质量可靠性、稳定性、一致性差（模锻精度不能达到GB/T 12362—2016规定的精密级，模锻件普通级合格品率为95%~98%）。

3）吊钩系列复杂件“热制坯成形→热模锻（终锻）→热弯曲成形”方法。步骤一：将加热到始锻温度的吊钩坯料在自由锻锤（或辊锻机）上进行专门独立制坯成形，以获得热平直半成品吊钩制坯成形件；步骤二：在模锻锤（或其他类型模锻设备）上依靠热平直半成品吊钩锻模进行模锻（终锻）成形，然后将带有飞边的热平直半成品模锻件在切边压力机上利用切边模进行切边；步骤三：将加热到始锻温度的吊钩热平直半成品模锻件再在压力机上依靠热平直半成品吊钩弯曲模进行最终精压成形。该方法缺点特别明显：变形力大（尤其是叉形部分终锻的难变形区过大，导致变形力过大），效率低（其中锻造加热火次为3~4次/件，变形打击次数多），锻模使用寿命极低（0.3万~0.5万件），模锻件形状、尺寸、精度、质量可靠性、稳定性、一致性差（模锻精度不能达到GB/T 12362—2016规定的精密级，模锻件普通级合格品率为93%~97%）。

4）吊钩系列复杂件“热制坯成形→热模锻（预锻与终锻）→热弯曲成形”方法。步骤一：将加热到始锻温度的吊钩坯料在自由锻锤（或辊锻机）上进行专门独立制坯成形，以获得热平直半成品吊钩制坯成形件；步骤二：在模锻锤设备（或其他类型模锻设备）上，依靠热平直半成品吊钩锻模进行模锻（预锻与终锻）成形，然后将带有飞边的热平直半成品模锻件在切边压力机上利用切边模进行切边；步骤三：将加热到始锻温度的吊钩热平直半成品模锻件再在压力机上依靠热平直半成品吊钩弯曲模进行最终精压成形。该方法缺点特别明显：变形力大（尤其是叉形部分终锻的难变形区过大，导致变形力过大），效率低（其中锻造加热火次为3~4次/件，变形打击次数多），锻模使用寿命极低（0.6~0.8万件），模锻件形状、尺寸、精度、质量、可靠性、稳定性、一致性差（锻造精度不能达到GB/T 12362—2016规定的精密级，模锻件普通级合格品率为95%~98%）。

2. 吊钩系列复杂件联合精密锻造方法

（1）吊钩系列复杂件热模锻+热精压联合锻造方法　从吊钩系列模锻件锻造的材料牌号、形状与复杂程度、加热条件与方法、工艺过程与方法、设备类型与特点、锻模设计与制造、锻造操作与冷却方式等关键工艺要素可以看出，吊钩系列模锻件锻造成形精度达到GB/T 12362—2016规定的普通级比较容易，达到精密级则是难上加难。

吊钩系列复杂件联合精密锻造方法特指吊钩系列复杂件“热模锻+热精压”有机联合、复合、集成或协同的精密锻造方法，即热模锻（拔长与压扁制坯、预锻与终锻）→热精压（预弯曲与终精压）。第一个步骤：将加热到始锻温度的吊钩坯料在模锻锤（或其他类型模锻设备）上依靠吊钩热平直锻模进行模锻（拔长与压扁制坯、预锻与终锻）成形，然后在切边压力机上利用切边模将带有飞边的热平直半成品模锻件进行切边，以获得未全部达到最终形状、尺寸、精度与质量要求的吊钩热平直半成品模锻件；第二个步骤：再将吊钩热平直半成品模锻件在模锻锤（或其他模锻设备），或压力机上依靠吊钩热精压模进行最终精压（预弯曲与终精压）成形，以获得满足最终形状、尺寸、精度与质量要求的吊钩系列复杂模锻件。

（2）吊钩系列复杂件热模锻的热锻模　吊钩系列复杂件热模锻依靠热平直锻模进行模锻（拔长与压扁制坯、预锻与终锻）成形（见图 3-84）。吊钩系列复杂件热平直半成品锻模包括拔长与压扁制坯模膛 1，呈纵向排列，位于热平直锻模的左后部；对角型锁扣 2 呈纵向排列，位于热平直锻模的左前部和右后部；预锻模膛 3 呈纵向排列，位于热平直锻模的中左后部（预锻模膛 3 与终锻模膛 5 设计遵循反变形法与顺序成形法设计原则[16,17]）；预锻飞边槽 4 为上下对称的楔形结构，位于预锻模膛 3 的四周；终锻模膛 5 呈纵向排列（与预锻模膛排列方向相反），位于热平直锻模的中右前部；终锻飞边槽 6 位于终锻模膛 5 的四周。

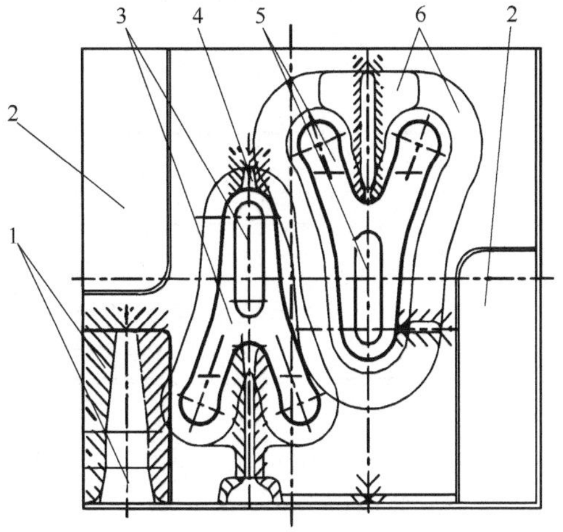

图 3-84　吊钩系列复杂件热锻模简图

1—拔长与压扁制坯模膛　2—对角型锁扣
3—预锻模膛　4—预锻飞边槽
5—终锻模膛　6—终锻飞边槽

吊钩系列复杂件热平直锻模工作步骤如下。

1）安装固定步骤：将热平直锻模安装固定在模锻锤（或其他类型模锻设备）上，然后将热平直锻模预热到 150~350℃。

2）制坯步骤：将加热到始锻温度的圆钢坯料置于拔长与压扁制坯模膛 1 上进行拔长与压扁制坯。

3）预锻步骤：将拔长与压扁制坯后的坯料纵向置于预锻模膛 3 中进行预锻成形。

4）终锻步骤：将预锻热锻件调头向右旋转 180°纵向置于终锻模膛 5 中终锻成形。

5）切边步骤：将成形后带飞边吊钩半成品模锻件置于切边模中切边，即可获得还没有全部达到最终形状、尺寸、精度与质量要求的热平直吊钩半成品模锻件。

（3）吊钩系列复杂件热精压的热精压模　吊钩系列复杂件热精压依靠热精压模进行最终精压（预弯曲与终精压）成形（见图 3-85）。热精压模包括预弯曲模膛、终精压模膛和单纵双角复合型锁扣，其中，预弯曲模膛位于热精压模的右后部，终精压模膛位于热精压模的左后部，单纵双角复合型锁扣位于热精压模的正前部。

吊钩系列复杂件热精压模的预弯曲模膛主要由预平直定位凹腔 1、预弯曲定位凸台 2、预弯曲凹模 3、预弯曲凸模 4 和预弯曲定高凹腔 5 组成，其中预平直定位凹腔 1 用于吊钩半成品热平直模锻件置于下模进行弯曲前的前后轮两端部定位，其前端深度与后端深度底平面设置有前倾斜角，后端半圆处的模锻斜度和圆角半径与热平直锻件柄部半圆处的模锻斜度和圆角半径相匹配；预弯曲定位凸台 2 用于吊钩半成品热平直模锻件与弯曲过程中的定位，后端圆角设置有模锻斜度，后端圆角半径尺寸与热热平直半成品模锻件的 V 型凹口圆角半径尺寸相匹配，左、右侧无模锻斜度；预弯曲凹模 3 用于预弯曲成形、容纳和夹持取出预弯曲模锻件，预弯曲形状和尺寸和预弯曲热模件图形状和尺寸相同；预弯曲凸模 4 用于预弯曲热模件上部弯曲成形和传递弯曲变形力，预弯曲形状和尺寸和预弯曲热模件图形状和尺寸相同；预弯曲定高凹腔 5 用于预弯曲成形的定高与辅助定位，工作高度尺寸与预弯曲后所对应的预弯曲热锻件的高度尺寸相同。

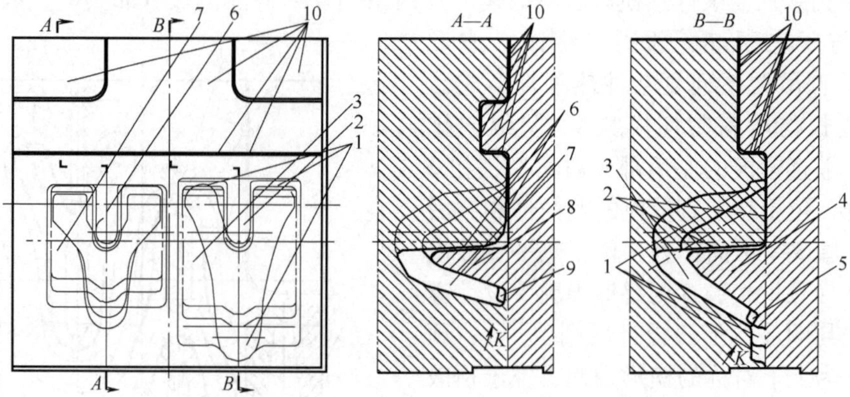

图 3-85　吊钩系列复杂件热精压模简图

1—预平直定位凹腔　2—预弯曲定位凸台　3—预弯曲凹模　4—预弯曲凸模　5—预弯曲定高凹腔
6—终定位凸台　7—终精压凹模　8—终精压凸模　9—终精压定高凹腔　10—单纵双角复合型锁扣

吊钩系列复杂件热精压模的终精压模膛包括终定位凸台 6、终精压凹模 7、终精压凸模 8 和终精压定高凹腔 9，其中终定位凸台 6 用于吊钩预弯曲热模锻件置于下模进行终精压的前后左右定位，后端圆角设置有模锻斜度，后端圆角半径尺寸与热热平直半成品模锻件的V 型凹口圆角半径尺寸相匹配，左、右侧无模锻斜度；终精压凹模 7 用于终精压成形、容纳和夹持取出终精压热模件，形状和尺寸与终精压热模件图形状和尺寸相同，但弯曲角度比所对应的终精压热模件图弯曲角度小，弯曲底部深度和所对应的终精压热模件图弯曲底部深度大；终精压凸模 8 用于终精压热模锻件上部弯曲变形与传递弯曲变形力，弯曲圆角半径和所对应的终精压热模件图弯曲圆角半径相同，弯曲角度比所对应的终精压热模件图弯曲角度小；终精压凹模 7 与终精压凸模 8 的凹凸竖直面设置有单侧面配合间隙；终精压定高凹腔 9 用于终精压成形的定高与辅助定位，工作高度尺寸与终精压后所对应的终精压热锻件的高度尺寸相同；吊钩系列复杂件热精压模的单纵双角复合型锁扣 10 用于热精压模的复合导向，具有防干涉配合功能。

吊钩系列复杂件热精压模的工作步骤如下。

1）安装固定步骤：将热精压模安装固定在模锻锤（或其他模锻设备），或压力机上，并将热精压模预热到 150~250℃。

2）预弯曲步骤：将热平直吊钩半成品模锻件纵向置于预弯曲模膛中进行预弯曲过程定位，在预弯曲凸模的向下作用下，在预弯曲凹模中进行预弯曲成形以获得预弯曲件。

3）终精压步骤：将预弯曲后吊钩半成品模锻件再置于终精压模膛中，在终精压凸模和终精压定高凹腔的向下作用下，进行终精压成形，然后将吊钩成品模锻件用夹钳横向夹持取出，即可获得满足最终形状、尺寸、精度与质量要求的吊钩系列复杂模锻件。

（4）吊钩系列复杂件精密锻造达到的效果　采用吊钩系列复杂件联合精密锻造工艺以及依靠其热锻模与热精压模，可实现吊钩系列复杂件的精密锻造成形，产品可靠性高、质量好、精度高、合格品率高、效率高、锻模使用寿命高和成本低，锻造精度由 GB/T 12362—2016 规定的普通级变为精密级，合格品率由普通级 93%~98%大幅度提高到精密级 98%，锻模使用寿命由 0.3 万~0.8 万件提高到 0.8 万件。

3.8.4　结论

1）吊钩系列复杂件联合精密锻造技术有效突破了吊钩系列复杂件“热模锻+热精压”有机复合、融合、联合、集成或协同的精密锻造关键技术，解决了吊钩系列复杂件精密锻造的共性与关键技术问题。

2）吊钩系列复杂件联合精密锻造工艺大幅度拓展了锻造工艺、设备、锻模等使用功能与使用范围，有效扬长避短了传统锻造成形工艺的优缺点，从输入到输出具有精细化、轻量化与绿色化的鲜明特点，可替代传统锻造成形工艺。

3）吊钩系列复杂件联合精密锻造技术从根本上解决了吊钩系列复杂件锻造质量差、精度低、合格品率低、效率低、锻模使用寿命低和成本高的特有技术难题，满足了吊钩系列复杂件件使用高优质性、高时效性、高可靠性和高安全的技术要求，锻造精度由GB/T12362—2016规定的普通级变为精密级，合格品率由普通级93%~98%大幅度提高到精密级98%，锻模使用寿命由0.3万~0.8万件提高到0.8万件。

参考文献

[1] 国家质量监督检验检疫总局，国家标准化管理委员会. 钢质模锻件 公差及机械加工余量：GB/T 12362—2016 [S]. 北京：中国标准出版社，2016.

[2] 国家质量监督检验检疫总局，国家标准化管理委员会. 锻压术语：GB/T 8541—2012. [S]. 北京：中国标准出版社，2012：1-29.

[3] 林忠钦，黄庆学，苑世剑，等. 中国塑性成形技术和装备30年的重大突破与进展 [J]. 塑性工程学报，2024，31 (4)：2-45.

[4] 蒋鹏，贺小毛，杨勇，等. 国内精密塑性成形技术的发展及其在工业生产中的应用 [J]. 模具工业，2020，46 (12)：11-16.

[5] 李志广，张健，梁万法，等. 发动机连杆精锻工艺：中国专利，ZL 2010 1 0608708.7 [P]，2012-08-08.

[6] 李志广，王俭，张炜，等. 一种凸轮轴热模锻精密级尺寸公差的控制方法：中国专利，ZL 2017 1 1269696.8 [P]，2019-10-25.

[7] 李志广，张建颖，周艳红，等. 大功率柴油机凸轮轴精锻技术研究 [J]. 模具工业，2023，49 (3)：69-73.

[8] 李志广，吴晓东，张波. 扳手精密模锻成形工艺：中国专利，ZL 2012 1 0566876.3 [P]. 2016-04-13.

[9] 李志广，钟国栋，刘继林，等. 一种联合精密模锻方法：中国专利，ZL 2017 10971814.3 [P]. 2019-03-19.

[10] 李志广，郭巨寿，张波. 一种连接销热模锻和热挤压复合精密成形工艺：中国专利，ZL 2013 10415262.X [P]. 2015-10-07.

[11] 李志广，迟春生，郭巨寿，等. 一种齿弧热模锻和热冲压塑性成形方法：中国专利，ZL 2017 10978194.6 [P]. 2019-04-09.

[12] 李志广，赵瑞，张雪冬，等. 一种刮板铸锻件精密级尺寸公差的控制方法：中国专利，ZL 2015 10667053.3 [P]. 2017-04-12.

[13] 李志广，翟海，吴永兴. 1340大型刮煤板铸锻复合塑性成形工艺研究 [J]. 大型铸锻件，2010 (3)：15-17，29.

[14] 胡丰泽，李志广，边晋荣. 1170大型刮煤板国产化锻造的研究 [J]. 热加工工艺，2010 (9)：102-104.

[15] 李志广，李健健，张世和. 特大型刮煤板铸锻复合塑性成形工艺研究 [J]. 模具工业，2012，38

(8)：61-65.
[16] 李志广，翟海，吴永兴. 顺序成形模锻法 [J]. 锻压技术，2011，36 (5)：10-13.
[17] 胡正寰，夏巨谌. 金属塑性成形手册：上册 [M]. 北京：化学工业出版社，2009.

3.9 连接杆锻件的开发研究

3.9.1 连接杆的特点

1）材料牌号：38MnVS6，属于非调质易切削钢。

2）性能要求：抗拉强度≥800MPa，屈服强度≥630MPa，断后伸长率≥12%，硬度25~33HRC。

3）金相组织要求：晶粒组织为>80%（体积分数）珠光体，魏氏组织含量（体积分数）不超过5%。

4）外形：总长度341mm，宽度最大处为69.85mm，厚度最大处为64mm，大头为分叉结构，小头为圆柱，中间为细长杆连接，如图3-86所示。

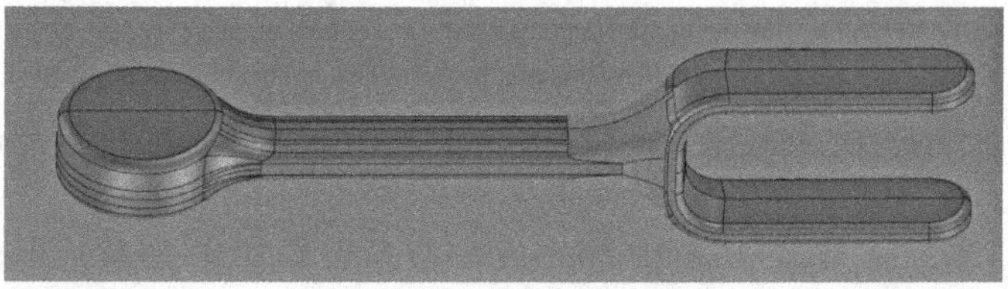

图3-86 连接杆3D示意图

3.9.2 锻造工艺开发

根据连接杆的特点，结合现有设备，同时考虑需要每天生产1万件的能力，我们同时开发了3条线生产该锻件，分别是1600t热模锻压力机、2500t热模锻压力机、3150t热模锻压力机，并且在1600t热模锻压力机上进行了自动化改造，按2班生产。

1. 锻件图的设计与确认

根据用户提供的零件图，经与用户多次交流确定了如图3-87所示的锻件图，其技术要求如下。

材料牌号38MnVS6，材质系数M1，复杂系数S3，错差小于0.6，残留飞边及毛刺小于0.7，未注模锻斜度5°，未注圆角半径$R3$，根据加工特点，在图上标明加工定位基准、100%磁粉检测、性能要求、金相组织要求、硬度要求及检测部位，重要特性及控制方法等。

2. 锻造工艺的分析与确定

根据锻件的形状，我们制定了两种锻造方案，方案1：辊锻后一模一件；方案2：棒料不制坯，采用错开摆放一模两件，如图3-88所示。

通过工艺分析及模拟成形，方案2布局模膛长度达到了500mm，现有的模具长度无法满足要求，且一模两件杆部中间的多余金属难以流到飞边，杆部中间容易产生穿筋，质量难以控制；而方案1则不存在上述不足，成形方便，操作简单，质量稳定，由于采用了辊锻制坯，材料利用率也得到明显提高，为此我们选择方案1。具体的工艺流程如下：

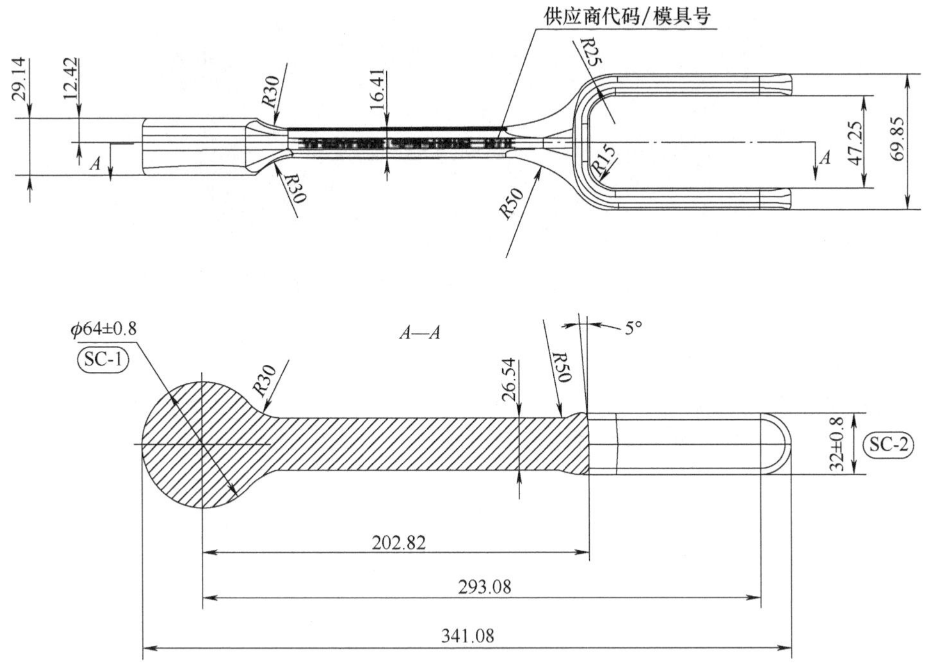

图 3-87 连接杆锻件图

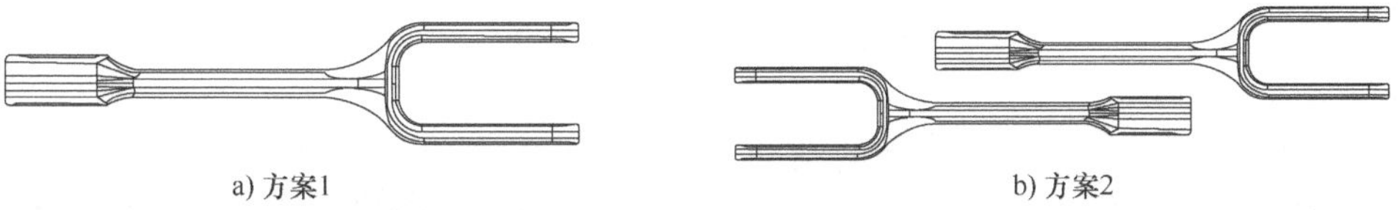

图 3-88 锻造方案展示图

500kW 中频感应加热→ϕ460mm 辊锻制坯→160t 压力机小头压扁→压扁后转 90°放入预锻模膛进行预锻→平移到终锻→切边→热校正→控温冷却→抛丸→磁粉检测→外观检验→防锈→装箱。

选用 ϕ50mm、ϕ48mm 和 ϕ45mm 三种不同直径的坯料进行模拟，这三种坯料都能充满模膛，图 3-89 所示为 ϕ45mm 规格的辊锻坯料图，图 3-90 所示为辊锻坯料模拟后的结果图。

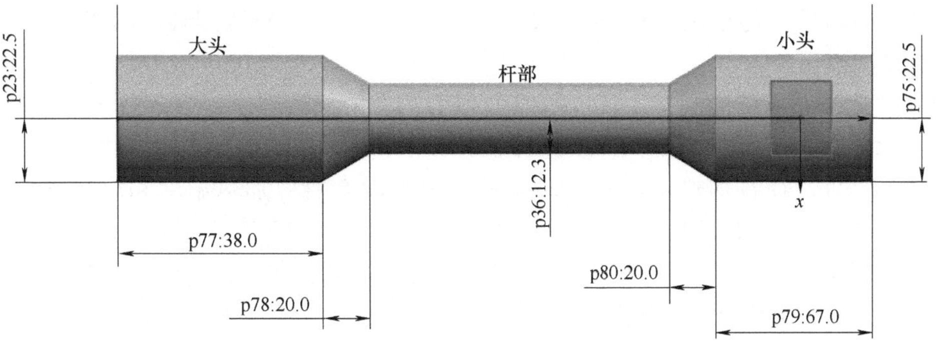

图 3-89 ϕ45mm 规格的辊锻坯料图

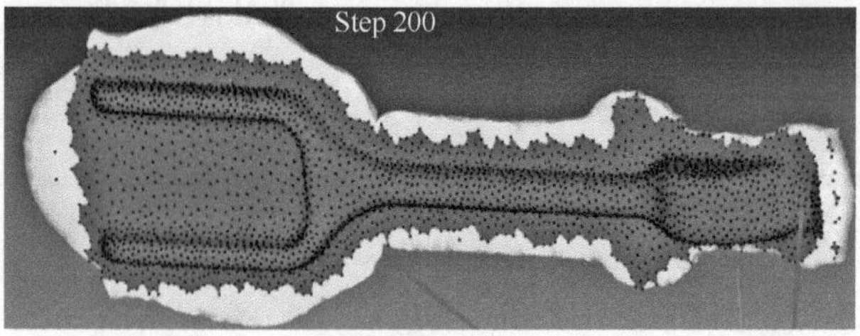

图 3-90　辊锻坯料模拟后的结果图

3. 模具设计

（1）辊锻模的设计和优化　为了减少每一道的缩径比，设计了 5 道辊锻工步，图 3-91 所示为 5 道辊锻型槽形状，图 3-92 所示为 5 道辊锻坯料实物图。

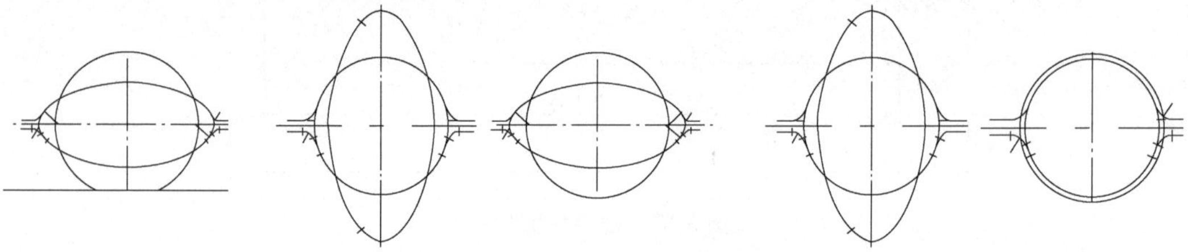

图 3-91　5 道辊锻型槽形状

（2）成形模具的设计　该产品的结构和连杆相似，参照连杆的模膛设计，在锻件图的基础上放 1.013%的收缩率，飞边厚度为 3～3.5mm，上下模各设置 6 个顶料装置使工件能顺利脱模，为保证产品质量，上下模采用锁扣进行导向定位。根据模座特点，将预锻模膛和终锻模膛设置在同一块模具上，成形模具图如图 3-93 所示。由于大头为叉形结构，在预锻设计时两个叉的中间采用大圆弧过渡，确保叉形能顺利充满模膛。

图 3-92　5 道辊锻坯料实物图

（3）锻造作业条件的制定　该产品对金相组织有明确的要求：珠光体+铁素体，其中珠光体体积分数大于 80%，魏氏体组织体积分数不得大于 5%，而影响金相组织的因素除了材料本身之外，还有加热温度和冷却条件。因此就需要对加热温度和冷却条件进行约束。通过大量的试验和检测，中频加热温度设定为 1150～1250℃，控温冷却设定为入控温线温度高于 850℃，出控温线温度高于 550℃，控温线上风机全开，冷却速率为 2.5℃/s。在这样的条件下检查金相组织为珠光体+铁素体，珠光体体积分数为 90%～94%，无魏氏组织，晶粒度 6~7 级，符合要求，性能也达到了要求。图 3-94 所示为叉部的金相组织，晶粒度 7 级，珠光体比例为 90%（体积百分数），无魏氏体组织，图 3-95 所示为杆部的金相组织，晶粒度为 6 级，珠光体比例为 93%（体积百分数），无魏氏体组织，表 3-9 为连接杆试样测试的性能结果。

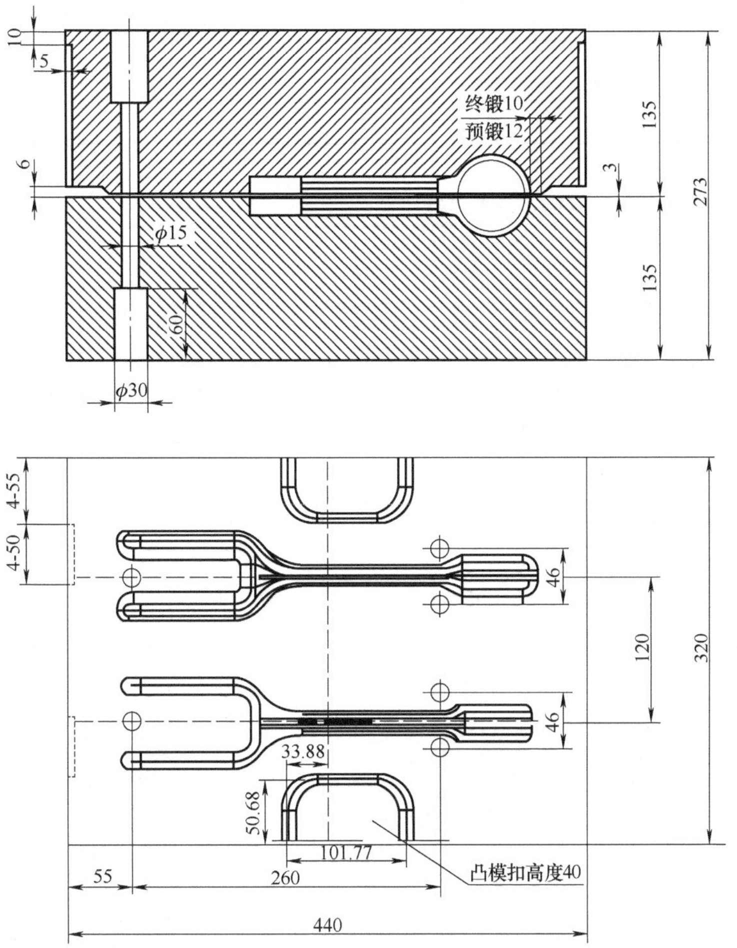

图 3-93　成形模具图

图 3-94　叉部的金相组织

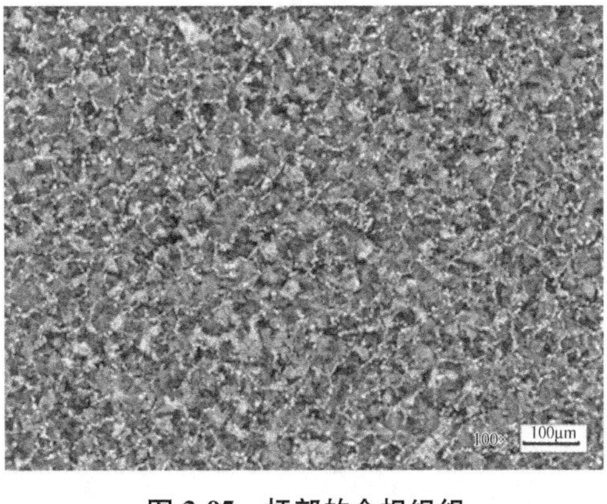

图 3-95　杆部的金相组织

表 3-9　连接杆试样测试的性能结果

	试样直径 d/mm	最大力 F_m/kN	抗拉强度 R_m/MPa	断面收缩率 Z（%）	断后伸长率 A（%）	规定塑性延伸力 F_p/kN	规定塑性延伸强度 R_p/MPa
要求	—	—	≥800	—	≥12	—	≥630
第 1 根	4.99	18.58	949.91	60.42	17.38	13.08	668.80
第 2 根	5.00	18.62	948.24	56.73	16.88	13.05	664.71
结论	合格						

3.9.3　出现的问题和解决的办法

1. 辊锻坯料的缺陷及优化

通过对每一道的辊锻坯料进行测量，发现第 1 道坯料杆部长度比设计长度短 7mm，后续 4 道辊锻坯料都存在辊锻后压出飞边，预锻时压入模膛形成折叠，如图 3-96 所示。

在第 2 道就压出飞边，分析原因是第 1 道工步后杆部模膛长度偏短造成，也就是说坯料在第 1 道型槽中移动了 7mm，导致第 2 道轧辊压到未变形的部位形成飞边。根据实际情况，对辊锻模进行优化设计，将第 1 道模具的杆部型槽加长 7mm，通过这种补偿设计，辊锻后的坯料质量得到明显改善，杜绝了存在飞边压入模膛的风险。

2. 锻造缺陷

（1）小头塌角（见图 3-97）　根据图样要求，此处要求圆角半径为 4mm，生产时存在圆角半径超过 4mm 的现象，甚至达到了 6mm，主要原因为辊锻坯料调整时小头长度偏短，导致小头金属不足，从而形成塌角，通过调整加长辊锻坯料小头的长度使问题得以解决。

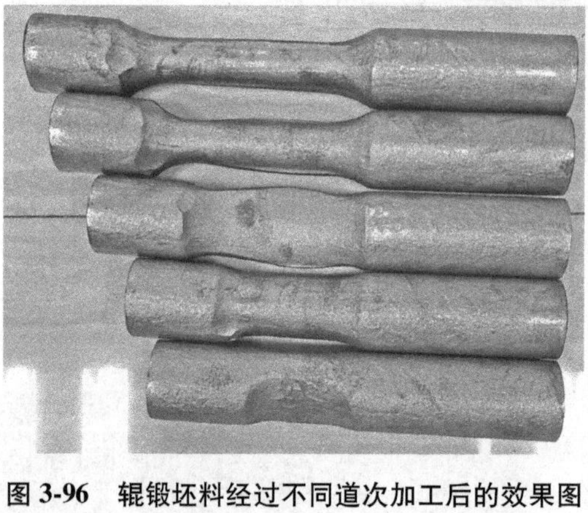

图 3-96　辊锻坯料经过不同道次加工后的效果图

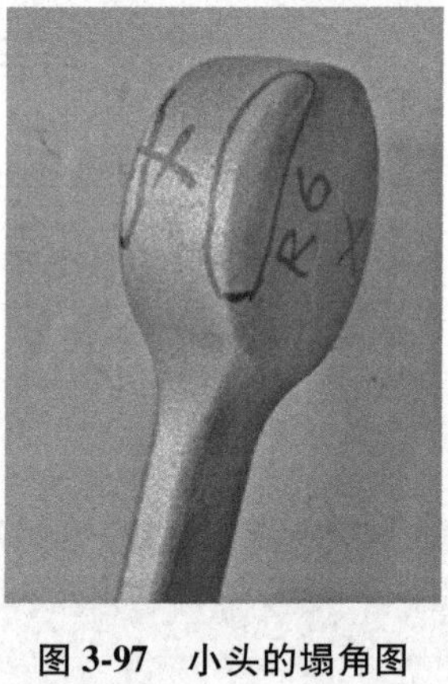

图 3-97　小头的塌角图

（2）叉形内侧折叠（见图 3-98）　在刚开始调试阶段，叉形内侧存在折叠，其形成机理是预锻成形后叉形中间的连皮料太多，终锻时金属难以流出到飞边从而形成穿流，该缺陷通过在终锻模叉形中间增加储料仓而得到解决。

（3）叉形顶部加工后壁厚超下差　根据用户图样要求，图 3-99 处的壁厚最小为 8.1mm，而部分锻件经机械加工后壁厚小于 8.1mm。后通过分析发现主要原因：一是温度偏高，材料收缩量偏大，导致总长偏短；二是切边变形（见图 3-100）。通过 3D 扫描检测发现与切边凸模接触部分尺寸符合要求，而反面由于切边受力叉形圆弧往上拉导致圆角变大，壁厚变薄。措施一是严格控制加热温度，按标准工艺的温度范围进行控制，三路分选，将符合工艺要求的加热坯料流入下一道辊锻生产，措施二是对终锻模膛进行补偿（见图 3-101）。采取这两个措施后，该问题得到圆满解决。

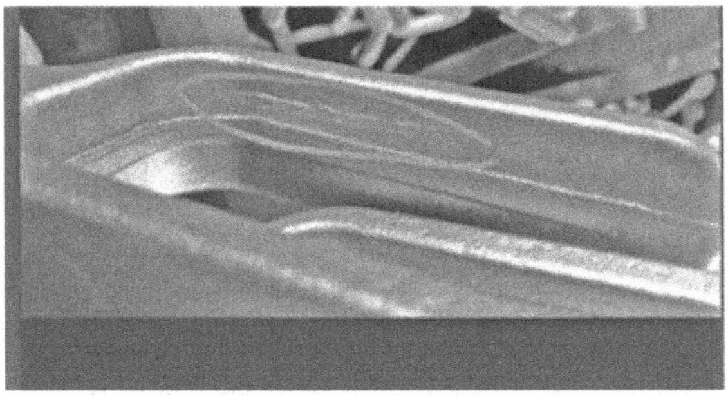

图 3-98　叉形内侧折叠图

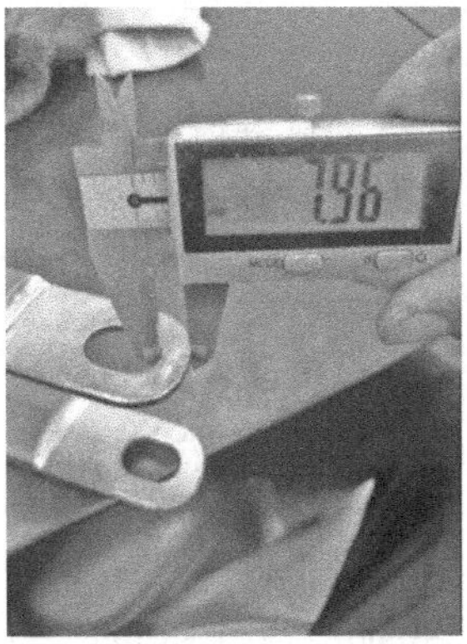

图 3-99　叉形顶部加工后壁厚超下差

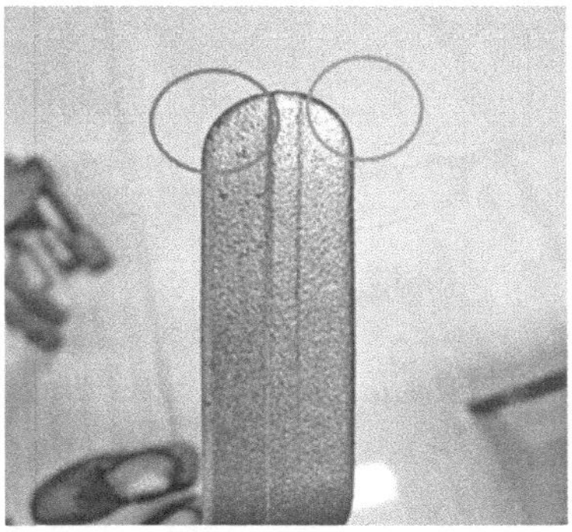

图 3-100　切边形成的变形

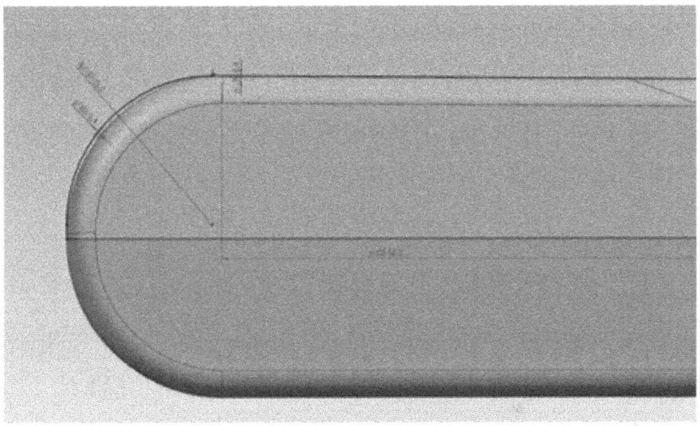

图 3-101　通过模膛补偿消除切边变形

3.9.4　结论

连接杆的开发，从工艺分析到成品交付，除了公司各部门的共同努力之外，整个开发过程一直和用户保持密切沟通。为了促进项目的顺利进行，用户甚至派了两个业务员和工程师常驻公司进行协调沟通，这也是这个项目进展顺利的重要因素。虽然该项目只有一年半的生产周期，但我们通过该产品的开发，积累了经验，锻炼了队伍，为企业的进一步发展奠定了基础。

3.10　大口径弹体缩口成形工艺参数优化

3.10.1　引言

在大口径弹体制造过程中，由于气动外形等特殊因素，在弹体端头处需要进行缩口变形，其主要目的是通过外力改变空心弹体坯料端头部分截面面积，以满足弹体外形设计及尺寸要求[1]。当前对该类型弹体的加工方式主要有机械加工、旋压和缩口成形，其中机械加工原材料浪费严重、性能较低；旋压成形的坯料会出现变形不均匀，折叠、开裂等缺陷[2]。

缩口成形是指将弹体尾部固定于模具中，缩口上模向下移动，完成缩口，该工艺生产的弹体缩口质量良好，变形均匀，被广泛应用于变截面产品缩口工艺中[3]。但该过程的成形效果受多种因素影响，包括坯料壁厚、加热温度、加热段长度、成形速率等，因此在工艺设计时需要大量模拟来寻找最佳的工艺参数组[4,5]。

本节以某些大口径薄壁弹体为研究对象，采用数值模拟结合正交实验，并通过多目标寻优来寻找最佳工艺参数，旨在缩短实验周期、提高实验效率。通过这一研究，可以为现场实验和生产提供指导，确保缩口成形工艺能够取得最佳的效果。

3.10.2 弹体缩口工艺分析

本节以某型大口径薄壁弹体作为研究对象，该弹体的材料为50SiMnVB，尺寸要求为外径 ϕ240mm、长1040mm、尾部缩口外径 ϕ152mm、缩口变形区域长252mm、壁厚 δ 要求7~8mm，产品图如图3-102所示。

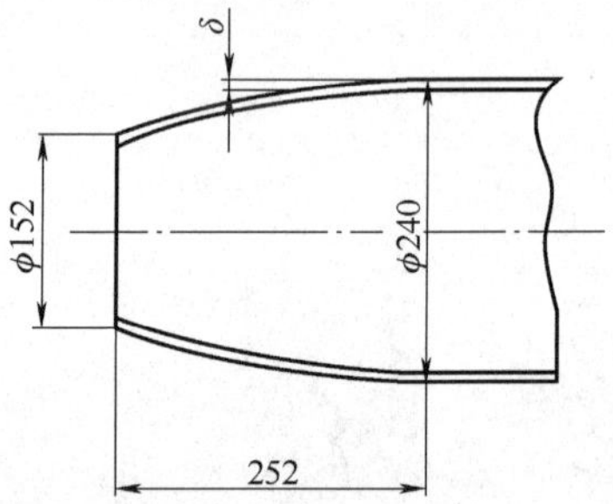

图 3-102 弹体产品图

针对该产品特点，设计采用径向缩口工艺完成缩口。该工艺是弹体尾部垂直向上，弹体坯料工件不动，缩口上模向下移动完成缩口。该工艺要求弹体尾部金属可塑性高，且弹体中部有足够强度支撑成形力，因此缩口前需要对工件变形部位进行局部加热。成形过程中，主要考虑以下因素对弹体缩口成形质量的影响。

1）坯料壁厚。坯料壁厚对弹体缩口毛坯的变形程度具有较大影响，壁厚较薄的毛坯，其缩口变形程度更大，同时坯料的流动性也较差，容易引发缩口缺陷。

2）加热段温度。缩口过程中，毛坯加热温度直接影响金属的流动性以及底部金属的支撑强度。

3）加热段长度。缩口过程中，必须合理设置温度加热段，以确保缩口底部金属具有足够的支撑强度。加热段过长可能导致底部金属支撑强度不足，而加热段过短则可能导致缩口处出现裂纹等问题。

4）压力机工作速度及模具润滑条件也会对缩口质量产生影响。为获得良好的成形毛坯形状，必须保证良好的润滑条件、流畅的模膛曲线以及合适的压力机工作速度。

3.10.3 缩口工艺参数寻优

1. 正交试验

设计正交试验，并对试验结果进行线性拟合，以得到弹体缩口优化目标函数。正交试验选择坯料壁厚、加热段温度、成形速率、加热段长度作为影响因素，采用成形载荷及应变均匀性系数作为评价指标，其中应变均匀性系数 C_i 计算公式见式（3-22）。应变均匀性系数越大，预判成形质量越好。

$$C_i = (\mathrm{Max}\bar{\varepsilon}_p - \mathrm{Min}\bar{\varepsilon}_p)/(\mathrm{Avg}\bar{\varepsilon}_p) \tag{3-22}$$

式中，$\mathrm{Max}\bar{\varepsilon}_p$ 为最大应变值；$\mathrm{Min}\bar{\varepsilon}_p$ 为最小应变值；$\mathrm{Avg}\bar{\varepsilon}_p$ 为平均应变值。

正交试验设计及结果见表 3-10，对正交试验进行极差分析，见表 3-11、表 3-12。

表 3-10　正交试验表

试验号	因素					
	坯料壁厚 δ/mm	加热段温度 T/℃	成形速率 v/(mm/s)	加热段长度 l/mm	成形载荷/kN	应变均匀性系数
1	6.5	1000	40	185	3730	5.47
2	6.5	1050	50	180	3410	5.73
3	6.5	1100	60	175	3880	5.84
4	6.5	1150	70	170	3720	5.83
5	7	1000	50	175	4120	5.96
6	7	1050	40	170	4350	6.26
7	7	1100	70	185	2840	6.28
8	7	1150	60	180	2760	6.14
9	7.5	1000	60	170	3940	6.6
10	7.5	1050	70	175	4290	5.17
11	7.5	1100	40	180	3790	4.53
12	7.5	1150	50	185	2800	5.1
13	8	1000	70	180	4470	5.97
14	8	1050	60	185	3590	4.88
15	8	1100	50	170	5200	5.47
16	8	1150	40	175	4170	5.3

表 3-11　成形载荷极差分析表

	序号	壁厚 δ	挤压温度 t	挤压速率 v	加热段长度 l
成形载荷/kN	K1	14740	16260	16040	12960
	K2	14070	15640	15530	14430
	K3	14820	15710	14170	16460
	K4	17430	13450	15320	17210
	k1	3685	4065	4010	3240
	k2	3517.5	3910	3882.5	3607.5
	k3	3705	3927.5	3542.5	4115.0
	k4	4357.5	3362.5	3830	4302.5
	R	840	702.5	180	1062.5
	因素主→次			l>δ>t>v	

表 3-12　应变均匀性系数极差分析表

	序号	壁厚 δ	挤压温度 t	挤压速率 v	加热段长度 l
应变均匀性系数	K1	22.87	24.00	21.56	21.73
	K2	24.64	22.04	22.26	22.37
	K3	21.40	22.12	23.46	22.27
	K4	24.19	22.37	23.25	24.16
	k1	5.72	6.00	5.39	5.43
	k2	6.16	5.51	5.57	5.59
	k3	5.35	5.53	5.87	5.57
	k4	6.05	5.59	5.81	6.04
	R	0.81	0.49	0.48	0.61
	因素主→次			δ>l>t>v	

对正交试验结果进行分析，得到结果如下，坯料壁厚作为对成形载荷及应变均匀性系数高显著影响因素，将它的取值范围仍定为6.5~8mm；加热段长度对成形载荷及应变均匀性系数影响较大，但从影响趋势图中可以看出，加热段长度越大，成形载荷及应变均匀性系数都越小，因此，加热段长度的合理取值范围为170~185mm；加热段温度及成形速率主要考虑它们对应变均匀性系数的影响，合理取值范围为加热段温度：1050~1150℃，成形速率：40~60mm/s。

2. 多目标优化

根据正交试验的数据来对目标函数进行拟合，得到加热段温度、加热段长度、成形速率对成形载荷 G 及应变均匀性系数 C_i 的回归方程：

$$G=1152.6+4.932\delta(x)^2-5.712t(x)^{\frac{2}{3}}-1.58v(x)-2.573l(x) \tag{3-23}$$

$$C_i=13.023-0.326\delta(x)-0.293t(x)^{\frac{1}{3}}+1.106v(x)^{\frac{2}{3}}-0.298l(x)^{\frac{1}{2}} \tag{3-24}$$

在弹体缩口工序中，主要考虑弹体的成形质量，其次考虑弹体的成形载荷，目标函数需要得到两个指标的最小值。结合正交分析得出的各因素取值范围，得到本节的目标函数为

$$\begin{cases}\min G(\delta,t,v,l)\\ \min C_i(\delta,t,v,l)\\ 6.5\text{mm}\leqslant\delta\leqslant 8\text{mm}\\ 1050℃\leqslant t\leqslant 1150℃\\ 40\text{mm/s}\leqslant v\leqslant 60\text{mm/s}\\ 170\text{mm}\leqslant l\leqslant 185\text{mm}\end{cases} \tag{3-25}$$

通过NSGAⅡ算法对目标函数进行寻优，NSGAⅡ算法流程图如图3-103所示。NSGAⅡ算法的参数设置：初始种群个数为100，交叉概率0.85，变异概率为0.10，迭代数为50。通过Matlab编程得到帕累托最优解集，结果如图3-104所示。

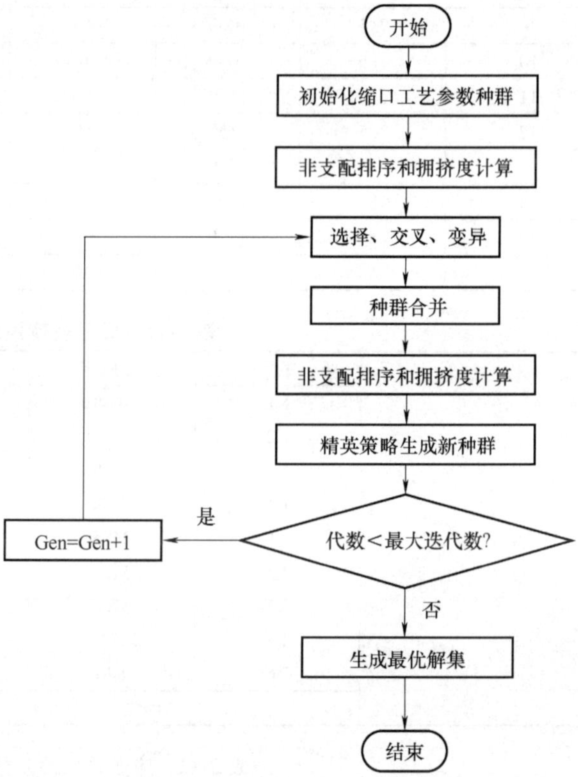

图3-103　NSGAⅡ算法流程图

帕累托最优解集是在不同权衡条件下多目标优化问题的可行解集。在大口径薄壁弹体工艺中，优先需要综合考虑两个工序中弹体的成形质量，其次考虑较小的成形载荷。对于帕累托最优解集中最小的应变均匀性系数对应的工艺参数为坯料壁厚7.5mm，加热段温度1100℃，成形速率50mm/s，加热段长度180mm，坯料规格 ϕ200mm×240mm。

3. 最佳工艺参数模拟

对多目标优化后得到的最佳工艺参数进行模拟，模拟结果如图3-105和图3-106所示，可以看出，弹体内外表面光滑，无环状堆积出现，缩口端局部壁厚尺寸略有增大，整体均匀性较好。

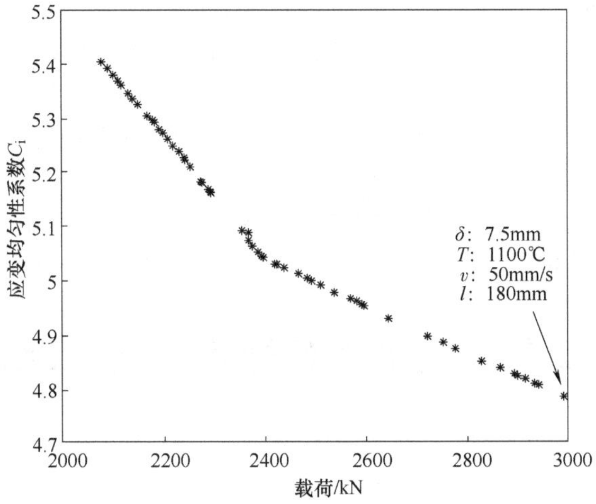

图 3-104　帕累托最优解集

图 3-105　弹体表面

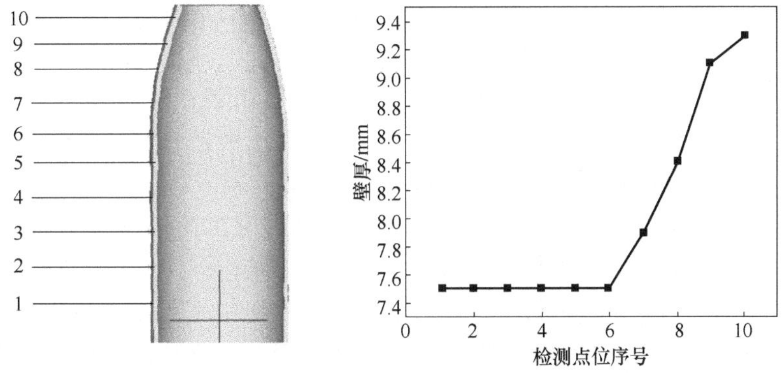

a) 测量壁厚点位　　b) 壁厚检测

图 3-106　弹体缩口模拟结果

3.10.4　结论

1）本节分析了某型大口径弹体缩口工艺难点，确定了缩口主要影响因素：坯料壁厚、加热段温度、成形速率、加热段长度。

2）以某型 ϕ240mm 口径弹体为研究对象，利用数值模拟结合正交试验，获得了坯料在各个参数下的正交试验结果，并进行了极差分析，得到了各个参数对指标的影响大小排序及合理的工艺参数取值范围。

3）通过多元线性回归，得到了目标函数，并采用 NSGA Ⅱ 算法对目标函数进行了寻优，得到了最佳工艺参数为坯料壁厚 7.5mm，加热段温度 1100℃，成形速率 50mm/s，加热段长度 180mm，坯料规格 ϕ200mm×240mm。在最佳工艺参数下对弹体缩口进行模拟，得到了成形质量良好的弹体，为大口径弹体缩口工艺试验及生产提供了参考。

参考文献

[1] 杨大伟，肖宏，王殿辉，等. 大口径弹体的一次收口成形 [J]. 精密成形工程，2012，4 (4)：81-85.
[2] 李碧聪，李国俊，张治民，等. 基于响应面法的大型锥筒件内凸缘缩口成形工艺参数优化 [J]. 精密

成形工程，2023，15（4）：197-204.
[3] 孙全兆，杨国来，王鹏，等. 某大口径榴弹炮弹带挤进过程数值模拟研究［J］. 兵工学报，2015，36（2）：206-213.
[4] 葛德，高汉华，王登营，等. 钢杯套挤压模具设计及成型工艺数值模拟［J］. 工业技术与职业教育，2021，19（4）：1-5.
[5] 李晓冬，徐雪峰，魏科，等. 5A02 铝合金管材缩口增厚的影响显著性及成形规律研究［J］. 塑性工程学报，2021，28（2）：63-69.

3.11 精锻成形工艺及其工艺参数优化研究综述

3.11.1 引言

精锻成形是一种通过施加压力使金属在模具内发生塑性变形，从而获得具有高精度和复杂形状的零件的净成形技术。与传统锻造工艺相比，精锻成形工艺能够显著提高产品的尺寸精度、表面质量和材料利用率。精锻成形技术具有成本低、效率高、节能环保、精度高等优势。按成形速度划分，有高速精锻、一般精锻、慢速精锻成形等；以锻造过程中金属流动状况为标准划分，有半闭、闭式、开式精锻成形工艺；按成形温度划分，有超塑、室温、中温、高温精锻成形等；按成形技术分为，有分流锻造、等温锻造、复动锻、复合成形、温精锻成形、热精锻成形和冷精锻成形等。

能够成形大型复杂结构锻件是反映一个国家工业科技水平和综合国力的重要体现。航空、航天、能源等重要制造领域所使用的主要结构锻件材料大多以高温合金、钛合金和高强度合金钢等为主，这些材料在飞行器和燃气轮机中大量成功应用，对提高发动机的推重比，提升飞行器速度，提高燃气轮机工作效率起着至关重要的作用。随着我国经济和国防事业的飞跃发展，大型复杂锻件的需求量激增，如飞机的整体框、发动机的整体叶盘、燃气轮机的大型叶片及大型盘等。

而自 2010 年以来，我国锻件总产量一直稳定在 1100 万 t 以上，2020 年我国锻件产量达 1349.2 万 t，2021 年我国锻件产量达到 1398.2 万 t，并连续多年成为全球锻件的第一大生产国和消费国。据粗略计算，每 100 万 t 钢材由切削加工改为精锻，可节约钢材 15 万 t 以上[1]。结合我国的锻件产量，可节约的钢材将会是一个可观的数量级。

我国锻造业起步较发达国家晚，但随着经济发展水平的提高，与国外交流机会的增多，我国锻造技术和工艺水平进步很快，很多产品已实现国产化。近年来国产精密锻造设备也获得很大发展，我国锻件制造业迎来了快速发展的新时期。其中以北京机电研究所有限公司为代表的研究单位和企业，成功研制和开发了系列精密锻造设备，并已投入工程应用。生产的部分产品已出口国外，并且能与发达国家的同类产品相竞争[2]。

锻造行业大力倡导创新、协调、绿色、开放、共享的行业发展理念，坚持高质量发展的总方针，为推进新型工业化道路汇聚行业力量，利用自动化、数字化和信息化手段，实现高效、绿色、低碳、节能发展[3]。

在现代化制造模式下，精密锻造工艺参数在绿色制造和智能制造中起着重要的作用。绿色工艺规划就是要根据锻造系统的实际，通过锻件加工工艺参数的优化，研究以实现采用物料和能源消耗少、废弃物少、噪声低、对环境污染小为目的的工艺方案和工艺路线，从而提高资源利用率，减少环境污染。而智能制造系统则需要在实践中不断充实知识库，并具有自学习功能以及搜集与理解环境信息和自身信息的能力，工艺参数的优劣直接影响着智能制造过程中的生产率和产品质量。因此，工艺参数的优化在绿色制造和智能制造中都是不可或缺的。通过科学合理的设置和调整工艺参数，可以提高生产率和产品质量，降低生产成本，同时减少对环境的影响，实现可持续发展的目标。在实际应用中，需要根据具体的制造过程和产品特点，结合绿色制造和智能制造的要求，进行工艺参数的优化和持续改进[4]。

本节针对工艺参数优化这一方向，总结了近年来国内外精密锻造技术所出现的最新研究成果及其应用情况，分析了未来的发展趋势。

3.11.2　工艺参数的影响因素

精锻成形工艺的成功实施依赖于多个工艺参数的精确控制，这些参数直接影响成形过程的稳定性和最终产品的质量。这些参数对于提高生产率和零件性能至关重要。本节将重点探讨四个主要工艺参数及其对精锻成形过程的影响，包括温度、应变成型速率、摩擦系数以及施加压力和成形速率。通过系统分析这些因素的作用机制，可以为优化精锻成形工艺提供理论依据和技术支持。

1. 温度

温度作为影响精锻成形工艺的重要参数之一，对材料的流动性和成形质量有着直接的影响[5-9]，主要体现在尺寸精度、表面质量和组织性能方面。适当的温度能够减少材料的回弹和变形不均现象，提高零件的尺寸精度。同时，避免温度过高导致的氧化皮形成和温度过低导致的表面裂纹、折叠等缺陷。在组织性能上，高温可以改变金属材料的内部结构，合适的热处理可以细化晶粒、提高零件的力学性能，但过高的温度可能导致晶粒粗化，降低材料的强度和韧性。

为了优化温度对精锻成形工艺的影响，需要确保坯料加热均匀，避免局部过热或过冷，同时使用热电偶或红外测温仪实时监控坯料和模具的温度，确保在最佳温度范围内进行锻造。此外，合理控制锻造后的冷却速率，以避免因过快冷却导致的热应力和变形。通过科学合理地控制锻造温度，可以显著提高材料的流动性和成形质量，从而生产出高精度、高性能的精锻零件。

2. 应变速率

应变速率是指在变形过程中材料发生变形的速率，该因素影响精锻成形过程和最终产品性能[10-14]，高应变速率虽然可以提高生产率，增加材料的强度和硬度，但材料内部的再结晶时间不足，可能形成较粗大的晶粒或晶粒结构不均匀，影响材料的韧性和延展性。低应变速率有利于材料内部的再结晶过程更充分，晶粒较为均匀和细小，韧性和延展性较好，但强度和硬度可能稍低。

为优化应变速率，需要根据材料特性和工艺要求，选择合适的应变速率范围，平衡流动性、变形抗力和最终产品性能，确保材料在最佳条件下变形。通过合理控制和优化应变速率，可以显著提高精锻成形过程的稳定性和最终产品性能，达到更高的生产率和产品质量。

3. 摩擦系数

摩擦系数是指在锻造过程中材料与模具接触表面之间的摩擦力大小，它对模具磨损和产品表面质量有着直接的影响[15-18]。高摩擦系数会导致模具和材料之间的摩擦力增大，从而加剧模具的磨损，缩短模具的使用寿命。模具磨损不仅增加了生产成本，还可能导致模具表面粗糙度值增加，从而影响成形精度和产品的一致性。过高的摩擦系数也会使材料在模具中的流动性变差，导致材料在模具表面滑动困难，容易产生局部应力集中和表面缺陷，如划痕、裂纹和折叠等，最终影响产品的表面质量。摩擦系数过低虽然可以减少模具磨损和改善材料的流动性，但也可能导致材料在模具中滑动过快，难以控制变形过程，从而影响成形精度和产品尺寸的稳定性。

在实际生产中，需要通过优化润滑条件、选择合适的模具材料和设计合理的模具结构来控制摩擦系数，使其保持在一个适当的范围内，从而兼顾模具寿命和产品表面质量的要求。通过合理控制摩擦系数，可以实现模具的长寿命使用和产品的高质量成形，达到降低生产成本和提高生产率的目的。

4. 施加压力和成形速率

施加压力和成形速率是精锻成形工艺中的关键参数，它们对产品的精度和一致性有着重要影响[19-21]。

合适的成形速率可以保证材料均匀流动，提高成形效率和产品质量。较高的成形速率有助于提升生产率，但成形速率过高可能使材料来不及均匀流动，产生应力集中和流动不均现象，导致表面缺陷和尺寸偏差，影响产品的一致性。相反，较低的成形速率虽然有助于材料均匀流动，提高产品精度，但过低的成形速率会降低生产率，并可能导致材料的温度损失过多，影响最终产品的性能和质量。

因此，合理控制所施加的压力和成形速率，对于实现产品的高精度和一致性至关重要。通过优化压力和成形速率，能够在保证模具和设备寿命的同时，提高产品的尺寸精度和表面质量，从而实现高效、高质量的精锻。

3.11.3 工艺参数优化方法

1. 传统优化方法

传统优化工艺参数的方法的代表有经验法则和试验设计（Design of Experiments，DOE）。前者是基于经验和专业知识积累的一种优化方法。通过长期的实践和总结，工艺人员根据自身经验判断和调整工艺参数，以达到最佳的生产效果。这种方法简单直观，对于常见的问题和简单的工艺参数调整可能具有一定效果，但受限于经验的局限性，往往无法找到全局最优解，且需要较长时间的积累和实践，需要较大的试错成本。

后者是一种系统的试验方法，通过合理设计试验方案，充分利用有限的试验资源，系统调查和分析影响工艺的各种因素，从而找到最优的工艺参数组合。DOE 可以通过正交试验、因子水平设计等方法，系统地探索影响因素之间的相互作用，发现影响工艺优化的关键因素，并确定最佳的工艺参数组合。相比于经验法则，DOE 具有更高的科学性和可靠性，能够快速准确地找到最佳的工艺参数，提高产品质量和生产率。何等人采用参变量扫值法研究了 TC4 钛合金连杆锻坯初始温度、摩擦系数、锻压速率等工艺参数对热锻成形载荷、等效应力以及等效应变的影响规律[11]。方等人为了解决 TC4 钛合金材料在锻造过程中易出现裂纹的问题，通过正交试验中的方差和极差分析，确定了工艺参数对锻件的显著性影响程度，并得出较优的锻造工艺参数[13]。但这类方法也存在一些不可忽视的缺点。高昂的成本、试验限制、试验误差、时间消耗以及数据解释困难等问题都可能影响到其在实际应用中的效果和可行性[21,22]。

2. 数值模拟

数值模拟，特别是有限元分析，在工艺参数优化中扮演着重要的角色。通过数值模拟，工程师可以利用计算机模拟实际工艺过程，从而在不同参数组合下评估产品的性能、材料的变形行为以及工艺的稳定性，从而指导工艺参数的优化。目前市场中常用的有限元分析软件有 DEFORM、FORGE 和 QFORE 等软件。数值模拟的应用可以带来以下几个方面的优势：成本效益、快速预测、设计灵活性和理解机制。Satoshi K 等人用数值模拟软件 DEFORM 对弹簧刚度、初始载荷、凸模运动速率等工艺参数进行冷锻工艺的模拟，以最小化裂纹风险和锻造能耗[23]。邓使用 DEFORM 数值模拟 6061 铝合金轴叉锻造成形，研究第一步锻造温度、上凸模挤压的速度以及第二步锻造左右凸模的挤压速率、摩擦系数对最终成品的影响[10]。总的来说，数值模拟在工艺参数优化中具有广泛的应用前景，可以为工艺的改进和产品的性能提升提供重要的支持和指导[24-26]。然而，需要注意的是，数值模拟结果仍然受到模型假设、参数设定和计算方法等因素的影响，因此在实际应用中需要谨慎评估和验证。

3. 先进优化技术

随着计算机技术的发展，先进优化技术包括遗传算法（GA）、粒子群优化（PSO）以及机器学习方法等，它们在工艺参数优化中的作用愈加重要。这些技术利用数学建模和计算算法，通过模拟自然界的优化过程或者利用大量的数据来寻找最优解。

例如，遗传算法模拟了生物进化过程中的遗传和进化机制，通过对候选解的交叉、变异和选择等操作，逐步优化候选解的质量，最终找到最优解。粒子群优化算法模拟了鸟群觅食的行为，通过个体之间信息的交流和迭代，逐步收敛到最优解。机器学习方法则是利用大量的数据和算法，通过对数据的学习和模式的发现，建立起参数和输出之间的映射关系，从而找到最优的参数组合。刘等人使用基于 Archard 磨损模型和 BP 神经网络-遗传算法，采用有限元模拟研究泵体零件锻造过程中工艺参数对模具的磨损深度及最大应力的影响规律进行探索与验证[27]。

这些先进优化技术具有以下几个优势：可以在高维度的参数空间中进行优化，能够快速收敛到全局最优解或者接近最优解，适用于复杂的非线性问题，同时也具有较高的自适应性和鲁棒性。先进优化技术在工艺参数优化中具有广泛的应用前景，可以帮助工程师更加高效地寻找最优的参数组合，提高产品质量和生产率。

3.11.4　工艺参数优化的挑战

工艺参数优化过程中面临诸多挑战，数据获取和处理是其中一个重要方面。获取高质量的试验数据无论在数值模拟抑或是实际生产中往往成本高昂且耗时，涉及大量的试验和测量。此外，数据处理和分析需要较高的专业知识和技术，包括数据的预处理、特征提取以及统计分析等。数据的不完整或误差也会影响优化结果的可靠性和准确性。

随着数字化和智能化应用于精密锻造技术中，单一目标的优化的研究已经十分常见与成熟。技术方向逐渐转移至多目标优化上，多目标优化的平衡成为一个重点挑战的方向。工艺参数优化不仅需要考虑单一目标，还需在多个目标之间进行权衡。例如，提高产品质量和降低生产成本、提升生产率和保证工艺稳定性等目标之间常常存在冲突。找到各目标之间的最佳平衡点需要综合考虑不同因素，并可能需要使用复杂的优化算法和多目标优化技术。

优化技术的局限性也是一个重要因素。尽管数值模拟在工艺优化中有广泛应用，但其结果往往与实际生产存在差异。这些差异可能来源于模型的简化假设、材料参数的变化、实际操作条件的波动等。为了缩小数值模拟与实际结果之间的差距，需要进行大量的试验验证和模型调整，这也增加了优化的复杂性和难度。

先进优化技术的遗传算法、猎鹿优化算法、机器学习等方法在理论上表现优异，但在实际应用中仍然存在诸多难点[5,8]。首先，这些技术通常需要大量的计算资源和时间来进行优化和训练，特别是在处理高维度、复杂非线性问题时。其次，这些技术对初始条件和参数设定非常敏感，参数设置不当可能导致优化结果不理想。最后，实际应用中的环境变化和不确定性也会影响优化技术的效果和稳定性。

综上所述，工艺参数优化虽然在提高生产率和产品质量方面具有重要作用，但也面临数据获取和处理、多目标优化平衡、数值模拟与实际结果差异以及先进优化技术应用难点等挑战。克服这些挑战需要综合应用各种优化方法，并结合实际情况进行不断调整和验证，从而实现最佳的工艺参数组合。这不仅需要技术手段的支持，还需要工程师的经验和专业知识，以在实际生产环境中灵活应对各种复杂问题和不确定因素。

3.11.5 多目标工艺参数优化的发展

通过对精锻成形工艺参数的优化研究，目前已经取得了一系列重要成果。首先，系统地分析了温度、应变速率、摩擦系数、施加压力和成形速率等关键参数对材料流动性、成形质量、模具磨损和产品精度的一系列影响，明确了这些参数在工艺优化中的重要作用。其次，通过应用传统优化方法（如经验法则和试验设计）以及先进优化技术（如遗传算法、粒子群优化和机器学习方法），有效地提高了产品质量和生产率。数值模拟和有限元分析的应用进一步验证了工艺参数优化的有效性，减少了试验成本和时间。此外，还识别和克服了工艺优化中的挑战，如数据获取和处理的困难、多目标优化的平衡、数值模拟与实际结果的差异以及先进优化技术在实际应用中的难点。

而针对多目标工艺参数优化这一方向，国内外学者和企业都展开了大量的研究与试验。贾德文等[7]以连杆模锻工艺为试验对象，为提高锻件的成形质量、材料利用率和模具使用寿命，使用将响应面法和 Multi—Island 遗传算法相结合的方法，研究优化工艺参数，分析得到参数的影响程度，优化后的参数提高了连杆模锻的质量。梁强等[28]对弹壳打凹-平底成形工艺参数进行优化，采用支持向量回归（SVR）和灰狼优化（GWO）算法构建出相关优化模型，并采用多目标粒子群优化（MOPSO）算法进行寻优，将最终得到的优化工艺参数组合进行模拟与仿真以验证其方法的可行性。Ma 等[29]采用响应面法设计铣削试验。通过等高线图分析了工艺参数对表面粗糙度的影响，建立了数控铣削工艺参数的多目标优化模型。通过对响应面回归方程的计算精度与 BP 神经网络的拟合精度进行比较，得出 BP 神经网络的拟合精度较高，进而提出了将 BP 神经网络与遗传算法相结合的 FBGA 优化算法，并将其应用于数控加工工艺参数的优化。

目前，针对寻化算法的研究，已经从遗传算法，粒子群算法等优化算法拓展至非支配排序遗传算法（NSGA）[15]、多岛遗传算法[30]和多目标粒子群优化算法等多目标优化算法。而这类算法在优化过程中需要多个适应度函数来精确表达各个参数对目标参数的关系。目前常见的求解参数间关系的方法有响应面法[12]、神经网络[31,32]等。响应面法可以采用多项式拟合的方法来对输入的设计变量和输出的响应值进行拟合，从而得到输入变量和输出响应之间的经验公式。其中，响应值作为目标函数，而设计变量则作为影响因素。BP 算法是神经网络训练中常用的算法之一。在正向传播过程中，输入信息通过输入层经过隐含层，逐层处理并传递至输出层。如果预测值与实际值不符，将输出与期望的误差的平方和作为损失函数。随后，这个损失函数被传递到反向传播过程中，逐层计算损失函数对各神经元权重的偏导数，这些偏导数作为目标函数对权重的梯度。根据计算出的梯度来修改权重，网络的学习过程就在权重的修改中完成。当误差达到期望值时，网络学习结束。

3.11.6　未来研究方向与展望

未来的研究可以集中在以下几个方向和改进建议上：首先，进一步提升数值模拟的准确性和可靠性，通过改进模型和算法，缩小模拟结果与实际生产之间的差距。其次，加强大数据和人工智能在工艺参数优化中的应用，通过更先进的数据分析和预测模型，提高优化效率和效果。此外，探索多目标优化的新方法和技术，以更好地平衡和满足不同工艺目标的需求。最后，研究更加智能化和自动化的优化系统，结合实时监测和反馈机制，实现工艺参数的动态优化和智能调控，从而进一步提升精锻成形工艺的整体水平和竞争力。通过这些研究和改进，未来可以进一步推动精锻成形工艺的发展，不仅提高产品质量和生产率，还能够应对日益复杂和多变的市场需求，实现更高水平的制造技术。

参考文献

[1] 夏巨谌，邓磊，金俊松，等. 我国精锻技术的现状及发展趋势 [J]. 锻压技术，2019，44 (6)：1-16，29. DOI：10.13330/j.issn.1000-3940.2019.06.001.

[2] 蒋鹏，夏汉关，等. 近期国内热模锻生产技术进展与发展趋势 [C]//第 7 届全国精密锻造学术会议. 中国机械工程学会，2018.

[3] 夏巨谌，王新云，等. 锻造行业执行《中国制造 2025》的总体思路和几点建议 [C]//中国机械工程学会，2016.

[4] 蒋鹏，夏汉关. 面向智能制造的精密锻造技术：第 7 届全国精密锻造学术会议论文集 [M]. 合肥：合肥工业大学出版社，2018.

[5] 李莲，徐成成，刘继雄，等. 锻造变形均匀性的支持向量机模型及应用 [J]. 塑性工程学报，2024，31 (4)：267-273.

[6] AZAD K S，MAZLOUM K，KHANDELWAL H，et al. Optimization of the process parameters for vertical centrifugal casting of A356 by numerical simulation [J]. Engineering Research Express，2024，6 (2)：8-12.

[7] 贾德文，孙艳，邓伟，等. 连杆模锻工艺参数优化 [J]. 锻压技术，2024，49 (2)：1-13. DOI：10.13330/j.issn.1000-3940.2024.02.001.

[8] PANICKER P G，KURIAKOSE S. Parameter optimisation of squeeze casting process using LM 20 alloy：numeral analysis by neural network and modified coefficient-based deer hunting optimization [J]. Australian Journal of Mechanical Engineering，2023，21 (2)：32-37.

[9] 陈剑红，肖克华. 新型铝合金建筑扣件的锻压工艺参数优化研究 [J]. 热加工工艺，2021，50 (9)：98-100. DOI：10.14158/j.cnki.1001-3814.20190858.

[10] 邓云飞. 6061 铝合金轴叉锻造成形研究 [D]. 十堰：湖北汽车工业学院，2023. DOI：10.27847/d.cnki.ghbqc.2023.000109.

[11] 何葛豪. TC4 钛合金连杆锻造工艺参数优化研究［D］. 昆明：昆明理工大学，2023. DOI：10. 27200/d. cnki. gkmlu. 2023. 002740.

[12] 杨兴旺. 某飞机 7055 铝合金轮毂锻造成形工艺模拟优化及性能验证［D］. 镇江：江苏大学，2023. DOI：10. 27170/d. cnki. gjsuu. 2022. 000373.

[13] 方秀荣，欧雪，吴江. TC4 钛合金锻造工艺参数的分析及优化［J］. 热加工工艺，2022，51（1）：70-73. DOI：10. 14158/j. cnki. 1001-3814. 20192013.

[14] 欧雪. 基于液压机和锻锤锻造工艺下的 TC4 钛合金锻件性能分析［D］. 西安：西安科技大学，2022. DOI：10. 27397/d. cnki. gxaku. 2021. 000703.

[15] DU Z，XU W X，WANG Z H，et al. Multi-objective optimization of concave radial forging process parameters base-d on response surface methodology and genetic algorithm［J］. The International Journal of Advanced Manufacturing Technology，2024，130（9-10）：198-204.

[16] YANG W C，YANG J Y，KIM R C，et al. Multi-attribute optimization and influence assessment methodology of castingprocess parameters combined with integrated MADM and Taguchi method［J］. The International Journal of AdvancedManufacturing Technology，2023，129（1-2）：205-213.

[17] 贺林峰. 大型环形件旋压工艺的数值模拟研究［D］. 太原：太原科技大学，2024. DOI：10. 27721/d. cnki. gyzjc. 2023. 000058.

[18] 莫玉梅. 基于神经网络的镁合金汽车车轮锻压工艺优化［J］. 轻合金加工技术，2016，44（5）：28-32，62. DOI：10. 13979/j. 1007-7235. 2016. 05. 007.

[19] 李心蕊. 从动螺旋锥齿轮精密锻造成形及其数值模拟研究［D］. 济南：山东大学，2021. DOI：10. 27272/d. cnki. gshdu. 2021. 003565.

[20] 马继庆，安其胜，任红娃. 基于正交试验的 12t 模铸锭的锻造工艺参数优化［J］. 锻压技术，2020，45（11）：20-24. DOI：10. 13330/j. issn. 1000-3940. 2020. 11. 004.

[21] FENG W，HUA L. Process Parameters Optimisation for Helical Gears Precision Forging with Damage Minimizati-on［C］2010 International Conference on Digital Manufacturing & Automation，Changsha，2010，117-120，DOI：10. 1109/ICDMA. 2010. 56.

[22] 车路长，蒋平，刘俊，等. Ti-6Al-4V 钛合金筋板类吊挂锻造成形工艺优化及模具磨损研究［J］. 精密成形工程，2022，14（7）：106-115.

[23] SATOSHI K，SHIMON K，MASAHIRO T，et al. Multi-objective optimization of process parameters in cold forging minimize-ing risk of crack and forging energy［J］. Archives of Civil and Mechanical Engineering，2021，21（3）：42-49.

[24] 刘庆东. 膛线精锻加工过程数值模拟及工艺参数优化［D］. 南京：南京理工大学，2007.

[25] MANTHAN D，JITESH V，ASIM T. An approach to optimize cooling channel parameters of Low pressure Die casting process for reducing shrinkage porosity in Aluminium alloy wheels［J］. Materials Today：Proceedings，2022，62（P6）：56-62.

[26] YERMEKOVA M，GALUNIN S. Numerical simulation of induction through heating for forging［C］2018 IEEE Conference of Russian Young Researchers in Electrical and Electronic Engineering（EIConRus），Moscow，St. Petersburg，2018，524-527，DOI：10. 1109/EIConRus. 2018. 8317149.

[27] 刘寿军，肖开永，牛腾，等. 基于神经网络-遗传算法的泵体零件热锻模具磨损与应力分析［J］. 锻压技术，2024，49（2）：208-214. DOI：10. 13330/j. issn. 1000-3940. 2024. 02. 026.

[28] 梁强，刘新，陶志勇，等. 弹壳打凹-平底成形工艺参数优化［J］. 塑性工程学报，2024，31（3）：41-49.

[29] MA J，ZHAO T. Research on optimization of nC milling machine process parameters based on fBGA algorithm［C］2022 IEEE 5th Advanced Information Management，Communicates，Electronic and Automation Control

Confere-nce (IMCEC), Chongqing, 2022, 1278-1282, DOI: 10.1109/IMCEC55388.2022.10020057.

[30] XIE G Z, ZHAO S X, LI H, et al. A double-layer optimization method for forging process parameters of hinge beam structure and size of intermediate billet [J]. Journal of Mechanical Science and Technology, 2023, 37 (10): 203-210.

[31] 刘留. TC4 钛合金非等温锻件固溶时效对其残余应力影响的分析 [D]. 西安: 西安科技大学, 2024. DOI: 10.27397/d.cnki.gxaku.2022.000062.

[32] 蒋平. 基于数值模拟与神经网络技术的发动机吊挂锻造成形工艺设计及优化研究 [D]. 重庆: 重庆大学, 2022. DOI: 10.27670/d.cnki.gcqdu.2022.002045.

3.12 34CrNi3MoA 钢曲拐锻件锻造过程的数值模拟

3.12.1 引言

曲拐作为机器传递动力或运动方式转换的零件，广泛用于内燃机等设备，承担船舶发动机动力的输出，是整个机械动力系统的推动源[1]。高强度钢 34CrNi3MoA 具有出色的强度、韧性和抗疲劳性，是此类应用的理想材料，尤其是在高负载和高冲击环境中。鉴于其高强度、优异的韧性、长疲劳寿命和卓越的可加工性[2,3]，34CrNi3MoV 钢被广泛用于高精度工业中关键零部件的制造，且大型关键零部件通常通过锻造制造[4]。曲拐是大型货轮等大型设备的曲轴部件，高强度钢 34CrNi3MoV 因具有良好的表现而被广泛应用于曲拐的制造[5]。

许多学者利用有限元方法对曲拐的锻造过程进行了全面的模拟，从而更好地了解了其复杂性和影响[6,7]。将锻造与有限元仿真相结合，可以全面了解坯料几何形状、塑性应变水平以及结构演变，这对于在试验锻造方法中的成功应用至关重要。Kang 等人[8]强调了热锻比和奥氏体化温度对高强钢微拉伸性能和疲劳断裂的重要性。他们的研究表明，在不同的奥氏体化温度下，锻造比对拉伸性能的影响是不同的。黄婉辉等[9]对 42CrMo 钢进行了多向锻造和退火处理。他们的结果表明，多向锻造有助于晶粒细化。随后的退火导致位错密度的降低、材料屈服强度的降低和断后伸长率的增加。Kim 等[10]对锻造比不同的超高碳低合金钢的微观结构和力学性能进行了深入研究。结果表明，锻造比增高，奥氏体晶粒尺寸显著减小，提高了材料的抗拉强度和断后伸长率。此外，Liu 等[11]研究了锻造和退火对中碳低合金钢组织和性能的影响。结果表明，锻造提高了微观组织细化，提高了抗拉强度、硬度和耐磨性。锻造后的适当退火不仅降低了锻造应力，而且退火后在晶粒内分布了大量分散的超细碳化物颗粒。Zhang 等[12]研究了不同锻造比对高强钢 40CrNi2Si2MoV 性能和组织的影响，通过试验与有限元模拟相结合的方法进行分析，结果表明，提高锻造比不仅保证了碳化物在基体内更均匀的分散，而且显著提高了抗裂纹扩展能力，从而增强了试验钢的冲击韧性。因此，本节采用数值模拟来分析锻造过程中的等效应力应变以及锻造温度的变化趋势，对实际生产具有较大帮助。

3.12.2 数值模拟方案

1. 材料

坯料的材料选择中碳合金钢 34CrNi3MoA，是常用的曲轴加工材料，性能优越，强度和淬透性好，韧性好，调质后有较高的抗疲劳性和抵抗反复冲击的性能，可以很好地适应内燃机复杂的工作环境[13]。其化学成分见表 3-13。

表 3-13　34CrNi3MoA 钢的化学成分　（质量分数,%）

C	Si	Mn	S	P	Cr	Ni	Mo	Cu
0.30~0.40	0.30~0.50	0.60~0.90	≤0.025	≤0.025	0.70~1.10	2.75~3.25	0.25~0.40	≤0.25

2. 锻造几何模型（见图 3-107）

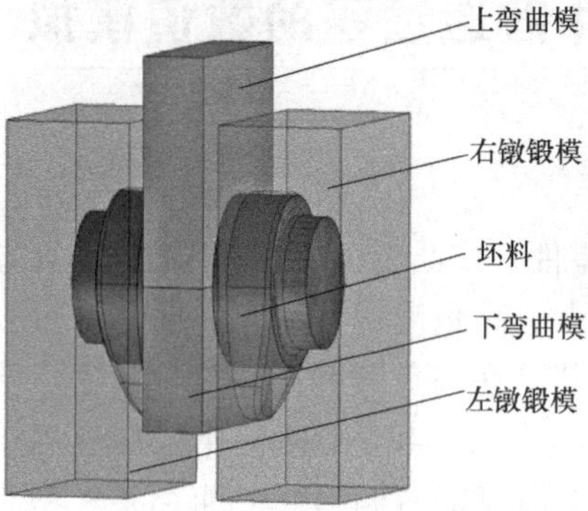

a) 模拟几何模型

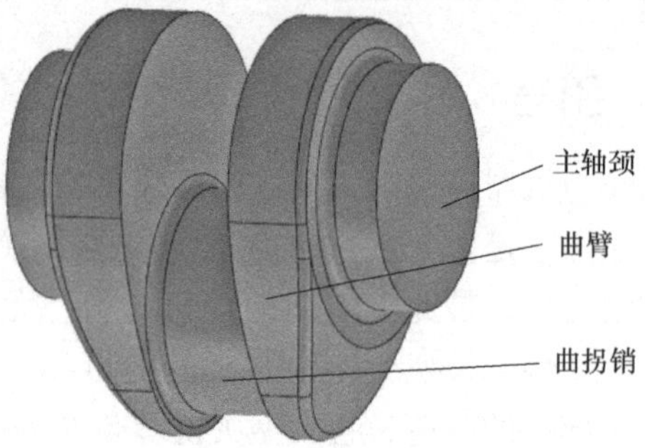

b) 曲拐各部分名称

图 3-107　锻造几何模型

3. 数值模拟条件

34CrNi3MoA 钢曲拐锻造为多向模锻，具体数值模拟参数与数值模拟方案见表 3-14。

表 3-14　34CrNi3MoA 钢曲拐锻造过程参数

成形工艺参数	数值
坯料模拟材料	AISI 4140
模具温度/℃	200
坯料温度/℃	1200
坯料与模具之间的传热系数/$W \cdot m^{-2} \cdot ℃^{-1}$	8
镦锻模行程/mm	65
弯曲模行程/mm	275
镦锻模运动速率/$mm \cdot s^{-1}$	13
弯曲模运动速率/$mm \cdot s^{-1}$	55

3.12.3　数值模拟结果分析

1. 等效应力

图 3-108 展示了曲拐终锻过程中的等效应力的分布规律，可以看出，坯料错拐位置等效

应力处于较高水平，曲臂与主轴颈等效应力较低。温度升高增强材料的软化效应，使金属的塑性变形能力提高，变形抗力降低，从而有效降低等效应力值。通过曲拐销和主轴颈对比可知，二者的等效应力值没有相差太多，这说明在复杂零件的热锻过程中，材料等效应力值的变化不仅是受温度的影响，也与金属流动导致几何形状发生改变有关。

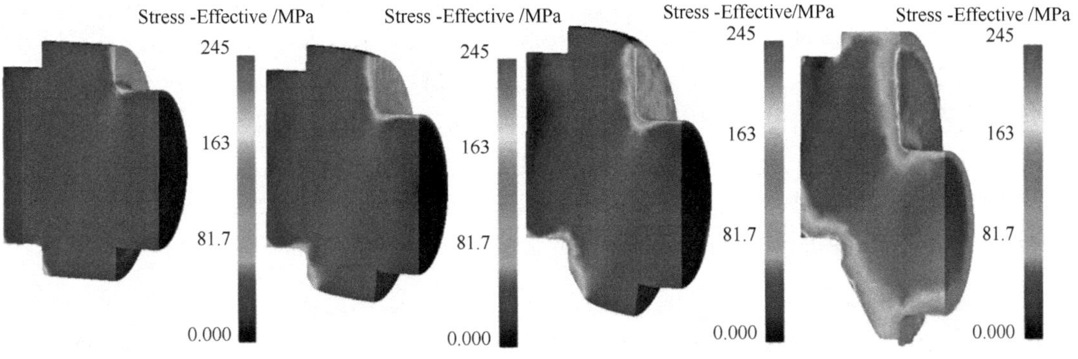

a) 变形量10%　b) 变形量30%　c) 变形量70%　d) 变形量100%

图 3-108　坯料等效应力场变化图

2. 等效应变

等效应变是反映材料塑性变形程度的一个量。从图 3-109 中可以看出，整个锻件成形过程等效应变最大的区域主要集中在坯料错拐的部位。成形继续，坯料变形越来越剧烈，等效应变越来越大，坯料受到反向挤压，弯曲模圆角处会出现较大应变，在成形最后，多余的坯料被挤压进飞边槽，也会出现较大应变，曲臂外侧由于少量毛刺出现较大应变，但对成形影响小，不做过多考虑。因此，圆角和飞边槽的设置对等效应变有着重要的影响，应当设计合适的圆角有利于锻件变形，并且可以较少模具的磨损，延长模具寿命；设置合适的飞边槽大小，可使金属充满模具模膛，多余的坯料顺利流入，提高成形件质量。

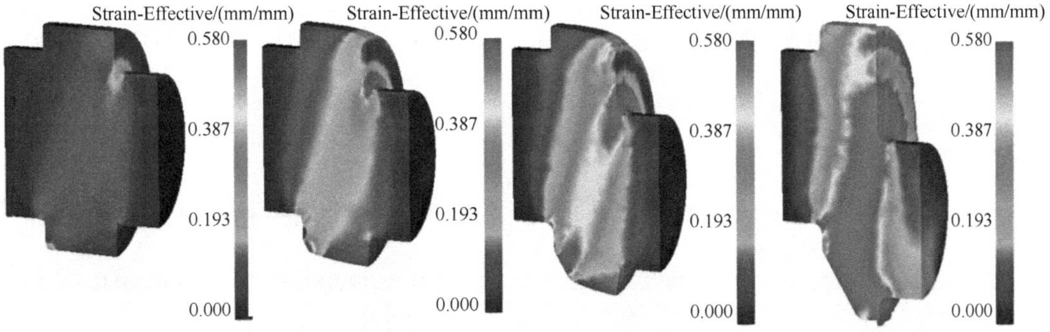

a) 变形量10%　b) 变形量30%　c) 变形量70%　d) 变形量100%

图 3-109　坯料等效应变场变化图

3. 锻造温度

曲拐锻造过程中，温度场的变化对锻件组织性能和流动能力的改善有着重要的影响。图 3-110 所示为不同时刻坯料的温度场的变化情况，随着镦粗行程的增加，坯料与模具接触面积逐渐增大，坯料与模具的温度差比坯料与空气的温度差小，但是传热系数却较高，因此坯料与模具接触面上的温度较暴露在空气中的低。此时曲拐温度范围为773~1210℃。曲拐心部温度略有升高，主要原因是此处的塑性变形功最大，产生的热量未能传递给温度较低的模具。从图3-110中可以看出，温度由内向外逐渐降低，呈现阶梯状。产生这种分布的主要原因是由于锻件与模具及周围环境接触存在温度差，会发生热传递进行热量交换，由于锻件与两者之间的热交换系数不同，因此两者热传递的快慢也不相同，造成了温度的变化不同。锻件与模具表面最早接触，接触面积大，且与模具的热交换系数大于与空气的，所以这些部位温度降低最快，热量散失同样也最多。在曲拐成形过程中，高温区始终存在于曲拐销成形的部位。这是因为在弯曲模的作用下该部位发生较大的塑性变形，由能量守恒，塑性变形产生的塑性功大多数转化为热量，致使该部位温度升高。而在曲臂的成形部位，温度低一些，是由于锻件在成形曲臂时与镦粗模的接触面积远远大于锻件与弯曲模的成形面积，模具传热系数大，所以温度相较曲拐销的部位温度低些。

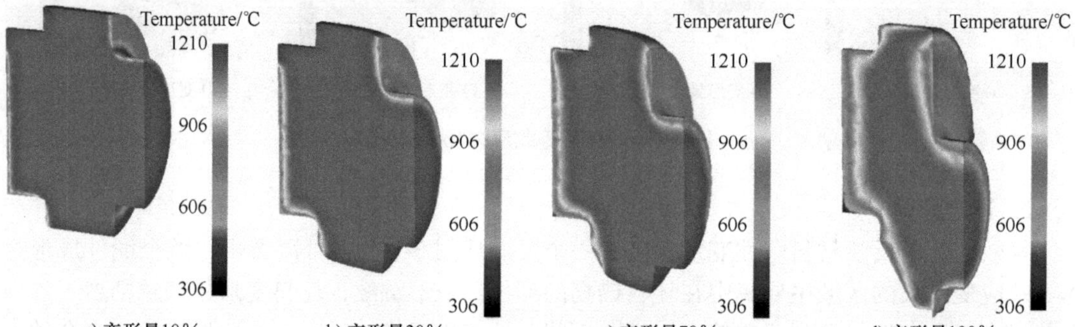

a) 变形量10%　b) 变形量30%　c) 变形量70%　d) 变形量100%

图3-110　坯料温度场变化图

3.12.4　结论

本节对34CrNi3MoA曲拐的锻造过程进行了数值模拟，建立了坯料和模具的有限元分析模型及边界条件，对曲拐的数值模拟结果进行了分析，包括锻造过程中的等效应力、等效应变及温度场的变化规律，对实际生产有着重要的参考价值和意义。

参考文献

[1] 刘大海，陈劲东，柴浩瑞，等. 基于DEFORM-3D的GH5188卡箍热模锻造过程数值模拟［J］. 锻压技术，2022，47（6）：9-16.

[2] 吴贵军，刘嵩，何寒，等. 大锻件拔长工艺优化［J］. 铸造技术，2018，39（6）：1309-1311.

[3] 龚虎，徐月. 大锻件不同砧型拔长工艺的研究进展［J］. 大型铸锻件，2017（6）：38-40.

[4] 张建国，时立佳，刘金恒，等. 大型转子锻件锻造常用压实方法数值模拟对比分析［J］. 大型铸锻件，2024，（1）：32-36，52.

[5] 匡利华，杜绍贵. 全纤维曲轴RR法减小锻件单拐名义尺寸设计［J］. 锻造与冲压，2021（15）：52-54.

[6] 高亭. 386Q内燃机曲轴多向模锻成形工艺研究［D］. 秦皇岛：燕山大学，2017.

[7] 张文平，周倩. 船用曲轴的制造工艺现状介绍［J］. 科技创新与应用，2016（6）：88-89.

[8] KANG M，PARK M，KIM B，et al. Effect of heat treatment on microstructure and mechanical properties of high-strength steel for in hot forging Products［J］. Metals，2021，11（5）：768.

[9] HUANG W H, ZHONG H G, LEI L P, et al. Microstructure and mechanical properties of multipass forged and annealed 42CrMo steel [J]. Material Science & Engineering A, 2022, 831.
[10] KIM J B, KIM J H, KANG C Y. Effect of hot forging on microstructural evolution and impact toughness in ultra-high carbon low alloy steel [J]. Journal of Materials Engineering and Performance, 2016, 25 (12): 5225-5230.
[11] LIU X H, XIAO L, WEI C H, et al. Effect of multi-directional forging and annealing on abrasive wear behavior in a medium carbon low alloy steel Tribulogyr International, 2018 (119): 608-613.
[12] ZHANG L, YANG W H, CHENG Q, et al. The effect of different forging ratios on the properties and microstructures of high strength steel 40CrNi2Si2MoV [J]. Journal of Materials Research and Technology, 2024 (29): 2326-2338.
[13] 吴思远，董莹，邵恒睿，等. 基于 DEFORM-3D 的高压油轨热锻工艺数值模拟及晶粒度预测 [J]. 锻压技术，2024，49 (1)：38-46.

3.13 摆辗成形接触面积的计算与校验

摆辗机摆头可以实现圆、直线、螺旋线和多叶玫瑰线四种运动轨迹，除圆轨迹摆头摆角固定外，其他三种运动轨迹摆头摆角均会从零到最大摆角之间变化。在摆辗成形力计算时，采用波兰马尔辛尼克教授提出的摆辗接触面积公式，由于计算公式进行了简化，计算结果存在误差，在摆角较小时公式无法完全对应摆头摆角与摆辗接触面积的关系。因此，本节针对该问题，推导并校验摆辗接触面积计算，得出较为准确的摆辗接触面积计算公式。

3.13.1 摆辗成形力与接触面积的计算分析

摆辗成形力是摆辗接触面积与作用在该面积上的单位压力的乘积[1]，其形力为

$$P=A_c\sigma_s K \tag{3-26}$$

式中，P 为摆辗成形力；A_c为摆辗接触面积；K 为摆辗系数；σ_s为材料的屈服极限。

其中，材料的屈服极限要考虑材料冷成形的加工硬化因素的影响；摆辗系数 K 值的选取，考虑到摆辗变形方式因素的影响，冷摆辗成形时，自由辗压的变形方式下 $K=1.5\sim1.7$[2]。

摆辗成形过程中，上模具与坯料上表面局部接触，接触部分在坯料轴线方向的投影面积为接触面积，接触面积与坯料上表面面积之比为接触面积率 λ，$0<\lambda\leqslant1$。

$$\lambda=\frac{A_c}{\pi R^2} \tag{3-27}$$

式中，R 为与上模具接触的坯料半径。

接触面积率的计算直接影响到摆辗接触面积及成形力计算结果的准确性，国内、外许多文献都做了相关计算的介绍[3-5]，但是计算方程由于进行了不同形式的简化，故计算结果均存在误差，其中波兰马尔辛尼克教授提出的接触面积率计算公式最具代表性：

$$\lambda=0.45\sqrt{\frac{s}{2R\tan\gamma}} \tag{3-28}$$

式中，s 为摆头旋转一圈坯料的进给量；R 为与上模具接触的坯料半径；γ 为摆头摆角。

式 (3-28) 对于摆头摆角较小以及直线、螺旋线和多叶玫瑰线通过轨迹中心点的情况，摆头摆角与接触面积率无法完全对应。以成形半径$R=50$mm的工件为例，取 $s=1$mm/r 时，

根据式（3-21）绘制接触面积率与摆角关系图（见图 3-111），当摆角 $\gamma=0.1°$时，接触面积率 $\lambda\approx100\%$；当摆角 $\gamma<0.1°$时，接触面积率超出 $0<\lambda\leqslant100\%$的取值范围，随着摆角的减小，λ 数值增加很大。

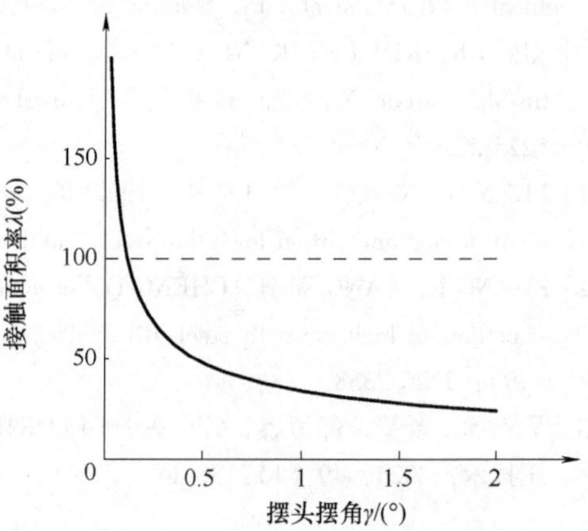

图 3-111　接触面积率与摆角关系

3.13.2　摆辗成形接触面积计算

根据摆辗工作原理以及圆柱体摆辗成形过程中某一瞬间上模具及坯料状态，绘制图 3-112 所示摆辗成形接触面积图。上模具与坯料上表面接触部分在坯料轴线 z 方向的投影面积为摆辗接触面积，由图 3-112b 中 A、B、D、C 四点围成的区域。

摆辗成形过程中，坯料高度方向被压缩、直径方向增大，成形某一瞬间坯料局部接触变形区域金属向外流动，坯料上表面形状不再为规则的圆，由于摆头转速较快、摆头旋转一圈圆柱体坯料变形后上表面近似为圆，所以设定某一瞬间坯料局部接触变形区域为圆，圆的半径为 R。

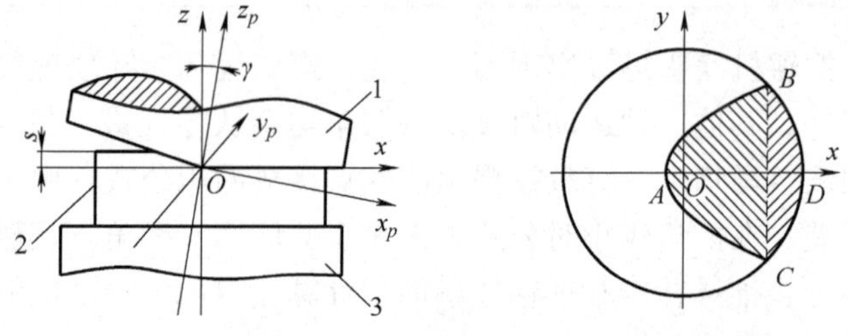

图 3-112　摆辗成形接触面积图

1—摆头　2—圆柱坯料　3—滑块

在图 3-112a 中，直角坐标系 $ox_py_pz_p$内，摆头的锥面方程为

$$x_p^2+y_p^2=\frac{z_p^2}{\tan^2\gamma} \tag{3-29}$$

坐标系 $ox_py_pz_p$与 $oxyz$ 之间的变换关系为

$$\begin{bmatrix}x_p\\y_p\\z_p\end{bmatrix}=\begin{bmatrix}\cos\gamma & 0 & -\sin\gamma\\0 & 1 & 0\\\sin\gamma & 0 & \cos\gamma\end{bmatrix}\begin{bmatrix}x\\y\\z\end{bmatrix} \tag{3-30}$$

经坐标系转换，在直角坐标系 $oxyz$ 内，摆头的锥面方程为

$$y^2=\frac{2z}{\tan\gamma}\left(x+\frac{z}{\tan2\gamma}\right) \tag{3-31}$$

图 3-112b 中，摆头上模具与坯料上表面的交线 BAC 由摆头的锥面与直角坐标系 $oxyz$ 内 $z=s$ 平面相交产生，将 $z=s$ 代入式（3-31），得：

$$y^2=\left(\frac{s}{\tan\gamma}\right)^2\left(\frac{2x}{s}\tan\gamma+1-\tan^2\gamma\right) \tag{3-32}$$

由于摆辗机摆头摆角运动范围很小，一般 $\gamma\in[0,2°]$，$\tan^2 2°\approx0.0012$，摆角接近于 0 时 $\tan^2\gamma\approx0$，因此 $\tan^2\gamma$ 可以忽略不计，则平面与摆头锥面的交线 BAC 方程为

$$y=\pm\frac{s}{\tan\gamma}\sqrt{1+\frac{2x}{s}\tan\gamma} \tag{3-33}$$

在图 3-112b 中 A 点处，$y=0$，则 A 点坐标由式（3-33）可得：$\left(-\frac{s}{2\tan\gamma},\ 0\right)$。

B 点坐标在坯料外圆上，坯料外圆方程为

$$x^2+y^2=R^2 \tag{3-34}$$

联立求解式（3-33）和式（3-34），可得 B 点坐标为$\left(R-\frac{s}{\tan\gamma},\ \frac{s}{\tan\gamma}\sqrt{\frac{2R\tan\gamma}{s}-1}\right)$。

摆辗接触面积计算分为两个部分，一部分为上模具与坯料交线所围 BAC 面积，另一部分为坯料外圆与 B、C 两点所围 BCD 弓形面积。

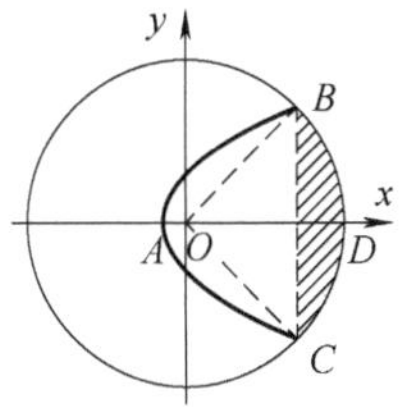

图 3-113　弓形 BCD 面积的计算

上模具与坯料交线所围面积为

$$A_1=\frac{2s^2}{3\tan^2\gamma}\left(\frac{2R\tan\gamma}{s}-1\right)^{\frac{3}{2}} \tag{3-35}$$

计算弓形 BCD 面积时，采用扇形 BOC 面积减去 ΔOBC 面积计算较为简洁。

扇形 BOC 面积：

$$A_S=\frac{\pi R^2}{180}\arccos\left(1-\frac{s}{R\tan\gamma}\right) \tag{3-36}$$

ΔOBC 面积为

$$A_T=\left(R-\frac{s}{\tan\gamma}\right)\frac{\sqrt{s(2R\tan\gamma-s)}}{\tan\gamma} \tag{3-37}$$

由上模具与坯料接触面积 $A_c=A_1+A_S-A_T$，可得摆辗接触面积计算公式为

$$A_c=\frac{2s^2}{3\tan^2\gamma}\left(\frac{2R\tan\gamma}{s}-1\right)^{\frac{3}{2}}+\frac{\pi R^2}{180}\arccos\left(1-\frac{s}{R\tan\gamma}\right)-\left(R-\frac{s}{\tan\gamma}\right)\frac{\sqrt{s(2R\tan\gamma-s)}}{\tan\gamma}\quad(\gamma\neq0,s\neq0) \tag{3-38}$$

式中，s 为每转坯料进给量；R 为与上模具接触的坯料半径；γ 为摆头摆角。

3.13.3 摆辗成形接触面积校验

根据图 3-112 摆辗成形接触面积图，采用三维设计软件，对坯料和上模具进行三维造型，并按图 3-112a 位置固定坯料和上模具，保证上模具锥面母线与坐标轴 x 轴重合，上模具轴线与 z 轴夹角为摆角 γ，对坯料和上模具采用布尔求交运算，可以得到坯料和上模具接触部分的三维数模，如图 3-114 所示。对接触面积进行测量，即可得到圆柱体摆辗成形接触面积的数值。

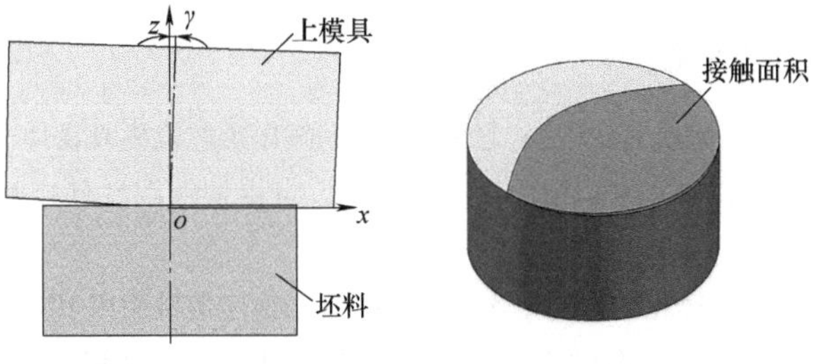

a) 坯料和上模具的相对位置　　b) 摆辗接触面积

图 3-114　摆辗成形接触面积的数模

根据摆辗接触面积计算公式（3-38），

计算上模具与坯料接触面积，与三维设计软件接触面积的测量结果进行比对，校验公式计算的准确性。选取不同的坯料半径、坯料进给量及摆头摆角分别计算摆辗接触面积，与三维软件测量值对比结果见表 3-15。

表 3-15 接触面积计算值与测量值

坯料半径 R/mm	进给量 s/mm	摆头摆角 γ/(°)	接触面积计算值/mm^2	接触面积测量值/mm^2	误差（%）
30	0.02	0.05	1713.47	1713.25	0.013
	0.05	0.1	1959.02	1958.98	0.002
	0.1	0.5	1140.02	1140.01	0.001
	0.5	1	1958.90	1958.60	0.015
	1	1.5	2318.52	2317.71	0.035
	2	2	2804.28	2803.40	0.031
50	0.08	0.05	7695.11	7695.10	0.000
	0.15	0.1	7507.44	7507.28	0.002
	0.6	0.5	6722.89	6722.51	0.006
	1.5	1	7507.12	7506.07	0.014
	2	1.5	7105.59	7103.21	0.034
	3	2	7506.16	7502.37	0.051

从表 3-15 可以看出，接触面积计算值与测量值误差结果均小于 1‰，即使摆头摆角趋近于 0°时，计算结果误差也很小。因此，摆辗接触面积公式的计算结果正确。

3.13.4 结论

根据公式推导，得出圆柱体摆辗成形的接触面积计算公式见式（3-38）。

通过摆辗接触面积的推导及校验可以更准确地计算摆辗成形接触面积和成形力，对摆辗成形过程中在摆头较小摆角的情况下较准确地计算上模具与工件接触面积，也是对不同摆辗接触面积计算的补充。

参考文献

[1] 胡亚民，伍太宾，赵军华. 摆动辗压工艺及模具设计［M］. 2 版. 重庆：重庆大学出版社，2008.

[2] 周德成，侯华兴，孙景舜，等. 自由摆辗圆柱件接触区压力分布的工程计算［J］. 锻压技术，1989（2）：31-36.

[3] 车路长，胡亚民，蔡利，等. 摆动辗压接触面积系数的分析研究［J］. 锻压机械，1996（4）：18-21.

[4] 温正忠，范顺成，胡亚民. 摆辗加工中摆头接触面积率的分析与计算［J］. 重庆工业管理学院学报，1999（2）：12-15.

[5] 程培元，刘浩. 摆动辗压接触面积率的精确计算及其简化表达［J］. 锻压技术，2003（4）：32-34.

3.14 GH4720Li 高温合金涡轮盘热加工工艺研究进展

3.14.1 引言

随着航空航天技术快速发展，国家对高强度、高性能涡轮盘材料的需求也在日益增长。GH4720Li 合金作为一种难变形的镍基高温合金，具备相对高的工作温度和高温强度，其工作温度区间介于 650~750℃[1]。而它同时还具有强度高、耐蚀、抗氧化以及抗疲劳等优异性能[2-6]，因此可以将其应用于飞机发动机的热端部件[7]，这种合金的应用直接关系到飞机发动机的可靠性和寿命，因此在材料领域备受关注。GH4720Li 高温合金中加入了大量的合金元素，合金成分见表 3-16，这导致合金化程度加剧，成分偏析严重，再加上它的热加工窗口在短时间内快速变窄，因此该合金的热加工过程极为不易[8]。由于该合金的沉淀相为 γ'-Ni_3(AlTi)，其体积分数占比高达 40%~50%，则合金的各项使用性能指标与 γ'相形貌数量相关性很大，而合金的 γ'相受固溶处理影响很大，因此探究热处理工艺对合金的 γ'相影响意义重大[9]。

本研究回顾了近年来关于 GH4720Li 合金涡轮盘锻件在均匀化、热加工和热处理工艺方面的最新进展。研究中根据生产加工涡轮盘遇到的一系列问题，如组织不均匀、合金性能不过关等，系统地讨论了适合三种工艺的工艺参数，从而使合金可以达到更稳定、更理想的使用条件。通过本文，希望可以为 GH4720Li 高温合金提供应用全面的参考，并找到其适配的工艺以满足生产实践的需求。

表 3-16 GH4720Li 合金主要化学成分（质量分数，%）

C	Cr	Ni	Co	W	Mo	Al	Ti	Fe	P	S	B	Zr	Mn
0.01~0.02	15.50~16.50	余量	14.00~15.50	1.00~1.50	2.75~3.25	2.25~2.75	4.75~5.25	≤0.05	≤0.015	≤0.002	0.01~0.02	0.025~0.05	≤0.15

3.14.2 均匀化处理工艺

为了达到航空发动机热端部件对合金材料性能的严格要求，在对 GH4720Li 合金成分设计时引入了众多的强化元素，从而导致合金在铸造过程中容易产生枝晶干区域 W、Mo 成分偏析，枝晶间位置产生 $\gamma+\gamma'$共晶相等缺陷[10-12]。通常为了区分枝晶间隙中的析出相，研究人员会通过扫描电子显微镜（SEM）对样品的微观形态进行观察，并利用电子探针微区分析（EPMA）来确定其化学成分，如图 3-115[13]所示。该类缺陷通常通过对合金铸锭均匀化处理来消除，旨在优化合金铸锭的微观结构缺陷，进而增强其整体的力学性能[14-16]。

目前国内外学者在对高温合金铸锭均匀化处理方面的研究已经取得了一定进展。董建新[17]在高温合金的热变形和再结晶行为研究中发现，适量的残留枝晶结构为晶核的形成提供了有利的场所，这有助于激发合金在动态过程中的再结晶现象。潘晓琳等[18]研究发现，低温预处理和高温扩散相结合的均匀化处理方式能显著减少合金的不均匀分布，并去除有害的脆性相，进而提升铸锭的热加工性能。杜金辉等[19]揭示了 GH4720Li 合金经过 VIM+VAR 双联熔炼[20]制备铸锭的最优均匀化处理工艺为 1190℃、保温 6h 和空冷。应用该工艺，共晶相虽然得到了有效的消除，但过高的温度会导致铸锭晶粒快速长大影响合金成形后的使用性能。因此，为消除共晶相以及降低合金偏析系数，并且能最大限度地保留合金铸锭细晶组织，王涛[21]等系统性研究了 GH4720Li 合金铸锭的均匀化处理，确定了实现铸锭细晶化的最优均匀化热处理工艺参数为 1140℃保温 12h+1170℃保温 10h，以 0.2℃/min 冷却至 1010℃后，出炉空冷。

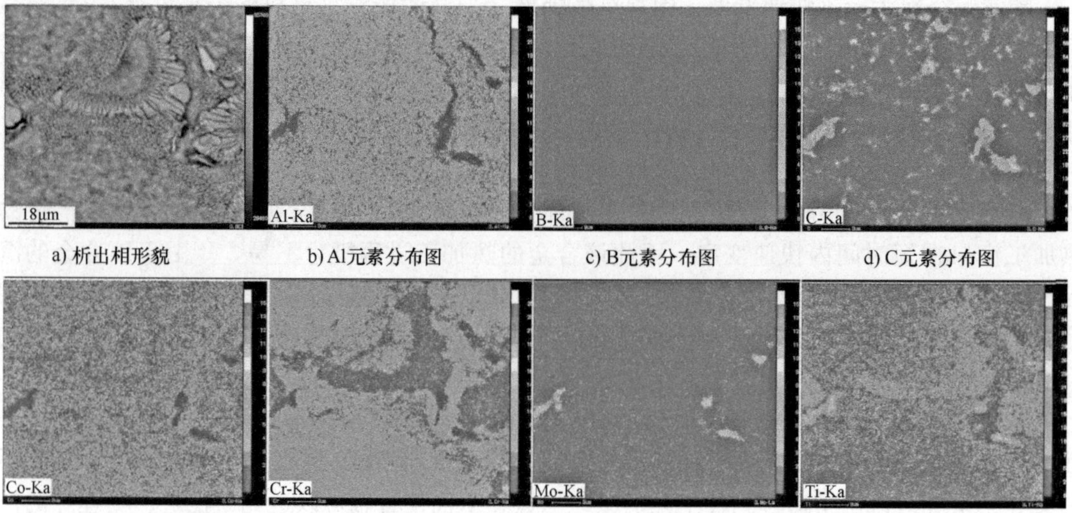

a) 析出相形貌　b) Al元素分布图　c) B元素分布图　d) C元素分布图

e) Co元素分布图　f) Cr元素分布图　g) Mo元素分布图　h) Ti元素分布图

图 3-115　GH4720Li 合金铸锭中枝晶间析出相形貌及元素分布图[13]

3.14.3　热加工工艺

GH4720Li 属于镍基高温合金难变形材料，该合金涡轮盘通过开坯、锻造等工序来成形。由于其引入大量合金化元素的并且有高达 40%的 γ′强化相，赋予了合金良好的高温力学性能并扩展了其使用温度范围。但是大量合金化元素的加入导致合金塑性下降，强化相 γ′相数量的增加以及一次 γ 相的全熔温度上升，动态再结晶温度上升，GH4720Li 合金的热加工范围越来越窄，因此在加工该合金时变得十分困难。

开坯锻造的目的就是为了获得细晶组织棒材，提高合金的热塑性，以达到提高成材率的目的。开坯工艺是将粗大的铸态组织破碎成 10μm 左右的细晶组织，通过在快锻机上进行多轮镦拔工序，可以实现细晶棒材的生产。由于合金难加工的特点，在开坯阶段，材料有时会产生断裂，或者呈现出不均匀的微观组织，这种不均匀组织很难在后续的锻造过程或热处理工序中消除[22]。

热变形过程是个热激活的过程，热变形激活能的数值可以表征材料的变形能力[23]，并可以更好地确定最佳的热加工工温度和应变速率。GH4720Li 合金的热变形激活能数值远超过其他高温合金，而 GH4169Li 合金的热变形平均激活能较低，数值约为 (400±15)kJ/mol。在阚志等[8]的研究中，GH4720Li 的热变形平均激活能为 1240kJ/mol，从这些数值反映出 GH4720Li 合金相对其他高温合金具有更好的稳定性和变形抗力，不易发生形变和结构变化。在热变形过程中，激活能的数值并非单调地随温度和应变速率的增加而增加，而是呈现出先降低后上升的非线性趋势，特别是在 1160℃和应变速率 0.1s^{-1}的特定条件下，激活能降至其最小值 602kJ/mol。

动态再结晶是高温合金塑形变形过程中的主要软化机制，通常认为错层能低的材料更容易发生动态再结晶[24-26]，GH4720Li 中的大量合金元素和 γ′相的存在使合金的错层能降低，动态再结晶温度升高。在塑性变形过程中，GH4720Li 合金的动态再结晶现象表现出一系列有序的规律：当应变速率保持不变，提高变形温度会促进动态再结晶的进程，并且会使再结晶晶粒的平均尺寸增大；当温度维持不变，增加应变速率会降低动态再结晶的发生，使得晶粒变得更加细小。GH4720Li 合金在 1120~1180℃、应变速率 0.1~1s^{-1}条件下，实现完全动态再结晶。通过综合研究微观组织分析、激活能计算和热加工图谱，确定了 1120~1140℃为合金的最佳变形温度，当应变速率超过 1s^{-1}时，合金在热变形过程中可能出现失稳[8]。

阚志[8]的研究成果为实际生产以及后续研究人员对 GH4720Li 合金的热加工工艺探究提供了理论基础。曲敬龙[6]利用热模拟压缩试验对合金的再结晶规律进行了深入分析，进一步通过数值模拟技术，系统地研究了加热温度、变形速率和端面摩擦系数等关键工艺参数如何综合作用于 GH4720Li 合金盘锻件的形状控制、温度场分布以及设备载荷等关键性能参数。确定变形速率 0.1s^{-1}变形量 70%、10%以变形温度为变量，综合分析再结晶晶粒尺寸、载荷、晶粒大小、锻件开裂等情况，得出最佳变形温度 1130℃为 GH4720Li 合金较为合理的等温锻造加热温度。热变形是涡轮盘成形的主要方式，不同的变形工艺（变形速率、变形量、变形温度）对该合金的使用性能的影响研究在不断开展。

3.14.4　热处理工艺

GH4720Li 合金优异的性能主要源于其细晶组织、高体积分数的 γ′相以及多尺寸 γ′相的合理匹配[27-29]。GH4720Li 合金的 γ′相通常由三种尺寸组成，在铸锭均匀化退火后，尺寸为 1~2μm 的一次 γ′相析出，主要起着钉扎晶界的作用，防止晶粒在固溶处理中的过度生长，晶内 90~200nm 的二次 γ′相在亚固溶处理的冷却高温阶段形成，而尺寸为 5~50nm 的三次 γ′相则在固溶处理的低温阶段及随后的时效过程中析出。热处理工艺对 GH4720Li 合金的晶粒尺寸以及 γ′相形貌数量影响很大[30-32]，而 γ′相的析出又进一步影响该合金的使用性能，因此很多学者开展了对 GH4720Li 合金的热处理工艺-组织形貌-使用性能的研究，旨在找到使合金具有最佳使用性能的热处理工艺。

合金在固溶过程中伴随着晶界的迁移和 γ′相的溶解。对于 GH4720Li 细晶组织，晶界表面积大，界面能高，晶粒长大所需的能量高。不同固溶温度对合金晶粒平均尺寸的影响如图 3-116[33]所示，固溶温度超过 1130℃时，固溶过程中晶粒均发生长大，当固溶温度在 1130~1150℃时晶粒长大趋势在 100μm 以内，当固溶温度超过 1160℃时，晶粒长大趋势不受控制。晶粒长大的主要原因是随着温度的升高，晶界原子扩散速度加快；另外，随着温度升高，一次

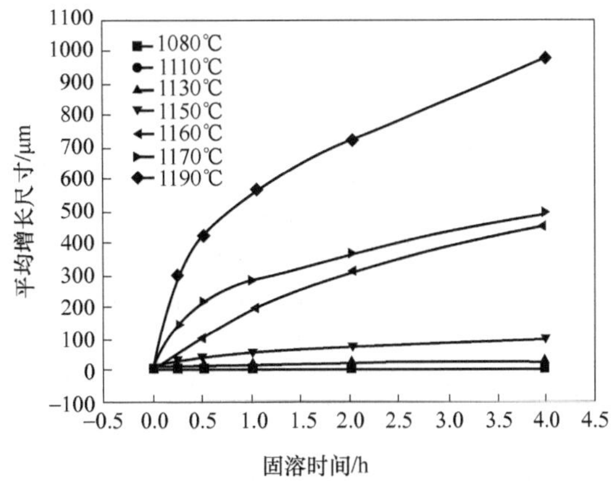

图 3-116　GH4720Li 合金晶粒平均直径演化曲线[33]

γ′相逐渐向基体中溶解，“钉扎”晶界的作用逐渐消失。当固溶温度达到1160℃以上，固溶温度的提高导致位于晶界的一次γ′相绝大部分溶解，残留量极少，从而减弱了其对晶界的“钉扎”效果，同时晶粒的增长速度也显著加快。

为实现细晶强化效果，适当提高固溶温度能够促进一次γ′相的溶解，从而析出更多的冷却γ′相，增强各种强化机制的效果，而同时为防止三次γ′相尺寸粗大，使三次γ′相的尺寸保持在临界尺寸，固溶处理温度又不宜过高。但实际上，多种强化效果不能同时达到最优，所以在探究固溶温度对组织性能的影响时，应综合合金的各项性能指标，选出综合性能最优的热处理工艺。

唐超[34]在对固溶温度对GH4720Li合金的显微组织以及力学性能的影响试验中描述了热处理后不同γ′相的形貌变化，其具体表现为一次γ′相的数量随着固溶温度的升高而增加，而三次γ′相的尺寸则随之增大，相应地，单位面积上的三次γ′相颗粒密度降低。合金的强度与固溶温度之间存在抛物线关系，在1130℃时达到最大值。随着固溶温度的进一步升高，合金的塑性逐渐降低，尤其是在超过1100℃时，塑性下降更为显著。在该试验中，作者讨论了固溶温度-组织-力学性能之间的关联性，如图3-117所示；ZhangWei[35]在研究中提出试样在温度650~770℃和760℃~880℃的范围内进行双级时效处理，随着时效温度的升高，试样中一次γ′相尺寸的增长，其对位错运动的阻碍作用减弱，进而导致晶粒尺寸的增加，结果表现为试样硬度的逐渐降低。经1100℃/OC×4h+650℃/AC×8h+760℃/AC×8h处理后的试样晶粒最为细小，平均晶粒尺寸为4.5μm，γ′相分布最为均匀，硬度最佳，可以达到47HRC。言建[36]利用不同冷却介质（空冷、油冷、水冷）来控制固溶后的冷却速度，发现不同冷速下对合金的晶粒尺寸以及一次γ′相数量形貌几乎没有影响，综合考虑了冷却速率对合金三次γ′相平均尺寸、室温及高温下的强度以及塑性的影响后，可以得出结论：空冷虽然能够为合金提供最佳的塑性，但其强度较低；油冷在强度和塑性之间达到了较好的平衡；而水冷虽然能够提供较高的强度，但塑性较差。因此，在追求合金综合性能最优化的前提下，固溶处理后的合金推荐采用油冷却方式。

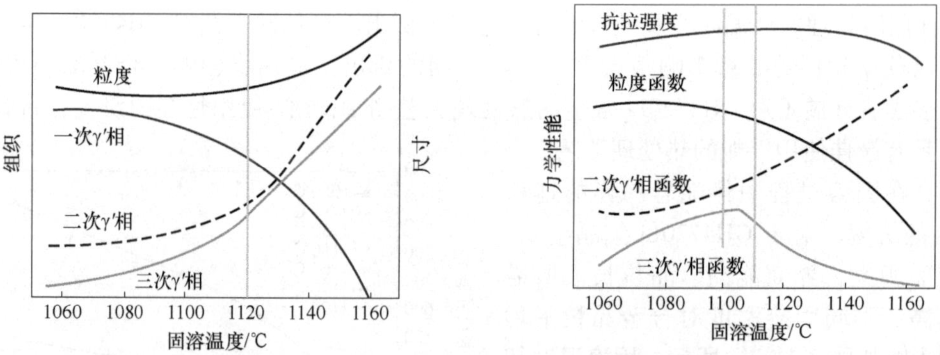

a) 固溶温度与组织的关系　　b) 固溶温度与力学性能的关系

图3-117　固溶温度与组织及力学性能的关系[34]

3.14.5　结论

1）在铸造过程中，在枝晶间通常可以看到γ+γ′共晶相等缺陷，为了消除这种不均匀的组织并去除有害的脆性相，得出最佳工艺参数为1140℃保温12h+1170℃保温10h，以2℃/min冷却至1010℃后，出炉空冷。

2）热加工过程需要通过分析组织性能以及热激活能来确定合适的加工速率、加工温度等工艺参数，从而抑制合金的动态再结晶并改善材料的性能以确保其成材率。

3）GH4720Li高温合金热处理主要包括固溶和时效，其中固溶温度和时间应根据固溶温度-组织-力学性能选择的合适的范围，在固溶结束后油冷最佳。而时效处理应选择双级时效处理1100℃/OC×4h+650℃/AC×8h+760℃/AC×8h。热处理工艺可以更好地促进合金细晶强化效果，显著地提高了合金的组织性能以及加工性能。

参考文献

[1] 曲敬龙，易出山，陈竞炜，等. GH4720Li合金中析出相的研究进展［J］. 材料工程，2020，48（8）：73-83.

[2] 杜金辉，曲敬龙，邓群，等. GH720Li合金的铸态组织和均匀化工艺［J］. 钢铁研究学报，2005（3）：60-64.

[3] 张瑞，刘鹏，崔传勇，等. 国内航空发动机涡轮盘用铸锻难变形高温合金热加工研究现状与展望［J］. 金属学报，2021，57（10）：1215-1228.

[4] 孟令胜，段方震，安腾，等. γ/γ′共晶相对GH4720Li合金耐腐蚀性能的影响［J］. 中国冶金，2020，30（7）：35-40.

[5] 张北江，黄烁，张文云，等. 变形高温合金盘材及其制备技术研究进展［J］. 金属学报，2019，55（9）：1095-1114.

[6] 曲敬龙，杜金辉，毕中南，等. 等温锻造工艺对GH4720Li合金盘锻件组织的影响［J］. 钢铁研究学报，2012，24（2）：49-53.

[7] 曲敬龙，杜金辉，邓群，等. GH720Li合金铸锭热加工过程中的组织演变行为［J］. 材料工程，2006（S1）：139-142，348.

[8] 阚志，杜林秀，胡军. GH4720Li合金热变形行为和相变［J］. 稀有金属材料与工程，2016，45（2）：363-368.

[9] 唐超，张筱萌，罗俊鹏，等. 固溶温度对GH4720Li合金显微组织和力学性能的影响［J］. 金属热处理，2021，46（6）：177-185.

[10] GONG L，CHEN B，YANG Y Q，et al. Effect of N content on microsegregation，microstructure and mechanical property of cast Ni-base superalloy K417G［J］. Materials Science and Engineering A，2017，701：111.

[11] QIN L，PEI Y L，LI S S，et al. Effect of thermal stability of γ′ phase on the recrystallization behaviors of Ni-based single crystal superalloys［J］. Materials & Design，2017，130：69-82.

[12] ZHANG H，LIU Y，CHEN X，et al. Microstructural homogenization and high-temperature cyclic oxidation behavior of a Ni-based superalloywith high-Cr content［J］. Journal of Alloys and Compounds，2017，727：410-418.

[13] CHANG L T，JIN H，SUN W R. Solidification behavior of Ni-base superalloy Udimet 720Li［J］. Journal of Alloys and Compounds，2015，653：266-270.

[14] SEMIATIN S L，KRAMB R C，TURNER R E，et al. Analysis of the homogenization of a nickel-base superalloy［J］. Scripta Materialia，2004，51（6）：491-495.

[15] MIAO Z J，SHAN A D，WU Y B，et al. Quantitative analysis of homogenization treatment of INCONEL718 superalloy［J］. Transation of Nonferrous Metals Society of China，2011，21（5）：1009-1017.

[16] SOHRABI M J，MIRZADEH H，RAFIEI M. Solidification behavior and Laves phase dissolution during homog-

enization heat treatment of Inconel 718 superalloy [J]. Vacuum, 2018, 154: 235-243.
[17] DONG J X, LI L H, LI H Y, et al. Effect of extent of homogenization on the hot deformation recrystallization of superalloy ingot in cogging process [J]. Acta Metallurgica Sinica., 2015, 51 (10): 1207-1218.
[18] PAN X L, WANG B, SUN W R, et al. Effect of homogenization treatment on the hot deformation of GH742 alloy [J]. Acta Metallurgica Sinica, 2012, 48: 1403-1408.
[19] DU J H, QU J L, DENG Q, et al. As-cast microstructure and homogenization process of alloy GH720Li [J]. Journal of Iron & Steel Research, 2005, 17 (3): 60-67.
[20] WANG Q Z, SHI L, TANG C. Metallurgy quality of GH4720Li alloy by VIM+PESR+VAR [J]. Baosteel Technical Research, 2021 (3): 17-21.
[21] 王涛，万志鹏，李钊，等. 热处理工艺对 GH4720Li 合金细晶铸锭组织与热加工性能的影响 [J]. 金属学报，2020，56 (2)：182-192.
[22] 张瑞，刘鹏，崔传勇，等. 国内航空发动机涡轮盘用铸锻难变形高温合金热加工研究现状与展望 [J]. 金属学报，2021，57 (10)：1215-1228.
[23] MONAJATI H, TAHERI A K, JAHAZI M et al. Deformation Characteristics of isothermally forged UDIMET 720 Nickel-Base superallog [J]. Metallurgical and Materials Transactions A, 2005, 36 (4): 895-905.
[24] OH S I, SEMIATIN S L, JONAS J J. An analysis of the isothermal hot compression test [J]. Metallurgical Transactions A, 1992, 22 (3): 963.
[25] QU J L, BI Z Nan. Hot deformation behavior of Nickel-based superalloy GH4720L[J]. Journal of Iron and Steel Research, International, 2011, 18 (10): 59-67.
[26] RAVICHANDRAN N, PRASAD Y V R K. Influence of oxygen on dynamic recrystallization during hot working of polyorystalline copper [J]. Materials Science and Engineering, 1992, A156 (2): 195-204.
[27] 唐超，程世君，曲敬龙，等. 混晶组织对 GH4720Li 合金高温力学性能的影响 [J]. 稀有金属材料与工程，2021，50 (9)：3280-3287.
[28] 宋西平，李红宇，盖靖峰，等. U720Li 合金高温析出 γ′相的失稳分解 [J]. 金属学报，2005，41 (11)：1233-1236.
[29] JACKSON M P, REED R C. Heat treatment of UDIMET 720Li: the effect of microstructure on properties [J]. Materials Science and Engineering A, 1999, 259 (1): 85-97, https://doi.org/10.1016/S0921-5093(98)00867-3.
[30] 于秋颖，张麦仓，董建新. 亚固溶温度热处理对 GH720Li 难变形高温合金 γ′相的影响 [J]. 北京科技大学学报，2013，35 (6)：763-769.
[31] 孙雅茹，孙文儒，郭守仁，等. γ′相对 U720Li 合金热变形行为的影响 [J]. 材料热处理学报，2013，34 (3)：50-54.
[32] 薛文利，高莎，王银，等. 航空发动机用高温合金真空热处理技术 [J]. 金属热处理，2019，44 (1)：13-17.
[33] 阚志，杜林秀. 热处理工艺对 GH4720Li 合金组织演化的影响 [J]. 材料热处理学报，2016，37 (8)：84-88.
[34] 唐超，张筱萌，罗俊鹏，等. 固溶温度对 GH4720Li 合金显微组织和力学性能的影响 [J]. 金属热处理，2021，46 (6)：177-185.
[35] ZHANG W, LI J N, DONG R F, et al. Effect of heat treatment process parameters on the microstructure and properties of GH4720Li superalloy [J]. Materials Research Express, 2023, 10 (1): 123-130.
[36] 言建，唐超，毕中南，等. 冷却方式对 GH720Li 合金固溶处理组织及力学性能的影响 [J]. 金属热处理，2016，41 (4)：150-153.

3.15 金属成形工艺中仿真驱动设计的进展、案例研究和未来展望

3.15.1 引言

金属成形是涉及金属工件变形的复杂制造工艺。传统的金属成形工艺设计严重依赖经验方法，往往需要费时费力的试错尝试，而金属成形仿真技术的进步改变了工程师的工艺设计和优化方法。仿真软件为工程师了解工件在成形过程中的变化提供了宝贵的信息，使其能够预测和评估各种工艺参数，帮助工程师对不同的设计方案进行仿真探索，最大限度地减少对实体材料的要求，缩短开发时间，降低成本。

目前，许多锻造公司都使用有限元仿真软件来减少设计工艺所产生的缺陷，从而提高产品在市场中的竞争力。虽然仿真技术已在金属成形行业得到广泛应用，但确定最佳的模具设计仍是一项重大的挑战，尤其是在复杂形状的闭式模锻技术中，无缺陷锻件成形的预锻模具设计尤为困难。

使用仿真驱动设计是当前优化模具设计最有前景的方法之一，本节使用 QForm Direct 软件自动预锻模具设计功能，结合 QForm 仿真软件，对工件行为和工艺结果进行了预测，并指导锻造模具的设计。通过与实际生产案例对比，这种方法在提高工艺效率、减少材料浪费和避免表面缺陷方面有巨大的潜力。

3.15.2 QForm Direct 的功能和应用

QForm Direct 基于等势面法进行预锻模具设计。等势面法的原理是使用拉普拉斯方程求解得到势流近似，与不可压缩材料的假想理想流动有关，没有旋转速度矢量分量，否则会导致形成折叠或褶皱[1,2]。这种方法可确保金属流动更加均匀，减少缺陷，使模具更容易被完全填充，还有助于以最小的飞边填充模具，降低成形载荷，避免出现折叠和穿流等流动缺陷[3]。

QForm Direct 可以半自动设计预锻模膛，还可以将几何形状数据自动传输到 QForm 仿真软件，从而节省大量的仿真准备时间和资源。QForm Direct 适用于冷锻件和热锻件的模具设计，它根据终锻模的几何形状自动生成预锻模表面，但仍需要工程师负责正确设计终锻模和飞边槽的几何形状。

在实际应用方面，QForm Direct 软件已经在轴对称和复杂形状零件的锻造模膛设计中得到了应用，甚至用于优化齿轮件的制造工艺。这些应用结果表明，仿真驱动设计在减少材料浪费、降低锻造载荷和提高成品整体质量方面确实有显著的效果，与传统设计相比，最佳预锻模的设计实现了自动化，并大大提高了设计效率。

3.15.3 金属成形仿真驱动设计

利用等势面优化闭式热模锻预锻形状是可以快速有效地设计出符合要求的预锻模具，这些等势面由势流的近似值推导而来。使用这个方法进行预锻模具设计，优先考虑均匀的模具填充，而且可以最大限度地减少流动缺陷。

在开发热锻臂预锻件时将仿真设计与实际试验对比，对利用 QForm Direct 软件获得的预锻模具进行了仿真验证，结果显示，预锻件无折叠，完全填充模膛，经过生产试验，获得了高质量的成品零件[4]。

3.15.4 工艺参数优化

仿真驱动的设计远不止于预测材料流动和减少缺陷，它还可以优化各种工艺参数，从而提高金属成形工艺设计的效率、生产力和经济效益。

金属成形工艺参数的优化是一个复杂的过程，各项工艺参数之间相互作用。通过仿真软件的应用程序接口可以对仿真环境进行可编程控制，使用先进的优化算法调整这些参数，并反复寻求最佳锻造结果。这种自动化方法可节省大量时间和资源，同时优化模具填充、降低成形所需载荷，并最大限度地减少材料浪费等。本节将重点介绍利用 QForm Direct 软件使用等势面法进行预锻设计方面的应用，复杂的参数优化问题暂不探讨。

3.15.5 CAD 和仿真软件集成

集成 CAD 和仿真软件对于仿真驱动设计来说至关重要。通过在两个软件平台之间建立双向数据交换，工程师可以无缝传输几何形状、材料属性和仿真结果。这种集成可以根据仿真结果反馈进行迭代计算修改，从而提高产品质量和工艺效率。

案例分析：铝热闭模锻造预锻件设计

由于铝合金在热状态下具有高延展性，即使是复杂形状的锻造通常也只需一道或两道工序，通常第一道工序是简单的预成形，如镦粗或弯曲。我们利用数值仿真对工件进行模拟。案例选择直径为 38mm、长度为 220mm 的 AA6082 铝合金（3.2315DN）圆棒作为坯料，加热到 520℃，使用 1600t 螺旋压力机。图 3-118a、b 展示了弯曲操作，图 3-118c 和 d 为精锻的仿真情况。尽管该工艺实现了模具的完全填充（见图 3-119），但终锻件的飞边较为严重，图 3-119b 中的红点突出显示了折叠缺陷，而图 3-119c 中沿着零件肋条的红色区域则显示了流动缺陷。

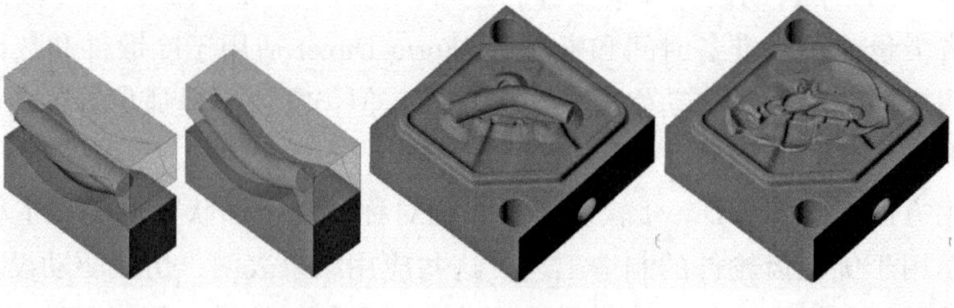

a) 弯曲　b) 弯曲　c) 精锻　d) 精锻

图 3-118　仿真软件模拟弯曲和精锻

根据模拟结果进行工艺优化，在弯曲和终锻工序之间增加预锻工序，并使用 QForm Direct 软件设计预锻模具的形状。由软件生成并用于创建预锻模膛的等势面如图 3-120 所示。优化后的技术工序包括弯曲、预锻和终锻（见图 3-121），使用仿真软件进行模拟，结果显示，最终零件没有任何缺陷（见图 3-122）。

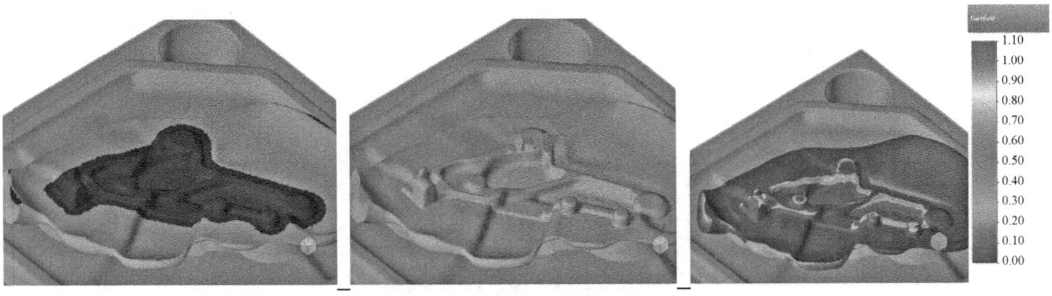

a) 模具填充　　b) 折叠　　c) 流动缺陷

图 3-119　模拟结果

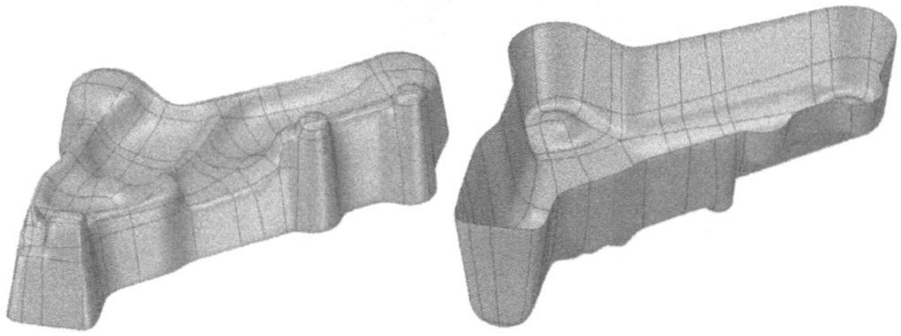

a) 上表面　　b) 下表面

图 3-120　QForm Direct 生成的等势面

a) 弯曲　　b) 预锻　　c) 终锻

图 3-121　优化后的技术工序

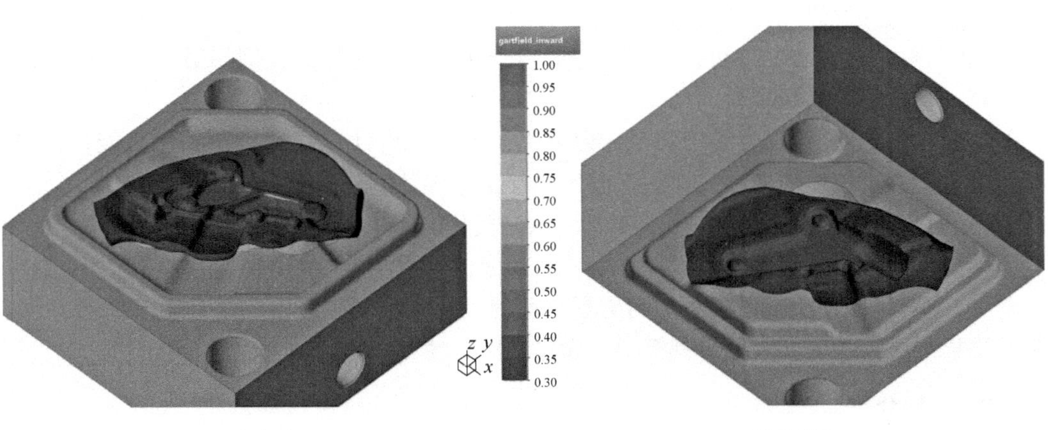

a) 上表面　　b) 下表面

图 3-122　终锻件流动缺陷分析

在通过仿真成功验证了优化的工艺后，制造出如图 3-123a 所示的预锻模具，终锻模具如图 3-123b 所示，按照最初的设计没有做任何改动。

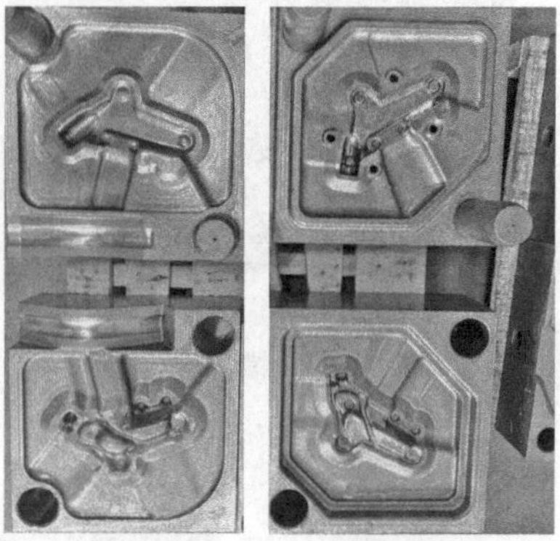

a) 预锻模具　　b) 终锻模具

图 3-123　实际模具照片

试验锻件显示成形质量完美，无任何缺陷（见图 3-124），该工艺已用于批量生产。

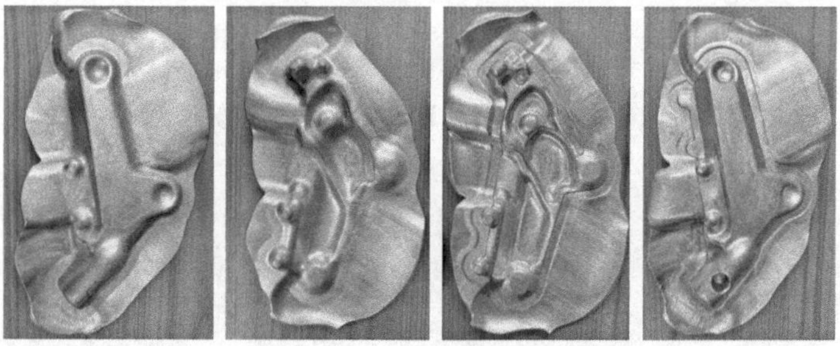

a) 预锻件正视图　b) 预锻件反视图　c) 终锻件正视图　d) 终锻件反视图

图 3-124　预锻件、终锻件正、反视图

3.15.6　未来展望

通过以上案例证明了仿真驱动设计在优化金属成形工艺方面的潜力。然而，仍有多个领域有待进一步的开发研究。这些领域包括：

1）多目标优化算法的进步，可同时考虑多个相互冲突的目标，例如最大化生产率的同时最小化材料浪费或能源消耗。

2）集成人工智能和机器学习技术，以增强仿真驱动设计流程的自动化和智能化，包括基于历史数据和模拟，使用预测模型来提出最佳工艺参数和模具设计。

3）结合先进的材料模型和表征技术，捕捉现代合金、复合材料和先进材料的复杂行为，使工程师能够精确地模拟和优化尖端材料的成形过程。

4）将实时监控和反馈系统集成到仿真驱动的设计流程中。通过在生产过程中捕获实时数据，工程师可以验证和改进仿真模型，确保其准确性和可靠性。

3.15.7　结论

金属成形技术向仿真驱动设计流程的过渡，主要通过使用 QForm Direct 软件，代表了锻造技术发展的范式转变。为工艺优化提供了一种变革性方法，减少了对试错方法的依赖，提高了产品质量、成本效益和效率。

通过实例验证了仿真驱动设计在优化复杂形状零件预成形设计和改进热闭式模锻工艺方面的有效性。采用这种技术，不仅可以提高锻件的生产率和产品质量，而且还可以在金属成形技术科学方面取得深刻的进步。

此外，本节所概述的未来前景还为金属成形工艺的进一步研究和开发指明了方向。通过采用仿真驱动设计，可以在不断发展的金属成形领域提高竞争力，缩短开发时间，降低成本，实现更高水平的工艺效率和产品质量。

参考文献

[1] FEYNMAN R P, LEIGHTON R B, SANDS M. The Feynman lectures on physics Vol. Ⅱ [M]. Redding: Addison-Wesley, 1963.

[2] BIBA N, VLASOV A, KRIVENKO D, et al. Closed Die Forging Preform Shape Design Using Isothermal Surfaces Method [J]. Procedia Manufacturing, 2020, 47: 268-273.

[3] VLASOV A, KRIVENKO D, The use of a finite element thermal model forclosed die forming preform shapedesign [J]. Proceedings of the Tula State University-Technical Science, 2019, 5: 96-102.

[4] VLASOV A, BIBA N, STEBUNOV S, et al. The experience of QForm Direct software implementation for preform impressions design in hot closed die forging [J]. Billet Production Inmechanical Engineering, 2022, 20 (11): 501-505.

3.16　变截面板形零件的辊-板复合楔横轧成形工艺研究

3.16.1　引言

钛合金具有密度低、比强度高、耐高温及耐蚀性能优异且无磁性等特点，一直作为优选的航空结构材料[1-4]。钛合金常用于高端装备的零部件材料，随着高端装备的升级与迭代，要求钛合金零部件的结构愈加复杂。因为这些零部件的力学性能直接影响装备整体的可靠性、安全性和服役寿命，所以既要求各个零部件具有严格的尺寸精度，又要求其具有优异的服役性能。支承板是一种典型的非对称变截面结构件，通过与其他零部件配合，起到固定、支承及承受一定压力的作用。航天器用钛合金支承结构具有薄壁轻量化、外形复杂、种类多样等特点[5]。采用传统的铸造、锻造和机械加工的方式制造存在加工精度有限、机械加工量较大、工艺烦琐、周期冗长等问题[6,7]。寻求一种可以实现复杂结构件的短流程制造的新工艺用以解决这类结构特征零件的生产需求意义重大。

楔横轧工艺具有局部渐进成形的特点，常用于轴类件的生产。此外，楔横轧可以根据实际需求重新分配坯料的体积，作为复杂锻件的预制坯工序，如飞机发动机叶片[8,9]、汽车控制臂等[10]。楔横轧工艺的成形原理为上下楔形模具逐渐楔入圆柱坯料，从而驱动坯料旋转成形。常见的楔横轧设备分为辊式楔横轧机和板式楔横轧机。辊式楔横轧机的轧辊刚度好，但扇形模具加工复杂，而板式楔横轧装配简单，但平板结构的刚度差。吉林大学宋玉泉[11]等提出了一种结合两者优点的辊压板式复合楔横轧精成形机，主要关注于机械结构的改良。针对变截面板类零件的结构特点，本节提出一种适用于成形具有所述特征零件的辊-板复合楔横轧机。

本节以某型号 TC4 钛合金支承板为目标零件，对其在辊-板复合楔横轧工艺下的成形过程进行数值分析。通过对引入的成形性能指标及模拟结果的分析，探索了辊-板复合楔横轧工艺成形钛合金变截面板材的可行性，进而确定优选的工艺窗口。

3.16.2 方法

1. 钛合金支承板的结构特征分解与成形工艺

图 3-125 所示即为本节所研究的钛合金支承板的结构和尺寸示意图。其整体形貌较为复杂，按照其结构特征及技术要求可划分为板头区、板身区和过渡区三个部分。板头区为非对称形貌且具有一定的倾斜角，此特征采用铸造的方式成形难以达到预期精度，通常需要后续机械加工来完成，会降低材料利用率和成形效率。板身区沿着 x 轴方向上下对称，但也具有一定的倾斜度。此外，支承板的厚度沿着 x 轴方向有着变截面的特征，尤其体现在过渡区。

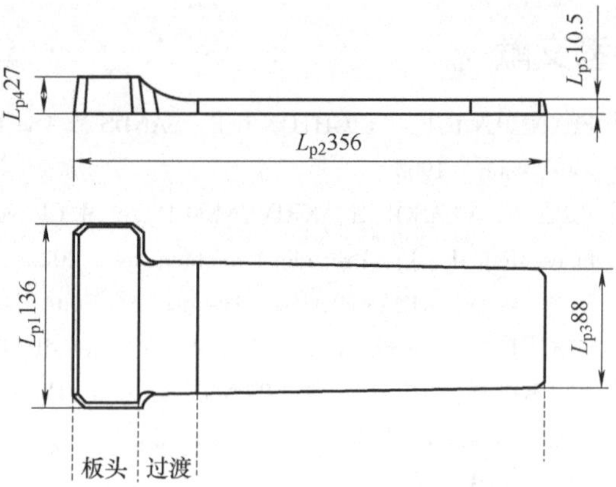

图 3-125　钛合金支承板的结构和尺寸示意图

成形工艺选用辊-板复合楔横轧成形工艺，其原理图如图 3-126 所示。轧机的主体结构由上轧辊、上模具、下轧板、下模具及啮合齿条组成。此外，为避免轧制成形前后上下模具之间相互干涉，下模具前后端开有退辊槽。辊-板复合楔横轧工艺是在辊式楔横轧与板式楔横轧工艺的基础上提出的，在成形板类零件时，既保留辊式楔横轧线性接触的特点，可以保证零件变形的前后互不干涉，又充分发挥板式楔横轧上下模具相对运动的能力。由此，楔横轧工艺将不再局限于轴类件的制造，还可以进一步推广至变截面板形零件的加工。

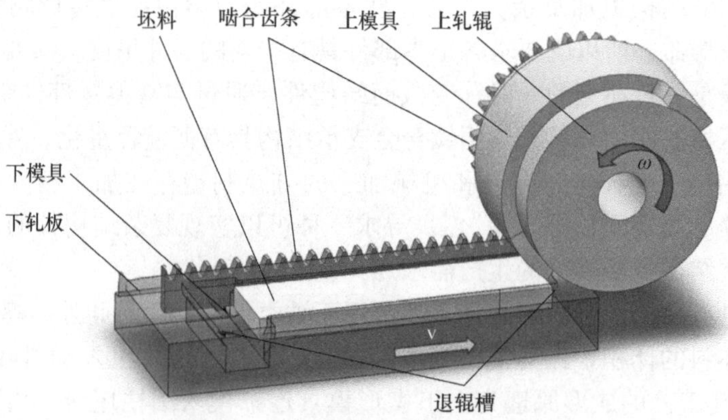

图 3-126　辊-板复合楔横轧成形工艺原理

首先，根据零件的尺寸绘制出上下模具，保证后续工作时上轧辊外贴合的弯曲上模具与下轧板内嵌入的水平下模具之间形成的闭合腔室与零件外廓相近。其次，根据体积不变原则确定块体坯料的尺寸为 305mm×85mm×22mm。辊轧试验时，首先将坯料放入马弗炉，在设定温度保温一段时间，并预热上下模具。随后起动设备，上轧辊发生自转运动，下轧板在啮合齿条的传动下做线速度相同的水平运动，经过上轧辊与下轧板的共同作用实现零件的最终成形。完成轧制后，上轧辊通过退辊槽退出，取出成形零件。以上即辊-板复合楔横轧工艺的设计原则和成形原理。下面通过有限元模拟方式论证其在成形非对称变截面支承板方面的可行性及工艺特点。

2. 有限元模型建立

采用有限元模拟软件 Deform-3D 对支承板零件成形过程进行模拟。模型装配关系如图 3-127a 所示。为了对模拟结果有针对性的分析，在坯料处取三个追踪点，选取原则在于变形结束后三个追踪点分别落位于板头区、过渡区和板身区。材料模型选用软件材料库中的 Ti6Al4V 合金，坯料设置为刚塑体，上下模具设置为刚体。主要模拟参数设定见表 3-17。为确定零件加工的工艺窗口，以坯料加热温度和轧制速率为试验变量进行有限元模拟，试验方案见表 3-18。

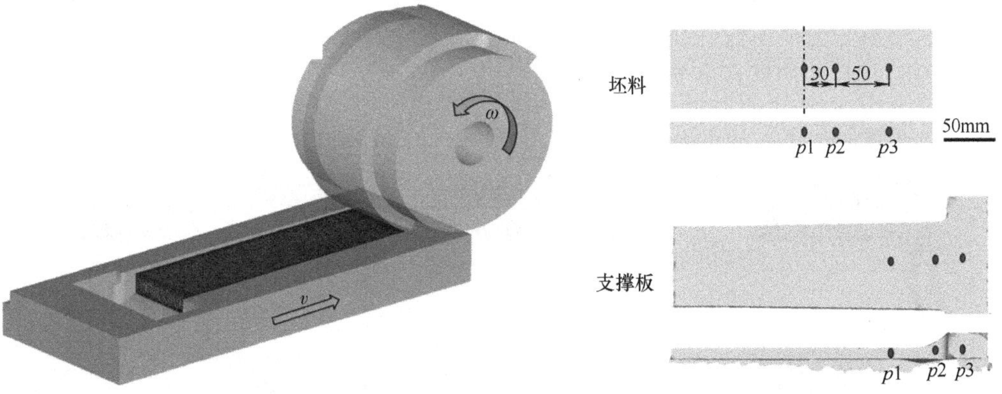

a) 模型装配关系　　b) 点追踪位置

图 3-127　辊-板复合楔横轧模型

表 3-17　主要模拟参数设定

上下模具温度/℃	350
环境温度/℃	20
坯料与环境传热系数/[N/(mm·s·℃)]	0.02
坯料与模具传热系数/[N/(mm·s·℃)]	11
热辐射系数	0.7
剪切摩擦因子	0.7
功热转换系数	0.9
网格设定数量	100000

表 3-18　试验方案

编号	加热温度/℃	轧制速率/(mm/s)
1	850	250
2	900	250

（续）

编号	加热温度/℃	轧制速率/(mm/s)
3	950	250
4	900	150
5	900	350

3.16.3 结果与讨论

1. 工艺参数确定

钛合金支承板的成形过程如图 3-128 所示。坯料从起始位置到第 320 步所在位置之间为坯料的辗长阶段，此阶段的坯料在无约束区域沿碾长方向发生轻微的偏转，但是，上轧辊碾过的区域由于模具的约束，板身区的坯料在模具内部充型良好。由第 320 步所在位置到第 640 步所在位置之间为板头的充型阶段，拉长的坯料逐步填充至板头区的模具，此阶段在零件整个成形过程中尤为关键，一旦工艺参数设计不合理就会出现板头填充不满的现象。最后为上轧辊与下轧板分离阶段，在退辊槽的作用下，多余的材料形成飞边，后续通过少量机械加工可获得目标尺寸的钛合金支承板零件。

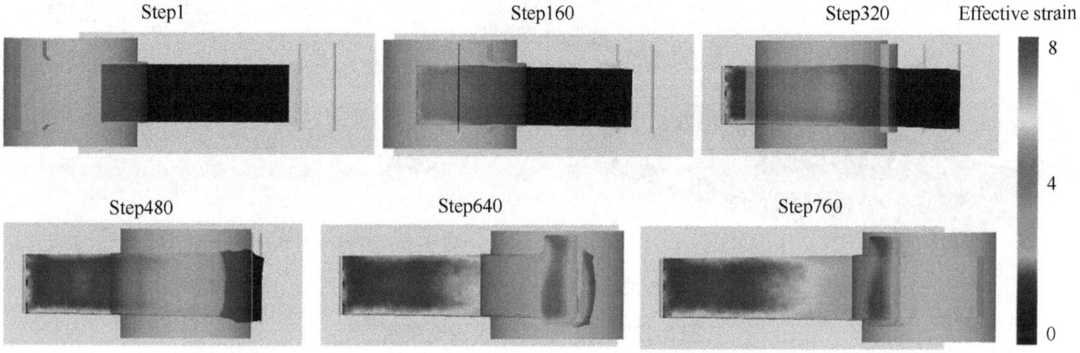

图 3-128　钛合金支承板成形过程

钛合金支承板在不同工艺参数下的成形情况展示如图 3-129。首先，轧制速率选为 250mm/s，以加热温度为试验变量，结果表明，加热温度为 900℃时，对应的模拟效果最佳。加热温度为较低的 850℃时，零件在成形过程中的变形抗力较大，材料在板头区充型不完整，出现边角处未充满的现象。而当加热温度升高至较高的 950℃时，材料软化严重，在板头区的填充阶段，材料流动过快，但并未充满模膛，成形效果很差。在加热温度为 900℃的条件下，轧制速率分别为 150mm/s 和 250mm/s，零件成形填充饱满。当轧制速率为较高的 350mm/s 时，因为变形时间短，且材料的热传导慢，零件的板头区会出现显著温升，可达 1020℃，模具与材料的黏着加剧，成形结果很差。因此，初步确定坯料加热温度为 900℃，轧制速率为 150~250mm/s 为较适宜的工艺参数窗口。

模具在不同试验条件下承受的最大水平驱动载荷如图 3-130 所示。从金属流动角度分析，金属变形量随着坯料加热温度的升高与轧制速率的降低均有提升，所需模具施加的载荷也因此增大。从图 3-130 可以看出，试验编号 4 对应的模具承受的最大水平驱动载荷显著高

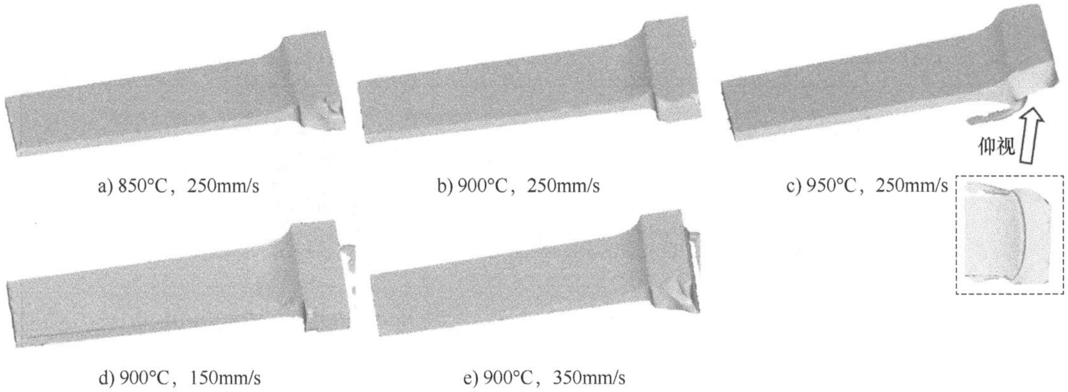

图 3-129　钛合金支承板成形结果

于其他试验编号所对应的，其原因一方面为应变速率的降低使得金属变形量增大，另一方面则是板材在低应变速率下变形出现的大幅温降会引发金属变形抗力增加。

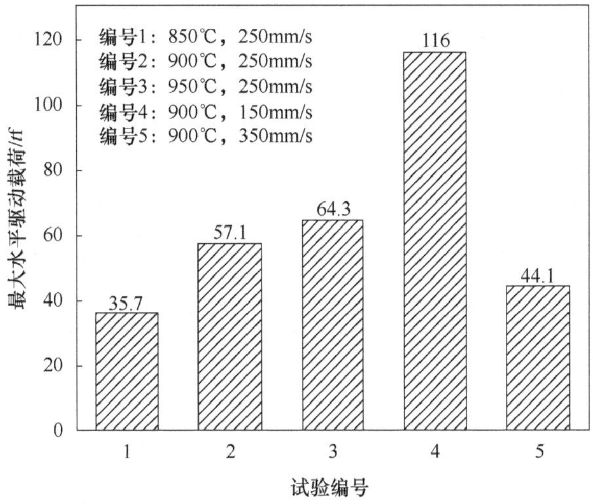

图 3-130　模具在不同试验条件下承受的最大水平驱动载荷

为进一步量化评价采用图 3-129a、b 和 d 所示的三种工艺参数条件获得的结果，提取支承板零件的 5 个特征尺寸（见图 3-125）和 4 个特征投影面（见图 3-131），引入零件的两个成形能力的评价指标，用于定量评价零件尺寸成形情况及零件填充率，对应的公式如下：

$$L_{re} = \sum_{i=1} \frac{\| L_{et} - L_{pi} \|}{L_{ei}} \tag{3-39}$$

$$\phi = \left(\sum_{i=1} \frac{S_{pi}}{S_{ei}} \right) \Big/ 4 \tag{3-40}$$

其中，L_{re}为总体相对误差；L_{et}为理论目标长度；L_{pi}为实际模拟长度；ϕ 为平均填充率；S_{ei}为理论目标投影面积；S_{pi}为实际模拟投影面积，其中，i 为序号。

根据有限元模拟结果整理的成形能力评价指标见表 3-19、表 3-20，可以看出，在加热温度 850℃、轧制速率 250mm/s 条件下，获得的结果 L_{p4}值明显高于其他两组条件，与之相对

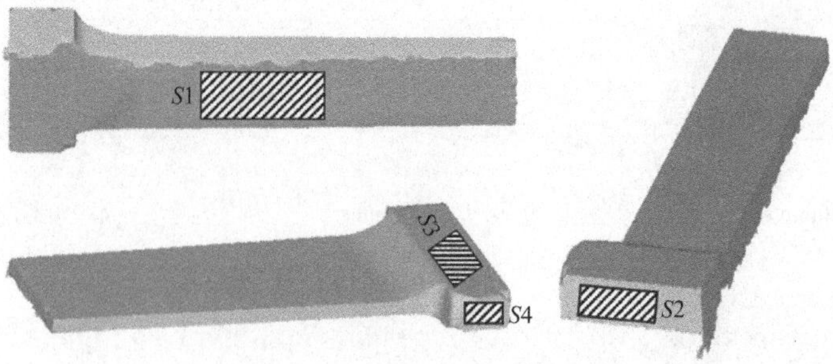

图 3-131　支承板特征投影面所在位置

应的特征投影面 S4 的填充率 S_{p4}/S_{e4} 要远低于对照组结果，从两方面反映出由于该条件的轧制温度低，金属流动性较差，且板头区金属堆积、铺展不利，导致零件尺寸不达标，且填充不满。在加热温度 900℃、轧制速率 250mm/s 条件下获得的零件，其总体相对误差最小，且平均填充率最高，为轧制的优选工艺参数。

表 3-19　特征尺寸测量结果及总体相对误差

编号	工艺条件	L_{p1}/mm	L_{p2}/mm	L_{p3}/mm	L_{p4}/mm	L_{p5}/mm	L_{re}
1	850℃，250mm/s	131.3	350.6	87.0	35.1	11.4	0.45
2	900℃，250mm/s	130.1	350.8	87.1	28	11.6	0.21
3	900℃，150mm/s	131.0	353.0	87.2	27.4	12.6	0.28

表 3-20　特征投影面填充率及平均填充率

编号	工艺条件	S_{p1}/S_{e1}	S_{p2}/S_{e2}	S_{p3}/S_{e3}	S_{p4}/S_{e4}	ϕ
1	850℃，250mm/s	98.79%	98.97%	95.8%	77.2%	92.7%
2	900℃，250mm/s	99.27%	99.31%	97.8%	94.2%	97.6%
3	900℃，150mm/s	98.7%	99.79%	97.8%	93.1%	97.3%

2. 成形过程分析

图 3-132 展示了不同工艺参数条件下零件的等效应变云图及三个追踪点处的等效应变变化曲线。随着轧制温度的升高和轧制速度的降低，材料的动态再结晶体积分数逐渐增大，获得的零件的等效应变也逐渐增大。对比图 3-132a 和图 3-132b，加热温度升高除了使等效应变增大之外，还会大幅缩减过渡区的小应变区域，进而使零件各区域的力学性能更加均匀。对比图 3-132b 和图 3-132c，轧制速度的降低，使得高应变区域进一步增加，尤其体现在过渡区。此外，小应变区域分别向板头区与板身区的外侧移动，更有益于零件组织均匀性与力学性能的提升。而对比追踪点的等效应变曲线，升高加热温度使 P1、P2 点的等效应变增加。在此基础上，进一步降低轧制速度，P1、P2 点的等效应变进一步升高。这两种条件的改变均增加了材料的流动能力。但是 P3 点由于临近变形的最终位置（即板头区），其在整个过程中并未出现明显的变化。

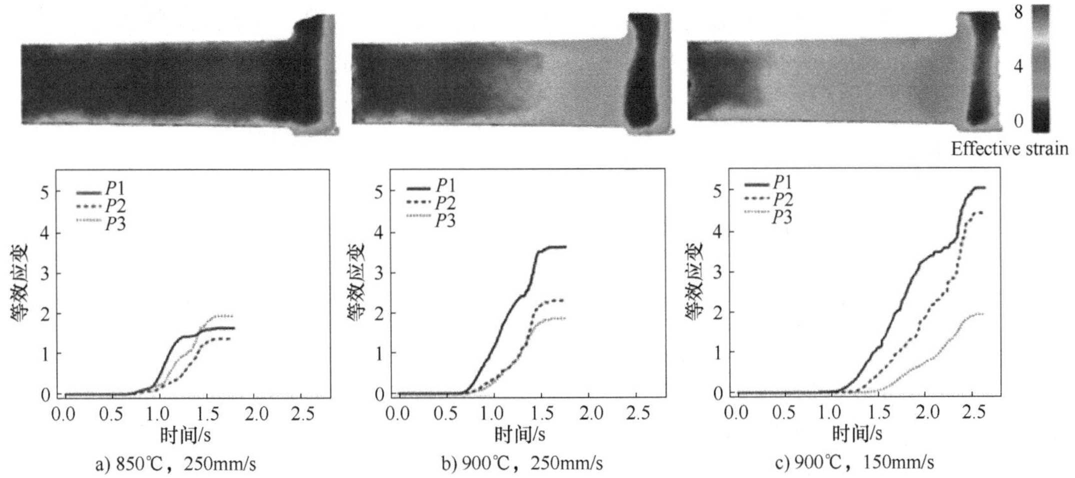

图 3-132　不同工艺参数条件下零件的等效应变云图及三个追踪点处的等效应变变化曲线

图 3-133a ~ 图 3-133c 表达了三种工艺参数条件下追踪点处的应变速率变化。*P*1，*P*2，*P*3 点随着时间的延长依次发生变形。因为 *P*1，*P*2，*P*3 点最终位置分别落在板身区，过渡区和板头区，应变速率变化的剧烈程度也随着追踪点的变化逐渐加剧。随着加热温度的升高，三个追踪点的高应变速率对应的时间区域逐渐拓宽，即坯料填充模具的时间更为充足，材料的充模能力有所提升，但由于材料的软化作用，追踪点的应变速率值略微升高。而随着轧制速度的降低，追踪点应变速率均有所降低。图 3-133d ~ 图 3-133f 展示了三种工艺条件下追踪点处的温度变化，*P*1 点首先发生变形，由于变形热的缘故，此处温度首先增加。随后，*P*2 发生变形，但因为坯料与空气有一定的接触时间，其最高温度低于 *P*1 点。而 *P*3 点在短

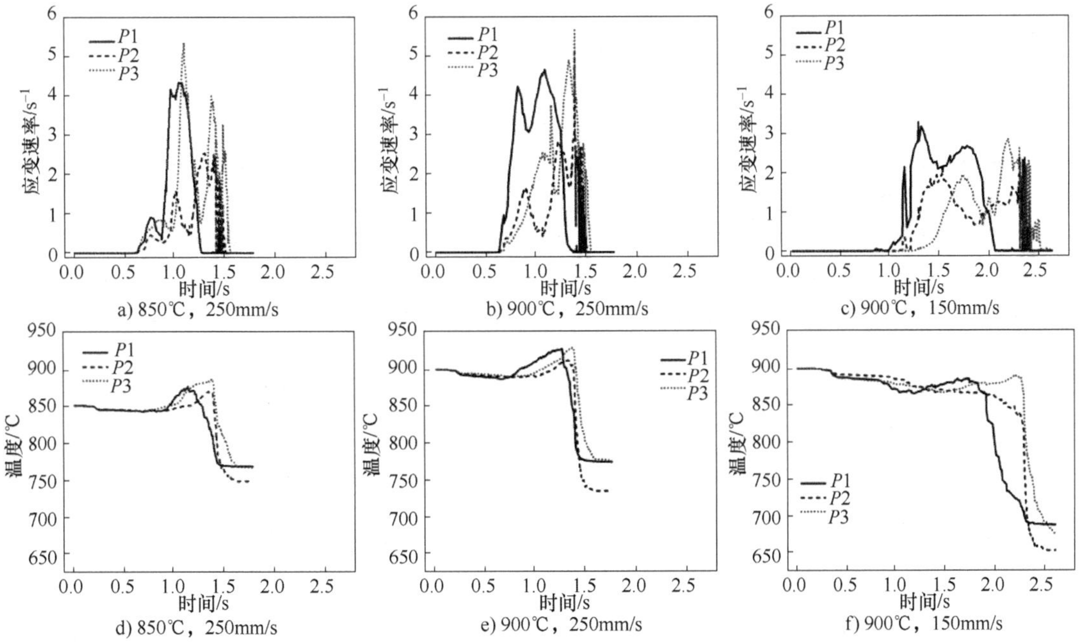

图 3-133　追踪点的应变速率与温度变化曲线

时发生较大塑性变形且应变速率高于 $P2$ 点，所以其最高温度会高于 $P2$ 点。随着加热温度的升高，追踪点的整体温度均有提升，但变化趋势不变。而随着轧制速度的降低，坯料的冷却速度高于塑性变形转化热量的速度，整个变形温度均未明显超过初始加热温度。

3.16.4 结论

本节提出一种用于成形变截面板材的辊-板复合楔横轧机。以钛合金支承板为目标零件，对其成形过程进行有限元模拟，主要结论如下：

1）所提出的辊-板复合楔横轧工艺可用于变截面板材钛合金支承板的零件成形。

2）引入特征尺寸的总体相对误差和特征投影面的平均填充率两个塑性变形能力评价指标对目标支承板零件成形性能进行评估。在最佳工艺参数组合条件下获得特征尺寸的总体相对误差和特征投影面平均填充率分别为 0.21、97.6%的良好结果。

3）确定了某钛合金支承板的优化工艺窗口为坯料加热温度 900℃、轧制速率 250mm/s。

参考文献

[1] 赵永庆. 国内外钛合金研究的发展现状及趋势 [J]. 中国材料进展，2010，29（5）：1-8，24.

[2] 金和喜，魏克湘，李建明，等. 航空用钛合金研究进展 [J]. 中国有色金属学报，2015，25（2）：280-292.

[3] 刘欣，杨景超，李恒，等. 管路构件塑性变形连接技术研究进展及挑战 [J]. 航空学报，2022，43（4）：179-199.

[4] 李梁，孙健科，孟祥军. 钛合金的应用现状及发展前景 [J]. 钛工业进展，2004（5）：19-24.

[5] 祁俊峰，季禹瞳，张天驰，等. 面向航天器多分支钛合金支承结构的 SLM 成型工艺 [J]. 新技术新工艺，2018（6）：1-5.

[6] 杨朋飞，王璋，陈元琨，等. 钛合金板材反向粘性介质压力胀形及性能研究 [J]. 锻压技术，2024，49（3）：34-39.

[7] 齐海波，李婷，马婧. 金属增材制造与铸造技术 [C]//第十七届河北省铸造年会论文集. 石家庄：河北省机械工程学会铸造专业委员会，河北省铸造行业协会，2014.

[8] LI J L，WANG B，FAND S，et al. A new process chain combining cross-wedge rolling and isothermal forging for the forming of titanium alloy turbine blades [J]. The International Journal of Advanced Manufacturing Technology，2020（108）：1-12.

[9] SHI M J，CHENG M，LIU J X，et al. Internal defects control mechanism and process optimization of TC11 titanium alloy by cross wedge rolling [J]. Journal of Materials Processing Technology，2023（320）：106-118.

[10] 高丙坤，李思奇，白鹭，等. 铝合金 U 形臂的弯曲工艺设计及优化 [J]. 锻压技术，2024，49（3）：27-33.

[11] 宋玉泉，李志刚，王明辉，等. 辊压板式复合楔横轧精成形机 [J]. 中国科学：技术科学，2009，39（10）：1631-1634.

4

第 4 章
材料与锻件组织性能研究

4.1 H13 热作模具钢表面硼铬共渗层组织形貌分析及硬度性能研究

4.1.1 引言

H13 热作模具钢（4Cr5MoSiV1，简称 H13 钢）在成分上属于中合金热作模具用钢，由于其合金元素含量比低合金热作模具钢有不小提高，因此其淬透性比一般热作模具钢更高，是常用于精密锻造的一种热作模具钢材料。由于精锻模具长时间处于高温高压条件下服役，因此，要求模具材料具有高的强度、硬度及热稳定性，特别是应有出色的耐蚀性、热疲劳性、韧性及耐磨性[1]。相比于通过复杂尖端的工艺技术来研发新型模具材料或提升模具材料整体的性能，采用改变模具表面成分和微观结构来进行强化处理是一种行之有效且更加经济的方式。

硼铬共渗是指将硼元素与铬元素通过一步法在同一盐浴中同时共渗处理的工艺，其目的在于以一步法融合硼元素渗层高厚度、强结合力以及铬元素渗层优异的组织致密性、高硬度及耐高温等性能的优点。本节采用盐浴热扩散的处理方法在 H13 热作模具钢制备硼铬共渗层，通过观察渗层的形貌组织及成分分布特点等对共渗层进行分析研究[2]。

4.1.2 试验材料及方法

1. 试验材料与设备

试验材料为 H13 钢，化学成分（质量分数,%）：C=0.50，Si=1.00，Mn=0.60，Cr=5.10，Mo=1.40，V=0.80，采用的设备为 SG-7.5-12 外热式坩埚电阻炉，图 4-1 所示为盐浴坩埚电阻炉。

图 4-1 盐浴坩埚电阻炉

2. 盐浴配方

本节选用的热扩散方式为硼砂盐浴共渗，将工件置于高温液态的熔盐中，其中的渗剂会与还原剂反应，释放活性的预渗原子渗入工件材料表面，并不断增厚。对硼砂盐浴热扩散技术而言，选取盐浴配方时需要综合考虑盐浴的流动性、渗剂被还原的难易程度以及反应产物及残盐的处理等问题，因此本试验硼铬共渗所使用的盐浴成分如下。

基盐：无水硼砂（$Na_2B_4O_7$），纯度约 99.5%；还原剂：Al，纯度约 99.5%；供铬剂：Cr_2O_3，密度为 5.13g/cm^3，纯度为 99.0%；活化剂：NaF，具体配方见表 4-1。

表 4-1 硼铬盐浴共渗配方

名称	化学式	纯度	用量
无水硼砂	$Na_2B_4O_7$	≥98%	75%
三氧化二铬	Cr_2O_3	≥99%	10%

（续）

名称	化学式	纯度	用量
铝	Al	≥99%	15%
氟化钠	NaF	≥99%	5%

3. 试验方法

在对工件材料进行处理之前，须按照一定顺序添加基盐、共渗剂与还原剂等配方原料，在 700~800℃ 对基盐等原料进行融化及搅拌，待配方原理搅拌完全后，关闭炉盖并升温至待处理温度进行保温，保温时间约 1~2h，完成保温后将安装好工件的货架置于设备炉中进行处理，按照工艺要求处理完成后将工件取出进行后续热处理。

完成试样制备后对样品采用腐蚀剂为 4% 的硝酸酒精溶液进行 30s 的腐蚀，利用 ECLIPSE MA200 型尼康研究级金相显微镜对硼铬多元渗后的截面试样制成金相样品进行显微组织形貌观察及分析。采用荷兰 INNOVATEST 轶诺-432D 型自动显微维氏硬度计对渗层硬度进行测量，测试载荷：0.05kgf，加载时间：10s，光学放大倍率：400×。

4.1.3　结果分析与讨论

1. 硼铬共渗层显微组织

表 4-2 所示为 H13 钢在 1000℃×(4、6、8)h 硼铬盐浴共渗处理后得到的共渗层厚度变化情况。

表 4-2　硼铬共渗层厚度

材料	共渗时间/h	渗层厚度/μm
H13	4	62
	6	80
	8	94

图 4-2 所示为不同处理时间下 H13 钢硼铬共渗层截面金相显微组织，从图中可以看出，硼铬共渗所得的渗层组织主要由共渗层、过渡区及基体三部分组成。从显微组织来看，共渗层组织整体而言均匀且致密，渗层的厚度随着处理时间的延长不断增大，在渗层与过渡区位置有较为明显的分界；渗层末端与基体之间存在一部分颜色较深的过渡区，该区域主要为 C、Si、V 等元素的元素偏聚区域，元素偏聚区形成的主要原因在于，在硼铬共渗的过程中，无法与渗入元素形成化合物，与固溶体的合金成分会在共渗的过程中偏聚于渗层的末端，从而形成一部分元素偏聚区域[3]。

2. 硼铬共渗层 SEM 形貌

图 4-3 所示为处理时间为 6h 时 H13 钢硼铬共渗层的截面 SEM 形貌，从形貌组织图可以清楚看出，硼铬共渗层越靠近表面其致密程度越好，在靠近基体的位置会存在少量的孔洞与间隙，孔洞与间隙的组织形貌与单渗硼层的组织形貌较为相似[4]；从区域 1 与区域 2 中的放大图可以看出，过渡区中存在的组织主要以网状形式分布，因此可以推测硼铬共渗层的形成过程主要是以硼铬元素与基体内的铁元素进行形核生长，最后沿着网状晶界长大的过程。

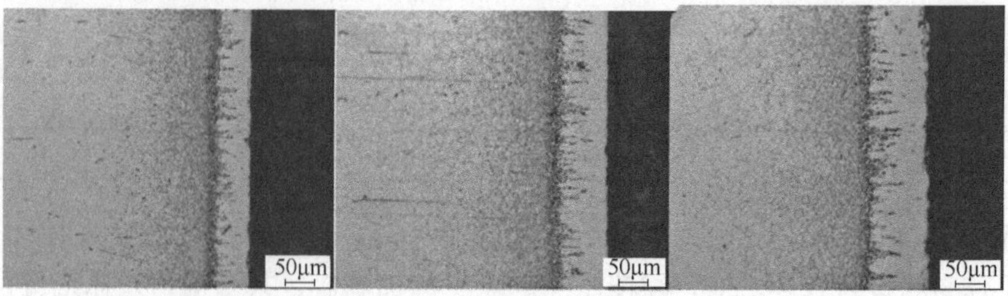

a) 4h　　b) 6h　　c) 8h

图 4-2　H13 钢硼铬共渗层截面金相显微组织

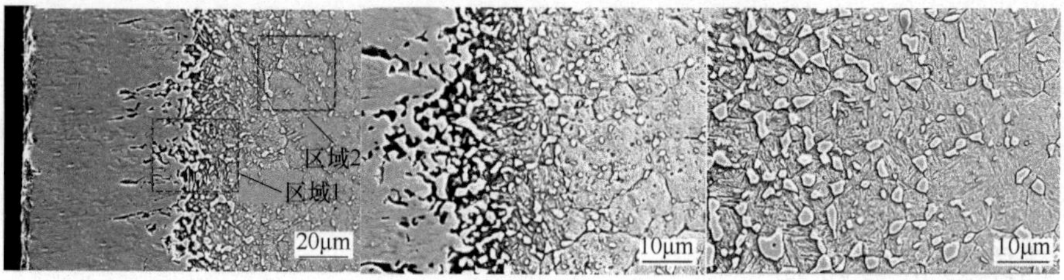

a) 500×　　b) 区域1：1000×　　c) 区域2：1000×

图 4-3　H13 钢硼铬共渗 6h 渗层截面 SEM 形貌

3. 硼铬共渗层显微硬度分布特点

本次试验中关于硼铬共渗层的显微维氏硬度测量方式为每个硬度点之间间隔均为10μm；硼铬共渗层的厚度较高，为了观察分析共渗时间对渗层的影响以及共渗层与过渡区之间硬度的变化规律，本次试验自表面至基体内部包括过渡区在内共选取 15 个硬度点来进行测试分析。

图 4-4 所示为 H13 钢硼铬共渗 8h 显微硬度截面示意图，从图中可以看出，硼铬共渗层整体的菱形点大小无明显差别，整个共渗层致密性很好，且共渗层内部无明显的硬度梯度分布。经测量，H13 钢硼铬共渗层内部整体硬度值均在 1600 HV 以上，硬度分布均匀。

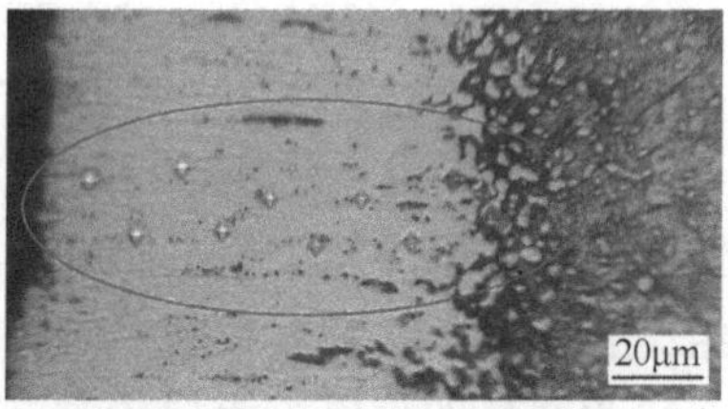

图 4-4　H13 钢硼铬共渗 8h 显微硬度截面示意图

图 4-5 所示为 H13 钢硼铬共渗层截面显微硬度分布，从图中可以看出，整个共渗层的硬度均匀且处在高硬度区间，在共渗层的末端位置硬度开始下降，过渡区位置的硬度值随深度的变化有一定的区别，整体来看过渡区的硬度值在 800~1200 HV。关于过渡区硬度分布的形成主要有两方面原因，一是由于共渗的渗入过程与单渗硼相似，即在硼原子与铬原子渗入的过程中，会将基体表层无法与硼形成固溶体的碳化物等组分向基体方向推进，从而在过渡区形成了一定区域的碳化物、硅化物的元素堆积区，使得该区域的硬度略高于基体，二是硼铬共渗会使过渡区存在一部分富铬区，同时过渡区中存在大量富集的碳元素，而铬元素与铁元素之间能够相互置换固溶形成 Fe-Cr 固溶合金，从而在过渡区形成了富含铬的高铬珠光体，因此过渡区的硬度也随之升高。

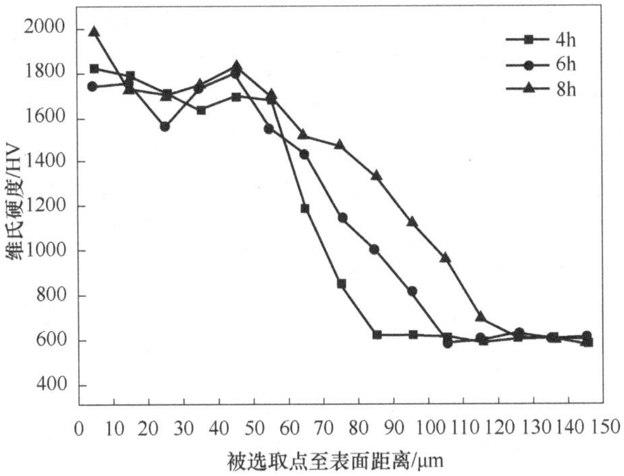

图 4-5　H13 钢硼铬共渗层截面显微硬度分布

4.1.4　结论

本节通过盐浴热扩散的方法在 H13 热作模具钢表面制备了硼铬共渗层，并对共渗层的组织形貌与硬度性能进行了分析研究，主要结果如下：

1）在 1000℃下进行不同处理时间的硼铬共渗层能够得到致密性良好的共渗层，共渗层组织形态不随处理时间的延长而变化，仅厚度增加。

2）硼铬共渗层的末端存在一定的间隙，与基体的交界处存在元素偏聚的过渡区，过渡区形貌呈颗粒分布的网状组织。

3）硼铬共渗层的显微硬度均保持在 1600 HV 左右，仅在过渡区存在下降的现象，且过渡区硬度仍高于基体，整体来看硼铬共渗层具有优异的硬度性能。

参考文献

[1] 黎芩，卜恒勇，李萌蘗，等. 热作模具钢磨损性能的研究现状［J］. 热加工工艺，2024，53（1）：1-5.

[2] YUAN X，XU B，CAI Y. A novel RE-chrome-boronizing technology assisted by fast multiple rotation rolling treatment at low temperature［J］. Applied Surface Science，2015，357：2285-2289.

[3] ANETA B，DARIUSZ B，DAMIAN P，et al. Microstructural and mechanical properties of B-cr coatings formed on 145Cr6 tool steel by laser remelting of diffusion borochromized layer using diode laser［J］. Coatings，2021，11（5）：608.

[4] 魏祥，蒋彦清，庾灵颉，等. 65Mn 钢渗硼层的微观组织、硬度及生长动力学［J］. 金属热处理，2021，46（11）：110-119.

4.2　Cr5 钢碳化物类型研究及其转变热力学

4.2.1　引言

大型锻钢支承辊是现代轧机上的重要消耗件，主要作用是提高中间辊或者工作辊的刚度，保证扎制品的厚度公差[1,2]。轧制过程中，无论是中间辊传动还是工作辊传动，支承辊和工作辊之间的传动都是通过摩擦来完成的，因此支承辊应该具有较高的抗折断性、抗剥落性以及耐磨性[3,4]。硬度是衡量钢铁耐磨性的一个重要指标，而钢铁中碳化物的类型、尺寸大小、形貌及其分布均对钢铁的硬度有重要影响[5]。

目前，随着对扎制品要求的提高，对支承辊的要求也随之提高，传统的材料如 Cr2、Cr3 和 Cr4 钢已经不能满足现代轧制业的需求。因此，开发在各种条件下均有优良性能的钢种已势在必行，Cr5 钢是目前制造大型支承辊的常用钢，它是在 Cr4 钢的基础上增加 Cr、Mo 和 V 含量，降低碳含量所开发的新钢种[6-8]。Cr 元素是 Cr5 钢的主要合金元素，并且属于碳化物形成元素，可与碳元素形成诸如 M_3C、M_7C_3、M_3C_2 以及 $M_{23}C_6$ 型的富 Cr 的碳化物[9-11]，其中，M 为 Fe、Cr、Mo、Mn、V 等元素。碳化物是钢的主要增强相，其类型、尺寸大小以及分布对钢的耐磨性、综合力学性能和特殊条件下服役性能都具有重要的影响[12,13]。目前对 Cr5 钢中富 Cr 碳化物研究的报道还比较少，本文研究了 Cr5 钢中碳化物的类型、存在形态，对碳化物形成和转变的热力学条件进行了计算，为以后提高 Cr5 支承辊用钢综合性能和解决碳化物异常聚集现象奠定了一定理论基础。

4.2.2 试样制备与试验方法

试验材料是取自材质为 50Cr5NiMoV 的锻后热处理态的锻钢，其化学成分见表 4-3。锻后将试验材料切割成 10mm×10mm×10mm 的试样，经过机械磨制后将试样抛光，然后再用 4%的硝酸酒精溶液进行腐蚀。用 SM-5610LV 扫描电子显微镜及其附带的能谱仪对试样的组织进行观察和能谱分析。透射电镜样品的制备：用钼丝切割机切出 0.5mm 的薄片，用机械减薄法将其减至 0.1mm 后冲成 ϕ3mm 的圆片，先用型号为 MPT-1X 型的双喷电解抛光仪将 ϕ3mm 的圆片喷出薄区，然后用离子减薄仪进一步进行减薄至出现小孔。双喷电解抛光所用的电解液为 5%高氯酸+95%无水乙醇，电解电压 30kV，电解温度−20℃，整个电解过程用液氮冷却。离子减薄所用电压为 5kV，减薄初期试样与粒子枪夹角设置为 9°，当穿孔后将夹角进一步减小为 3°，以保证得到较大的薄区范围。用 JEOL-2100 高分辨透射电镜对样品进行显微组织观察与分析，拍摄选区电子衍射花样。试验所用加速电压为 200kV（波长 λ = 0.0025nm），相机常数（K）为 6.59mm·nm。

表 4-3　Cr5 钢的化学成分　（质量分数，%）

C	Mn	Si	Mo	Cr	Ni	V
0.48~0.55	0.40~0.55	0.40~0.60	0.40~0.50	4.50~5.50	<0.50	0.10~0.15

4.2.3 试验结果与讨论

1. Cr5 钢中碳化物的形貌

图 4-6a 所示为锻后热处理后 Cr5 钢中碳化物的 SEM 形貌。图 4-6b 所示为图 4-6a 中箭头 A 所对应化合物的 EDS 元素分布。由图 4-6b 可以看出，球状化合物的 Cr 和 C 元素的质量分数分别为 28.27%和 9.19%，由此可知，化合物是富 Cr 碳化物。由图 4-6a 可以看出，锻后热处理后 Cr5 钢中碳化物的形貌特征各不相同，有颗粒状、球状、椭球状以及短棒状。其中颗粒状碳化物多是由基体析出（形核长大），且呈现弥散分布（见图 4-6a 中“B”标记处）；而球状和椭球状碳化物多是由锻造碎化的大块状碳化物在锻后热处理的作用下未能全部溶入基体，或由细小碳化物聚集长大形成。

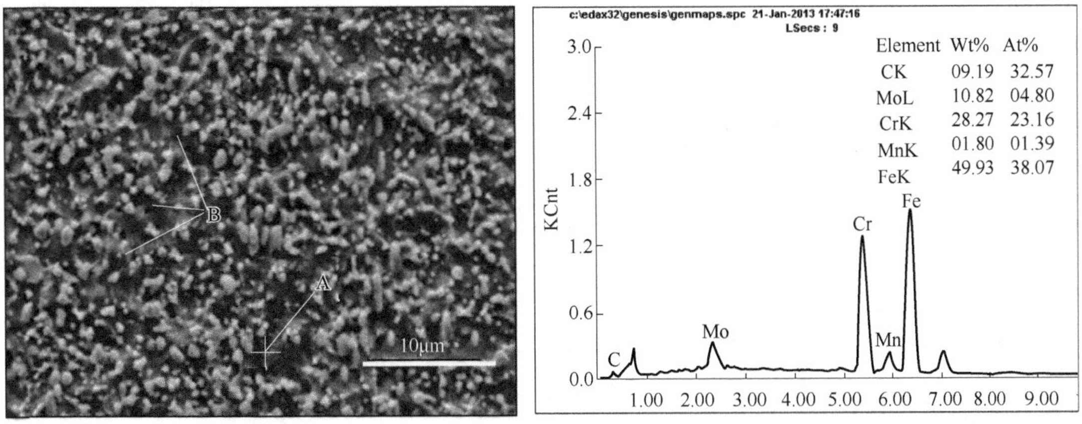

a) SEM形貌　　b) EDS元素分布

图 4-6　Cr5 钢锻后热处理后碳化物的 SEM 形貌及 EDS 元素分布

碳化物是钢中第二相（增强相），其类型、形貌特征及分布均对钢的组织有重要影响。Cr 元素是碳化物形成元素，与 C 元素形成的碳化物类型主要有 M_3C、M_7C_3、$M_{23}C_6$ 和 M_3C_2 等。碳化物类型不同，其晶体结构、溶入基体温度及性能也有较大差异。M_3C 多是由 Cr 原子向渗碳体 Fe_3C 富集并逐渐取代 Fe 原子而形成的碳化物，属于正交晶系，溶入基体的温度为 A_{C1} 或者 A_{CCM}，显微硬度为 900~1050 HV（载荷为 50gf）[10]。M_7C_3 和 $M_{23}C_6$ 的溶解温度约 950℃，显微硬度分别是 1800~2100 HV 和 1650 HV（载荷为 50gf），$M_{23}C_6$ 是复杂立方结构点阵。关于 Cr_7C_3 的晶体结构有多种版本，其中 1935 年 Westgren[14] 的研究指出，M_7C_3 是复杂六方点阵，点阵常数为 $a=b=1.3980$nm，$c=0.4523$nm；随后在 20 世纪 50 年代，Eckstrom[15] 对 Fe_7C_3 进行了研究，其结果是 Fe_7C_3 是点阵常数为 $a=b=0.6882$nm，$c=0.4540$nm 的六方点阵结构；20 世纪 70 年代，Rouault[16] 等提出 M_7C_3 具有点阵常数为 $a=0.7015$nm，$b=1.2153$nm，$c=0.4532$nm 的正交点阵结构；近年来，张明星[14] 等通过菊池衍射测定了 M_7C_3 型碳化物属于正交晶系。M_3C_2 是一种硬质合金相，其显微硬度为 2700 HV（载荷为 50gf），是良好的耐磨材料增强相，属于正交晶系，其中点阵常数为 $a=0.2821$nm，$b=0.5520$nm，$c=1.1460$nm。

图 4-7 所示是一组不同类型碳化物的透射电子像及其电子衍射花样，其中基体均为铁素体。图 4-7a~c 为相同倍数、不同类型碳化物的透射电子像，图 4-7d、e 和 f 是分别对应图4-7a、b 和 c 的选区电子衍射花样。由图 4-7a~c 可以看出，碳化物附近，铁素体基体上存在大量的位错，位错的存在也为碳化物形核提供一定的能量[17,18]。通过电子衍射花样标定，图 4-7d、e 和 f 的衍射斑点分别是 M_7C_3、$M_{23}C_6$ 和 M_3C_2 碳化物的衍射斑点（碳化物下标为 K，铁素体下标为 α）。图 4-7d 中电子束入射方向为铁素体的 $[01\bar{1}]$ 和 M_7C_3 碳化物的 $[\bar{1}01]$，对该图衍射斑点进行标定可知，Cr5 钢中存在的 M_7C_3 碳化物为正交点阵结构，点阵常数为 $a=0.70149$nm，$b=1.2153$nm，$c=0.4532$nm（辅助软件 MDI Jade 5.0）；图 4-7e 中电子束入射方向为铁素体的 $[01\bar{1}]$ 和 $M_{23}C_6$ 型碳化物的 $[\bar{2}13]$，对该图中衍射斑点进行标定可知，Cr5 钢中存在的 $M_{23}C_6$ 型碳化物为立方点阵结构；图 4-7f 中电子束入射方向为铁素体

的 [$\bar{1}33$] 和 Cr_3C_2 碳化物的 [$\bar{3}27$]，对该图进行标定，可以看出 Cr5 钢中存在 M_3C_2 型碳化物，点阵常数为 $a=0.5530$nm，$b=1.1480$nm，$c=0.2827$nm 的正交晶系。

由图 4-7d 和 f 可知，M_7C_3 和 M_3C_2 碳化物的各个晶面与基体均没有平行或共格现象，由此可知，碳化物相和铁素体相之间的相界面形式为非共格界面。为保证两相之间紧密结合，非共格界面上必然存在大量晶体缺陷，这也就很好地解释了为何碳化物周围存在高密度位错的现象（见图 4-7a~c）。由图 4-7a~c 可以看出，在碳化物上有一些细的平行的黑色直线，这些黑色细线被称为高反差线条，高反差线条是由晶体内部层错造成的。碳化物是在高应力场中发生类型转变或者成簇生长，在晶体内部产生应力集中而导致碳化物内部出现较多的晶体缺陷（层错），堆垛层错的不同取向在碳化物衍射斑点上表现为拉长的衍射斑点[19]，图 4-7d~f 上的斑点均有拉长趋势，这也证明了 Cr5 钢中碳化物内部存在一定的堆垛层错。

2. 热力学分析

弥散分布的高硬度的碳化物是保证 Cr5 钢高耐磨性的重要指标，由上述分析可知，Cr5 钢中存在 M_7C_3、$M_{23}C_6$ 和 M_3C_2 三种类型碳化物，相比而言，M_7C_3 和 M_3C_2 型碳化物的硬度要比 $M_{23}C_6$ 型碳化物的硬度高，更为适合增强 Cr5 钢的耐磨性能，因此本节只对生成 M_7C_3 和 M_3C_2 碳化物的热力学进行计算。Cr、C 元素是易偏析元素，在钢中容易局部聚集，当 Cr、C 原子向已有碳化物聚集时，会引起碳化物类型的改变。M_7C_3 和 M_3C_2 碳化物可由 Cr 元素和 C 元素直接生成，也可以在一定条件下由某种碳化物转变而来。

对 Cr_7C_3、Cr_3C_2 碳化物可能发生的反应分别是：

反应 1：$7Cr+3C=Cr_7C_3$。

反应 2：$7Cr+3Fe_3C=Cr_7C_3+9Fe$。

反应 3：$23Cr+6Fe_3C=Cr_{23}C_6+18Fe$。

反应 4：$7Cr_{23}C_6+23C=23Cr_7C_3$。

反应 5：$3Cr+2C=Cr_3C_2$。

反应 6：$3Cr+2Fe_3C=Cr_3C_2+6Fe$。

反应 7：$3Cr_{23}C_6+28C=23Cr_3C_2$。

不同温度下化学反应的焓变 $\Delta H_m^\theta(T)$ 计算式和熵变 $\Delta S_m^\theta(T)$ 计算式分别为

$$\Delta H_m^\theta(T)=\Delta_f H_m^\theta(298\text{K})+\int_{298\text{K}}^{T} C_{p,m}\text{d}T+\sum \Delta H_m^t \tag{4-1}$$

$$\Delta S_m^\theta(T)=S_m^\theta(298\text{K})+\int_{298\text{K}}^{T} C_{p,m}\text{dln}T+\sum \frac{\Delta H_m^t}{T_t} \tag{4-2}$$

式中，$C_{p,m}=a+b\times10^{-3}T+c\times10^{5}T^{-2}+d\times10^{-6}T^{2}$；$\sum\Delta H_m^t$ 为物质从 298K~T 的所有摩尔相变热之和；$\sum\frac{\Delta H_m^t}{T_t}$ 为物质从 298K~T 的所有摩尔相变熵之和。

不同温度下化学反应的吉布斯自由能的计算式为

$$\Delta G_m^\theta=\Delta H_m^\theta-T\Delta S_m^\theta \tag{4-3}$$

上述计算所用到的数据（a、b、c、d 以及 $\sum\frac{\Delta H_m^t}{T_t}$ 和 $\sum\Delta H_m^t$）都由《无机物热力学数据手册》[20] 查阅得知。

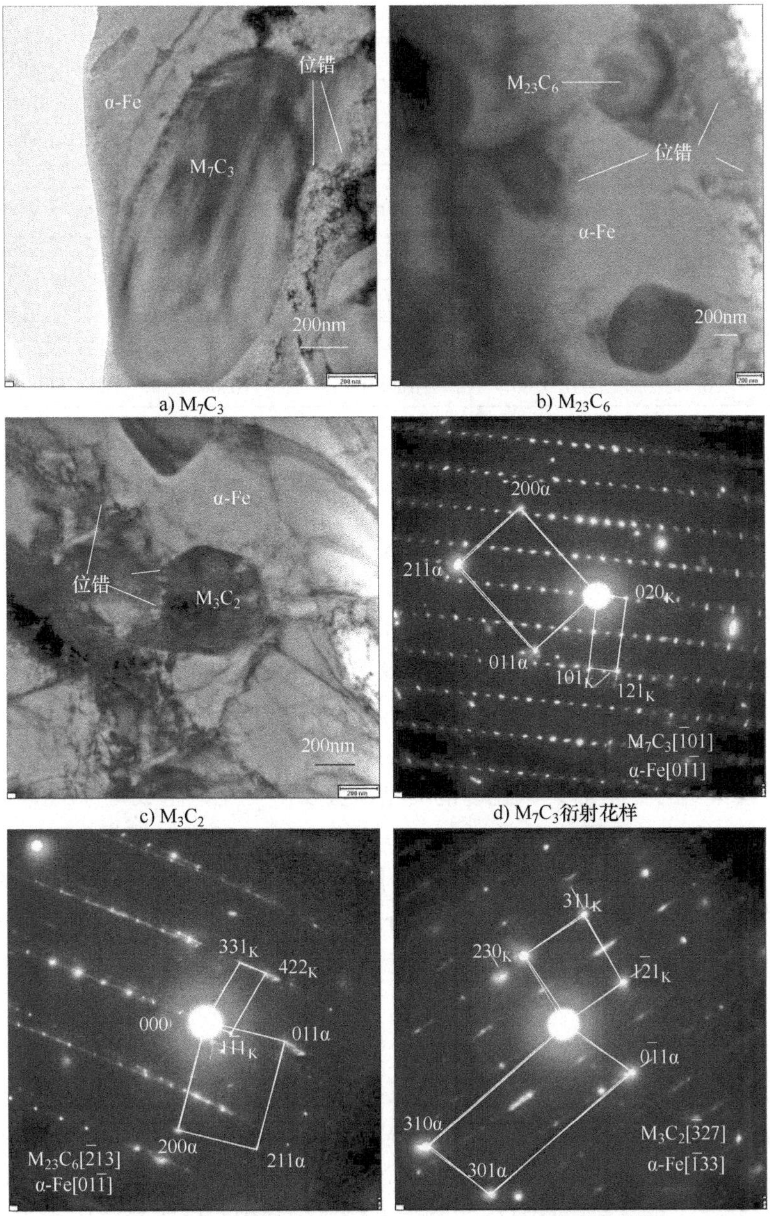

a) M_7C_3　b) $M_{23}C_6$　c) M_3C_2　d) M_7C_3衍射花样　e) $M_{23}C_6$衍射花样　f) M_3C_2衍射花样

图 4-7　不同类型碳化物的透射电子像及其电子衍射花样

注：图 d、e 和 f 分别对应图 a、b 和 c 的选区电子衍射花样

表 4-4　Cr_7C_3 型碳化物反应（反应 1~4）的 ΔH，ΔG 计算值（单位：kJ/mol）

温度℃	反应 1		反应 2		反应 3		反应 4	
	ΔH	ΔG	ΔH	ΔG	ΔH	ΔG	ΔH	ΔG
560	-172.11	-202.91	-250.11	-219.98	-533.21	-470.91	-1284.78	-1644.57
650	-171.41	-206.30	-241.97	-217.19	-588.92	-465.20	-1269.74	-1684.48

（续）

温度℃	反应 1		反应 2		反应 3		反应 4	
	ΔH	ΔG	ΔH	ΔG	ΔH	ΔG	ΔH	ΔG
800	-170.42	-212.12	-210.48	-215.48	-457.78	-461.38	-1244.09	-1754.30
900	-170.44	-250.38	-197.02	-216.34	-429.40	-462.78	-1224.28	-1799.82

表 4-5　Cr_3C_2 型碳化物反应（反应 5~7）**的 ΔH，ΔG 计算值**（单位：kJ/mol）

温度℃	反应 5		反应 6		反应 7	
	ΔH	ΔG	ΔH	ΔG	ΔH	ΔG
560	-87.22	-101.38	-139.22	-112.60	-874.43	-1021.25
650	-86.52	-103.80	-136.50	-110.06	-861.99	-1034.14
800	-85.47	-105.56	-111.61	-107.80	-834.73	-1063.90
900	-85.07	-117.24	-102.79	-107.68	-827.89	-1082.14

由表 4-4 和 4-5 可知，Cr_7C_3（M_7C_3）和 Cr_3C_2（M_3C_2）碳化物反应的 ΔH 和 ΔG 的计算值均小于零，7 个反应方程式均有可能向右进行。钢铁材料中，碳化物相当于复合材料中的增强体，因此，碳化物在钢中的类型、尺寸大小以及分布均对钢的强度、刚度和耐磨性起着决定性的作用。热处理过程中，碳化物相的形成方式有基体析出（异位析出）和类型转变（原位析出）两种。

加热保温中，Cr 和 C 元素会通过置换和间隙扩散的方式向已有碳化物（渗碳体）集聚，当 Cr 和 C 元素集聚到一定值后，碳化物的类型即会发生变化，生成特殊类型碳化物[21]（原位析出）。由表 4-4 和表 4-5 可以看出，$\Delta H_3<\Delta H_2<\Delta H_6$（$\Delta H_i$ 表示第 i 个反应的摩尔焓变），$\Delta G_3<\Delta G_2<\Delta G_6$（$\Delta G_i$ 表示第 i 个反应的吉布斯自由能变化），这说明在同等条件下，反应 3 较反应 2 和反应 6 更易向右进行，也就是当 Cr 元素向渗碳体富集时，更容易生成 $M_{23}C_6$ 碳化物。$M_{23}C_6$ 是面心立方结构，其硬度也较低，在 Cr 钢中是亚稳相，在一定温度下，当碳元素向 $M_{23}C_6$ 型碳化物富集到一定值时，$M_{23}C_6$ 即会向稳定相 M_7C_3 和 M_3C_2 碳化物转变[22]。异位析出是指由 α 相直接析出特殊碳化物，如反应 1 和反应 5 即表示由 α 相直接析出 M_7C_3 和 M_3C_2 碳化物，其化学反应的 $\Delta H_1<\Delta H_5<0$，$\Delta G_1<\Delta G_5<0$（见表 4-4 和表 4-5），这表示 M_7C_3 和 M_3C_2 碳化物可直接由 α 相析出。由表 4-4 和表 4-5 可知，$\Delta H_4<\Delta H_7<\Delta H_1<\Delta H_5<0$，$\Delta G_4<\Delta G_7<\Delta G_1<\Delta G_5<0$，这说明原位析出较异位析出更易发生，也就是 M_7C_3 和 M_3C_2 碳化物更容易由 $M_{23}C_6$ 转变而来。渗碳体是碳化物类型转变的基础，由于渗碳体相与基体相的相界面形式为非共格相界，因此由其原位析出的特殊类型碳化物相与基体相也为非共格相界面[23]，如图 4-7d 和 f，M_7C_3 和 M_3C_2 碳化物相与基体相之间即为非共格形式。

4.2.4　结论

1）锻后热处理态的 Cr5 钢内部存在大量的颗粒状、球状和椭球状的碳化物，碳化物类型有 M_7C_3、$M_{23}C_6$ 和 M_3C_2 三种，并且 M_7C_3 和 M_3C_2 碳化物相与基体相之间为非共格相界面。

2）相同条件下，Cr 元素向渗碳体富集时，较 M_7C_3 和 M_3C_2 碳化物，渗碳体更容易转变

成 $M_{23}C_6$ 碳化物；C 元素向 $M_{23}C_6$ 碳化物相聚集到一定浓度时即会发生变化，生成稳定的 M_7C_3 和 M_3C_2 碳化物相。

参考文献

[1] LI H C. , JIANG Z Y, TIEU A K, et al. Experimental study on wear and friction of work roll material with 4% Cr and added Ti in cold rolling [J]. Wear, 2011, 2500-2511.

[2] 赵晓辉，章大键，范国平. 大型锻钢支承辊热处理工艺的探讨 [J]. 重型机械，2011 (5)：23-26.

[3] 吴国胜，李伟，高金德，等. 8Cr4MoV 低合金锻钢超深淬硬层冷轧工作辊研制与应用 [J]. 钢铁，2010，45 (11)：106-109.

[4] 陆寅松，张智峰，胡学辉. 5%Cr 带钢支承辊制造技术 [J]. 金属加工，2011 (9)：19-23.

[5] 邹安全. 改善 Cr12 钢不均匀性碳化物分布的热处理工艺 [J]. 中国机械工程，2005，16 (7)：645-648.

[6] 赵席春. Cr5 型支承辊用钢的研究 [J]. 金属热处理，2003，28 (6)：26-28.

[7] 张得峰，闫华，谢敬佩，等. 热处理对 ZGMn18Cr2MoRE 组织和性能的影响 [J]. 河南科技大学学报 (自然科学版)，2006，27 (3)：1-4.

[8] 韩瑞敏. 大型锻钢支承辊生产状况及最终热处理工艺 [J]. 热处理，2011，26 (5)：19-23.

[9] 李秀青，宋延沛. 奥氏体化温度对高铬复合轧辊磨损性能的影响 [J]. 河南科技大学学报 (自然科学版)，2011，32 (2)：8-10.

[10] 俞峰，许达，罗迪. 高速钢中的碳化物缺陷 [J]. 钢铁，2008，20 (6)：1-6.

[11] HARALD L, MICHAEL B, HELMUT C, et al. Precipitation behaviour of a complex steel [J]. Advanced Engineering Materials, 2006, 8 (11): 1066-1077.

[12] 徐流杰，魏世忠，邢建东，等. 碳化物对冷轧条件下轧辊中裂纹行为的影响 [J]. 机械工程学报，2008，44 (9)：50-57.

[13] 朱全力，杨建，季生福，等. 过渡金属碳化物的研究进展 [J]. 化学进展，2004，16 (5)：382-388.

[14] 张明星，KELLY P M. 用菊池衍射测定 M_7C_3 碳化物与奥氏体间的位向关系 [J]. 金属热处理学报，2000，21 (2)：50-58.

[15] ECKSTROM H C, ADCOCK W A. A new carbide in hydrocarbon synthesis ctalysts [J]. Journal of the American Chemical Society, 1950, 72: 1042-1043.

[16] VENKATRAMAN M, NEUMANN J P. The C-Cr (Carbon-Chromium) System [J]. Bulletin of Alloy Phase Diagrams, 1990, 11 (2): 152-159.

[17] PEREZ M, DUMONT M, ACEVEDO-REYES D. Implementation of classical nucleation and growth theories for precipitation [J]. Acta Materialia, 2008, 56: 2119-2132.

[18] ROBSON J D. Modelling the evolution of particle size distribution during nucleation, growth and coarsening [J]. Materials Science and Technology, 2004, 20: 441-448.

[19] 李浩. 高铬铸铁中碳化物生长形态的研究 [D]. 西安：西北工业大学，2007.

[20] 梁英教，车荫昌. 无机物热力学数据手册 [M]. 沈阳：东北大学出版社，1993.

[21] 薛松，周杰，张艳伟，等. H13 钢退火态中的碳化物分析 [J]. 材料热处理学报，2012，33 (2)：100-105.

[22] 何燕霖，朱娜琼，吴晓瑜，等. 富 Cr 碳化物析出行为的热力学与动力学计算 [J]. 材料热处理学报，2011，32 (1)：134-137.

[23] 王顺兴. 金属热处理原理与工艺 [M]. 哈尔滨：哈尔滨工业大学出版社，2009.

4.3 成形温度对真空粉末锻造制备纳米晶 WC-Co 硬质合金组织及性能的影响

4.3.1 引言

硬质合金是由高硬度、高熔点的金属碳化物作为硬质相和钴、镍、钼等金属作为粘结相，通过粉末冶金法制备[1-3]，其中 WC-Co 类硬质合金应用最为广泛，是硬质合金材料领域的主体。WC-Co 类硬质合金具备高红硬性、高耐磨性、高抗压强度、小线膨胀系数以及良好的化学稳定性等优点，可用于制造切削刀具、耐磨耐蚀零部件、冲击工具等，被誉为“工业的牙齿”[4]。随着高端精密制造行业以及新材料领域的飞速发展，人们对高硬度、高韧性硬质合金刀具的需求也在日益增加，一般的硬质合金刀具在加工高比强度材料或新型材料（例如纤维/颗粒增强金属基复合材料、陶瓷、有色金属等）时总会造成刀具的过度磨损甚至破坏，因此需要不断提高硬质合金刀具的性能，使其能够实现稳定高效和长时间加工的需求。在多晶体中，晶粒的细化不仅能提高材料的强度、硬度，而且能提高材料的塑性和韧性。国际上，硬质合金刀具的重要制造商瑞典山特维克公司（Sandvik）将 WC 平均晶粒度为 0.1~0.3μm 的硬质合金定义为纳米晶硬质合金，而英国与德国硬质合金标准协会认定 WC 晶粒度<0.2μm 的硬质合金为纳米晶硬质合金[5]。与普通硬质合金相比，纳米晶硬质合金的硬度、韧性、抗弯强度、热震性和抗氧化性等各项性能显著提升，因此纳米晶 WC-Co 硬质合金在高精度金属切削工具、电子仪器、医疗器械等领域的应用更为广泛[6,7]。理论上，通过细化 WC 晶粒尺寸可以制备出强度、硬度和韧性更好的硬质合金材料，因此纳米晶硬质合金的研究与制备逐渐成为硬质合金领域的热点问题。例如 Liu[8] 等利用放电等离子烧结技术（Spark Plasma Sintering，SPS）制备了晶粒尺寸在 220~300nm 的不同 Co 含量的纳米晶 WC-Co 硬质合金；Wang[9] 等通过 SPS 在 1250℃ 下制备出平均晶粒尺寸为 280nm 的硬质合金；Wang[10] 等在 SPS 工艺和晶粒长大抑制剂的共同作用下，制备出平均晶粒尺寸小于 200nm 的硬质合金；洪乐康[11] 等通过热压烧结工艺制备出平均晶粒尺寸约为 196nm 的硬质合金。

本节拟采用真空粉末锻造技术，即在高真空条件下，对不同 Co 含量的纳米 WC-Co 混合粉末进行同步压制烧结，无须添加成形剂和晶粒长大抑制剂，通过施加较高的成形压力，在低于 WC-Co 共晶点的温度进行粉末锻造处理，获得组织均匀、致密的高性能纳米 WC-Co 硬质合金制品，分析成形温度对纳米晶 WC-Co 硬质合金组织及性能的影响。

4.3.2 试验部分

本试验所用原料为厦门金鹭有限公司（以下简称金鹭）提供的平均晶粒度约 200nm 的 WC-Co 硬质合金粉末（Co 质量分数分别为 8%、10% 和 12%）原始粉末的扫描电子显微镜（SEM）图片如图 4-8 所示。

将粉末装入石墨模具后置于真空单向感应热压烧结炉中，抽真空至 1×10^{-3}Pa 以下，在烧结过程中逐渐加压至单轴压力为 50MPa，加热期间用热电偶测温。该方法的示意图如图 4-9 所示。成形过程主要分为四个阶段：低温加热阶段、高温加热阶段、保温阶段和冷却阶段。其中，低温加热阶段的加热速率为 15℃/min。为减少成形过程中产生的裂纹，保证界面反应的完全性，高温加热阶段的加热速率减小至 5℃/min。保温阶段结束后随炉冷却至室温。烧结工艺曲线如图 4-10 所示。

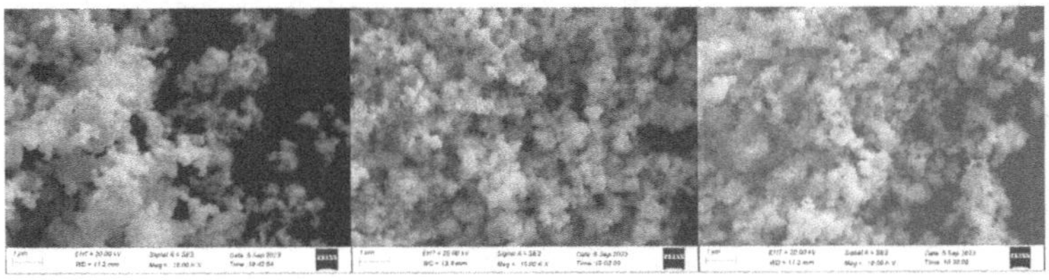

a) 金鹭WC-Co[w(Co)8%]　　b) 金鹭WC-Co[w(Co)10%]　　c) 金鹭WC-Co[w(Co)12%]

图 4-8　原始粉末 SEM 图片

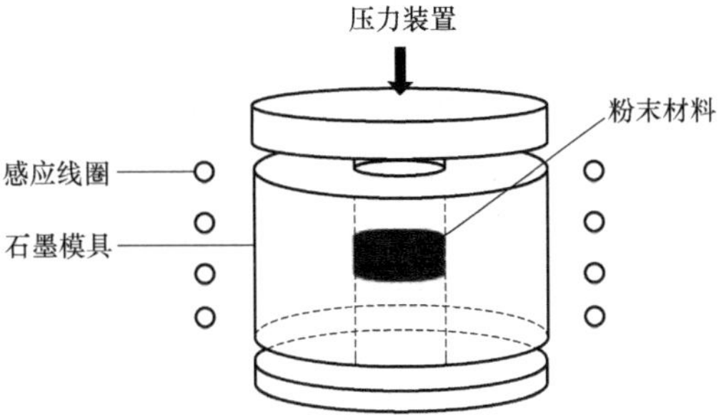

图 4-9　成形方法示意图

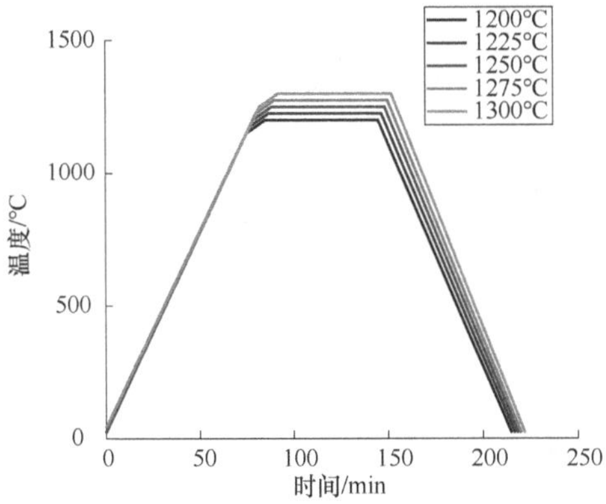

a) WC-Co[w(Co)8%]

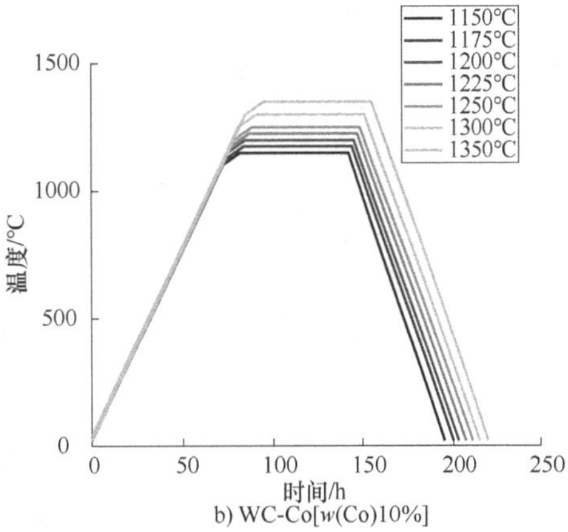

b) WC-Co[w(Co)10%]

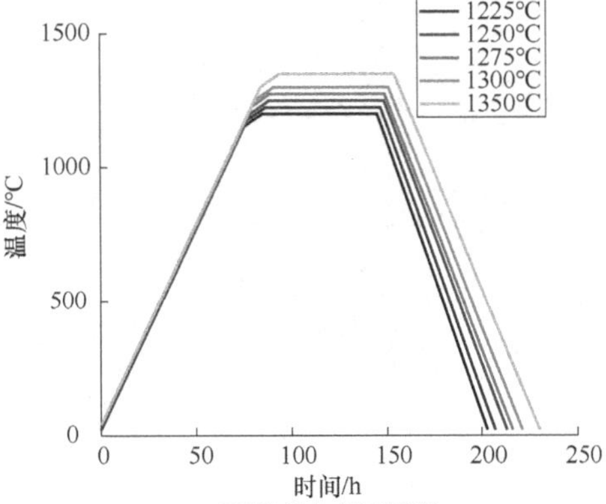

c) WC-Co[w(Co)12%]

图 4-10　烧结工艺曲线

采用阿基米德排水法测量硬质合金试样的密度；采用硬度计测量硬质合金试样的洛氏硬度；通过德国卡尔蔡司公司产 GeminiSEM500 扫描电子显微镜观察试样 WC 平均晶粒度及元素分布情况；通过美国美特斯工业系统公司产 CMT-5105GL 万能试验机做三点弯曲试验测量硬质合金试样的抗弯强度；根据 GB/3851—2015《硬质合金　横向断裂强度测量方法》，计算硬质合金试样的横向断裂强度 R_{bm}。

$$R_{\mathrm{bm}}=\frac{3kFL}{2BH^2} \tag{4-4}$$

式中，k 为倒棱修正系数；F 为载荷（N）；L 为硬质合金试样长度（mm）；B 为硬质合金试样宽度（mm）；H 为硬质合金试样高度（mm）。

4.3.3　结果分析

图 4-11 所示为 WC-Co[w(Co)8%] 在不同成形温度下烧结试样的晶粒尺寸及 Co 相分布。图中，深灰色部分为 Co 相，浅灰色部分为 WC 相，烧结试样中 WC 晶粒为无明显取向的均匀细小等轴晶，无异常长大的晶粒聚集。由图可以看出，随着成形温度升高，试样的平均晶粒尺寸有增大的趋势，当成形温度为 1200℃时，烧结样品的晶粒细小，平均晶粒尺寸仅为 350nm；当成形温度为 1225℃时，平均晶粒尺寸为 420nm；当成形温度为 1250℃时，Co 相分布最均匀，Co 相尺寸>300nm 的数量明显降低。

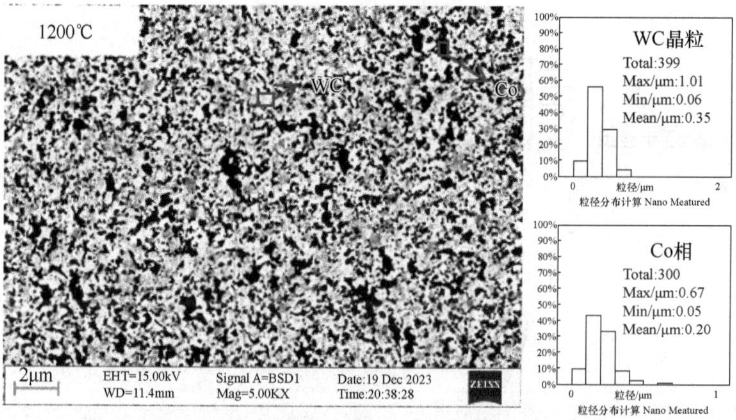

a) 1200℃

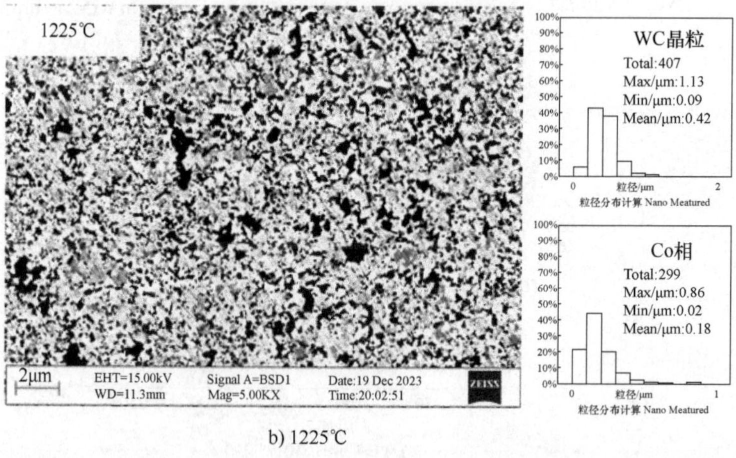

b) 1225℃

图 4-11　WC-Co[w(Co)8%] 在不同成形温度下烧结试样的晶粒尺寸及 Co 相分布图片

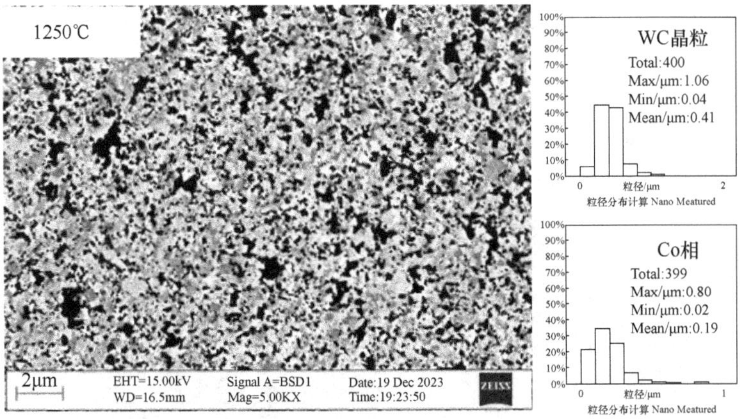

c) 1250℃

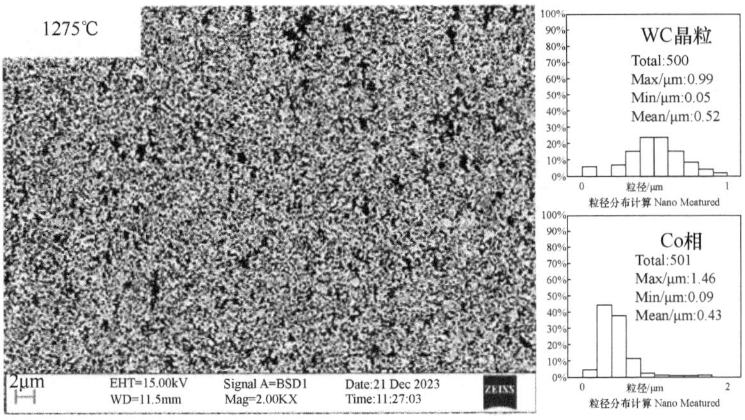

d) 1275℃

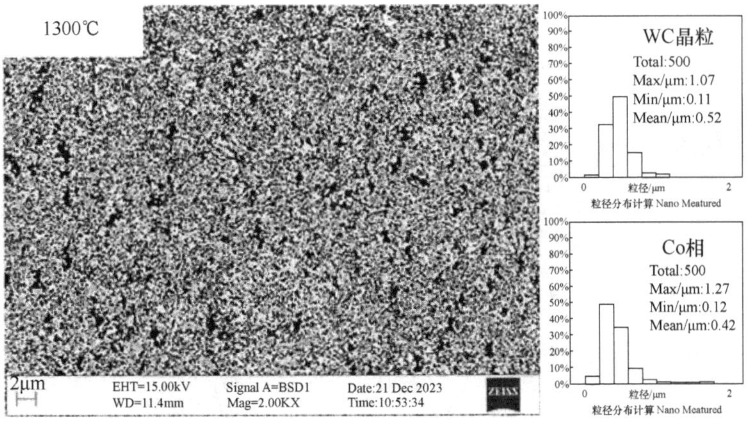

e) 1300℃

图 4-11　WC-Co[w(Co)8%] 在不同成形温度下烧结试样的晶粒尺寸及 Co 相分布图片（续）

图 4-12 所示为不同成形温度下 WC-Co[w(Co) 10%] 合金试样抛光面的 SEM 照片。其中，深灰色区域为 Co 相，浅灰色区域为 WC 相。由图可以看出，WC-Co[w(Co) 10%] 在成形温度为 1150℃、1200℃时，烧结试样并不致密，存在细小孔洞，且 Co 相分布十分不均匀，存在大块的 Co 相富集区（Co 相尺寸>800nm）；当成形温度提高至 1225℃时，几乎没有细小孔洞和直径大于 800nm 的 Co 相，但 Co 相分布仍旧不是很均匀；当成形温度达到 1300℃时，Co 相分布最均匀，直径在 500nm 以上的 Co 相绝大部分消失。

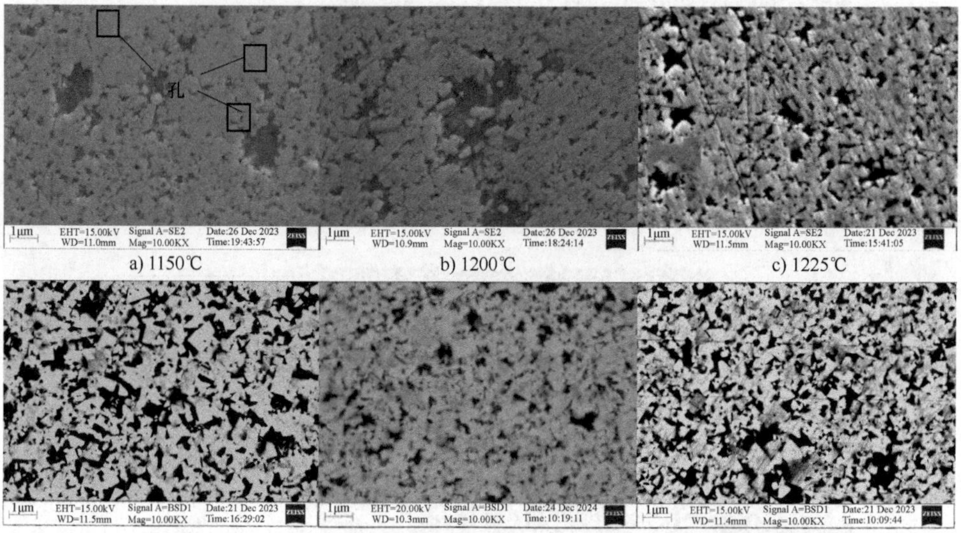

a) 1150℃ b) 1200℃ c) 1225℃

d) 1250℃ e) 1275℃ f) 1300℃

图 4-12 WC-Co[w(Co) 10%] 合金试样的微观组织图片

图 4-13 所示为不同成形温度下 WC-Co[w(Co) 12%] 合金试样抛光面的 SEM 照片。成形温度为 1200℃和 1225℃的试样中均存在直径超过 1μm 的 Co 相富集区，与之相比，成形温度在 1275℃以上的试样的 Co 相更加均匀细小，几乎没有直径在 500nm 以上的 Co 相。这说明，随着成形温度的提高，Co 相分布会更加均匀细小。

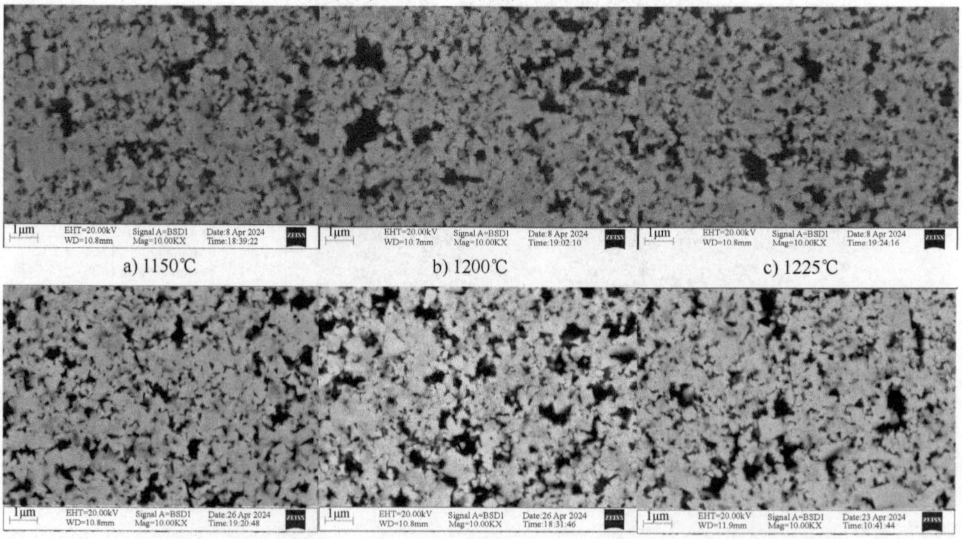

a) 1150℃ b) 1200℃ c) 1225℃

d) 1250℃ e) 1275℃ f) 1300℃

图 4-13 WC-Co[w(Co) 12%] 合金试样的微观组织图片

图 4-14 所示为不同 Co 质量分数的硬质合金试样密度与成形温度的关系图。由图可以看出，大部分试样的密度在 13~14.5g/cm^3。其中 WC-Co[w(Co)8%] 试样密度在成形温度为 1250℃时最高，为 14.5g/cm^3；随着成形温度升高，WC-Co[w(Co)10%] 试样密度先升高后基本不变，在成形温度为 1300℃时最高，为 13.8g/cm^3；WC-Co[w(Co)12%] 试样的密度随着成形温度的升高而上升，在成形温度为 1350℃时达到最高，为 13.5g/cm^3。

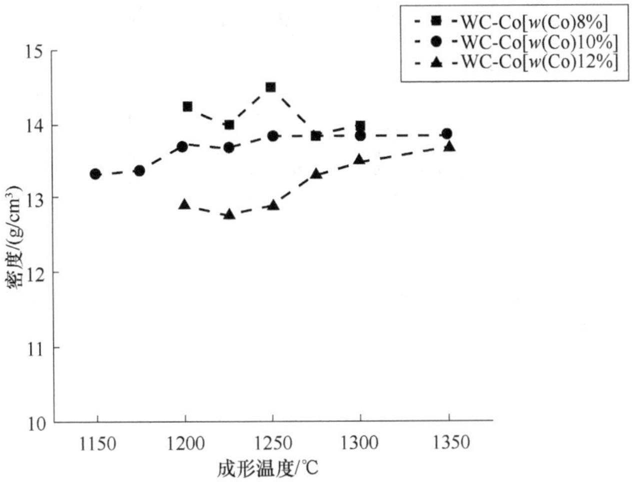

图 4-14　不同 Co 质量分数的硬质合金试样密度与成形温度的关系

图 4-15 所示为 Co 质量分数为 8%时，不同成形温度下所制备的硬质合金的硬度。WC-Co 硬质合金硬度受致密度和 WC 晶粒尺寸的综合影响，当成形温度提高时，合金高致密化程度有利于提高硬度，而晶粒尺寸变大会降低合金的硬度。成形温度在 1200℃时，试样的硬度较低；而成形温度提高到 1225℃时，硬度相对最高，为 91.0 HRA，成形温度继续提高到 1250℃时硬度变化不大，说明晶粒长大和致密化达到平衡；随着成形温度的继续升高，硬度下降。图 4-16 所示为不同 Co 含量的合金试样在不同成形温度下的硬度。由于粘结相 Co 的硬度低于 WC 的硬度，因此随着 Co 含量的上升，合金试样硬度总体呈下降趋势。

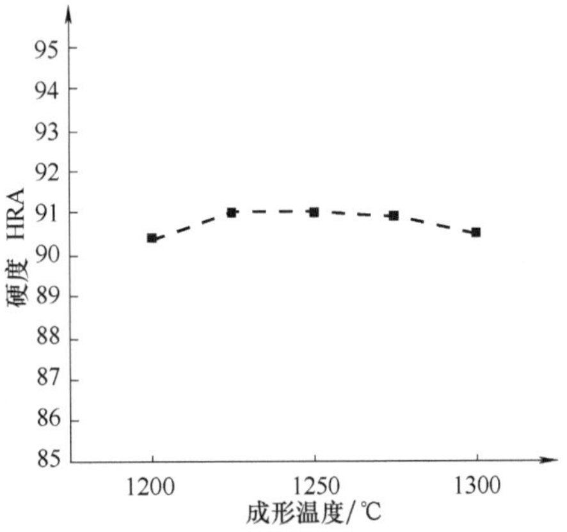

图 4-15　WC-Co[w(Co)8%] 所制备的硬质合金的硬度随成形温度的变化

图 4-17 所示为 Co 质量分数为 12%时，在不同成形温度下所制备的硬质合金的抗弯强度。随着成形温度的增加，抗弯强度呈增加趋势，当成形温度为 1300℃时达到最高，为 2551MPa，图 4-18 所示为该试样的应力应变曲线图。

4.3.4　结论

本试验以 Co 质量分数分别为 8%、10%和 12%的纳米 WC-Co 复合粉末为原料，通过真空粉末锻造工艺制备纳米 WC-Co 硬质合金，分析了成形温度对纳米 WC-Co 硬质合金微观组织及力学性能的影响，得到如下结论：

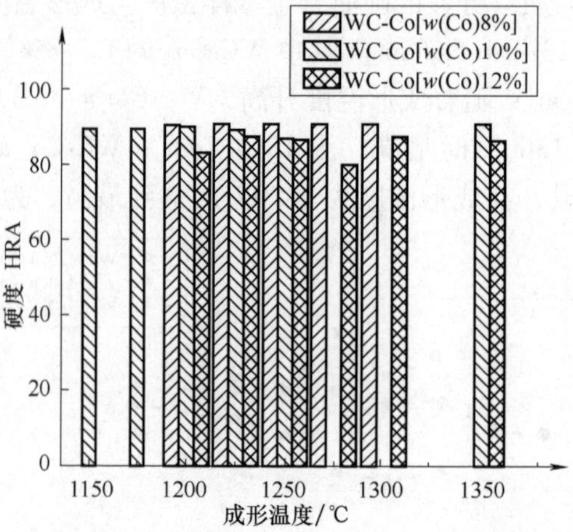

图 4-16　不同 Co 质量分数的合金试样在不同成形温度下的硬度

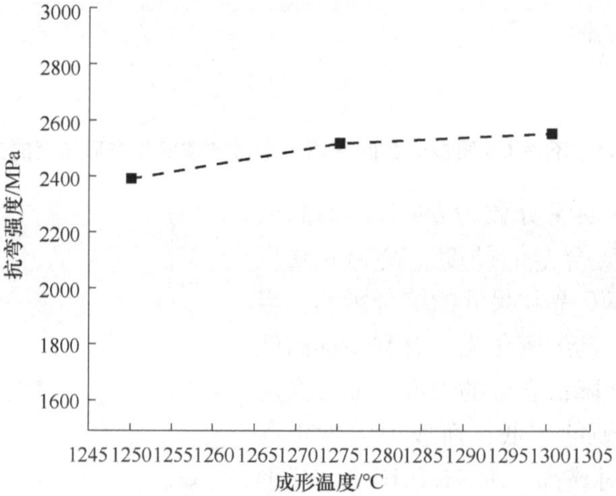

图 4-17　WC-Co［w(Co)12%］在不同成形温度下的抗弯强度

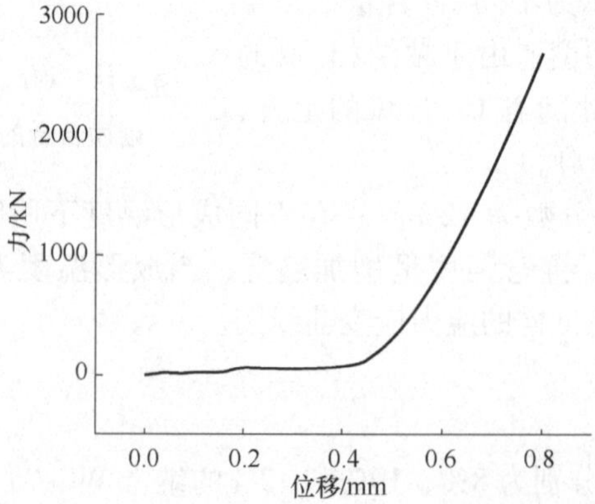

图 4-18　WC-Co［w(Co)12%］在成形温度 1300℃下试样的应力-应变曲线

1）随着成形温度的升高，试样的平均晶粒尺寸增大。当 WC-Co[w(Co)8%] 成形温度为 1200℃时，试样平均晶粒尺寸约为 350nm，当成形温度为 1300℃时，试样平均晶粒尺寸增长约为 460nm；试样的密度在 12.7~14.5g/cm^3；WC-Co[w(Co)10%] 试样随着成形温度升高，密度先升高后基本不变，最大密度为 13.8g/cm^3；WC-Co[w(Co)12%] 试样随着成形温度升高密度不断升高，最大密度为 13.5g/cm^3。

2）随着成形温度的升高，试样硬度呈先增加后下降趋势，当成形温度提高到 1225℃时，硬度相对最高，为 91.0 HRA。

3）随着成形温度的提高，抗弯强度呈增加趋势，WC-Co[w(Co)12%] 试样在成形温度为 1300℃时抗弯强度可达 2551MPa。

真空粉末锻造工艺在高力学性能、高致密度、组织细小均匀、制备效率方面相对于传统制备工艺具有明显优势，若该技术成熟后能普及，有望替代现有冷压烧结的制备工艺，成为具有更高成本效益的下一代硬质合金产品制备工艺，实现高性能、高效制备大尺寸纳米 WC-Co 硬质合金刀具刀坯的目标。

参考文献

[1] NORGREN S，GARCÍA J，BLOMQVIST A，et al. Trends in the P/M hard metal industry [J]. International Journal of Refractory Metals & Hard Materials，2015，48（2）：31-45.

[2] KONYASHIN I，KLYACHKO L I. History of cemented carbides in the Soviet Union [J]. International Journal of Refractory Metals & Hard Materials，2015，49（1）：9-26.

[3] 羊求民，羊建高，苏伟，等. 纳米/超细晶 WC-Co 类硬质合金的研究进展 [J]. 稀有金属与硬质合金，2018，46（1）：76.

[4] 张文毓. 硬质合金涂层刀具研究进展 [J]. 稀有金属与硬质合金，2008，36（1）：59-63.

[5] BECHER P F. Microstructural design of toughened ceramics [J]. Journal of the American Ceramic Society，1991，74（2）：255.

[6] RUMMAN M R，XIE Z，HONG S J，et al. Effect of spark plasma sintering pressure on mechanical properties of WC-7.5 wt% Nano Co [J]. Materials & Design，2015，68（4）：221-227.

[7] GILLE G，BREDTHAUER J，GRIES B，et al. Advanced and new grades of WC and binder powder-their properties and application [J]. International Journal of Refractory Metals & Hard Materials，2000，18（2-3）：87-102.

[8] LIU K，WANG Z H，YIN Z B，et al. Effect of Co content on microstructure and mechanical properties of ultrafine grained WC-Co cemented carbide sintered by spark plasma sintering [J]. Ceramics International，2018，44（15）：18711-18718.

[9] WANG B X，WANG Z H，YIN Z B，et al. Effects of powder preparation and sintering temperature on consolidation of ultrafine WC-8Co tool material produced by spark plasma sintering [J]. Ceramics International，2019，45（16）：19737-19746.

[10] WANG B X，WANG Z H，YIN Z B，et al. Preparation and properties of the VC/ Cr_3C_2/ TaC doped ultrafine WC-Co tool material by spark plasma sintering [J]. Journal of Alloys and Compounds，2020，816：152598.

[11] 洪乐康. 超细/纳米晶 WC-Co 硬质合金的制备工艺及机理研究 [D]. 南昌：南昌大学，2021.

4.4 联合热处理强化工艺对 Fe 基高分子复合材料微观结构及力学性能的影响分析

4.4.1 引言

2023 年，我国新能源汽车产销量分别达 958.7 万辆和 949.5 万辆，同比分别增长 35.8%和 37.9%，市场占有率达 31.6%。在新能源汽车主要品种中，与上一年度相比，三大类新能源汽车品种产销量均呈现明显增长。目前新能源汽车制造企业竞争日益剧烈，汽车产品更新换代速度越来越快，新车型的开发周期由原来的四年到五年，缩短为两年甚至一年，且新车型种类持续增加，为减少开发周期，提高产品时效性，在样车试制过程甚至小批量生产中广泛采用快速制造技术，尤其是针对占比较大、试制耗时较长的钣金件。使用快速模具试制汽车覆盖件，可以大大缩短新车的研发周期，节约时间成本，降低能源消耗[1]。金属颗粒增强树脂基复合材料具有低成本、易成形等优势，是快速模具的理想材料。Khushairi[2]等的研究表明增加颗粒填料的含量可以显著提高树脂基复合材料的强度和硬度，高体积分数（颗粒含量>30%）金属颗粒增强树脂基复合材料可作为快速模具材料，能够满足汽车覆盖件冲压模具强度、刚度、耐磨性等力学性能的使用需求。中国复合材料工业协会 2022 年报道了关于复合材料在航空航天材料加工模具中结构和工艺的应用，报道指出，为满足飞机、无人飞行器等航空航天器制造中的复杂形状和高尺寸精度的大型或超大型整体结构日益增长的需求，金属和非金属结构已被开发并应用于复合材料生产，通过探索高性能模具低成本制造方法，缩短制造时间，同时提高模具质量。

综合国内外研究现状，绝大多数研究均基于颗粒或纤维增强的环氧树脂基复合材料，与本节所针对的 Fe 基高分子复合材料有着巨大的差别，该材料在常温下具有流动性，金属粉末占比高达 30%以上，成形黏度较低（8000~12000mPa·s），热稳定性好（热膨胀系数 $15\sim22\times10^{-6}/℃$），其应用于快速模具，各种性能明显优于传统材料，可有效解决传统模具制造业高污染、高耗能、高成本、长周期等行业痛点，推动快速模具制造业产业升级。

本节以快速模具开发制造为研究背景，基于 Fe 基高分子复合材料，针对该新型材料在快速模具应用过程中的组织性能变化机理，开展 Fe 基高分子复合材料微观组织和热膨胀行为表征研究，同时探索一种基于组织性能调控的热处理和固化处理联合强化工艺，持续优化材料配方及成形制造工艺，进一步探讨 Fe 基高分子复合材料微观结构与关键力学性能的关联关系。

4.4.2 试样制备

1. 材料组成

本项目控制 Fe 及其氧化物添加量对金属基高分子复合材料进行物理改性。Fe 基高分子复合材料制备须经 A 剂与 B 剂混合并产生化学反应后，自然冷却。A 剂主要成分为 23 种金属和非金属，其中氧化铁粉质量分数为 30%左右，Ti、还原铁粉质量分数为 45%左右，碳质量分数为 5%左右，微量元素为 Cr、Mg、Zn、W、Al、陶瓷等非金属及其化合物，金属重量比例> 80%，经混入定量消泡剂，静置后不沉降，25℃ 条件下，A 剂黏度为 120000~

150000mPa · s；B 剂由改性环氧树脂、环氧稀释剂、分散剂等混合而成，其中树脂质量分数为 80%，稀释剂质量分数为 15%，分散剂质量分数为 5%，黏度控制在 8000mPa · s 左右。

2. 试样制备

试样由金属颗粒和树脂溶液按一定比例混合，在模具中，经常温固化、加热强化制备而成，制备流程如图 4-19 所示。首先，将环氧树脂、改性环氧树脂、环氧稀释剂等溶液在反应釜中混合成液态树脂溶液；其次，将金属颗粒进行清洗、干燥处理，经充分混合后添加到液态树脂混合溶液中，搅拌均匀并使用真空脱泡仪进行真空脱泡，得到液态的金属/环氧树脂复合材料；再次，在液态金属/环氧树脂复合材料中加入固化剂，搅拌均匀后倒入试样模具中，静置固化后脱膜并进行表面抛光；最后，将试样放入烘箱恒温 60℃保持 2h，再恒温 80℃保持 6h。Fe 基高分子复合材料金属颗粒重量占比>80%。采用扫描电子显微镜观测复合材料微观形貌，并通过 Image J 软件统计金属颗粒的粒径，金属颗粒粒径分布结果如图 4-20 所示。

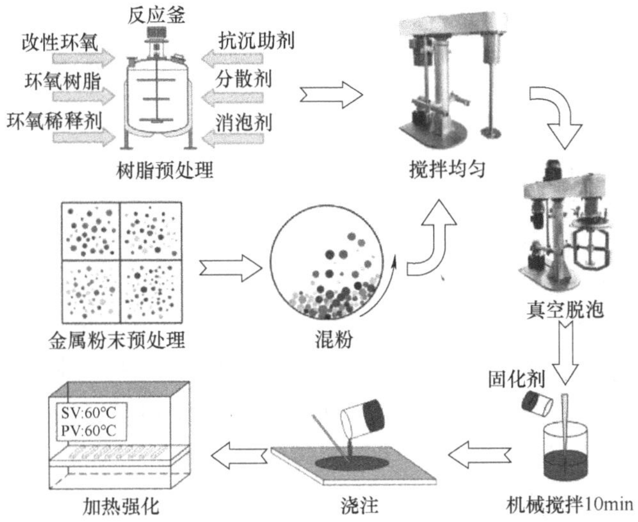

图 4-19　试样制备流程

4.4.3　热膨胀行为研究及其影响因素

1. 热膨胀系数控制理论研究现状

热膨胀可分为线膨胀、面膨胀和体膨胀，对于复合材料来说，热膨胀一般指线膨胀。根据我国 GB/T 1036—2008《塑料-30℃～30℃线膨胀系数的测定　石英膨胀计法》的定义，线膨胀系数为温度每变化 1℃，试样长度变化值与原始长度之比，单位为$℃^{-1}$。对于复合材料，其分子或原子是由弱的范德瓦耳斯力相关联，所以热膨胀系数很大，约为 $10^{-4}℃^{-1}$。而由共价键或金属键结合的材料如金属，其热膨胀系数约为 $10^{-6}℃^{-1}$，远远小于复合材料。复合材料长链分子上的原子是以共价键相关联，而在链间邻近分子间是由范德瓦耳斯力相关联，因此结晶聚合物和取向聚合物的热膨胀有较大的各向异性。而对于各向同性的聚合物来说，由于分子链的杂乱取向，其热膨胀系数主要取决于微弱的链间作用力。

颗粒增强金属基复合材料的热膨胀行为比较复杂，其主要原因是界面的存在和基体的塑性变形，高体积分数 SiCp/Al 复合材料的热膨胀行为研究表明[3]，无论在室温还是高温，增强体的加入明显地降低了基体的热膨胀系数，得到了较低热膨胀系数的复合材料，尽管随温度的升高，复合材料和基体合金的热膨胀系数均增加，但是复合材料热膨胀系数增强的速度和幅度明显低于未含增强体的复合材料基体强度。Elomari[4] 等测量了包覆了 SiO_2 的 SiC 颗粒增强铝基复合材料的热膨胀系数，结果表明，增强相尺寸越大，材料的热膨胀系数越大。试验结果进一步表明，较大的颗粒可以引起较大的热膨胀应变。SiC 颗粒增强的高体积分数铝基复合材料的热膨胀研究表明[5]，单一尺寸增强的金属基复合材料热膨胀曲线的滞后量与单位体积内颗粒表面积的平方根成正比。

从以上研究现状结果可以看出，目前国内外关于降低与控制复合材料热膨胀主要是采用填料改性、降低树脂热膨胀系数等方法。因此本节控制 Fe 及其氧化物添加量对金属基高分子复合材料进行物理改性，探究不同填料和含量对其热膨胀性能的影响。

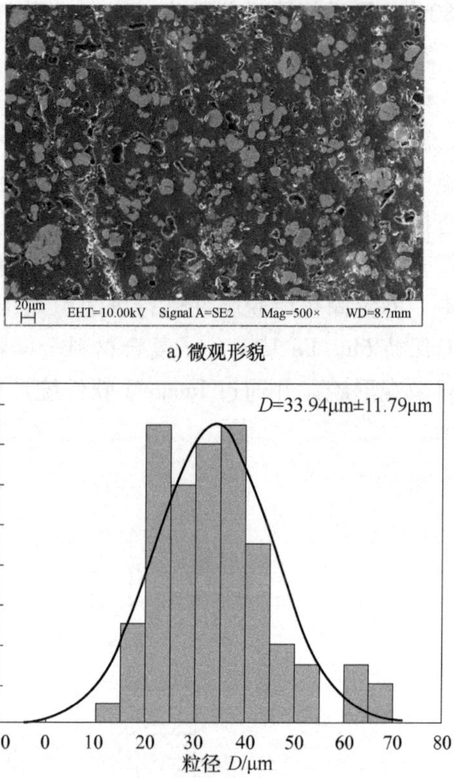

a) 微观形貌

b) 粒径统计

图 4-20 试样表面微观形貌及粒径统计

2. 热膨胀系数测试及分析

试验通过控制 Fe 及其氧化物添加量进行对照组试样制备，如图 4-21 所示，制备 Fe 体积分数分别为 0%、35%、40%、45%的四类试样坯料，并通过金刚线切割，制备成尺寸为 4mm×4mm×25mm 的长方体试样。采用 NETZSCH DIL 402 热膨胀仪测试不同组分比 Fe 基高分子复合材料试样的热膨胀系数。测试范围为室温到 120℃，升温速率为 5℃/min，保护气体为氩气，探头用氧化铝，探头自身热膨胀影响已修正。试验开始前，须向设备中通入足量的氩气，彻底排除试样容器及加热炉内的空气，并且整个试验过程中都采取氩气保护，防止试样在加热过程中发生氧化。按照本试验的精度要求，整个测试过程中每隔 0. 2℃实时记录试样长度方向膨胀量随温度及时间的变化情况。试样长度的膨胀量通过推杆传递给位移传感器，传感器将伸长量转换为电子数据并显示在计算机中，试验完成后将所有数据导出，进行数据分析处理。

试验对 Fe 的体积分数为 0~45%的四种 Fe 基高分子复合材料在 27~120℃下热膨胀率随温度的变化情况进行测试，结果如图 4-22 所示。在较低温度（27~40℃）下，Fe 基高分子复合材料热膨胀率随温度变化较小，原因可能是结构基元的构象转变过程在高温区间内才能够发生，不添加 Fe 和添加 Fe 的复合材料的热膨胀率均随温度的增加而增大，但在从 27℃升温到 120℃过程中，不添加 Fe 的环氧树脂复合材料的热膨胀率一直处于最小值。而添加 Fe 粉后，复合材料的热膨胀率明显增加，随着 Fe 含量的增加，复合材料的热膨胀率呈现上升的趋势。

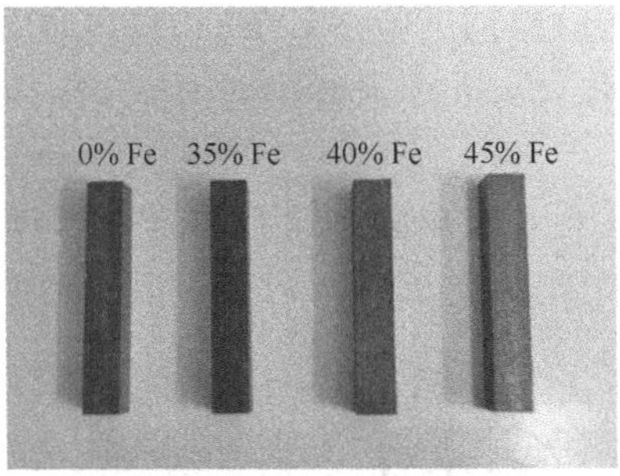

a) Fe体积分数分别为0%、35%、40%、45%的试样

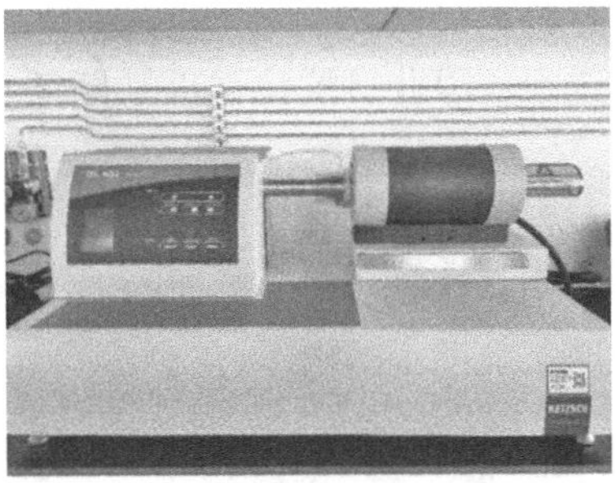

b) NETZSCH DIL 402热膨胀仪

图 4-21　检测试样及检测设备

同样工况下测试 Fe 基高分子复合材料的热膨胀系数，结果如图 4-23 所示。Fe 基高分子复合材料的热膨胀系数首先保持不变，当温度升高到 35℃时才开始呈现逐渐上升趋势，并且随温度的升高热膨胀系数越来越大。而 Fe 体积分数为 35%的复合材料在 35~40℃时热膨胀系数下降，原因可能是 Fe 相与树脂基体的接触面增大，对基体的膨胀阻碍作用增强，使热膨胀系数降低，且 Fe 元素分布集中，含量越高，材料内部的空隙等缺陷也增多，空隙周围的树脂基体在受热膨胀时具有膨胀空间，在宏观方面则表现为受热膨胀小，材料热膨胀系数减小。随着 Fe 含量的增加，一方面减小了树脂基体受热膨胀的约束作用，材料总体的热膨胀系数增大；另一方面是随着 Fe 引入，促进了 Fe/环氧树脂的致密化，减少了微裂纹的产生，致密度增大，气孔率降低，导致了热膨胀系数的增加。总体上，随 Fe 含量的持续增加，高分子复合材料的热膨胀系数呈上升趋势。

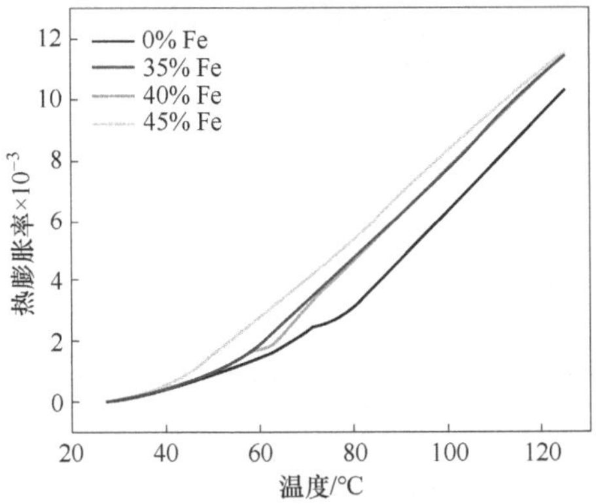

图 4-22　不同 Fe 体积分数时 Fe 基高分子复合材料热膨胀率变化图

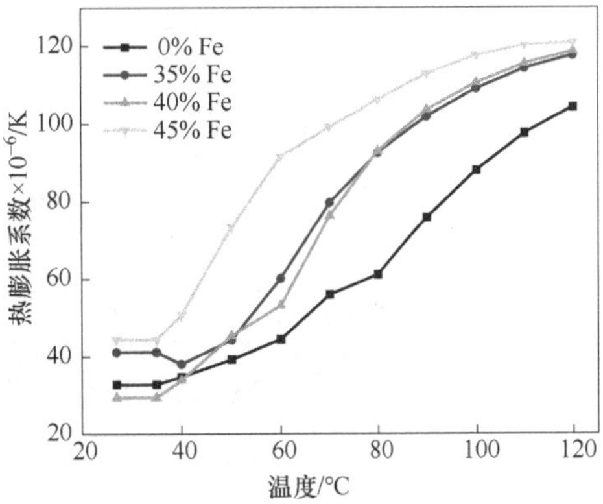

图 4-23　不同 Fe 体积分数时 Fe 基高分子复合材料热膨胀系数变化图

4.4.4　固化处理和热处理工艺优化

1. 室温-热固化联合强化工艺分析

（1）试验仪器及方法　将制备均匀的浆液放入容器中，在室温下固化 4h，并将试样块放入 KSL-1100X-S 加热炉中，在 80℃下保存 4h。将室温固化后的样品作为对比样品。采用配备色散谱仪（EDS）的 JSM-6510A 扫描电镜（SES）观察室温和室温固化得到的 Fe 基高

分子复合材料的微观组织和相关组成。在室温下进行的拉伸试验在 UTM5105GD 通用机械试验机上进行，以获得抗拉强度、断后伸长率和抗压强度。采用 JSM-6510A 扫描电镜观察断裂面。

（2）结果与分析　图 4-24a 和 b 分别表示有热固化和未热固化的 Fe 基高分子复合材料的微观结构。可以发现，孤立的 Fe 相位于岛状的环氧基体上。而 Fe 热固化后发生粗化和耦合，说明了准网状结构。

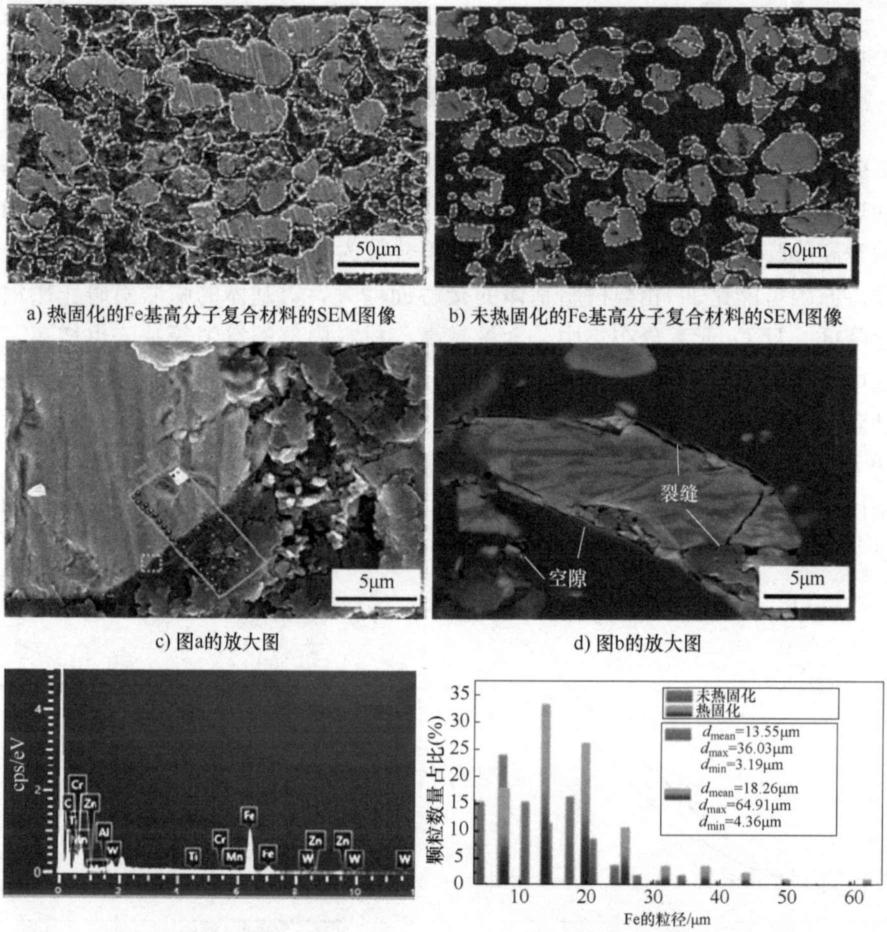

a) 热固化的Fe基高分子复合材料的SEM图像　b) 未热固化的Fe基高分子复合材料的SEM图像

c) 图a的放大图　d) 图b的放大图

e) 图c中线框区域的EDS图　f) 热固化和未热固化的Fe基高分子复合材料中Fe的粒径分布

图 4-24　Fe 基高分子复合材料的微观结构

图 4-24c、d 分别是图 4-24a、b 的放大图，重点观察 Fe 和环氧树脂之间的相界。在未热固化的 Fe 基高分子复合材料中，可以观察到 Fe 相中的空隙和沿相界的裂缝。如图 4-24c 所示，相界随着 C 和 Fe 元素的扩散而闭合。

图 4-24e 为图 4-24c 中线框区域的 EDS 图。在相边界附近的主要元素是 Fe、C 和工业铁粉中所包含的一些元素。这说明了 Fe 与环氧树脂之间的冶金结合。图 4-24f 为热固化和未热固化的 Fe 基高分子复合材料中 Fe 的粒径分布。这表明热固化后 Fe 相整体粗化，其平均直径从 36. 03μm 增加到 64. 91μm。因此，热固化会导致 Fe 相粗化，Fe/环氧树脂界面致

密化。

图 4-25a 显示了热固化前后 Fe 基高分子复合材料的抗拉强度和断后伸长率。结果表明，抗拉强度从 13.14MPa 增加到 53.72MPa，断后伸长率从 5.86%提高到 8.18%，分别提高了 308.8%和 39.6%。

图 4-25b 为 Fe 基高分子复合材料的典型拉伸曲线。图 4-25c～f 显示了相关断裂面。如图 4-25b中箭头所示，热固化过程中的 Fe 基高分子复合材料的拉伸曲线会出现突然下降。

从图 4-25c 和 e 看出，在断裂表面可见大量的空隙，而大部分裂缝发生在 Fe 基高分子复合材料的界面上。因此，一些金属表面暴露在断裂表面上。如图 4-25d 和 f 所示，在热固化过程中，Fe 基高分子复合材料中的 Fe 相发生脆性断裂，Fe/环氧树脂界面形成一些裂纹，Fe 相的脆性断裂和沿界面的裂纹伸长相结合，可提高材料的强度和塑性[6]。

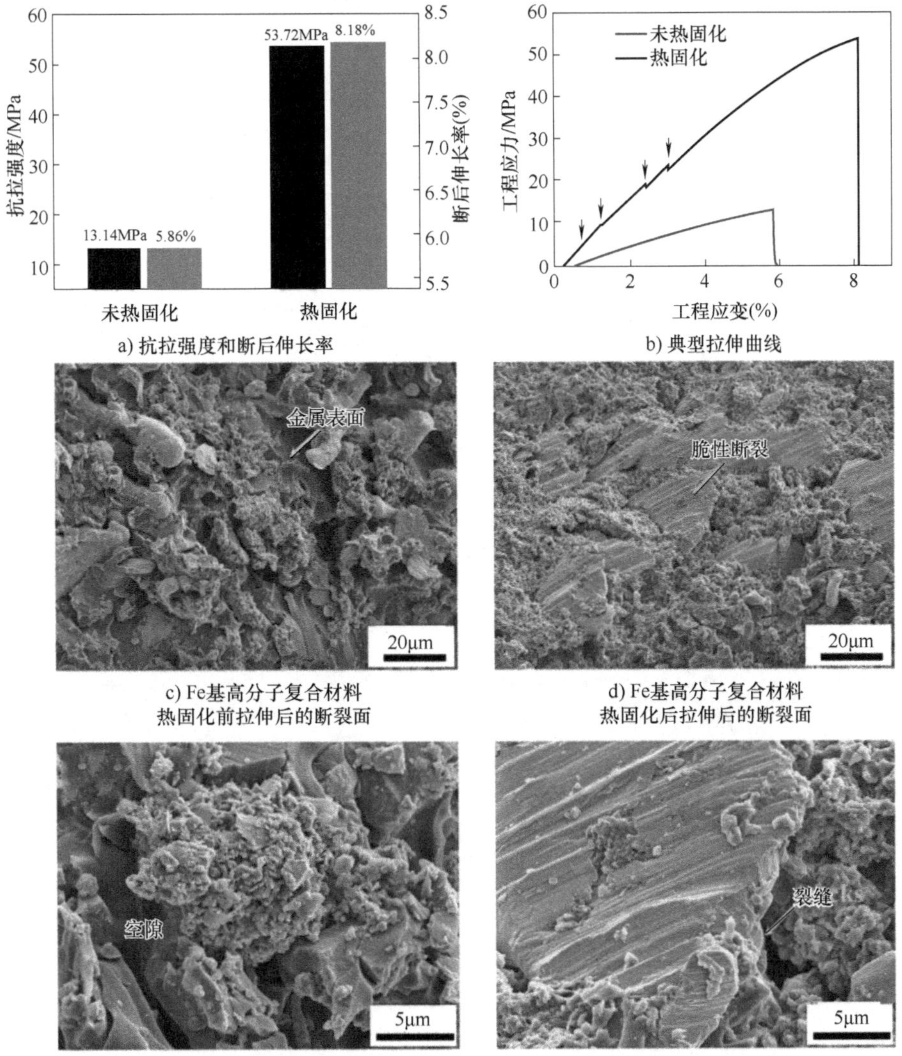

a) 抗拉强度和断后伸长率　b) 典型拉伸曲线

c) Fe基高分子复合材料热固化前拉伸后的断裂面　d) Fe基高分子复合材料热固化后拉伸后的断裂面

e) 图c的放大图　f) 图d的放大图

图 4-25　Fe 基高分子复合材料的拉伸性能

2. 退火温度对Fe基高分子复合材料显微结构影响

（1）试验仪器及方法　将试样块放入加热炉中，在60℃、80℃、100℃和120℃下保温4h。通过X射线衍射仪（XRD，SmartLab（9kW））对Fe基高分子复合材料的相组成进行分析和相关计算。使用扫描电子显微镜（SEM，JSM-6510A）观察退火后的Fe基高分子复合材料的微观结构。使用显微维氏硬度计（HMVG-XY-S）测试Fe基高分子复合材料的显微硬度，载荷为0.1kgf，保持10s。

（2）结果与分析　图4-26显示了Fe基高分子复合材料在60℃、80℃、100℃和120℃退火4h的XRD图样，表明Fe基高分子复合材料的主要金属相为α-Fe，同时还能观察到少量TiC。α-Fe的取向主要集中在（011）和（020）晶面上。随着退火温度的升高，（011）晶面的平面间距和位错密度都保持稳定。（020）晶面的平面间距先增大后减小，而位错密度先减小后增大。如图4-27所示，当退火温度为80℃时，晶面间距和位错密度的最大值和最小值分别为2.39nm和0.31nm^{-2}。

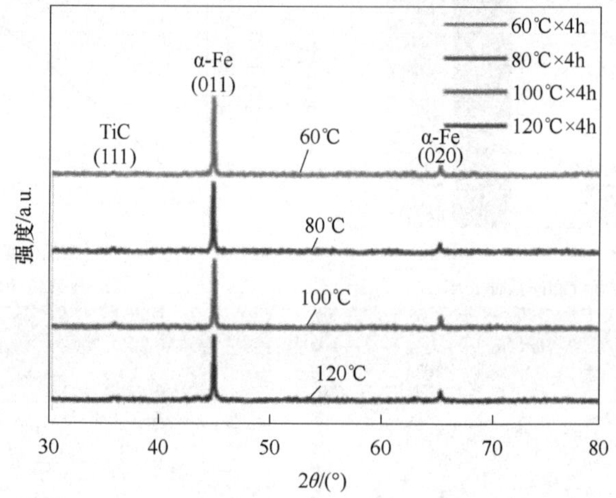

图4-26　Fe基高分子复合材料在60℃、80℃、100℃和120℃退火4h的XRD图样

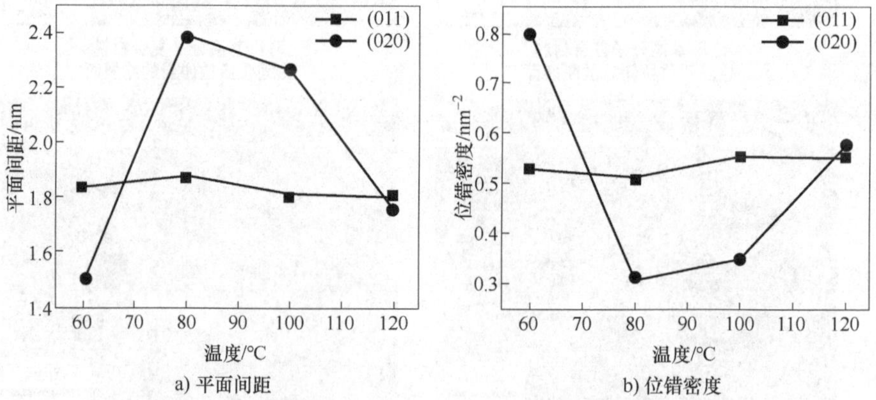

图4-27　退火温度对Fe基高分子复合材料微观结构的影响

图4-28所示是Fe基高分子复合材料在60℃、80℃、100℃和120℃退火4h的扫描电镜

图像，显示了 Fe 相与环氧树脂基体之间的界面。如图 4-28a 所示，在 60℃退火的 Fe 基高分子复合材料中，可以观察到沿相界出现的裂纹；而当退火温度达到 80℃时，Fe 和环氧树脂之间的相界会闭合；当退火温度提高到 100℃和 120℃时，环氧树脂致密化程度提高。

a) 60℃　b) 80℃

c) 100℃　d) 120℃

图 4-28　不同退火温度 4h 后 Fe 基高分子复合材料的扫描电镜图像

检测退火温度对 Fe 基高分子复合材料显微硬度的影响，如图 4-29 所示。在 60℃条件下退火后的 Fe 基高分子复合材料的显微硬度为 29.46HV。当退火温度从 60℃提高到 80℃时，Fe 基高分子复合材料的致密化程度和显微硬度有所提高。当退火温度从 80℃提高到 100℃时，Fe 相的致密化和颗粒度均提高，显微硬度恢复稳定。当退火温度进一步升高到 120℃时，环氧树脂的软化降低了显微硬度。

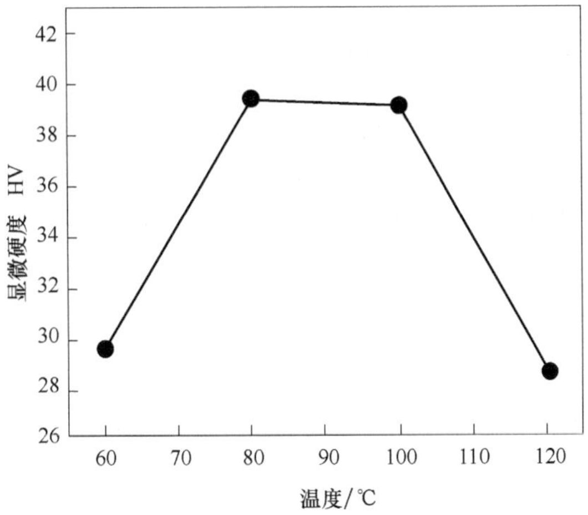

图 4-29　退火温度对 Fe 基高分子复合材料显微硬度的影响

4.4.5 结论

本节以高体积分数 Fe 基高分子复合材料为基体材料，针对该材料组织性能变化机理，开展金属基高分子复合材料热膨胀行为、关键力学性能、固化处理和热处理工艺优化等研究，主要取得以下几点结论：

1）Fe 基高分子复合材料的热膨胀行为应与环氧树脂基体、Fe 元素热膨胀特性以及填料-基体界面的膨胀特性和界面粘结强度有关。Fe 元素体积分数从 0%增大至 45%时，高分子复合材料的热膨胀系数分别为 $104.2\times10^{-6}/K$、$117.6\times10^{-6}/K$、$118.6\times10^{-6}/K$、$121\times10^{-6}/K$，可见提高 Fe 元素体积分数能促进高分子复合材料的热膨胀效应。当 Fe 元素体积分数为 35%和 40%时，热膨胀系数逐渐趋于稳定。

2）热固化后，Fe 相的平均直径从 36.03μm 增至 64.91μm，使微观结构从岛状演变为准网状结构。而 Fe 基高分子复合材料中 Fe 相的空隙和沿相界的裂缝在扩散作用下消失，形成了 Fe/环氧树脂的致密界面。Fe 相脆性断裂与 Fe/环氧界面的裂纹伸长相结合提高了 Fe 基高分子复合材料的强度和塑性。

3）当退火温度从 60℃升至 80℃时，Fe 基高分子复合材料的致密性得到改善，从而提高了显微硬度。当退火温度从 80℃升至 100℃时，Fe 基高分子复合材料的致密性和 Fe 颗粒的粗化都得到了改善，显微硬度也随之稳定。当退火温度进一步升高到 120℃时，显微硬度下降。

参考文献

[1] 刘方彪，王丹勇，陈以蔚，等. 颗粒增强、增韧环氧树脂基复合材料制备研究进展［J］. 材料科学与工程学报，2014，32（4）：613-618.

[2] KHUSHAIRI M T M，SHARIF S，JAMALUDIN K R，et al. Effects of metal fillers on properties of epoxy for rapid tooling inserts［J］. International Journal on Advanced Science，Engineering and Information Technology，2017，7（4）：1155-1161.

[3] ZHANG Q，WU G H，CHEN G Q. The thermal expansion and mechanical properties of high reinforcement content SiCp/Al composites fabricated by squeeze casting technology［J］. Composites Part A，2003（34）：1023-1027.

[4] ELOMARI S，SKIBO M D，SUNDARRIAJAN A，et al. Thermal expansion behaviors of particulate metal-matrix composites［J］. Composites Science and Technology，1998（58）：369-376.

[5] ARPO´N R，MOLINA J M，SARAVANANETC R A. Thermal expansion behavior of aluminum SiC composites with bimodal particle distributions［J］. Acta Materialia，2003（51）：3145-3156.

[6] MASOOD S H，SONG W Q. Development of new metal/polymer materials for rapid tooling using Fused deposition modeling［J］. Materials and Design，2004，25：587-594.

5

第5章 成形装备与生产线相关技术

5.1 精密锻造成形装备研制及产业化应用

5.1.1 引言

精密锻造技术作为高端装备制造业的关键环节，对提升产品质量、降低生产成本、缩短制造周期具有重要意义。随着新材料、新工艺的不断涌现，精密锻造技术正面临新的挑战和机遇。

5.1.2 精密锻造成形技术的发展现状

1. 技术发展历程

精密锻造成形技术从传统的热锻、冷锻发展到今天的精密温锻、超塑性锻造等，不断进步，应用领域不断扩大。最早的锻造活动可以追溯到古代，那时的锻造工艺主要依靠手工锤击。随着工业革命的到来，锻造技术开始采用水力和蒸汽动力，提高了生产率。电力的普及和机械压力机的出现，使锻造工艺更加机械化，生产率和精度得到显著提升。第二次世界大战期间，由于对飞机和其他军事装备的大量需求，精密锻造成形技术得到了快速发展。战后，航空和汽车工业的兴起进一步推动了精密锻造成形技术的进步。精密锻造成形技术开始广泛应用于汽车、航空航天等行业，如冷锻、温锻和热锻等工艺。计算机技术的应用使锻造工艺的设计和模拟变得更加精确。计算机辅助设计（CAD）和计算机辅助制造（CAM）技术的应用，使锻造模具设计和制造过程更加自动化和精确。计算机辅助工程（CAE）技术，如有限元分析（FEA），在锻造工艺模拟和优化中发挥了重要作用。随着智能制造和工业4.0的兴起，精密锻造生产线开始集成自动化设备和机器人，提高了生产率和灵活性。实时监控和自适应控制系统的应用，使锻造过程更加智能化。高强度钢、铝合金、钛合金和复合材料等新材料的应用，对精密锻造成形技术提出了新的要求。新工艺如超塑性锻造、精密环轧、异形截面零件的精密锻造等技术的发展，使复杂形状零件的制造成为可能。

精密锻造成形技术的发展历程是一个不断进化和创新的过程，它与材料科学、机械工程、自动化技术和计算机科学等多个领域的进步紧密相关。随着技术的不断进步，精密锻造将在高端装备制造中扮演越来越重要的角色。

2. 当前技术瓶颈

精密锻造成形技术虽然在高端装备制造中发挥着重要作用，但仍然面临一些技术和应用上的瓶颈，这些瓶颈限制了其更广泛的应用和进一步的发展。

1）材料适应性。限制某些高性能材料，如高强度钢、钛合金和某些高温合金，在精密锻造过程中可能会遇到加工硬化、开裂倾向增加等问题，这限制了它们在精密锻造中的应用。

2）工艺复杂性和控制难度。精密锻造成形工艺往往比传统锻造更为复杂，需要精确控制锻造温度、速度、压力和模具设计等参数。工艺参数的微小变化可能会显著影响最终产品的性能和尺寸精度。

3）质量控制和检测难度。精密锻造件的内部和表面缺陷检测较为困难，需要高精度的无损检测技术和设备。质量控制流程的复杂性和成本可能会成为限制其广泛应用的因素。

为了克服这些瓶颈，行业正不断进行技术创新和研发，如采用更先进的材料、改进工艺技术、开发智能化生产线、提高自动化水平、培养专业人才等，以提高精密锻造成形技术的竞争力和应用范围。

5.1.3　精密锻造成形技术在高端装备制造中的应用

精密锻造成形技术在高端领域的应用非常广泛，它涉及对材料性能和产品精度要求极高的行业。在航空航天领域，精密锻造成形技术用于制造发动机部件、起落架、翼梁等关键部件，要求极高的精度和可靠性；军工领域对材料性能和产品一致性有极高要求，精密锻造成形技术在火炮、装甲车辆、导弹等装备的制造中发挥着关键作用；在汽车工业领域，高性能汽车的发动机连杆、曲轴、齿轮等关键零件通常采用精密锻造成形技术制造，以提高其性能和可靠性，随着汽车轻量化的发展，精密锻造成形技术在制造轻质、高强度的汽车结构件中扮演着重要角色；在轨道交通领域，高速列车和地铁的车轮、车轴等关键部件需要极高的精度和强度，精密锻造成形技术能够满足这些要求；在精密仪器医疗领域，精密锻造成形技术用于制造高精度的仪器，如光学仪器、测量设备等，以保证仪器的性能和稳定性。

精密锻造成形技术在高端领域的应用不仅提高了产品的质量和性能，还推动了相关行业的技术进步和产业升级。随着材料科学和制造技术的发展，精密锻造成形技术的应用范围将进一步扩大。

5.1.4　重庆江东机械有限责任公司的技术创新案例分析

1. 企业概况与行业地位

重庆江东机械有限责任公司是中国精密锻造行业的领军企业之一，具有悠久的历史和深厚的技术积累，拥有多项国家专利和行业标准，是多个国家重点项目的承担单位。始建于1937 年，前身为国民政府的 27 兵工厂，从南京内迁至万州。1951 年由人民政府接管重组，成立国营万县机器厂。1978 年增资为 10000 万元，开始研发生产液压机。2001 年搬迁至百安坝，改制为国有控股有限责任公司，注册资本为 1677 万元。2015 年与香港理工大学、重庆大学联合设立“近净成形香港工程研究中心”，致力于轻量化零部件液压成形技术与装备研发。2016 年增资为 30000 万元，标志着企业进入新的发展阶段。2020 年轻量化零部件、铸造、模具业务搬迁至九龙工业园，江东智能制造产业园初见雏形。2023 年筹建万州区智能制造装备产业园，进一步扩大产业规模和影响力。是国家专精特新“小巨人”企业。

企业专注于精密锻造成形装备的研制，包括温等静压成形成套设备、齿形件智能化精密锻造中心、复合材料汽车关键零部件在线模压成形技术与装备等。产品广泛应用于汽车工业、轨道交通、航空航天、军工和船舶工业等领域，致力于成为专业化的成形技术解决方案提供商，聚焦自动化、智能化、轻量化成形技术的创新与研究。

重庆江东机械有限责任公司通过不断的技术创新和产业升级，已经成为中国乃至全球精密锻造领域的重要参与者，为推动制造业的高质量发展做出了显著贡献。

2. 技术创新成果

（1）多工位冷挤压生产线　多工位冷挤压生产线是重庆江东机械有限责任公司研制的一种高效精密锻造生产线，用于长轴类零件的精密冷挤压生产，最高节拍突破 10 次/min，达到世界先进水平。

多工位冷挤压生产线的开发是为了降低设备与运行成本、减少占地面积、提升生产率、提升可靠性、兼容多种工艺、整线集成、减少操作人员。该生产线针对传统锻造生产线的痛点（如设备成本高、占地面积大、人工作业效率低下、运行成本高、生产线故障率高、信息集成度低、人工占用多等）进行了优化。

多工位冷挤压生产线由线首理料单元、检测翻转单元、机器人搬运单元、主控单元、多工位压力机整线防护单元、线尾传输单元组成。工艺流程为提升翻转、尺寸检测、坯料对中、多工位成形、工位搬运、托盘堆垛、下料、制品传输。生产线的生产单元包括提升翻转设备、坯料检测、弹夹式缓存料仓、长度和直径检测装置、不合格品剔除等。

对该生产线中的高速多工位液压挤压机进行了系列参数指标功能的升级，使其具有高刚性、高机械精度、节能低噪声、高速平稳的速度转换、强抗偏载能力、高精度机械限位、独立工位负荷监控、滑块倾斜检测、快速换模、防跳料功能等。主要参数为快下速率可达1000mm/s，压制速率最大 250mm/s，主机精度达到 JISB 6403-I 级，最大允许偏载矩4000kN · m，最大节拍 10 次/min，达到世界先进水平。

该生产线上的压力机还具有先进的伺服泵控系统，其优势在于突破传统的设计理念，采用闭环控制，使用高精度、高响应的永磁同步电动机代替异步电动机，采用低泄漏的齿轮泵，采用编码器进行闭环精确控制流量，利用压力传感器闭环精确控制压力。其性能较普通的控制系统也有很大提高，具有高效节能、低噪环保、快速响应、提升设备工作效率、延长寿命、操作简单特点。

安全方面，该生产线对安全设计进行了较为全面的评估与把控。在生产线方面，设有超压保护、滑块超程保护、安全围栏、状态监控系统、液压支撑回路、安全光栅、滑块锁紧装置、安全门锁、安全门、安全互锁程序、安全标识、双手按钮、声光报警、管路防爆设计等；在人员安全防护方面，生产线配有安全围栏，护栏门采用标准安全锁，开门停机，人机交互配有安全光栅保护，在人可能接触的区域配有急停按钮。

与传统的单工位压力机相比，多工位锻造生产线业务更广，涵盖了冷精锻、温锻、热模锻。多工位伺服液压机具备多点可编程功能，每个工位独立编程、智能可控，从而实现一机多用。由于是多工位连续成形，间隔时间短，温降少，可以实现连续多次成形，减少磷皂化次数/加热次数，从而达到工艺简化的效果；同时采用自动化传输，传输时间稳定、温降基本一致，使产品质量稳定，不受操作人员的快慢等不可控因素影响，使产品质量稳定性得到了极大程度的提高。因为可以实现多种规格产品的成形、传输及跳打等，生产线的柔性好，换型简单快速；生产线各功能单元（包括快速换模、故障诊断、远程维护、在线检测、实时监控）布局集中，同时可以根据工艺预置配方；整线控制可以接入 MES 系统。

多工位生产线与传统单工位压力机相比，具有以下优势。

1）更高效。据统计，串联自动液压线最大节拍约 6 次/min，而多工位自动生产线最大节拍可达 10 次/min。

2）更节能环保。相同零件采用多工位方式生产，可减少搬运距离，提升压力机能源利用率。

3）更省地。与单工位压力机连线相比，多工位生产线的布局更加集中，减少占地。

4）更省人工。单工位压力机连线状态下，每班每台压力机至少需要一人操作，而多工位自动生产线仅需一位监管即可。

5）更安全。多工位生产线的电磁阀、插装阀比原 3~4 台单台压力机的少很多，故障点、维修点也少很多，可靠性大大提高。

（2）高精密铝合金管立式挤压生产线　完成应用于核电的精密铝合金管挤压成形全自动生产线的开发与建设，开创性地采用了立式结构，成形精密，达业内先进水平。高精密铝合金管立式挤压生产线是一套先进的制造系统，专门设计用于生产高精度和高强度的铝合金管材。该生产线采用了立式挤压技术，与传统的卧式挤压技术相比，立式挤压具有更好的金属流动控制和更优的产品精度。

高精密铝合金管立式挤压生产线具备以下特点。

1）立式结构设计。该生产线采用立式结构，有利于提高产品的直线度和圆度，同时便于实现自动化生产和质量控制。

2）精密温控系统。配备有精确的模具和坯料温度控制系统，确保挤压过程中材料的均匀性和产品质量。

3）自动化装卸料系统。实现了模具的自动化装卸，提高了生产率和操作安全性。

4）自定心模具系统。采用自定心模具技术，确保了管材的同心度和尺寸精度。

5）恒应变成形技术。通过控制金属流动速率，确保管材在成形过程中的均匀变形，提高产品力学性能。

6）主要应用于航空航天（用于制造飞机的燃油系统、液压系统管路等）、汽车工业（用于生产汽车的燃油输送管、制动系统管路等）、能源行业（在核电站中，用于制造换热器管、冷凝器管等关键部件）。该生产线的核心技术打破了德国在该领域的技术垄断，实现了国产化。

7）超越国际先进水平。在成形精度和设备稳定性方面，完成了对德国设备的超越。高精密铝合金管立式挤压生产线的成功研制和产业化应用，标志着中国在高端铝合金管材制造领域迈出了重要一步，为相关行业的发展提供了强有力的技术支持。

5.1.5　精密锻造成形技术的未来发展展望

随着工业自动化和智能制造的发展，精密锻造成形技术的智能化水平将不断提高，实现更高效、更稳定的生产。精密锻造成形技术作为先进制造领域的关键技术之一，其未来的发展可以从多个维度进行分析。

1）智能化与自动化。随着工业 4.0 的推进，精密锻造成形技术将进一步集成智能化和自动化技术。通过引入人工智能、机器学习算法和先进的传感器技术，可以实现锻造过程的实时监控、预测性维护和自适应控制，从而提高生产率和产品质量。

2）环境可持续性。面对全球对环境可持续性的关注，精密锻造成形技术将更加注重节能减排和清洁生产。例如，采用低能耗设备、优化工艺流程、减少材料浪费和使用可再生能源等措施，以减少对环境的影响。

3）精密成形工艺的创新。未来，精密锻造成形工艺本身将持续创新，包括开发新的锻造方法、改进模具设计、提高材料的塑性成形极限等。这些创新将使锻造成形过程更加精确、高效，能够生产出更复杂、更精细的零件。

4）服务型制造。随着制造业向服务型制造转型，精密锻造成形技术将更加注重为客户提供整体解决方案，而不仅仅是单一的产品或服务。这可能包括技术咨询、定制化设计、供应链管理等增值服务。

5）全球化与本地化相结合。在全球市场竞争加剧的背景下，精密锻造成形企业将需要在全球化布局和本地化服务之间找到平衡。通过全球研发网络和本地化生产，可以更好地满足不同市场的需求和应对各种挑战。

总之，精密锻造成形技术的未来发展将是多方面的，涉及技术创新、材料科学、环境可持续性、跨学科合作等。随着技术的不断进步和市场需求的变化，精密锻造成形技术将继续向更高效、更精密、更环保的方向发展。

5.1.6 结论

本节通过案例分析，展示了重庆江东机械有限责任公司在精密锻造成形装备研制及产业化应用方面的成功实践。公司通过技术创新和产业化应用，不仅提升了自身的竞争力，也为制造业的转型升级做出了贡献。精密锻造技术是高端装备制造业不可或缺的一部分，其技术创新和产业化应用对提升我国制造业的整体竞争力具有重要意义。通过不断的技术革新和产学研用的深度融合，精密锻造技术必将迎来更广阔的发展空间。

5.2 基于面结构光的高温锻件在线自动化三维测量技术研究

5.2.1 引言

锻压工艺被广泛应用于航空航天、汽车制造和船舶等工业领域。《“十四五”智能制造发展规划》对锻件的质量和精度提出了更高要求。传统的离线测量方法通常是接触式测量甚至人工测量，这些测量方法无法满足实时监控和高效生产的需求，而结构光三维测量技术因其非接触、高精度、快速响应，在工业领域应用广泛。研究将结构光测量技术应用于高温锻件在线测量可以为锻压工艺优化、质量控制和数字孪生等应用奠定基础，具有实际意义。

国内外学者也对高温锻件在线测量进行了许多研究，早期学者[1-6]基于激光三角测距原理通过激光雷达进行高温锻件三维测量，它的优势是可以在较远距离对锻件进行测量，避免高温辐射的影响，但因其存在所获数据稀疏、精度差、视角固定以及难以区分目标和背景等问题近年来鲜有报道。燕山大学付献斌、张玉存团队[7-10]使用线激光传感器进行高温锻件三维测量，将线激光发射器固连到导轨上进行测量；大连理工大学贾振元团队[11-14]采用线激光阵列进行高温锻件三维测量，通过同时投影多条线激光条纹，可以一次获取多条截线三维数据。线激光三维测量方法抗干扰能力强，测量结果稳定，但测量速度和测量密度低于面结构光三维测量方法。面结构光三维测量方法近些年来颇受关注，西南科技大学刘桂华[15]、东北大学宋克臣[16]、太原科技大学赵贤凌[17]等均对面结构光的高温锻件三维测量进行了研究，通过数字或物理滤波提高锻件三维重建质量，均展示了试验室环境下针对小型锻件的测量试验，其实际工业应用能力尚未可知。美国 Twin Coast Metrology 公司研发的面结构光三维扫描设备，采用 16 台相机和 8 台投影仪，实现多视图数据的获取，但也使得设备复杂，被测锻件尺寸受限；美国 OG Technologies 公司研发的 HotEye 面结构光测量设备投入使用，实现了 1450℃小型锻件的三维测量，但因其将传感器安装在三坐标平台上，限制了测量效率，且测量角度有限。

总而言之，基于面结构光的高温锻件三维测量技术具有良好的应用场景，但目前高温锻造现场存在强光-热辐射环境、锻件温度变化剧烈和多视点云拼接误差累积等问题，限制了其发展。本节所在团队针对上述问题，设计了蓝光带通-红外截止滤光片，提出了视点规划自动化三维测量技术和多视点云数据融合技术，并最终研制了高温锻件自动化三维测量装备，在湖北三环车桥和湖北三环锻造等多家企业进行了实际应用，取得了较好的效果。

5.2.2 硬件设计

本节基于面结构光测量原理，设计了双目 CCD 相机和 DLP 投影仪组成的三维测头，为实现自动化三维测量，将三维测头固连在机器人末端法兰盘上，使其带动三维测头从多视角进行三维测量，高温锻件自动化三维测量装备如图 5-1 所示。

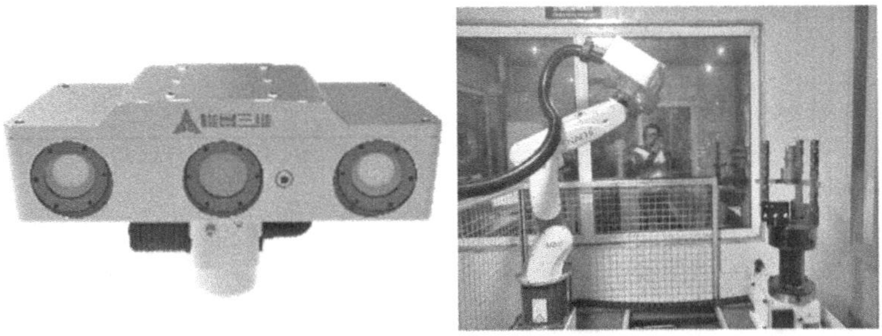

图 5-1 高温锻件自动化三维测量装备

高温锻造现场的强光环境会导致测量结果缺失，主要原因是高温锻件的黑体辐射中可见光波长部分会影响相机采集稳定性[18]，黑体辐射计算公式如下：

$$u(\lambda,T)=\frac{8\pi hc}{\lambda^{5}\left(e^{\frac{hc}{\lambda kT}}-1\right)} \tag{5-1}$$

式中，λ 为波长；T 为热力学温度；$u(\lambda,T)$ 为指定温度和波长的辐射密度；h 为普朗克常数；c 为光速；k 为玻耳兹曼常数。

根据黑体辐射原理分析其可见光波长成分，本节选取高温锻件常见温度分布范围 1000~2000K 中的 6 个温度值，绘制了波长-辐射曲线，如图 5-2 所示，其中，垂直虚线对应的波长为 465nm。由图 5-2 可知，常见温度分布范围高温锻件的辐射峰值均在 465nm 蓝色光谱线之外。

但实际研究发现，黑体辐射具有显著的远红外频段热效应，蓝色带通滤光片此时不能有效过滤，远红外光虽然不能被可见光相机接收，但会造成镜头发热产生热畸变，影响三维测量精度[19]。

因此本节设计了中心频率为 465nm 的蓝光带通和具有红外截止功能的滤光片，并搭配了投影中心波长为 465nm 的蓝光投影仪。如图 5-3 所示，展示了蓝光带通滤光片和红外截止滤光片下各种波长的通过率。本节设计的蓝光带通-红外截止滤光片既保证了相机对蓝光采集强度，又防止了远红外光对测量精度的影响，可以有效克服强光-热辐射环境对面结构光三维测量的干扰。

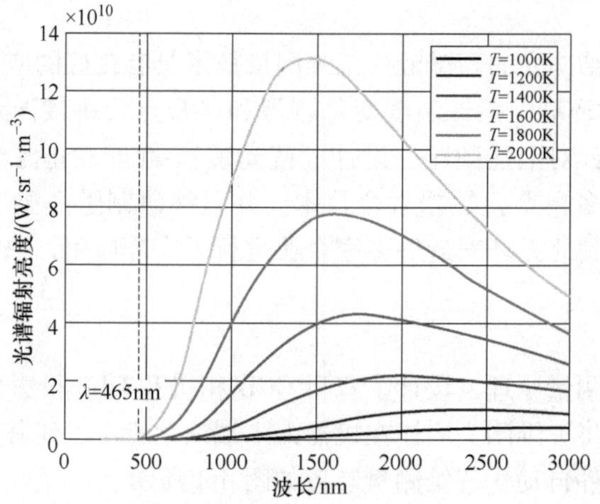

图 5-2　黑体波长-辐射曲线

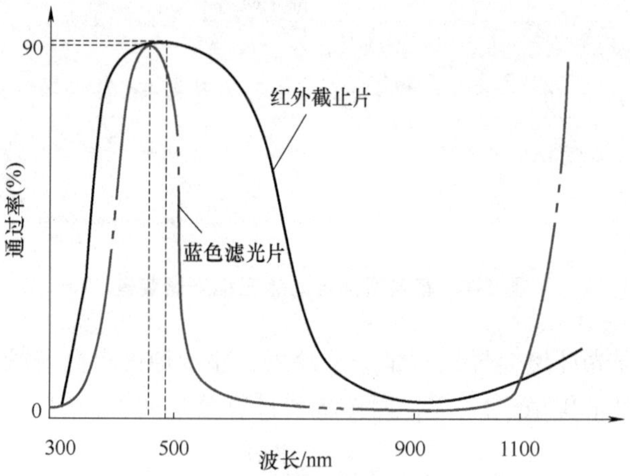

图 5-3　蓝色带通滤光片和红外截止滤光片过滤曲线

此外，高温锻造现场的热辐射会造成装备温度上升，电子元器件性能不稳定甚至损坏，因此本节设计了基于固态制冷的空气封闭循环主动散热结构，其基本原理如图 5-4 所示。

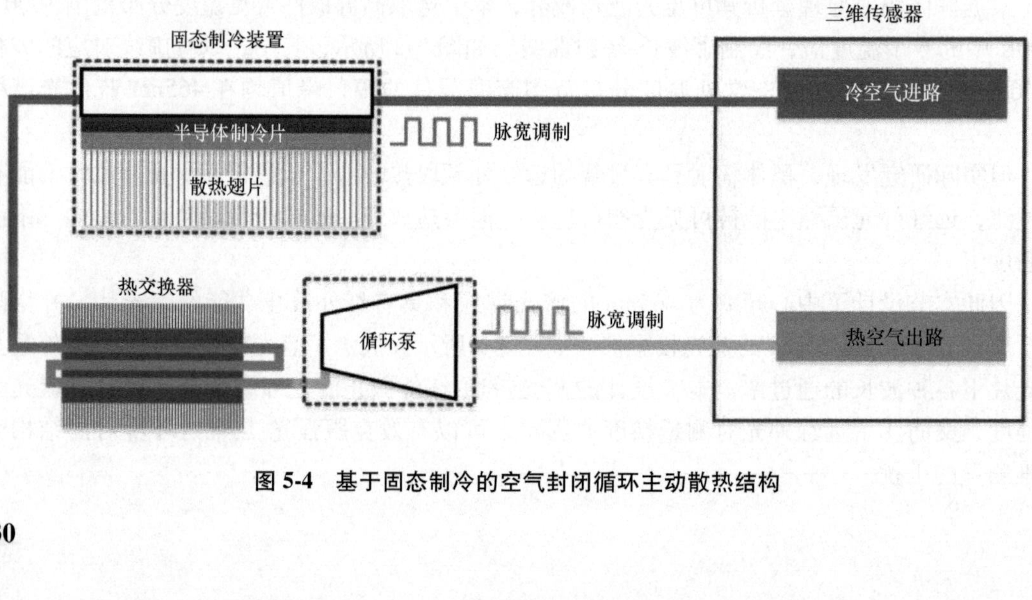

图 5-4　基于固态制冷的空气封闭循环主动散热结构

通过空气循环泵使管道内的空气循环流动，冷空气通过固态制冷装置进一步降温后充入三维测量传感器内腔，通过散热翅片与 CCD 相机和 DLP 投影仪进行充分的热交换，升温之后的热空气通过热交换装置重新制冷，并再次进入循环。该装置的降温效率可通过设计固态制冷装置和循环泵功率进行调节。采用封闭的散热装置，不仅能克服工厂环境中粉尘对设备的影响，还避免了基于压缩机驱动的散热装置振动对三维测量结果的影响。

5.2.3　技术原理

针对高温锻件结构复杂、尺寸大导致测量效率低和多视点云拼接误差累积严重的问题，本节提出了视点规划方法和点云数据融合方法，其主要步骤包括：首先对锻件标准 CAD 模型进行三角网络划分，生成候选视点；然后通过逆运动学方程和柔性碰撞检测对候选视点进行筛选；最后基于随机密钥遗传算法构建全局优化的视点和路径规划优化算法，得到了最优视点。对于多个视点的点云数据融合方法，首先利用机器人重复定位精度实现多视点云数据的初步配准，然后基于迭代去除背景的改进 ICP，实现多视点云精确融合，最终实现了大尺寸复杂锻件快速精确测量。

5.2.4　视点规划的自动化三维测量技术

本节基于有模型的视点规划方法，对锻件 CAD 模型进行三角网格划分，分割的三角面片包含顶点、面片法向以及点、边、面的拓扑关系，沿三角面片中心法线进行偏移至最佳测量距离，即可得到该处的候选视点，如图 5-5 所示。

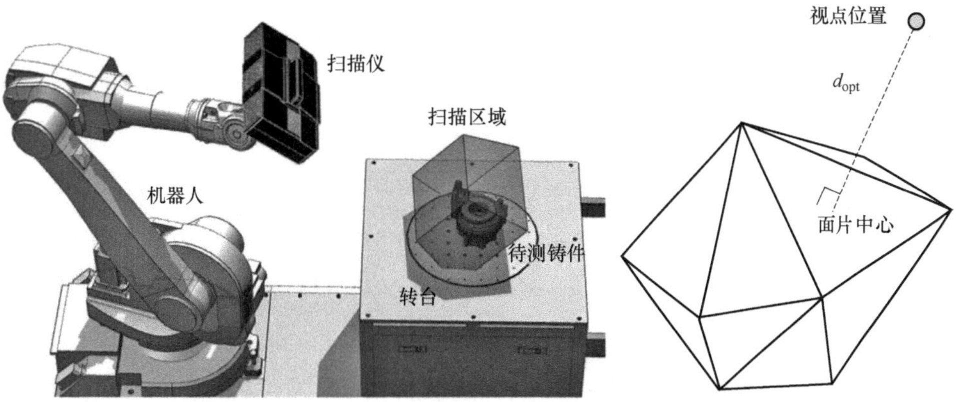

图 5-5　候选视点生成示意图

基于势场法[20]计算得到每个视点的法矢 v，具体计算公式如下：

$$v = \frac{\sum_{i=1}^{n_s} \frac{p_v - p_i}{\|p_v - p_i\|^3}}{\left\| \sum_{i=1}^{n_s} \frac{p_v - p_i}{\|p_v - p_i\|^3} \right\|} \tag{5-2}$$

式中，n_s为三角面片总数；p_v为候选视点坐标；p_i为周围第 i 个表面片的位置。由此就可以得到候选视点及其方向分布图，如图 5-6 所示。

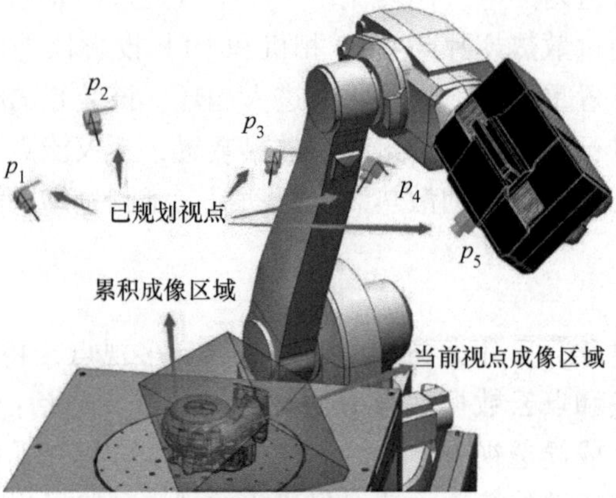

图 5-6　候选视点及其方向分布图

生成候选视点后，基于逆运动学方程（Inverse Kinematics Fast，IKFast）计算该点对应的机器人运动姿态，再进行柔性碰撞（Flexible Collision Library，FCL）检测，确保机器人以符合安全要求的方式运动到该点。进一步基于 Cowan[21] 的视点规划相机可视目标区域光学约束条件，对候选视点从可视角、景深、视场和遮挡等因素进行可视性判断。最后基于运动规划 RRT-connect 算法进行生成视点之间的局部路径规划。

在筛选了候选视点和进行局部路径规划之后，采用随机密钥遗传算法实现全局视点规划，既需要得到满足覆盖率要求的视点集合，也需要满足最短搜索路径，使测量效率最优化，前者被描述为集合覆盖（SCP）问题，后者为旅行商（TSP）问题。基于上述问题对视点规划进行建模：

$$\min_{V,S_V}\Big(\sum_{v_i\in V}t_0+\sum_{v_i\in V,v_j\in V}\sum_{v_i\neq v_j}c_{ij}e(v_i,v_j)\Big) \tag{5-3}$$

$$s.t.\begin{cases}g_1:\sum_{v_i\in V}M_{ik}\geqslant 1,\ \forall k,k=1,2,\cdots,n_S\\ g_2:\sum_{v_i\in V,v_i\neq v_j}c_{ij}=1,\{j\mid \forall v_j\in V\}\\ g_3:\sum_{v_j\in V,v_i\neq v_j}c_{ij}=1,\{i\mid \forall v_i\in V\}\\ g_4:\sum_{v_i,v_j\in V'}c_{ij}\leqslant |V'|-1,\ \forall V'\subseteq V,1<|V'|<|V|-1\\ g_5:c_{ij}\in\{0,1\}\end{cases} \tag{5-4}$$

式（5-3）表示总体时间最小化，其中，V 为候选视点；S_V 为视点 V 的访问次序；t_0 为单个视点测量时间；$e(v_i,\ v_j)$ 为从视点 i 到视点 j 的运动代价；c_{ij} 为是否可以从视点 i 运动到视点 j，它为 1 时表示可以连通，为 0 时表示无法连通。

J. Holland[22] 提出的遗传算法（Genetic Algorithm，GA）通过模拟自然选择和遗传进化过程实现随机全局搜索优化，因其搜索速度快、效率高和全局性好，优化被广泛应用于测量规划。而随机密钥遗传算法（Random Key Genetic Algorithm，RKGA）[23] 具有更好的全局搜索和避免陷入局部最优的能力，因此本节基于此算法设计视点规划问题优化函数，迭代求解，最终得到全局最优视点和路径，其具体步骤如下：

步骤 1：初始化种群，根据候选视点规模 p 构建种群 $C=\{C_i^j,i=1,2,\cdots,p\}$，同时根据式（5-5）计算出个体 C_i^j 的适应度值，适应度求解方程如下：

$$f(\boldsymbol{X}) = \sum_{i=1}^{m} t_i + \sum_{i=1}^{m-1} e(x_i, x_{i+1}) + e(x_h, x_1) \tag{5-5}$$

步骤 2：按照适应度值升序排列种群个体 C_i^j，并采用精英策略将当前种群的精英个体复制到下一代。

步骤 3：根据图 5-7 所示的交叉和变异操作方法生成交叉个体和变异个体，构建新一代种群，预设最大迭代次数，达到之前重复步骤 2~3，直到达到最大迭代次数，转到步骤 4。

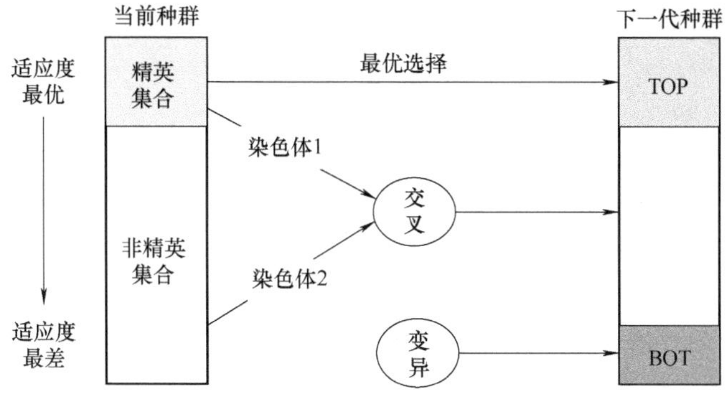

图 5-7 交叉和变异操作方法生成新种群示意图

步骤 4：按照适应度值升序排列末代种群个体 C_i^j，并选择适应度值最小的个体 C_{opt}^j 作为视点规划全局最优解，并输出有序视点集 C_{opt}，结束算法流程。

根据求解得到的有序视点集，可以控制测量装备实现对高温锻件快速自动化三维测量，提高了高温锻件的测量效率，从而减小了因温度变化对测量精度的影响。

5.2.5 多视点云数据融合技术

传统结构光测量时通常在被测工件表面布置标志点实现多视点云的数据融合，但由于高温锻件和热辐射场景限制，无法在其表面布置标志点，直接基于点云特征进行 ICP 配准的点云拼合方法在这种场景下误匹配率高，计算效率低，且容易陷入局部最优。

因此本节利用机器人重复定位精度实现多视点云数据的初步配准，再基于本节提出的迭代去除背景的改进 ICP，实现多视点云精确融合。机器人绝对定位精度受限于 6 个轴的累积误差不断放大，使得末端法兰盘的精度难以控制，但第 1 轴的转轴标定和旋转角度上比整体具有更高精度[24]，基于此改进测量空间定位方法如图 5-8 所示。

具体实现方法如下。

1）仅转动机器人 z_1 轴多次拍摄标定板，获得标定板坐标系下机器人末端运动轨迹。

2）读取实际机器人角度数据，调整确定每个视图 v 下位姿${}_N^0\boldsymbol{T}_v$。

3）仅旋转 z_1 轴使视图 v 转动到标定板区域，获取此时标定板坐标系下机器人末端位姿。

4）将测量得到的视图数据转换到标定板坐标系下。

5）重复步骤 4)，得到多视点云数据初步配准。

完成初步配准的点云数据模型，由于环境噪声存在大量无关点云，基于数据模型配准，可以实现测量锻件点云的精确匹配和无关点云的快速过滤，通过 KD-tree[25] 加速对应点匹配

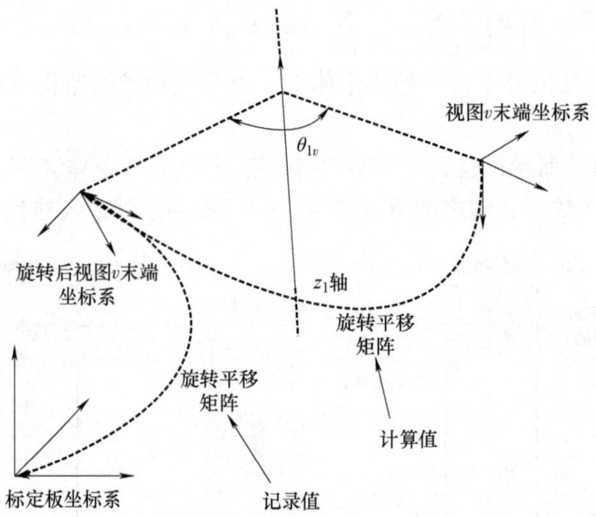

图 5-8　机器人重定位空间测量方法

过程，其配准目标方程可以定义为：

$$F(\boldsymbol{R},\boldsymbol{T}) = \operatorname{argmin}\sum_{i=1}^{N_C}((\boldsymbol{R}_{p_i} + \boldsymbol{T} - \boldsymbol{q}_i)\boldsymbol{n}_i)^2 \tag{5-6}$$

式中，N_C为匹配点数量；$\boldsymbol{n}_i$为第 i 个点的法向量。

该算法具体实现步骤：

1）输入测量数据 P 和已知模型数据 Q。

2）为最近邻域搜索创建 Q 的 KD-tree，对于 P 中每个点根据 KD-tree 搜索 Q 中对应点，组成点对。

3）根据点对的欧氏距离，筛选对应点，只保留较小的 70%的数据。

4）根据奇异值分解（SVD）方法求解式，得到 $\boldsymbol{R}$ 和 $\boldsymbol{T}$。

5）迭代求解，直到满足收敛要求，得到最优的 $\boldsymbol{R}$ 和 $\boldsymbol{T}$，基于得到的变化矩阵，即可实现多视点云精确融合。

5.2.6　技术应用

基于上述技术改进的高温锻件自动化三维测量装备在湖北三环车桥有限公司实现了750~900℃汽车前桥的高温在线测量，在湖北三环锻造有限公司实现了 1000℃转向节和转向臂的高温在线测量，在天润曲轴股份有限公司实现了 400℃曲轴的高温在线测量。

5.2.7　汽车前桥高温测量应用案例

汽车前桥锻件是汽车的重要部件，其制造质量与精度直接决定了汽车性能。湖北三环车桥有限公司在车桥生产制造中拥有较高水平，但实现高温锻件在线测量对其质量水平进一步提升也颇具意义。本节所研制装备在其公司生产线上成功实现了高温前桥的全面三维测量和实时关键尺寸分析，将合格工件送入后处理工序，不合格工件分拣至矫正区域，并收集全流程高温前桥尺寸参数，监控数据变化，用于后续工艺优化，汽车前桥高温测量生产线如图 5-9 所示。

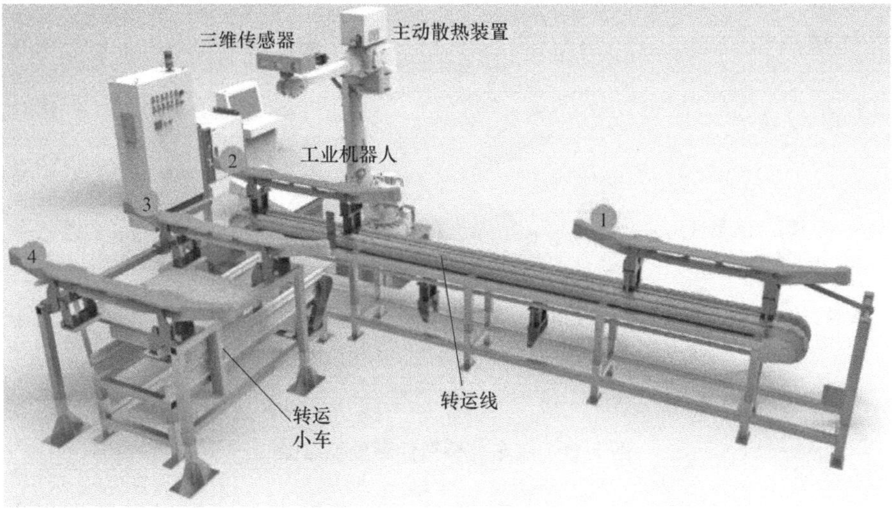

图 5-9　汽车前桥高温测量生产线

主要实现的功能包括：①生产线上自动化测量与分析节拍小于 45s/件；②锻件温度 750~900℃；③测量尺寸精度达 0. 3mm；④具有自动尺寸测量、分析判断、数据存储和输出功能；⑤检测系统功能重复性误差低于 10%。

汽车前桥设计模型如图 5-10 所示，为满足单件自动化测量时间在 45s 内，通过本节所提视点规划方法生成 10 个测量视点，如图 5-11 所示。单个视点三维测量时间在 0. 4s 内完成，相邻视点之间机器人运动时间约 2s。

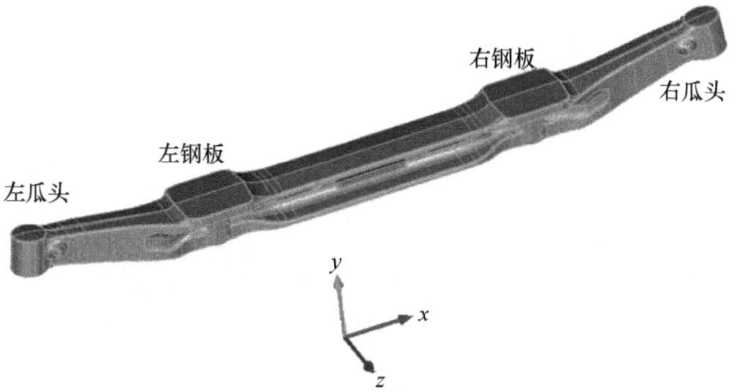

图 5-10　汽车前桥设计模型

完成 10 个视点的测量后，基于本节所提多视点云数据融合方法，将无关背景全部去除，并实现了多视点云数据精确融合，测量结果如图 5-12 所示。

三维点云数据采集共耗时约 27s，三维点云数据处理与分析过程较为耗时，因此本节在实际应用中采用多线程并行执行，分别实现三维点云背景去除和关键尺寸对比分析，分别耗时 13s 和 15s。最终实现了 45s 内汽车前桥高温的全测全检。

在如图 5-13 所示的生产现场，抽取了两次 12h（一个作业周期）连续测量结果，共包含 684 组测量数据，对其进行统计分析，其尺寸分布区间如图 5-14 所示。

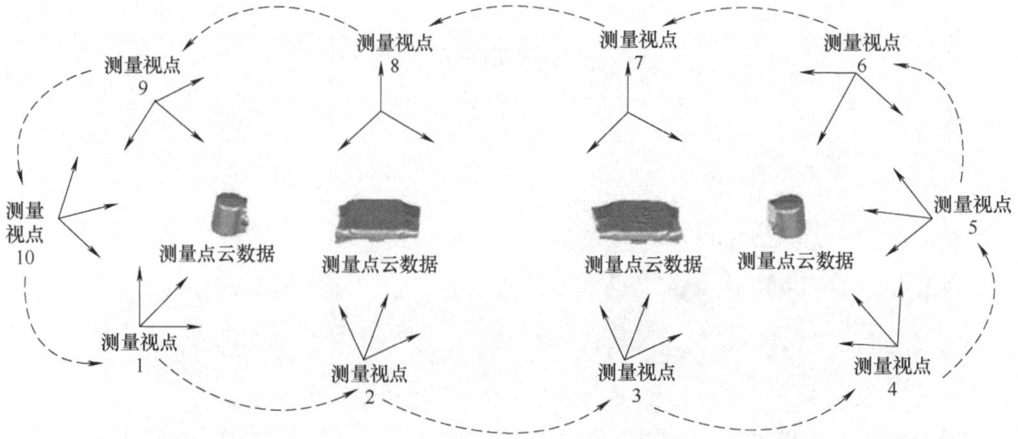

图 5-11　汽车前桥锻件测量视点图

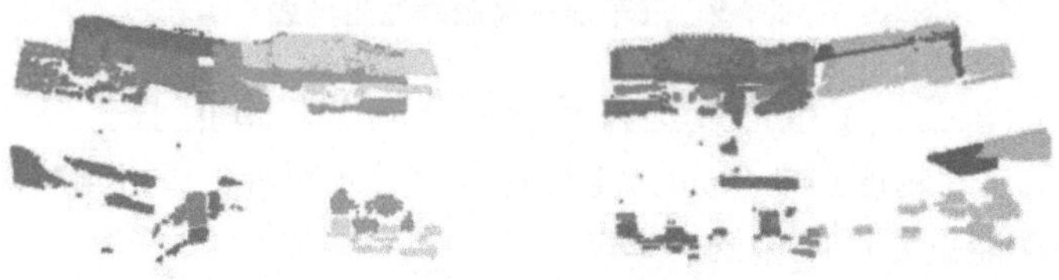

a) 测量数据

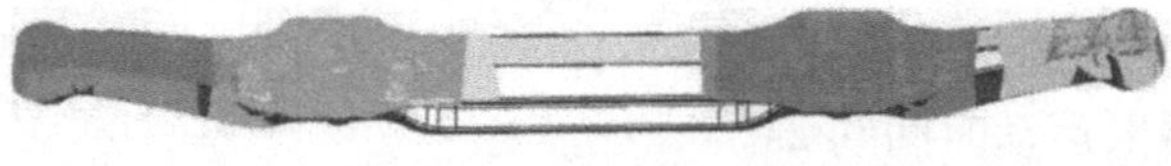

b) 测量数据与模型对齐

图 5-12　汽车前桥的高温在线测量结果

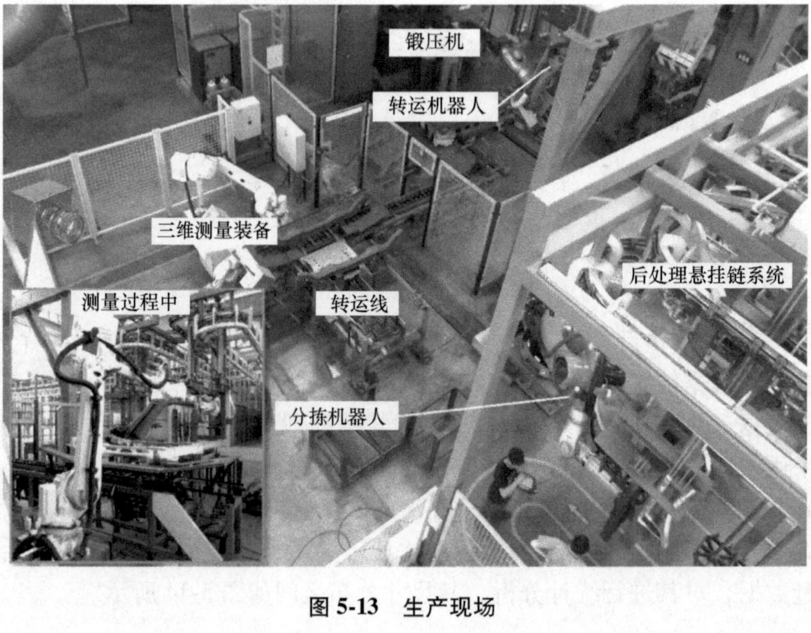

图 5-13　生产现场

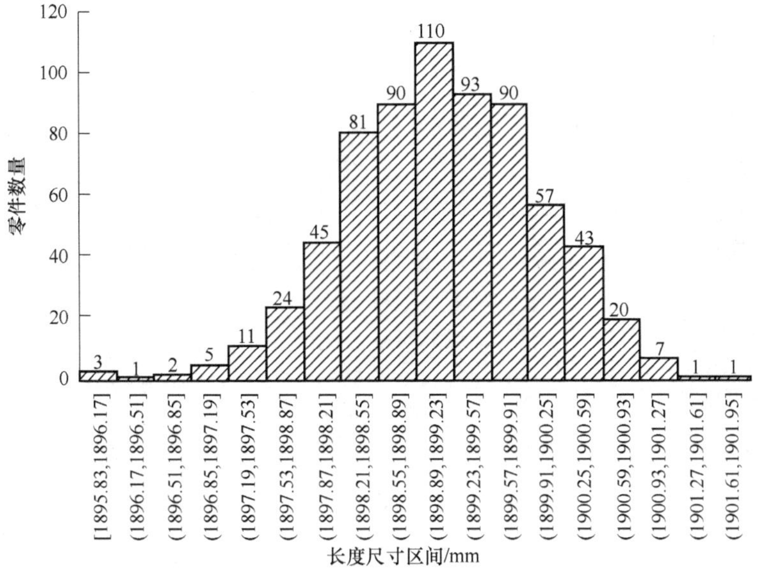

图 5-14　长度尺寸分布区间

从图 5-14 中可看出，工件分布符合正态分布规律，大部分工件长度分布在 1898～1900mm 的区间内。对工件瓜头压形、钢板压形方向和瓜头到钢板落差进行了趋势分析，如图 5-15 所示。结果表明，抽取区间的工件尺寸变化趋于平稳，一致性良好。

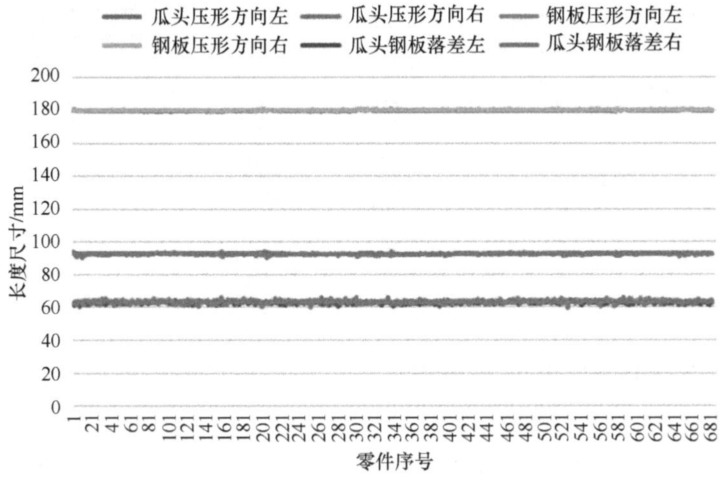

图 5-15　长度尺寸变化趋势

5.2.8　转向节与转向臂高温测量应用案例

本节所研制装备在湖北三环锻造有限公司实现了转向节和转向臂的高温在线自动化检测，如图 5-16 和图 5-17 所示。测量装备设置在生产线旁，对完成锻造工艺的工件进行在线检测，由机器人夹取至检测平台，通过本节所研装备完成多视图的数据采集和处理。该装备能及时发现工件尺寸超差、模具失效等问题，避免经济损失。同时，该装备的应用协助企业获取了更加准确的生产资料，填补了该企业在高温锻件全面数据获取方面的空白，为工艺迭代提供基础数据，产生了良好的经济效益。

图 5-16　转向节的高温在线自动化三维测量

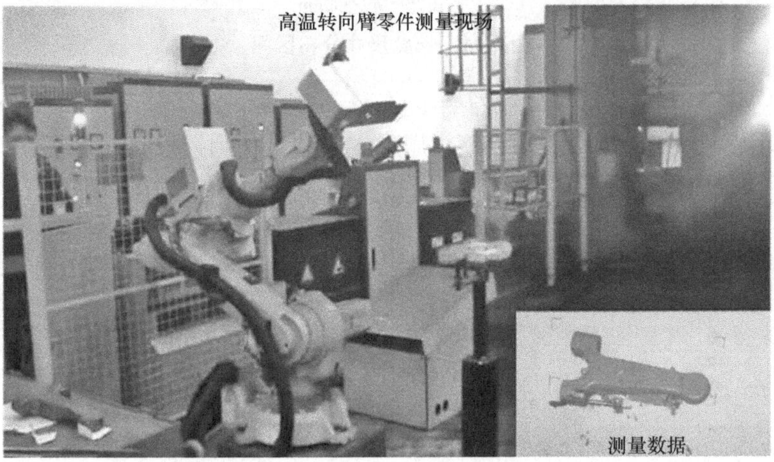

图 5-17　转向臂的高温在线自动化三维测量

5.2.9　汽车曲轴高温测量应用案例

本节所研制的装备在天润曲轴股份有限公司实现了汽车曲轴的高温在线自动化检测，如图 5-18 所示，机器人带动高温测头从多个视角采集点云数据，自动拼合并显示在软件界面上。汽车曲轴实现完整数据采集后，可对多处关键尺寸进行分析，如飞边高度、止推直径、表面缺陷和连杆中心距等，如图 5-19 所示，最终生成测试报告，指导后续加工。

5.2.10　结论

本节基于高温锻件在线测量的相关需求，基于面结构光测量原理，对高温锻造现场存在的诸多实际应用问题提出了针对性解决方法，介绍了所研制装备的硬件结构和高温防护装置设计原理，在阐述了所提出的视点规划和多视点云数据融合方法的基本原理，介绍了所研制的高温锻件在线三维测量装备在多家企业的实际应用情况，取得了良好的效果，解决了高温锻件在线测量的实际需求。

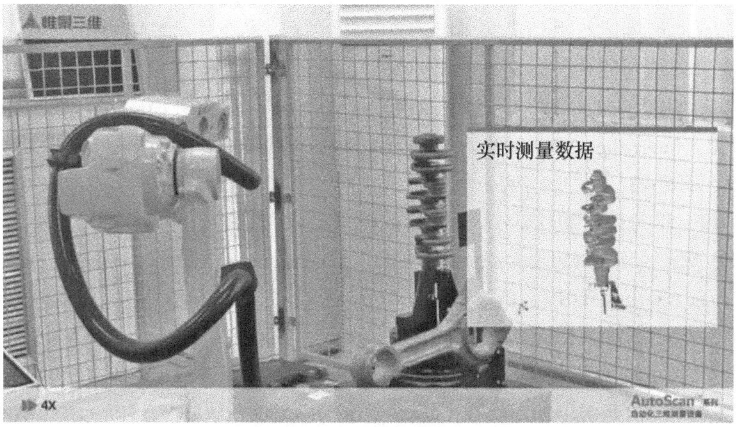

图 5-18　汽车曲轴的高温在线自动化测量

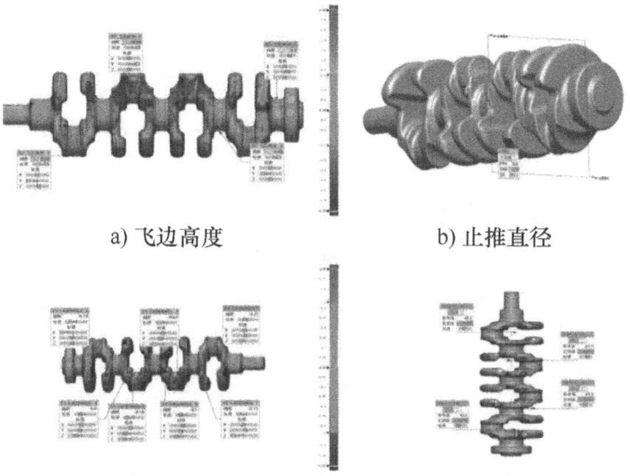

a) 飞边高度　b) 止推直径　c) 表面缺陷　d) 连杆中心距

图 5-19　汽车曲轴关键尺寸分析

参考文献

[1] TIAN Z, GAO F, JIN Z, et al. Dimension measurement of hot large forgings with a novel time-of-flight system [J]. The International Journal of Advanced Manufacturing Technology, 2009, 44 (1-2): 125-132.

[2] HE J, GAO F, WU S, et al. Measure dimension of rotating large hot steel shell using pulse laser on PRRR robot [J]. Measurement, 2012, 45 (7): 1814-1823.

[3] 杜月阳，杜正春. 一种高温大型锻件的快速现场测量方法及实验 [J]. 塑性工程学报，2011，18 (5)：19-23.

[4] DU Z, DU Y. Simple three-dimensional laser radar measuring method and model reconstruction for hot heavy forgings [J]. Optical Engineering, 2012, 51 (2): 021118.

[5] DU Y, DU Z. Measurement system for hot heavy forgings and its calibration [C]//Optical Measurement Systems for Industrial Inspection Ⅶ: 8082. SPIE, 2011: 894-904.

[6] BOKHABRINE Y, SEULIN R, LEW Y Voon L F C, et al. 3D characterization of hot metallic shells during industrial forging [J]. Machine Vision and Applications, 2012, 23 (3): 417-425.

[7] 韩俊霞. 基于绿激光扫描的大型锻件热态尺寸在线测量方法研究 [D]. 秦皇岛：燕山大学，2014.
[8] 付献斌. 大型环筒类锻件锻造中外径和内径测量研究 [D]. 秦皇岛：燕山大学，2015.
[9] 骆城. 基于图像边界识别的热态锻件外形尺寸测量系统的研究 [D]. 秦皇岛：燕山大学，2018.
[10] ZHANG Y C, HAN J X, FU X B, et al. An online measurement method based on line laser scanning for large forgings [J]. The International Journal of Advanced Manufacturing Technology, 2014, 70 (1-4): 439-448.
[11] 王邦国，贾振元，刘巍，等. 基于结构光的大锻件尺寸测量中光条纹中心线提取方法 [J]. 大连理工大学学报，2012，52 (2)：203-208.
[12] LIU W, JIA Z, WANG F, et al. An improved online dimensional measurement method of large hot cylindrical forging [J]. Measurement, 2012, 45 (8): 2041-2051.
[13] LIU W, JIA X, JIA Z, et al. Fast dimensional measurement method and experiment of the forgings under high temperature [J]. Journal of Materials Processing Technology, 2011, 211 (2): 237-244.
[14] LIU Y, JIA Z, LIU W, et al. An improved image acquisition method for measuring hot forgings using machine vision [J]. Sensors and Actuators A: Physical, 2016, 238: 369-378.
[15] 刘桂华，刘先勇，冯全源，等. 大型锻件热态三维结构光在线测量技术 [J]. 光电工程，2010，37 (9)：91-97.
[16] WEN X, SONG K, NIU M, et al. A three-dimensional inspection system for high temperature steel product surface sample height using stereo vision and blue encoded patterns [J]. Optik, 2017, 130: 131-148.
[17] Zhao X, Liu J, Zhang H, et al. Measuring the 3D shape of high temperature objects using blue sinusoidal structured light [J]. Measurement Science and Technology, 2015, 26 (12): 125205.
[18] 毕超. 高温锻件视觉测量技术研究 [D]. 天津：天津大学，2014.
[19] 包立明. 红外光学系统的热特性分析 [D]. 哈尔滨：哈尔滨工程大学，2011.
[20] 张殿富，刘福. 基于人工势场法的路径规划方法研究及展望 [J]. 计算机工程与科学，2013，35 (6)：88-95.
[21] COWAN C K, KOVESI P D. Automatic sensor placement from vision task requirements [J]. IEEE Transactions on Pattern Analysis and Machine Intelligence, 1988, 10 (3): 407-416.
[22] HOLLAND J H. Adaptation in Natural and Artificial Systems: An Introductory Analysis with Applications to Biology, Control, and Artificial Intelligence [M]. Cambridge: MIT Press, 1992.
[23] CICEK Z I E, OZTURK Z K. Optimizing the artificial neural network parameters using a biased random key genetic algorithm for time series forecasting [J]. Applied Soft Computing, 2021, 102: 107091.
[24] NUBIOLA A, BONEV I A. Absolute calibration of an ABB IRB 1600 robot using a laser tracker [J]. Robotics and Computer-Integrated Manufacturing, 2013, 29 (1): 236-245.
[25] NUCHTER A, LINGEMANN K, HERTZBERG J. Cached kd tree search for ICP algorithms [C]//Sixth International Conference on 3-D Digital Imaging and Modeling (3DIM 2007). IEEE, 2007: 419-426.

5.3 钢拉杆平锻成形工艺及生产线设计

5.3.1 引言

钢拉杆是一种常用的建筑和工程结构组件，主要用于连接和加固结构元素，以提高其稳定性和承载能力[1]。钢拉杆通常由高强度材料制成，以确保其具有足够的抗拉强度。目前钢拉杆广泛应用于建筑、桥梁、隧道、塔架、钢结构等工程中[2]。本节以桥梁上常用的索具钢拉杆为例，研究其锻造成形工艺及生产线方案。

5.3.2　钢拉杆 O 型头平锻工艺方案

1. 钢拉杆锻件特点分析

钢拉杆产品如图 5-20 所示，钢拉杆两端头部的直径大于中间杆部直径，因此两端头部一般采用平锻镦头聚料，之后分别进行压扁、冲孔以及机械加工螺纹工序得到钢拉杆产品。钢拉杆中间杆部直径从 $\phi70\sim\phi150$mm 不等，产品总长度在 2~16m，最重的产品约 2.2t。

图 5-20　钢拉杆外形图

2. 钢拉杆 O 型头平锻工艺设计

某企业生产的钢拉杆 O 型头端示意图如图 5-21 所示，尺寸规格见表 5-1。其中耳板宽度 F 约为中间杆部直径 D 的 2.5 倍，使平锻前预留的坯料高径比较大，一次平锻成形较为困难，易发生弯曲并产生折叠。因此将平锻工艺设计为两次镦头，既解决了镦头弯曲的问题，也减小了平锻机的成形行程。

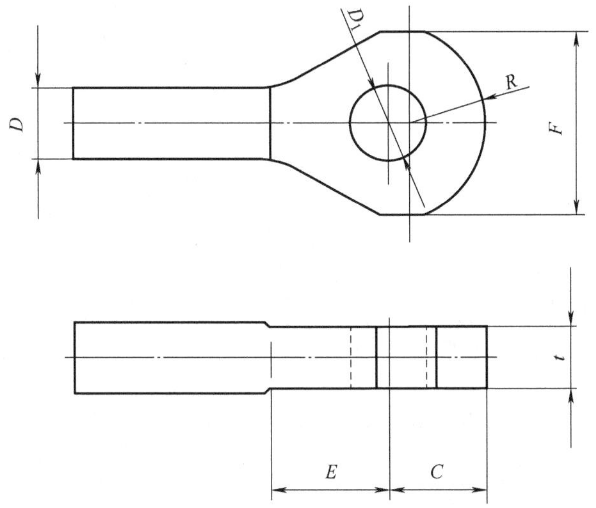

图 5-21　钢拉杆 O 型头端示意图

表 5-1　钢拉杆 O 型头端尺寸规格表

直径 D/mm	载荷/kN	销轴孔 D_1/mm	耳板厚 t/mm	耳板大径 C/mm	耳板宽 F/mm	E/mm
100	2708	102	85	166	263	185
105	2986	107	90	173	275	195

（续）

直径 D/mm	载荷/kN	销轴孔 D_1/mm	耳板厚 t/mm	耳板大径 C/mm	耳板宽 F/mm	E/mm
110	3277	112	95	181	287	200
115	3582	117	100	189	299	210
120	3900	122	100	199	317	220
125	4232	127	105	207	329	230
130	4577	132	110	215	341	235
140	5308	142	120	230	365	250
150	6094	152	130	246	390	265

设计的钢拉杆 O 型头端平锻成形工艺如图 5-22 所示。

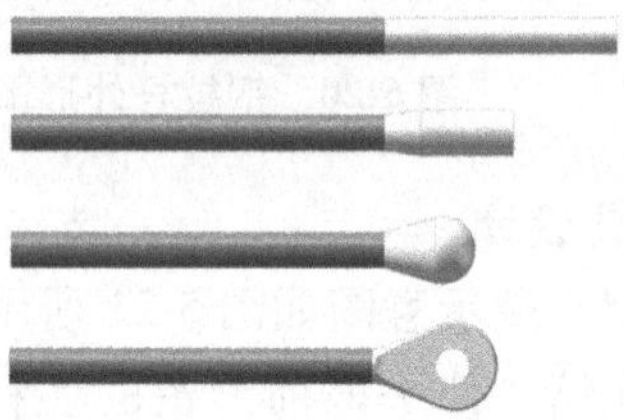

图 5-22 钢拉杆 O 型头端平锻成形工艺图

首先将坯料切断后进行端头局部感应加热，随后使用平锻机水平方向对端头进行镦头 1 和镦头 2 工步，接着使用平锻机竖直方向对端头进行压扁冲孔复合成形。其中压扁冲孔复合工艺方案如图 5-23 所示，步骤如下：

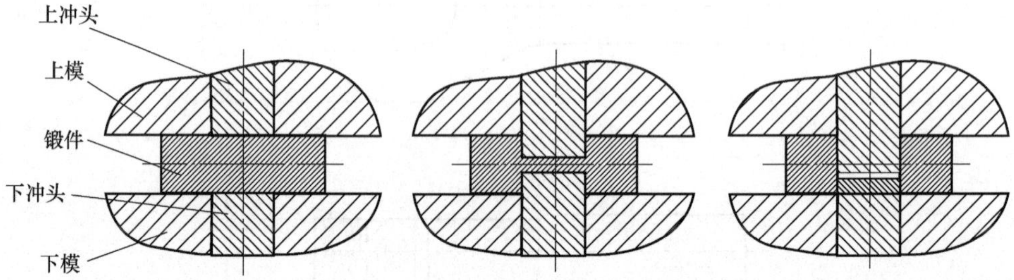

图 5-23 压扁冲孔复合工艺示意图

1）将坯料通过模锻方式压扁。

2）将上下冲头分别对向冲孔产生冲孔连皮。

3）将下冲头回程，上冲头继续向下完成冲孔；或将上冲头回程，下冲头继续向上完成冲孔。

5.3.3 压扁工艺有限元分析

1. 自由锻压扁方案

对最大型号的钢拉杆产品采用自由锻压扁后，锻件外形及成形力分布如图 5-24 所示，此时锻件周边为圆弧形，压扁力约为 1140tf。压扁初始温度设置为 1200℃，自由锻压扁结束后锻件中心处温度最低，约为 1060℃，边缘处由于变形较大，温度降低缓慢，最高温度为 1200℃。温度场分布图如图 5-25 所示。图 5-26 所示为自由锻压扁结束瞬间的金属流动速度场分布图，由图可知金属由中心位置向四周流动均匀，未发生折叠等缺陷。

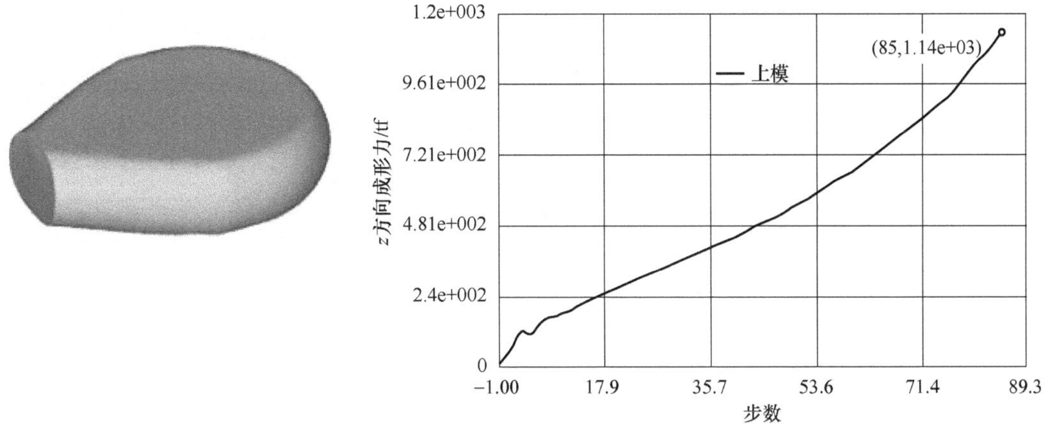

图 5-24　采用自由锻压扁后锻件外形及成形力分布图

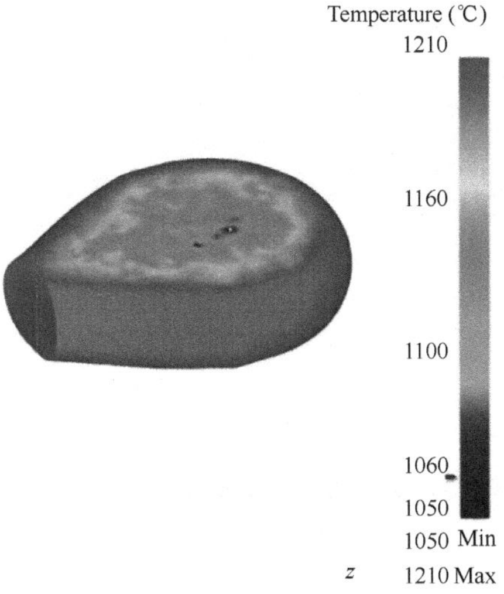

图 5-25　温度场分布图

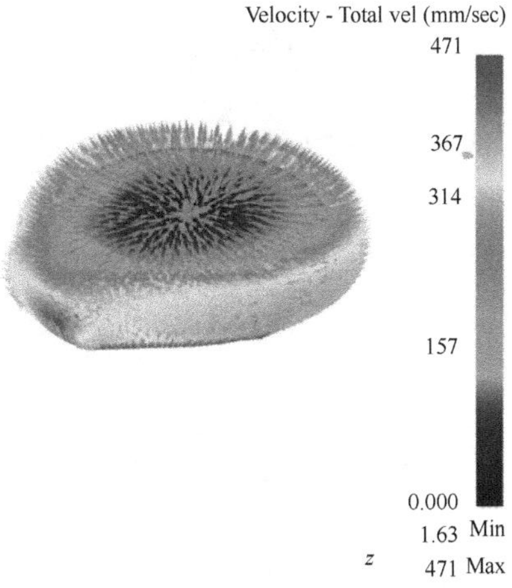

图 5-26　自由锻压扁结束瞬间的金属流动速度场分布图

2. 模锻压扁方案

对最大型号的钢拉杆产品采用模锻压扁后，锻件外形如图 5-27 所示，此时锻件周边为直壁，压扁力约为 2200tf。模锻压扁结束后锻件中心处温度最低，约为 1090℃，边缘处由于变形较大且最后成形，温度降低缓慢，最高温度为 1200℃。温度场分布图如图 5-28所示。图 5-29 为模锻压扁结束瞬间金属流动的速度场分布图，由图可知金属流动均匀，由于模锻对金属流动有限制作用，金属最终向端部圆弧方向均匀流动，且未发生折叠等缺陷。

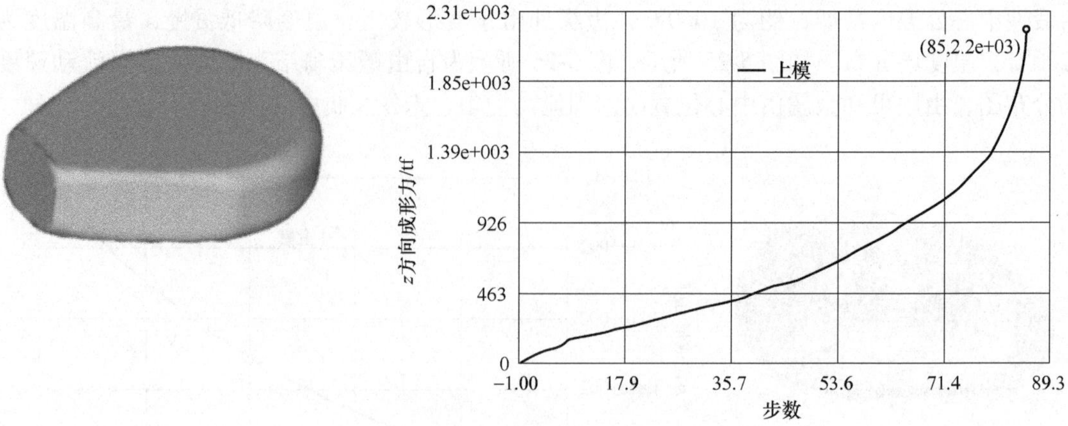

图 5-27　模锻压扁后锻件外形及成形力图

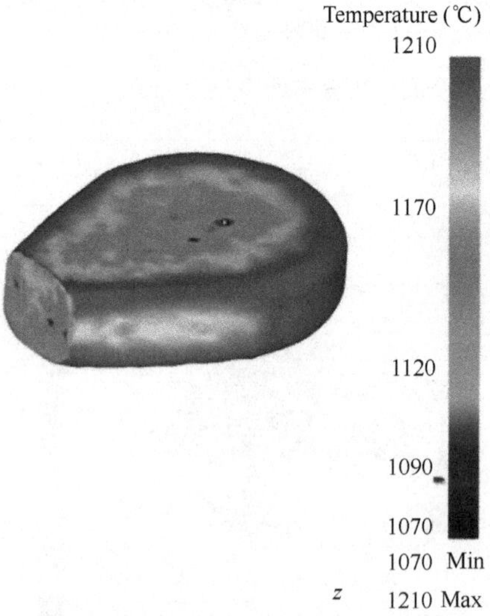

图 5-28　温度场分布图

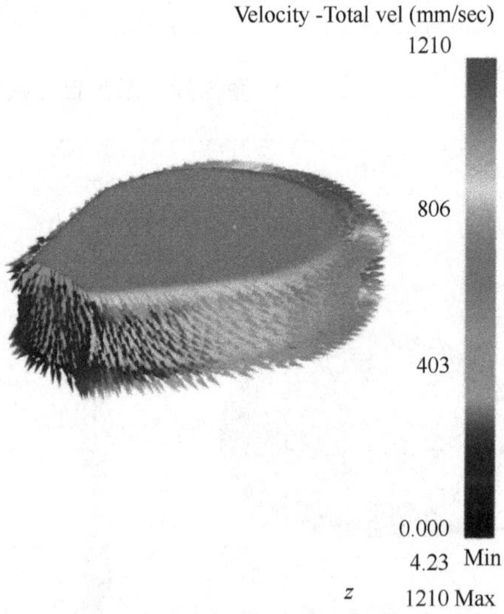

图 5-29　模锻压扁结束瞬间金属流动的速度场分布图

3. 模锻带连皮压扁方案

若采用模锻工艺压出 30mm 冲孔连皮，锻件外形如图 5-30 所示，此时锻件周边为直壁，冲孔周边有部分折叠，压扁力约为 5600tf。模锻压扁结束后锻件中心冲孔连皮处温度最低，约为 1070℃，边缘处由于变形较大且最后成形，温度降低缓慢，最高温度为 1200℃。温度场分布图如图 5-31 所示。图 5-32 所示为模锻压扁结束瞬间金属流动速度场分布图，由图可知金属在冲孔边缘处有聚集现象，易产生折叠，因此冲孔周边的折叠需要通过调整成形工艺进行优化。

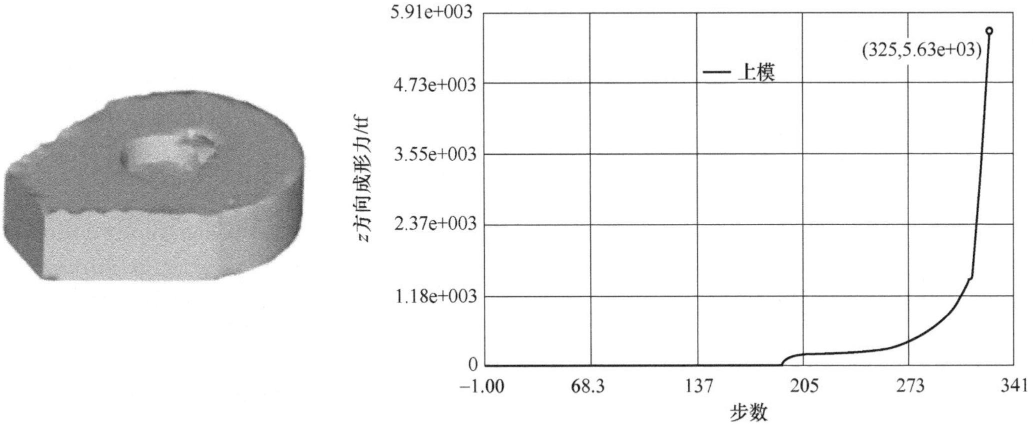

图 5-30　模锻压出冲孔连皮后锻件外形及成形力图

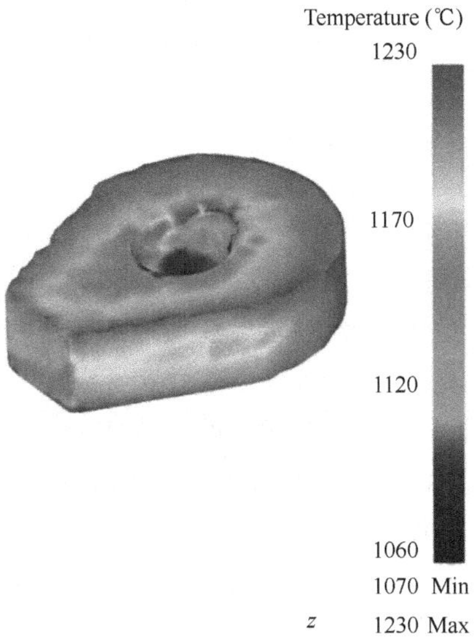

图 5-31　温度场分布图

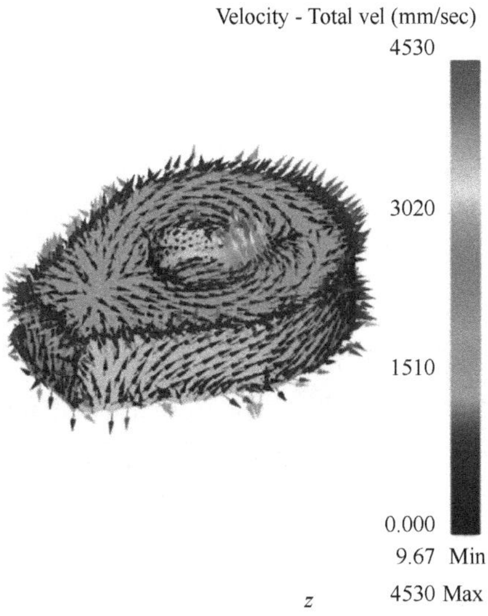

图 5-32　模锻压扁结束瞬间金属流动的速度场分布图

5.3.4　平锻生产线布局方案

根据钢拉杆锻造工艺流程，设计钢拉杆平锻生产线的布局方案，如图 5-33 所示。

1. 锻件运输方案

搬运锻件采用机械台架及液压传动实现。

1）将坯料切断后通过轨道运转车 1 从生产线上方运输至感应加热炉 1 附近，通过斜面滑动或者摆臂的方式将坯料以单根的形式送至感应加热炉前，并伸进感应加热炉进行局部加热。

2）将加热好的坯料通过滑动或者摆臂的方式运输至平锻机 1 前侧，进行一端的三工步平锻成形。

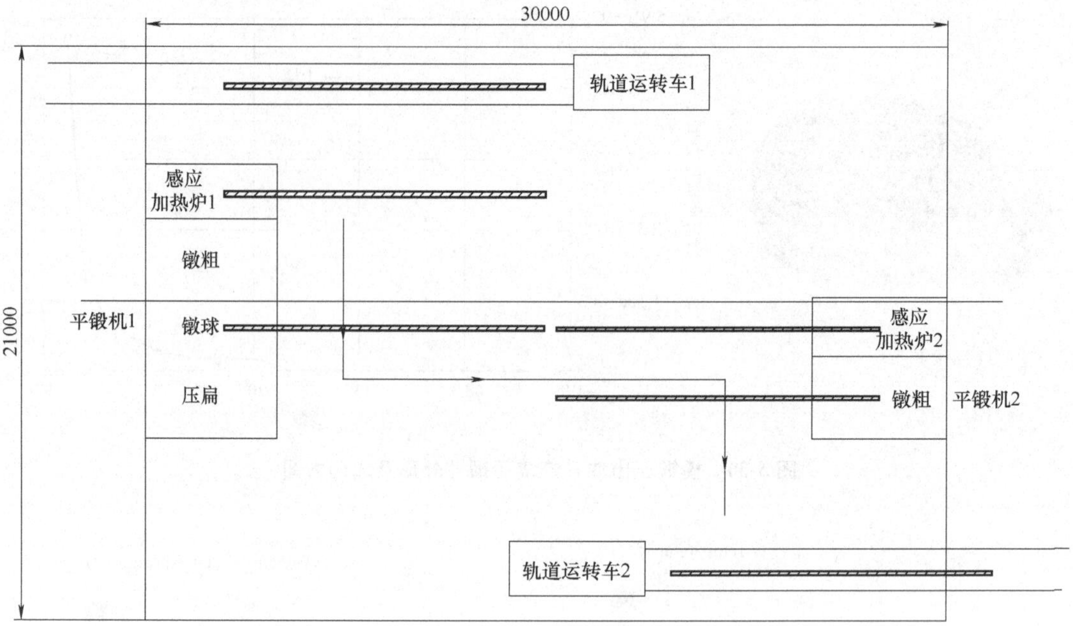

图 5-33 钢拉杆平锻生产线的布局方案

3）将坯料水平移动至感应加热炉 2 附近，对另一端进行局部感应加热。

4）将加热好的坯料运输至平锻机 2 前，对另一端进行镦头成形。

5）将成形好的锻件运输至生产线下方的轨道运转车 2，运输至后续热处理生产线。

2. 感应加热方案

根据计算，加热 1 根最大规格 ϕ150mm 的钢拉杆所需感应加热时间约为 10min，加热 1 根 ϕ100mm 的钢拉杆序所需感应加热时间约为 5min，由此可知整条生产线的总节拍主要取决于感应加热炉的加热节拍。最长时间为 10min。为了保证生产线 3～5min 的生产节拍，目前正在与供应商积极沟通。如果加热炉的加热效率能够提高，则生产线的总效率还能提高。

3. 模架方案

由成形工艺可知，平锻机上须完成镦头 1→镦头 2→压扁冲孔复合的 3 工步成形，根据钢拉杆端部尺寸及设备工作台面尺寸，设计模具排布示意图如图 5-34 所示。模架中使用快速换模结构，各工步移动到位后有氮气弹簧液压夹紧器将模具夹紧。工作状态模具夹紧时由氮气弹簧施加夹紧力，换模时由液压力将模具松开。该夹紧器解决了工作状态下液压系统漏油的问题，并已成功应用在前轴 4000t 电动螺旋压力机生产线中。模架总质量约为 20t，其中快换模具质量约 10t。

以 O 型端头为例，成形过程如下：

1）将设备滑块抬起，将镦头 1 工位模具平移至设备中心。将加热好的坯料运送至设备前侧中心，伸入模膛内并放置在镦头下模内。滑块下行使上下模闭合，镦头模 1 向前运动完成镦头 1 工步，镦头模回程。

2）使镦头液压缸向右侧移动，将镦头模 2 平移至设备中心，镦头模 2 向前运动完成镦头 2 工步，镦头模回程，滑块抬起。

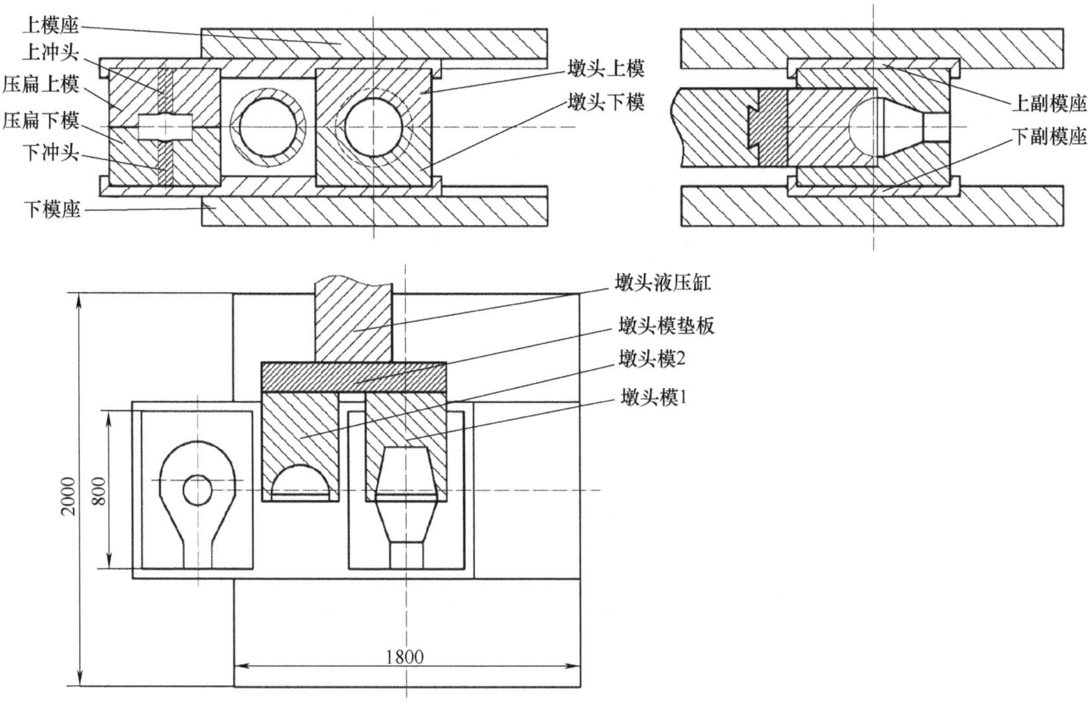

图 5-34　模具排布示意图

3）将坯料抬起至分模面以上，将压扁冲孔复合模平移至设备中心。将坯料放置在压扁冲孔复合模模膛内，滑块下行完成压扁工艺。随后滑块内冲孔模运动完成冲孔。

4. 换模台车方案

氮气弹簧夹紧器松开，模具处于自由状态。将带有滚轮的换模小车臂伸长至副模座下方，主模座内的顶出液压缸回程，换模整体落至换模小车臂上，换模小车臂回程将换模整体拉至换模台车内，通过吊具更换新的副模座及模具后重复上述操作，将换模整体推入主模座并自动夹紧。完成快速换模操作。换模台车示意图如图 5-35 所示。

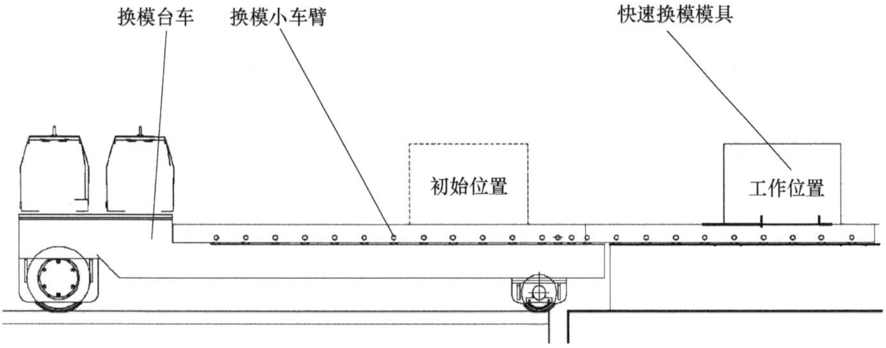

图 5-35　换模台车示意图

5.3.5 结论

1）本节针对某企业计划生产的多品种钢拉杆进行了锻造工艺分析，根据钢拉杆外形及重量特点设计了平锻工艺流程：局部中频感应加热→镦头 1→镦头 2→压扁冲孔复合工艺。并对压扁冲孔工步进行了有限元模拟，分析了不同成形方案下的成形载荷、温度场、速度场等参数，为最终设备选型及模具加工做了前期准备。

2）对钢拉杆平锻生产线进行了布局，对感应加热、物料运输、自动换模、生产线布局等方面进行了设计，初步解决了钢拉杆生产线面临的问题，得到了较为合理的生产线方案。

参考文献

[1] 孟致安，鲁素玲，闫华军，等. 超大高径比棒料平锻成形钢拉杆 U 型头预制坯工艺分析及模拟［J］. 河北科技大学学报，2021，42（1）：82-90.

[2] 胡希磊. 钢拉杆 U 型头反挤压成形力学分析及成形工艺参数研究［D］. 石家庄：河北科技大学，2019. DOI：10. 27107/d. cnki. ghbku. 2019. 000510.

5.4 一种气动打楔机的生产及使用

5.4.1 引言

目前在锻压车间，不论是模锻锤的上模与锤头、下模与模座、模座与大砧座的联结，还是自由锻锤上砧块与锤头、下砧块与二砧座、二砧座与大砧座的联结，均系用燕尾与楔铁的联结方式[1]。液压机的砧块与活动横梁及下横梁的联结，亦有用楔铁来紧固[2]。楔铁的紧固或松脱的方法是：用行车吊起一沉重的撞锤，由行车行驶，或人力推动，使撞锤获得一定的速度，同时在撞锤的两边由若干工人扶持，对准楔铁进行撞击[3]。

使用撞锤来紧固或松脱楔铁的方式目前仍在普遍使用，但这种方式存在很多问题[4]。例如，撞锤的速度主要是由行车行驶或人力推动而获得，这种方法对行车的寿命不利，且工人的劳动强度大；由于撞锤非常重，在楔铁打紧过程中，常常引起设备本身很大的横向振动，对设备的寿命及精度有较大影响；撞锤在撞击过程中不易对准楔铁尾部中心，容易出现撞偏，发生事故，且工人劳动条件不好；尤其是在松脱楔铁而楔铁的小端尚未露头时，需要人工加持一个活动的顶铁顶住楔铁的小端，再由撞锤撞击活动的顶铁，这是非常危险的操作过程[5,6]。

由此可见，设计制造一种可安全且方便地打紧和松脱楔铁的打楔机[7]，以此来替代撞锤，非常必要。

5.4.2 气动打楔机结构

图 5-36 及图 5-37 所示是气动打楔机的结构及部件图。

其中，打击套管、承击杆、打击杆、打击缸安装在同一条水平中心线上，并安装在该打楔机的最低位置，便于对离地面较近的楔铁进行打击。

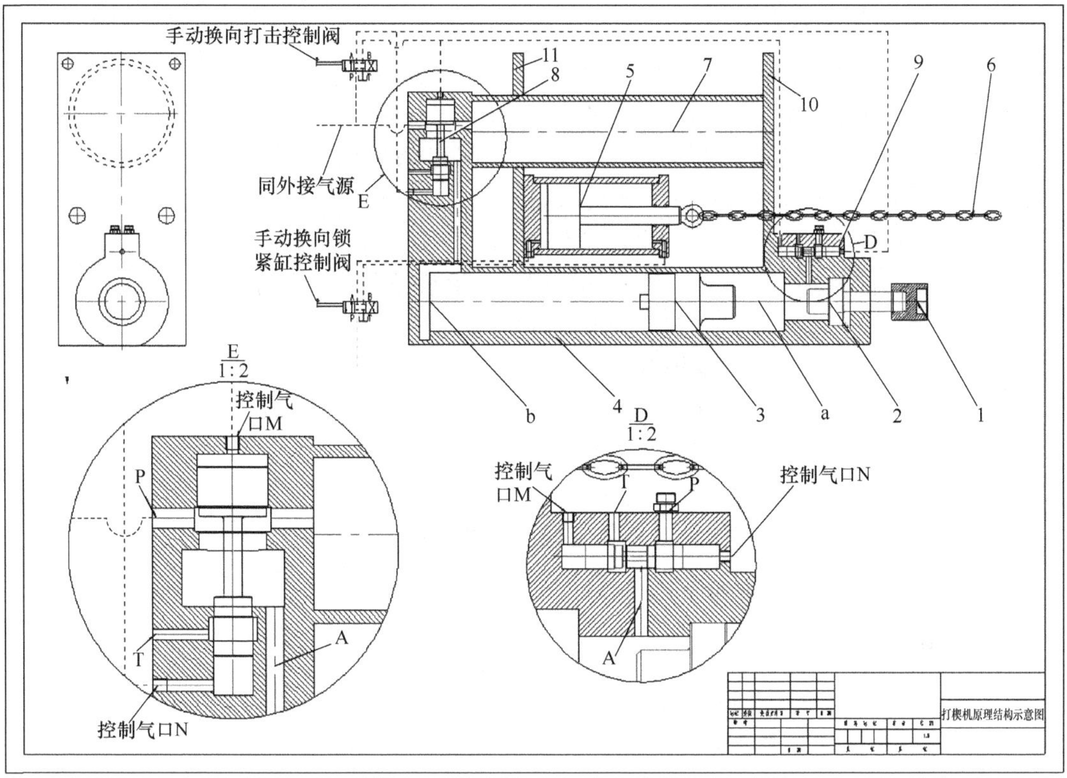

图 5-36　气动打楔机的结构示意图

1—打击套管　2—承击杆　3—打击杆　4—打击缸　5—锁紧缸　6—锁紧链条　7—储气包　8—后控制阀　9—前控制阀　10—架体前板　11—架体后板

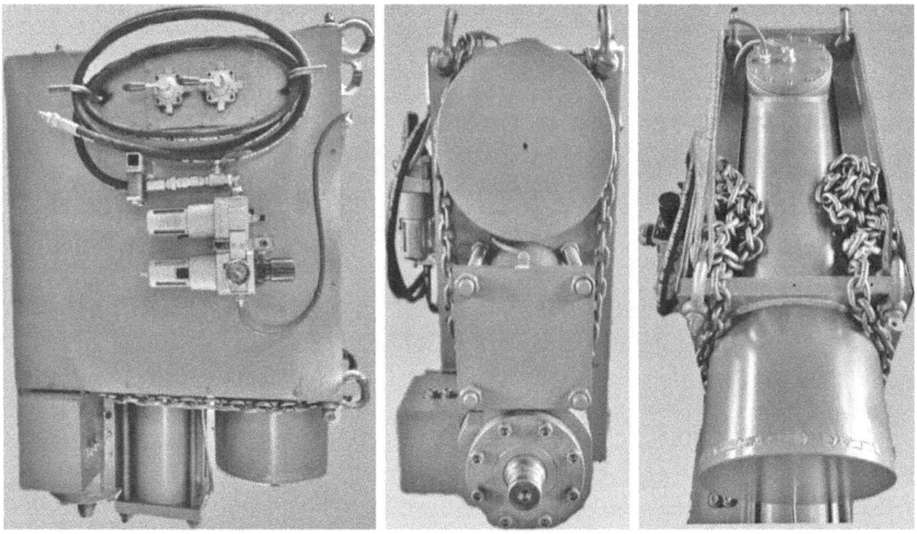

图 5-37　气动打楔机的实物图

5.4.3 气动打楔机的优势

该结构的气动打楔机拥有普通撞锤不具备的优点，具体如下：

1）和撞锤相比安全性高，不存在撞偏或跑锤的事故隐患，不会造成设备横向振动。

2）可减轻工人劳动强度，两个人即可完成打楔和退楔工作。

3）使用方便，用行车移动，不受地面设备限制。

4）额定工作压力为车间常规压缩空气 5~8bar，气源方便。

5）打击中心低，既可用于模锻锤，亦可用于自由锻锤及其他设备。

6）使用安全，设备未锁紧之前不会形成误打击。

7）既可重打，亦可轻打，退楔铁更安全。

8）操作者位置在打楔机侧面，可确保操作者安全。

9）打空时有安全缓冲，可确保设备安全。

10）该机宽度窄，投影面积小，场地适应性强。

11）可根据用户目前已有的设备布局进行适应性设计。

5.4.4 气动打楔机的操作

图 5-38 所示是气动打楔机的操作示意图，详细操作规程如下：

1）将锁紧阀手柄和打击阀手柄均置前位，即锁紧阀手柄在释放态，打击阀手柄在打击态。

2）打楔机就位后，将打楔机储气包和现场气源的快插接头接通。

3）调整空气过滤器的设定压力，额定工作压力 5~8bar。

4）打开打楔机储气包的球阀使气源与储气包接通。

5）待储气包压力稳定后，将锁紧链条绕过固定物对接牢靠。

6）向后操纵锁紧阀手柄使锁紧缸锁紧，链条受力，锁紧缸行程 300mm。

7）承击杆及锁紧缸未锁紧之前严禁打击。

8）需要轻打时就向后操纵打击阀手柄使打击杆回程，未等打击杆回程到后止点就马上向前操纵打击阀手柄即可实现轻打。

9）需要重打时，向后操纵打击阀手柄使打击杆回程到后止点，待储气包压力达到设定值，然后向前操纵打击阀手柄进行打击即可实现重打。

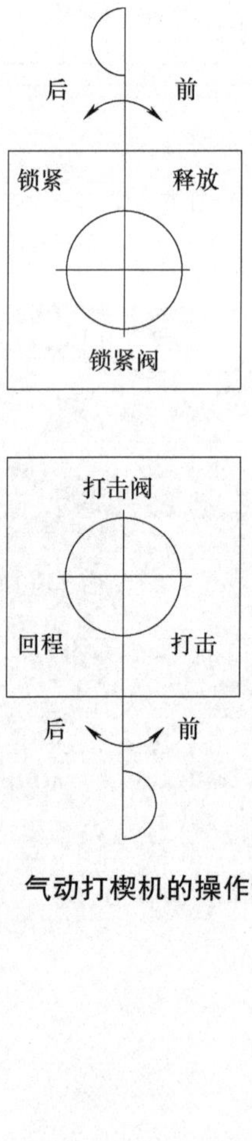

图 5-38 气动打楔机的操作示意图

10）需要多次重打时则需要在打击杆回程后，等待片刻，待储气包的压力达到额定值再进行下一次打击。

11）待打击楔铁的最小突出量不小于 20mm。

12）退楔铁时，要在对面进行保护，防止楔铁飞出造成意外伤害。楔铁松动之后要用轻打。

13）打击结束后，先向前操纵锁紧阀手柄松开链条，将对接的链条解开收起。

14）关闭打楔机储气包的截止阀，然后脱开气源管。

15）打开截止阀放掉储气包中的气，一次打击结束。

5.4.5　气动打楔机的力-能计算

1）打击杆能量的计算。该打楔机打击杆的动能主要来源于气囊管压缩空气绝热膨胀时内能 E 的释放，在膨胀瞬间气源的补气可以忽略不计，则有：

$$p_0V_0^{1.4}=p_1V_1^{1.4} \tag{5-7}$$

式中，p_0 和 p_1 分别为打击前和打击时的压强；V_0 和 V_1 分别为打击前和打击后的气囊管体积。

$$E=(p_0V_0-p_1V_1)/(1.4-1) \tag{5-8}$$

系统内能 E 的转化最终体现为打击杆的动能增加和气体温度的降低，故有：

$$E=\eta mv^2/2 \tag{5-9}$$

式中，η 为系数；m 为打击杆质量；v 为打击杆速率。

2）气囊管体积的设计。气体绝热膨胀时内能转化，气体的温度会降低，如果气囊管体积设计不合理，连续打击时气体温度会降到冰点以下，对密封寿命影响严重。

$$T_1=T_0(1+\varepsilon)^{-0.4},\varepsilon=\Delta V/V_0 \tag{5-10}$$

式中，T_1 为打击后温度；T_0 为初始温度；V_0 为初始体积；ΔV 为体积改变量。

3）楔铁的打击过程最终为近似完全弹性碰撞过程，当 $M_1=M_2$ 时动量传递效率最高。

4）打楔机打击力 F 的计算。根据动量定理 $mv=F\cdot\Delta T$。由于打击杆和楔铁都可近似为刚体，发生完全弹性碰撞时过程极短，几乎在 0.001s，故 $F=mv/0.001$。

5.4.6　结论

1）打楔机可大大减轻工人劳动强度，且安全性高。

2）该打楔机体积小，适应性强，不受周围环境的限制，可操作性强。

参考文献

[1] 王康，袁海伦，史宇麟. 海洋打桩锤大型锻件下砧座的近净成形工艺优化 [J]. 锻压技术，2020，45 (12)：15-20.

[2] 王鑫，周正. 5000t 环锻液压机机械结构设计 [J]. 锻压装备与制造技术，2024，59 (1)：18-22.

[3] 唐林，陈明达，王锡安. 500kJ 对击锤用锤头及热锻模具的失效研究 [C]// “田心杯” 轨道交通金属加工技术征文大赛论文集. 中车齐齐哈尔车辆有限公司，2019，946-949.

[4] 蒋起臣，陈浩，张志国，等. 小吨位模锻锤接头一模四件模膛排布方案优选及工艺优化 [J]. 锻压技术，2020，45 (7)：35-40.

[5] 中机锻压. 全球首台缸阀一体程控全液压模锻锤 [J]. 锻压装备与制造技术，2018，53 (1)：2-3.

[6] 张长龙. 模锻设备的选型与比较 [J]. 精密成形工程，2009，1 (2)：61-64.

[7] 赵向阳，李开群. 新的锻压辅机——打楔机 [J]. 机械制造，1981，(9)：21-22.